嵌入式Linux与物联网软件开发

ARM处理器开发

自学教程

朱有鹏 韩霆◎编著

人民邮电出版社

北京

图书在版编目（CIP）数据

嵌入式Linux与物联网软件开发 : ARM处理器开发自学教程 / 朱有鹏，韩霆编著. -- 北京 : 人民邮电出版社，2023.12
ISBN 978-7-115-61708-8

Ⅰ. ①嵌… Ⅱ. ①朱… ②韩… Ⅲ. ①Linux操作系统—教材 Ⅳ. ①TP316.85

中国国家版本馆CIP数据核字(2023)第077120号

内 容 提 要

本书基于 ARM Cortex-A8 内核的三星 S5PV210 CPU，主要讲解 ARM CPU 开发的全套相关技术，包括 ARM 体系的背景知识、常规开发方式、ARM 体系结构和汇编指令集。本书还基于 X210 开发板讲解了开发板的原理图、芯片的数据手册，以及开发板的刷机流程等，讲解了 GPIO、LED、DDR、串口、定时器、看门狗、SD 卡、NAND Flash、iNAND、I2C 总线、LCD 屏、A/D 转换器、电阻式和电容式触摸屏等 ARM CPU 常见外设的原理，并使用汇编和 C 语言编程进行了外设及代码重定位、时钟体系等的原理和功能的编程实践。本书最后还利用 X210 平台结合部分外设写了一个裸机串口的 Shell 作为小项目，帮助读者理解什么是交互式 Shell，为下一阶段 U-Boot 及 Linux 内核的学习打好基础。在具体讲解过程中，本书引用了产品的一部分原始英文图表，并有针对性地进行了适当的说明。

本书适合从事 CPU 开发等相关工作的人员和相关专业的学生阅读参考。

◆ 编　　著　朱有鹏　韩　霆
　责任编辑　张天怡
　责任印制　陈　犇

◆ 人民邮电出版社出版发行　　北京市丰台区成寿寺路 11 号
　邮编　100164　　电子邮件　315@ptpress.com.cn
　网址　https://www.ptpress.com.cn
　北京隆昌伟业印刷有限公司印刷

◆ 开本：787×1092　1/16
　印张：24　　　　2023 年 12 月第 1 版
　字数：551 千字　　　　2023 年 12 月北京第 1 次印刷

定价：89.80 元

读者服务热线：(010)81055410　印装质量热线：(010)81055316
反盗版热线：(010)81055315
广告经营许可证：京东市监广登字 20170147 号

前言 Foreword

ARM 处理器（此处指 CPU）是应用极广泛的处理器之一，主流的嵌入式产品，如手机、网络摄像机、无人机控制器、智能手表等几乎都使用 ARM 处理器。因此，对于有志于从事嵌入式软硬件开发的新手工程师或理工科专业的大学生而言，深度掌握 ARM 处理器的编程原理和技术非常重要。

我于 2010 年左右开始接触 ARM 处理器开发，先后使用过 ARM7 系列、ARM9 系列、ARM11 系列、Cortex-A8、Cortex-M3、Cortex-A53 等多种 ARM 处理器，在仪器仪表、工控采集设备、网络摄像机等产品的研发过程中对 ARM 处理器理解得越来越深；后转入嵌入式教育领域，在向学生教授 ARM 处理器编程的过程中了解了初学者容易走入的误区和遇到的问题。这些经历促使我萌生了录制一套全面、系统、优质的 ARM 处理器视频课程的想法，并于 2015—2016 年录制完成，即“朱有鹏老师嵌入式 Linux 核心课程”。全套视频课程总计约 400h，分为 7 个部分。其中第 1 部分主要讲解 ARM 处理器编程，该部分视频课程时长总计约 100h。后应人民邮电出版社邀请将本套视频课程的优质部分进行整理出版，于是便有了本书。

本书最大的特点也是配套视频“朱有鹏老师嵌入式 Linux 核心课程”最大的特点，就是全面、系统，具有可学习性。

所谓全面，指的是本书几乎涵盖了 ARM 处理器的所有内核知识及周边知识。尤其是一些在很多图书中未提及的周边知识，正是这些看似并不直接属于 ARM 处理器的知识成为大多数初学者的学习障碍，增加了学习难度。如 ARM 处理器的串口通信，我在本书中不只讲了 ARM 处理器本身的串口通信寄存器和编程实战内容，还讲了串口通信的波特率、起始位、停止位、校验等概念，以及通信的同步和异步、通信的二进制物理层理解、时序图的解读等，这些拓展的周边知识使本书能够真正教会学习者使用 ARM 处理器。

所谓系统，指的是本书中知识点的前后顺序、轻重规划具有系统性。学习 ARM 处理器很大的一个难点就是其知识点多、复杂性高，因此很多人学习时感觉无从下手，很难把握，或总是有一种似懂非懂的感觉。因为很多人的学习是碎片化的，没有将知识点串联起来形成自己的知识体系，所以“只见树木不见森林”。要解决这个问题，就需要有人站在更高的高度，用系统化的学习材料将纷繁的知识点和技能点连接起来，帮助学习者构建自己的知识体系。本书，正是为此而生。

所谓可学习性，是我在录制“朱有鹏老师嵌入式 Linux 核心课程”时提出的一个概念。可学习性是指课程“容易下口”，能够被学习者更好地接受，能够让他们更舒适地学下去，从而学完、学会这些知识。为什么一套视频教程或者一本书需要具备可学习性？因为传统的视频教程或图书有“劝退率”过高的问题。这类视频教程或图书的作者在讲解时追求知识点本身的铺排、语言表达的凝练、章节组织的完美、篇幅的合理等，然而没有考虑到学习者本身并不一定是“完美的学习者”。尤其是在图书本身内容丰富又厚实，技术性很强而没有趣味性和娱乐性，又不是课堂教材，没有强制性的学习和考试要求等情况下，坚持读完书、学下去成了“学会”的最大障碍，这就是典型的没有可学习性。

以 ARM 处理器技术为代表的嵌入式技术，是一种内容丰富、技术知识点多、学习周期长、学习难度大的综合性的且具有深度的 IT 技术。本书便是为立志攀爬这样一座高山的“萌新学员”准备的“工具包”和“指导图”，预祝大家攀上高峰、成就自我！

本书 qq 群：366822311，欢迎各位读者入群交流！

朱有鹏

2023 年 4 月

资源与支持

资源获取

本书提供如下资源：

- 本书思维导图
- 异步社区 7 天 VIP 会员

要获得以上资源，您可以扫描下方二维码，根据指引领取。

提交勘误

作者和编辑尽最大努力来确保书中内容的准确性，但难免会存在疏漏。欢迎您将发现的问题反馈给我们，帮助我们提升图书的质量。

当您发现错误时，请登录异步社区（https://www.epubit.com/），按书名搜索，进入本书页面，点击“发表勘误”，输入勘误信息，点击“提交勘误”按钮即可（见下图）。本书的作者和编辑会对您提交的勘误进行审核，确认并接受后，您将获赠异步社区的 100 积分。积分可用于在异步社区兑换优惠券、样书或奖品。

图书勘误 发表勘误

页码： 1 页内位置（行数）： 1 勘误印次： 1

图书类型： 纸书 电子书

添加勘误图片（最多可上传4张图片）

+ 提交勘误

全部勘误 我的勘误

与我们联系

我们的联系邮箱是 contact@epubit.com.cn。

如果您对本书有任何疑问或建议，请您发邮件给我们，并请在邮件标题中注明本书书名，以便我们更高效地做出反馈。

如果您有兴趣出版图书、录制教学视频，或者参与图书翻译、技术审校等工作，可以发邮件给我们。

如果您所在的学校、培训机构或企业，想批量购买本书或异步社区出版的其他图书，也可以发邮件给我们。

如果您在网上发现有针对异步社区出品图书的各种形式的盗版行为，包括对图书全部或部分内容的非授权传播，请您将怀疑有侵权行为的链接发邮件给我们。您的这一举动是对作者权益的保护，也是我们持续为您提供有价值的内容的动力之源。

关于异步社区和异步图书

“异步社区”（www.epubit.com）是由人民邮电出版社创办的 IT 专业图书社区，于 2015 年 8 月上线运营，致力于优质内容的出版和分享，为读者提供高品质的学习内容，为作译者提供专业的出版服务，实现作者与读者在线交流互动，以及传统出版与数字出版的融合发展。

“异步图书”是异步社区策划出版的精品 IT 图书的品牌，依托于人民邮电出版社在计算机图书领域 30 余年的发展与积淀。异步图书面向 IT 行业以及各行业使用 IT 技术的用户。

目录

Contents

目录 Contents

目录 Contents

目录 Contents

第 1 章　ARM 那些你需要知道的事

嵌入式系统开发领域是当今最热门、最具有发展前景的 IT 应用领域之一。随着各行业的需求越来越旺盛，我们之前使用的 8 位（bit）处理器已无法适应愈加复杂的应用程序。

ARM 处理器凭借其强大的处理能力、极低的功耗，迅速占领了处理器市场，在行业中占有举足轻重的地位。

本章将主要介绍 ARM 公司的发展历程和其经历的关键事件。了解这段历史，可以为我们之后学习 ARM 处理器开发做一个很好的铺垫。

1.1　ARM 公司大事记

1978 年，艾康电脑公司在英国剑桥大学诞生，它是 ARM 公司的前身。

1980 年末，苹果公司开始与艾康电脑公司合作开发新版 ARM 处理器核心。此时，ARM 处理器芯片尚未涉足嵌入式开发领域，主要应用在计算机上。

1985 年，全球第一款商用精简指令集计算机（Reduced Instruction Set Computer，RISC）处理器问世，即 ARM1。这时 ARM1 主要用作个人计算机（Personal Computer，PC）的处理器。

1990 年，艾康电脑公司遭遇财务危机，在接受苹果公司和 VLSI 公司的投资后，分割出独立子公司 Advanced RISC Machines，即 ARM 公司。

1991 年，ARM 公司推出第一款嵌入式 RISC 核心，即 ARM6 内核。

1992 年，ARM 公司为 GEC Plessey 和 Sharp（夏普）公司授予 ARM 处理器技术许可证。

1993 年，ARM 公司发布 ARM7 内核，这是我们能看到的最早的 ARM 处理器内核版本。

1998 年，ARM 公司发布 ARM9TDMI 内核，三星 2440 使用的就是 ARM9TDMI 内核。

1999 年，ARM 公司发布 ARM9E 内核。

2001 年，ARM 公司发布 ARMv6 架构。

2002 年，ARM 公司发布 ARM11 微架构。

2004 年，ARM 公司发布 ARMv7 架构的 Cortex 系列处理器，同时推出 Cortex-M3 内核。

2005 年，ARM 公司发布 Cortex-A8 内核。

2007 年，ARM 公司发布 Cortex-M1 内核和 Cortex-A9 内核。

2009 年，ARM 公司发布 Cortex-A5 内核和 Cortex-M0 内核。

2011 年，ARM 公司授权深圳市米尔科技有限公司为中国区全线工具产品代理商。

2012 年，处理器进入 64 位时代。ARM 公司和 TSMC（台积电）公司合作开发鳍式场效应晶体管（Fin Field-Effect Transistor，FinFET）器件工艺技术，并将应用于下一代 64 位 ARM 处理器。

ARM 公司刚创立时，复杂指令集计算机（Complex Instruction Set Computer，CISC）是当时主流的中央处理器（Central Processing Unit，CPU）设计方案。由于当时 ARM 公司还很小，没有足够的资金使用 CISC 方案开发处理器，所以 ARM 公司选择了成本较低的 RISC 方案开发处理器。当时的无奈之举居然顺应了时代发展潮流，ARM 公司借此机会迅速发展起来，对英特尔等公司造成了巨大的影响。

1.2 ARM 公司的商业模式和生态系统

ARM 公司的发展壮大和其商业模式、生态系统有很大的关系。

在 ARM 公司成立之前，半导体生产厂商已经有了如英特尔、美国超威半导体（AMD）、摩托罗拉等“巨头”公司。

英特尔公司是美国一家以研制 CPU 为主的公司，也是全球最大的 PC 零件和 CPU 制造商之一。

美国 AMD 公司专门为计算机、通信和消费电子行业设计与制造各种创新的微处理器，以及提供闪存和低功率处理器解决方案。

摩托罗拉公司是全球芯片制造、电子通信行业的领导者之一。

这些公司都是采用自己设计芯片、自产自销芯片的商业模式。

ARM 公司的商业模式是，自己设计芯片，但是自己不生产芯片，而是把专利授权给其他半导体生产厂商，让这些厂商来生产芯片。ARM 公司通过收取技术授权费和版税提成来获利。由于 ARM 公司不生产芯片，节约了生产成本，同时不存在与半导体生产厂商的竞争关系，并且半导体生产厂商得到授权后省去了设计芯片的成本，所以 ARM 公司与合作伙伴之间相互促进，推动了 ARM 处理器的发展。从商业模式上来讲，ARM 公司其实并不是一家真正的半导体生产厂商，而是一家芯片设计厂商。

ARM 公司在全球拥有超过 1000 家的授权合作伙伴，例如苹果、三星、高通、华为、展讯、全志科技等公司。ARM 公司凭借自己高性能、低功耗的芯片设计方案，独特的商业模式和优质的合作伙伴，使自己设计的芯片在嵌入式领域占有非常大的市场份额。每年 ARM 公司授权的芯片出货量达几百亿片。

由 ARM 公司的商业模式可以看出，ARM 公司自己不生产芯片，只设计芯片，这点成全了那些有需求的公司，同时 ARM 公司也得到了发展的机会，双方形成了互利共赢的商业模式，这就是ARM公司的成功之处。

如今社会分工不断细化，在某个行业的分工不断细化的时候，就会出现很多机会。我们要努力积累，仔细斟酌，才能抓住这些机会。

1.3 ARM处理器版本命名解析

ARM处理器有众多的版本，初学者刚接触这些版本的时候会很容易混淆，并且会在各个处理器的发布时间和应用方面有很多疑惑，接下来我们进行逐一解释。

1.3.1 如何描述ARM处理器的版本号

ARM处理器的众多版本号按照其定义的含义可以分成以下3类。

第1类：ARM公司根据处理器的系统架构来定义处理器，即处理器的内核是按照这个架构来设计和运行的。其命名规则为“ARM+v+数字”，如ARMv7是ARM公司发布的ARMv7架构。系统架构可以被ARM公司授权给半导体生产厂商来设计处理器。

从ARM公司成立之初发布的ARMv1到ARMv8，这种版本号都是ARM公司自己定义的。

第2类：ARM公司根据处理器的内核版本来定义处理器，即处理器的内部电路是按照ARM的系统架构来设计的，最终的处理器实物是依据这个内核来生产的。这个内核是ARM公司授权给半导体厂商的知识产权（Intellectual Property，IP）核（也称IP内核），半导体厂商通过“裁剪”内核可以生产出自己的处理器实物。内核版本有以下2种命名规则。

第1种命名规则为“ARM+数字”，是ARM公司成立之初就沿用至今的内核命名规则，它一直按照数字顺序沿用到ARM11，如ARM7即ARM公司发布的ARM7内核。ARM7内核是依据ARMv4架构来设计的。

第2种命名规则为“Cortex+字母+数字”，这种命名规则是为了应对处理器在功能、种类上繁多的衍生发展。它结束了“ARM+数字”的内核命名规则，按照处理器的功能和应用方向分出了3个系列的处理器，即“Cortex-A+数字”“Cortex-R+数字”“Cortex-M+数字”。这3个系列的处理器都有各自的细化命名规则，如Cortex-A8、Cortex-A9等都属于“Cortex-A+数字”系列，Cortex-M3、Cortex-M4等都属于“Cortex-M+数字”系列。这种版本号是ARM公司自己定义的。

第3类：半导体生产厂商根据处理器型号来定义，即处理器的不同型号。它没有统一的命名规则，是生产厂商按照自己的规则来定义的。这个处理器是按照ARM公司授权的IP内核来生产的。我们选择使用的S5PV210是三星公司购买了ARM公司的Cortex-A8内核之后，基于Cortex-A8内核进行修改再生产出来的处理器。

1.3.2 ARM 处理器版本的发展历程

ARM 处理器发展过程中出现的各型号如表 1-1 所示。

表 1-1

<table>
<tr><th>处理器架构</th><th>内核版本</th><th>处理器型号（厂家）</th></tr>
<tr><td>ARMv1</td><td>ARM1</td><td>—</td></tr>
<tr><td>ARMv2</td><td>—</td><td>—</td></tr>
<tr><td>ARMv3</td><td>ARM6</td><td>—</td></tr>
<tr><td>ARMv4</td><td>ARM7</td><td>S3C44B0（三星）</td></tr>
<tr><td>ARMv4</td><td>ARM9</td><td>S3C2440（三星）</td></tr>
<tr><td>ARMv5</td><td>ARM9+xScale</td><td>—</td></tr>
<tr><td>ARMv6</td><td>ARM11</td><td>S3C6410（三星）</td></tr>
<tr><td rowspan="3">ARMv7</td><td>Cortex-M</td><td>STM32F103、STM32F407（ST）</td></tr>
<tr><td>Cortex-A</td><td>S5PV210、Exynos4412（三星）</td></tr>
<tr><td>Cortex-R</td><td>A10、A20、A31（全志）
Exynos5250、Exynos5450（三星）</td></tr>
<tr><td>ARMv8</td><td>Cortex-A53</td><td>骁龙 815（高通）</td></tr>
</table>

ARMv1 架构的处理器原型机是 ARM1，并且没有经过商用。ARMv2 架构是 ARMv1 架构的升级版。ARMv3 架构的内核版本是 ARM6，这是 ARM 公司的第一款微处理器。基于 ARM7、ARM9、ARM11 内核生产出来的三星 S3C44B0、S3C2440、S3C6410 处理器有很广泛的应用。

ARMv7 架构和之后的版本架构的内核版本改为以 Cortex 命名，并且分为 M、A、R 这 3 类，以便在各个领域中都能发挥更好的功效。

Cortex-M（又称 M 系列处理器，M 即 Microcontroller）。M 系列处理器的定位是 32 位单片机系列处理器，其依次推出了 M3、M0、M4、M7 版本的处理器，这些处理器在功能和功耗上各有优势，在嵌入式的各个领域都有非常广泛的应用，尤其是在对低功耗要求很高的物联网领域。典型处理器有 M3 系列中的 STM32F103 和 M4 系列中的 STM32F407。

Cortex-A（又称 A 系列处理器，A 即 Application）。A 系列处理器的定位是高性能处理器，该处理器可以为需要运行复杂操作系统和复杂应用程序的设备提供全方位的解决方案。从手机、平板计算机等移动设备到数字电视、机顶盒等家用电器，再到工业产品中的控制核心，都离不开 A 系列处理器。A 系列处理器先后推出了 Cortex-A8、Cortex-A9、Cortex-A7、Cortex-A15 等版本的内核，它们在性能和功耗上各有优势。具有 Cortex-A8 内核的 S5PV210 就是一种典型的处理器，苹果手机和平板计算机中的处理器很多都是基于 Cortex-A 系列的 ARM 架构生产的。

Cortex-R（又称 R 系列处理器，R 即 Real-time）。R 系列处理器的定位是高响应速度、高可靠性、低容错率。R 系列处理器一般用于需要实时控制、高可靠性、易于维护的系统上。

1.4 CPU 和 SoC 的区别及外围设备的概念

1.4.1 CPU 和 SoC 的区别

CPU 是计算机的运算和控制核心。CPU 包括两部分，一部分是运算器，另一部分是控制器。

单片系统（System on Chip，SoC）是用于完成一个具体的功能的集合。把系统的功能集成在一个芯片上就是 SoC，其中包含 CPU、存储器、各种外围设备（又称外部设备，简称外设）等。

下面通过图 1-1、图 1-2 来直观地了解 CPU 与 SoC 的区别。

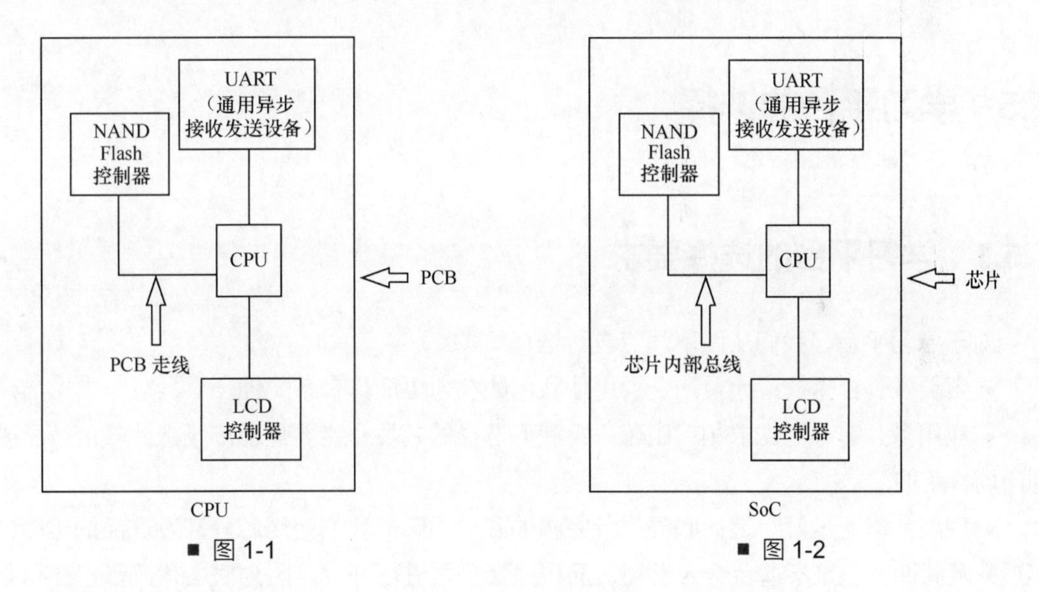

■ 图 1-1　　■ 图 1-2

早期的系统如图 1-1 所示，底板由一块印制电路板（Printed Circuit Board，PCB）组成，这个系统全部的功能都集中在一块 PCB 上实现。在芯片刚研制出来的时候，由于当时半导体工艺的限制，其集成度是非常低的，内存和外围设备等都没有集成到芯片内部，想要组成一个系统，就需要将 CPU、内存、通信接口等通过 PCB 走线在 PCB 上实现，所以这种系统看起来会很庞大。我们见到的老式电子设备上面就有非常多的这样的芯片，这其实就是在 PCB 上实现的。

SoC 如图 1-2 所示，底板由一个芯片组成，这个系统是在一个芯片上实现的。随着半导体工艺的不断进步，我们可以把之前放在 PCB 上的许多芯片都集成在一个芯片里，然后形成能实现具体功能的 SoC。

以上就是 CPU 与 SoC 最本质的差别。随着时代的发展，现在市场上已经几乎没有纯粹的 CPU 了，大多都是 SoC。

1.4.2 外围设备

外围设备简称外设，一般是指连在 CPU 以外的硬件设备。这是在 CPU 发展过程中遗留下来的概念。芯片处于 CPU 阶段的时候，系统需要外接各种设备（如串行端口，简称串口）才能实现功能，所以这些 CPU 之外的设备统称为外设。虽然现在芯片的发展处于 SoC 阶段，大部分实现系统功能的设备都集成到了芯片内部，但是这个概念延续了下来，所以我们一般把集成到芯片内部的设备称为“内部外设”。现在仍有在外部的外设，例如网卡、音频编解码器等，我们一般把它们称为“外部外设”。目前芯片的发展方向之一就是将所有外设集成到内部。

学习裸机开发就是学习 SoC 的内核（CPU，表现为汇编指令集）和各种外设的应用，我们会在下文为大家详细介绍各种外设。

1.5 学习平台的选择

1.5.1 学习平台的选择要求

对于学习平台，我们从以下几点进行选择。

- 资料多、容易找：大量的资料可让我们的学习更加具有系统性。
- 应用多、有市场需求和“底蕴”：我们选择的芯片一定要是在市场上比较流行、受到市场肯定的。
- 底层代码无过度封装：底层封装完善的芯片能降低我们使用芯片开发产品的难度，缩短开发周期，但是不适合个人学习，而只适合公司进行开发。因为底层代码都已经封装好了，不利于个人从底层一步一步学习。
- 难度适中：我们应选择现阶段市场上开发难度中等的芯片来学习，且芯片不能太先进，也不能太落后。

1.5.2 为什么选择三星 S5PV210

三星处理器的相关资料相对于飞思卡尔、TI（德州仪器）、NXP（恩智浦半导体）、高通等厂商的来说更多一些，方便我们学习，所以这里选用三星的处理器。三星的 S3C44B0、S3C2440、S3C6410、S3PV210 是应用广泛的处理器，而 Exynos4412 处理器是 Cortex-A9 的四核处理器。三星的 S3C44B0 和 S3C2440 现在已经停产，不利于我们的学习。S3C6410 的性能介于 S3C2440 和 S5PV210 之间，是个过渡产品，性能不及 S5PV210，价格却比 S5PV210 高。Exynos4412 性能比 S5PV210 好，但是相对来说学习起来比较困难。综合来看，如果学会了 S5PV210，向下我们能更加容易地熟悉 S3C6410 和 S3C2440 等处理器，向上能看得懂 Exynos4412 等更高端的处理器。所以我们在三星的众多处理器中选择 S5PV210 来学习。

1.6 X210 开发板介绍

接下来我们学习的裸机开发、U-Boot 移植、内核移植等都是基于 X210 开发板来进行的。

我们选用的开发设备及环境等概括如下。

- 开发板：九鼎科技 X210V3A。
- SoC：三星 S5PV210。
- 裸机实验方法：USB（通用串行总线）启动下载 +SD 卡（安全数字存储卡）启动。
- BootLoader（引导加载程序）支持：U-Boot、Xboot。
- 操作系统支持：Linux 2.6.35、Linux 3.0.8、Android 2.3、Android 4.0.4 等。

X210V3A 开发板由核心板、底板和液晶板 3 个模块组成。

核心板采用 8 层板工艺设计，适用于工控、电力、通信、医疗、媒体、安防、车载、金融、手持设备、游戏机、显示控制、教学仪器等多个领域。它拥有 180 个引脚（pin），底板留有丰富的外设接口，可扩展性强。现在许多公司都选择这款核心板作为其产品的控制平台。

同时，开发板硬件电路支持软件开关机、休眠唤醒等，完全可以作为产品来开发使用。液晶板默认采用 7 英寸（in，1in=2.54cm）薄膜晶体管（Thin Film Transistor，TFT）液晶屏，同时可选配 4.3in、5in 液晶屏，支持背光亮度调节。

购买此款开发板的读者，可以参考开发板附带的光盘资料，其中有详细的说明文件和学习资料，本书也会参考深圳市九鼎创展科技有限公司（简称九鼎创展）提供的资料。涉及的知识点，本书会详细为大家讲解。

1.7 基于单片机的嵌入式系统和基于复杂操作系统的嵌入式系统的区别

嵌入式系统定义为以应用为中心，以计算机技术为基础，软硬件可裁剪，以满足用户对功能、可靠性、成本、体积、功耗等的严格要求的专用计算机系统。我们现在只讲基于单片机的嵌入式系统（简称单片机）和基于复杂操作系统（如 Linux 操作系统、Android

操作系统，分别简称 Linux 系统、Android 系统）的嵌入式系统的区别。

1.7.1 芯片平台对比

主流的单片机平台有 51 单片机、PIC、STM32、AVR、MSP430 等。现在很多公司仍使用单片机来开发产品。科技发展得越来越迅速，基于复杂操作系统的嵌入式系统的应用随之越来越强大、使用得越来越广泛，如今主流的平台有 ARM、PPC、MIPS 等。

1.7.2 片上资源、价格、应用领域上的对比

单片机的片上资源有限，价格低，主要应用在小家电、终端设备、需要实时控制的系统等上面。从性能和价格来看，单片机的应用非常广泛。基于复杂操作系统的嵌入式系统使用的芯片的片上资源丰富、价格较高、应用领域广，如智能手机、平板计算机、游戏机、路由器、摄像机、智能电视机、广告机、智能手表、收银机等，这些应用领域一般都需要比较复杂的系统。

1.7.3 开发模式对比

单片机开发多使用裸机，程序规模小，常由单个软件工程师独立开发。有些复杂产品也会使用 STM32 之类的高性能单片机，并使用实时操作系统（μC/OS、FreeRTOS 等）。然而基于复杂操作系统的嵌入式系统几乎全部基于复杂操作系统来开发，目前使用最多的是 Linux 系统和 Android 系统。

1.7.4 技术特征对比

编程语言方面，单片机主要使用 C 语言（少量用汇编语言），但是它和标准的 C 语言略有不同。例如 51 单片机在开发中很少使用结构体、函数指针等，而 STM32 单片机会使用一些结构体和函数指针。而基于复杂操作系统的嵌入式系统开发较复杂，一般分为底层开发和应用层开发。底层使用 C 语言，应用层使用 C、C++、Java 等语言。基于复杂操作系统的嵌入式系统所使用的 C 语言对结构体、数据结构、算法、函数指针等高级特性使用得比较多。

软硬件组件方面，单片机多涉及一些简单外设，如串口、I2C（Inter-Integrated Circuit，也写作 I^2C）总线、模数转换器（Analog to Digital Converter，ADC）、液晶显示（Liquid Crystal Display，LCD）屏等；而基于复杂操作系统的嵌入式系统则涉及更多复杂的外设，如网络（有线网卡、Wi-Fi、蓝牙等）、USB 接口的外设、音视频编解码器等。

1.7.5 职业发展对比

单片机的学习周期和基于复杂操作系统的嵌入式系统的学习周期不一样。单片机学习路线短，职业发展平缓，薪资很容易达到瓶颈。基于复杂操作系统的嵌入式系统学习路线长，职业生涯久，薪资需多年才会达到瓶颈。

1.8 嵌入式开发学习和编程语言、英语水平等的关系

1.8.1 嵌入式开发学习和编程语言的关系

嵌入式开发一般分为硬件开发和软件开发。硬件开发不需要精通编程语言，而软件开发必须精通编程语言。嵌入式软件开发的学习过程分为 3 个部分，分别是底层开发、中间层开发、应用层开发。底层开发以 C 语言为主，会少量使用汇编语言来辅助开发；中间层开发使用 C++ 比较多；而应用层开发使用的语言比较多，如 C++、Java、Python、Tcl/Tk、Perl 等。嵌入式开发和 C 语言的关系是最为紧密的，一定要学好 C 语言。

1.8.2 嵌入式开发学习和英语水平的关系

大部分嵌入式编程所用的编程语言大都是英文的，但是很少使用复杂的英语单词。在查看数据手册和查询函数的时候也需要用到英语，只要能记住一些关键单词是可以应付的，实在不会的也可以借助电子词典理解。总体来说，不精通英语对学习嵌入式开发的影响并不是很大。

1.8.3 嵌入式开发学习和数电、模电的关系

嵌入式系统主要分为软件和硬件两部分。嵌入式系统软件主要使用编程语言和编译软件开发，同时还要硬件辅助，也就是说我们开发嵌入式软件时也要熟悉硬件，但没必要为此专门去学习硬件。相关的专业课有数字电路（简称数电）、模拟电路（简称模电），虽然这些课对我们学习嵌入式开发会有帮助，但是一些读者如果没学过数字电路、模拟电路，影响也不大。

1.8.4 嵌入式开发学习和专业的关系

嵌入式开发比较适合电子、自动化、通信、测控或其他理工类专业的人学习，当然如

果非常热爱嵌入式开发，非理工类专业的人也是可以学习的，但是可能需要花费更多的时间。如果读者学习了 C 语言或者类似的编程课程，会更容易学习嵌入式开发。

1.8.5 嵌入式开发学习和个人性格的关系

学习嵌入式开发的兴趣和志向是很重要的，有兴趣和志向能让我们自觉地去学习，去寻找学习嵌入式开发的方法。学习能力和专注度也是很重要的，学习嵌入式开发需要集中注意力，也需要有良好的思维方式。最重要的是态度，态度决定一切。

1.9 嵌入式系统的构成、特点和发展方向

1.9.1 嵌入式系统的构成

嵌入式系统由硬件和软件两部分组成，硬件和软件又有很多部分，我们将其粗略分层，如图 1-3 所示。

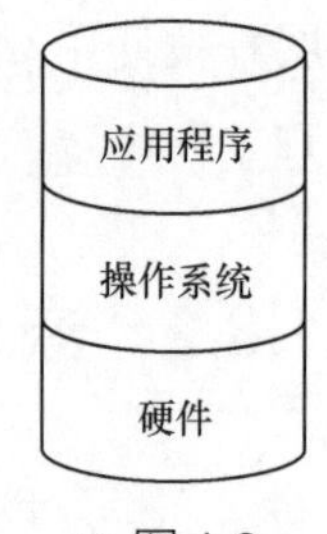

■ 图 1-3

硬件部分最重要的有 CPU、存储器、I/O（输入输出）接口、输入输出设备等。

软件部分主要包括两部分，即操作系统和应用程序。底层就是嵌入式操作系统，我们把驱动归于这个部分，因为驱动其实在操作系统中可扩展，其中板级支持包（Board Support Package，BSP）是已经调试好的用来支持设备的驱动。应用程序属于上层，使用驱动提供的软件接口配合操作系统来操控底层的硬件实现某些功能，例如图形用户界面（Graphical User Interface，GUI）、通用分组无线业务（General Pucket Radio Service，GPRS）、3G 等。

将整体的复杂功能分层后，既能使人容易理解，又能缩短开发周期，降低开发难度。硬件开发主要由硬件工程师完成。软件开发一般分为两部分：平台开发（驱动开发和内核移植）和应用程序开发。我们学习的时候主要学习操作系统的驱动和应用程序开发，而且学习过程中先学习操作系统和应用程序开发，然后学习驱动开发。

1.9.2 嵌入式系统的特点

特定性、软硬件可裁剪可配置：嵌入式系统应用于特定功能的嵌入式设备，系统软硬件可裁剪可配置。如电视机机顶盒和空调嵌入式系统，它们都是裁剪某一部分功能后形成的专用嵌入式系统——电视机机顶盒是用来“播放”电视节目的，而空调是用来调节室内

温度的。

低功耗、高可靠性、高稳定性：一些嵌入式领域对功耗要求是很高的，如我们最常见的穿戴设备，在相同的使用条件下，设备功耗越低就意味着用户需对其充电的次数越少，这会使其有很大的市场竞争力；再如一些无人值守但是需要电池供电的设备，其对功耗有很高的要求，我们现在使用的共享单车，如果没电了就不能使用了，而维护是很费力的。一些嵌入式领域对稳定性和可靠性要求很高，如类似于电梯等供人类使用的特种设备，要求必须有很高的稳定性。

软件代码短小精悍：相对于 PC、服务器等大型计算机设备中的非嵌入式设备，嵌入式系统代码高效、短小。

代码可固化：代码可固化就是能将代码烧录进设备，并保证设备每次上电启动后，代码都能正常运行。

实时性：很多工业产品对操作系统的实时性要求很高，但是也有很多设备对实时性要求不是很高。而通常基于复杂操作系统的嵌入式系统对实时性要求不是很高，它主要用来实现一些复杂功能。基于单片机的嵌入式系统在一些场合的实时性要求较高。一些对时间要求高的相对复杂的控制系统会使用 STM32 系列等的高性能单片机，并移植一些类似于 FreeRTOS、μC/OS 等的实时操作系统来进行控制。

弱交互性：交互性体现在人与系统之间的沟通上。如手机等基于 Android 系统的消费电子产品的交互性是比较强的，但是大部分的嵌入式设备交互性比较弱，如路由器、机顶盒等设备，一般很少与人交互。

专业开发工具及开发环境：嵌入式系统需要专业的开发工具和开发环境，我们需要对 Linux 系统有较深入的理解。开发中需要的工具，如下载器等都是专业的设备。

专业开发人员：嵌入式开发需要专业人员，如 Linux 系统的开发都是在命令行下进行的，不懂它的人一般是不能使用它进行开发的。

1.9.3 嵌入式系统的发展方向

嵌入式系统最开始以单芯片为核心、可编程控制器存在的形式应用，特点如下。

- 没有操作系统支持。
- 软件使用的语言以汇编语言为主。
- 功能单一，处理效率低，存储容量小，没有对外接口。
- 使用简单，价格低。

之后发展成以嵌入式 CPU 为基础、简单操作系统为核心的形式来应用，特点如下。

- CPU 种类多，通用性弱。
- 系统开销小，效率高。
- 具有一定兼容性、拓展性。

- 用户体验度不好，交互界面不够友好。

进而发展成以嵌入式操作系统为标志的形式来应用，特点如下。

- 兼容性好，适用于不同平台。
- 系统开销小，效率高，具有高度模块化特性及拓展性。
- 图形化界面，用户交互友好。
- 丰富的外部接口。

如今发展成以物联网为标志的形式来应用，特点如下。

- 将传感器技术、互联网技术及传统嵌入式技术相结合。
- 小型化、智能化、网络化及可视化。
- 低功耗、绿色环保。
- 支持多核技术 SWP（指对存储单元的一次读操作）、云计算技术及虚拟化技术。

1.10 交叉编译

1.10.1 软件开发的两种模式

非嵌入式开发是在A（类）机编写源码、编译得到可执行程序，发布给A（类）机运行。如开发 QQ 软件，在使用 Windows 操作系统（简称 Windows 系统）的计算机中编写程序，然后编译得到可执行程序，发布在使用 Windows 系统的计算机上，用户也在 Windows 系统的计算机上打开 QQ，这就是非嵌入式开发。这种开发模式是开发环境和应用环境相同。

嵌入式开发是在 A（类）机编写源码、编译得到可执行程序，发布给 B（类）机运行。如在计算机上编写程序，编译程序，然后使其在路由器上执行，这就是嵌入式开发的一个简易过程。这种开发模式的开发环境和应用环境不同，即交叉编译。嵌入式开发所应用的硬件平台比较简单，本身无法搭建开发环境，有些甚至连操作系统都没有。通过交叉编译可以用高性能机器为低性能机器开发软件（包括裸机开发、系统级开发和应用级软件开发）。

1.10.2 交叉编译的特点

交叉编译必须使用专用的交叉编译工具链。交叉编译工具链一般由编译器、链接器、解释器和调试器组成。由于可执行程序不能本地运行、调试，因此必须配合一定手段［如专用调试器、JTAG（Joint Test Action Group，联合测试工作组）调试器、USB 下载、串口下载、SD 卡启动、网络共享等］将可执行程序加载到目标嵌入式设备上运行、调试。

1.11 CPU 的设计原理、地址总线 / 数据总线 / 控制总线

1.11.1 CPU 的设计原理

如图 1-4 所示，CPU 是 SoC 的一部分。CPU 主要包括寄存器、运算器、控制器。寄存器主要用来存储外来的数据；运算器主要用来做一些计算，如加、减、乘、除等；控制器主要用来执行一些指令。CPU 本身不包括内存，内存是通过总线接到 CPU 上的。程序编写好后，通过下载存放在闪存（Flash Memory，简写为 Flash）中。代码的运行过程为，CPU 先将程序通过总线接口从 Flash 读出来，然后通过主线接口写到内存［此处为双倍速率同步动态随机存储器（Double Data Rate SDRAM），习惯称为 DDR］，程序在内存中运行。内部总线连接的是串口控制器（如 UART），其代表了内部外设。SoC 还包括外部外设的接口，用于连接外部外设。内部总线比外部总线的传输速度更快、更稳定。

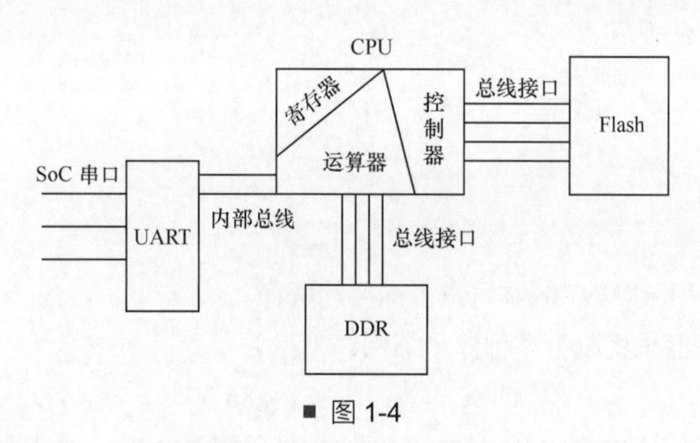

■ 图 1-4

1.11.2 地址总线、数据总线和控制总线

总线可分为地址总线、数据总线和控制总线。地址总线传输的是地址，数据总线传输的是数据，控制总线传输的是命令。图 1-4 中 CPU 向内存写入信息是通过总线接口实现的，其过程使用到了这 3 类总线：写入内存中的数据是通过数据总线传输的，数据写入内存的哪个位置需要地址总线来寻址，什么时刻开始写入数据的命令通过控制总线来下达。

地址总线的位数决定 CPU 寻址空间（32 位的地址总线最大寻址空间是 4GB），数据总线的位数决定 CPU 单次通信能交换的信息数量（32 位就是单次能传输 32 位的数据），总线的速度决定 CPU 和外设互换信息的速度。

CPU 的位数指的是数据总线的位数。CPU 的地址总线位数和数据总线的一般是相同的，但是也可以不同，典型代表就是 51 单片机，51 单片机的数据总线有 8 位，地址总线有 16 位。

1.12 嵌入式辅助开发工具

嵌入式开发的特点决定了嵌入式开发需要用到一些辅助工具，一般使用的工具有 JLink 仿真器、SD 卡、USB 转串口、网线等。

JLink 仿真器有两个作用：一是可以下载可执行程序到目标机；二是可以在目标机上实现单步调试，便于开发 BootLoader（引导加载程序）。

SD 卡作为启动介质，其工作方式是：利用读卡器将 SD 卡连接到开发机（一般是使用 Windows 系统的计算机），通过写卡软件将交叉编译得到的可执行程序镜像烧录到 SD 卡，然后将 SD 卡插入嵌入式目标机卡槽，设置正确的启动方式并启动，则系统可以从 SD 卡中烧录的可执行程序镜像处启动。

串口用来监视嵌入式目标机的输出，主要输出调试信息。因为现在大部分的 PC 都未配置 DB9 串口，所以开发中一般使用 USB 转串口来连接 PC 和开发板。

网线可以连接目标机和开发机，用来监视嵌入式目标机输出，也可以用作不同的嵌入式设备之间的通信介质。

1.13 习题

1．对 ARM7 和 ARMv7 版本号进行简要的解释。

2．ARM 处理器采用以下哪种体系结构？（　）

A．RISC　　B．CISC　　C．x86　　D．MIPS

3．使用单一平板地址的 ARM 地址空间（地址总线 32 位），最大寻址空间为（　）。

A．2GB　　B．4GB　　C．1GB　　D．8GB

4．简述 ARM 公司的 Cortex 系列处理器的不同应用方向。

第 2 章　ARM CPU 的体系结构与汇编指令

经过第 1 章的介绍，大家对嵌入式有了一个初步的了解，对 ARM 处理器（这里指 CPU，下同）开发也有了一个基本的认识。本章内容主要是剖析 ARM CPU 的体系结构，帮助读者从更深的层次了解 ARM CPU，并且本章将详细介绍汇编指令集和部分汇编指令。

2.1　可编程器件的编程原理

电子器件是由模拟器件向数字器件发展，芯片是由专用集成电路（Application Specific Integrated Circuit，ASIC）向可编程器件发展。

ASIC 是一种为特定目的而设计的集成电路，在出厂之前功能就被设定好，开发人员无法修改，因此这种芯片具有很大的局限性。

可编程逻辑器件，例如 CPU，它既是芯片，又有运算控制能力，没有预先设定功能。开发人员可通过编程来设定它的功能，所以这种芯片具有很强的灵活性。

在嵌入式编程过程中，我们使用编程语言编写好代码（大部分使用 C 语言或其他的高级语言编写，还会用到少量的汇编语言），然后通过编译器将代码生成汇编代码（这里缺少预处理），最后通过汇编器生成可执行的二进制程序（这里缺少了链接器），这就是机器可以执行的代码。这里的可执行的二进制程序包含了 CPU 的指令集。为了烧录，我们通过 objcopy 工具将可执行的二进制程序转换成 .bin 文件，然后通过专用工具将这个文件烧录在存储器中。CPU 在一定的时钟频率下工作，读出存储在存储器中的可执行的二进制程序，然后 CPU 将二进制程序解码成对应的指令并执行。这就实现了可编程的功能。

整个 CPU 的代码编程过程及工作原理如图 2-1 所示。

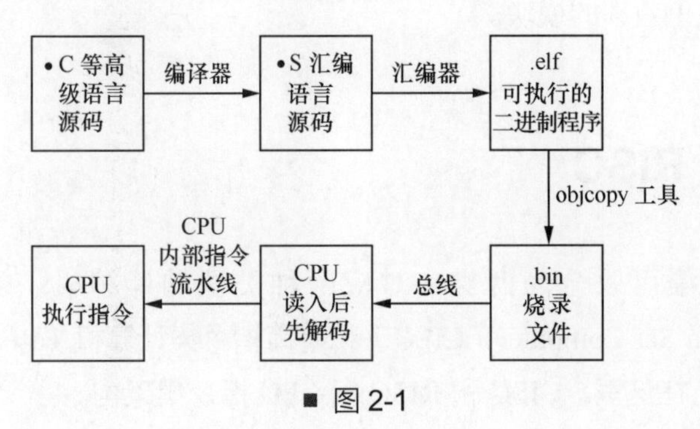

■ 图 2-1

2.2 指令集对 CPU 的意义

指令集是指汇编语言里所有指令的集合，该指令集是 CPU 的设计者制订的。汇编语言是机器指令的助记符，是一种低级符号语言。机器指令是 CPU 能识别的二进制命令，CPU 的内部电路就是为了实现这些指令集的功能而设计的。助记符是帮助人们记忆这些二进制命令的符号。使用汇编语言写好的指令通过汇编器生成二进制的机器指令，然后由 CPU 按照机器指令进行工作。

（1）C 语言等高级语言与汇编语言之间的差异。

- 相对于 C 语言等高级语言，汇编语言更加难以理解和编写。
- 汇编语言无可移植性。不同系列的 CPU 之间的指令集是不相同的，即 CPU 的机器指令不同，这导致了汇编程序不能在不同的 CPU 之间互相移植。而用 C 语言编写的程序通过不同的汇编器就可以生成不同指令集对应的汇编语言，所以 C 语言编写的程序不经修改就能移植到不同的 CPU 上并运行。
- 汇编语言的执行程序的效率是最高的，C 语言其次，Java 等更高级语言的效率更低。由于汇编语言多在操作系统的内核里面使用，而内核的特点就是反复执行指令，所以其对效率有很高的要求。
- 汇编语言不适合完成大型的复杂项目，因为汇编语言的结构特点决定了使用它编写复杂数据结构会很困难、烦琐，所以汇编语言一般用来完成一些很小的模块化的项目，而 C 语言等更高级的语言更适合完成更大、更复杂的项目。

（2）编程语言的发展过程如下。

- 机器码：二进制的机器指令。
- 汇编语言：可以通过汇编器将汇编指令翻译成机器指令。
- C 语言：可以通过编译生成汇编代码。
- C++ 语言。
- Java、C# 等语言。
- 脚本语言。

Java 一般用来实现纯应用的开发，C 语言一般用来开发操作系统，而汇编语言一般用来开发操作系统里注重效率的模块。

2.3 CISC 和 RISC

CPU 按照指令集可以分为两类，对应两种类型的计算机：复杂指令集计算机（Complex Instruction Set Computer，CISC）和精简指令集计算机（Reduced Instruction Set Computer，RISC）。在这里，CISC 和 RISC 指 CPU 指令集架构。

CISC的设计理念是尽可能地让CPU用一条机器指令来实现一个功能，应用编程相对简单，对应的编译器设计简单。所以为了应对不同的功能，就需要设计出众多指令。一般典型的CISC指令集有300条左右。庞大的指令集导致CPU的内部电路很复杂，所以其功耗一般比较大。CISC的代表为Intel的x86系列CPU。

RISC的设计理念是仅提供基本的功能指令集，复杂的功能需要指令组合实现，应用编程相对复杂，对应的编译器设计复杂。一般典型的RISC指令集有30条左右。精简的指令集降低了CPU内部电路的复杂程度，功耗一般很小。RISC特别适合嵌入式领域。RISC的代表为ARM构架的CPU。

CPU的发展历史如下。

- 早期的简单CPU，功能有限，所以指令集本身并不复杂。
- CISC时代——CPU功能的扩展依赖于指令集的扩展，实质是通过CPU内部组合的逻辑硬件电路的扩展来提高CPU的性能。
- RISC时代——通过应用实现功能扩展时，编程人员可使用CPU提供的基础功能指令的灵活组合。

CPU之后的发展趋势为RISC和CISC相结合，形成一种介于两者之间的CPU类型。

2.4 统一编址和独立编址、冯·诺依曼结构和哈佛结构

统一编址和独立编址、冯·诺依曼（又译为冯·诺伊曼）结构和哈佛结构，这两部分内容都和内存访问、指令访问有关，可以帮助我们更深入地理解代码的运行机制。

2.4.1 I/O与内存的统一编址和独立编址

内存是程序的运行场所，内存和CPU之间通过总线连接，CPU通过一定的地址来访问具体的内存单元。

输入输出接口（I/O接口）是CPU和其他外设［如串口、LCD、触摸屏、发光二极管（Light-Emitting Diode，LED）等］进行通信的接口。一般来说，I/O设备就是指CPU的各种内部外设或外部外设。

内存的访问方式为CPU通过自己的地址总线来寻址定位，然后通过CPU数据总线来读/写。CPU的地址总线的位数是设计CPU时确定的，因此一款CPU所能寻址的范围是一定的，而内存需要占用CPU的寻址空间。

内存随时都会被访问，而内存与CPU的这种总线式连接方式是一种直接连接方式，优点是效率高、访问快，缺点是资源有限、扩展性差。32位的ARM最大寻址空间是4GB，由于内存是通过CPU地址总线来访问的，所以支持的扩展内存小于4GB。例如

S5PV210 支持最大 1.5GB 的扩展内存。

外设的访问方式有两种。一种是类似于内存访问的方式，即把外设中的寄存器当作一个内存地址来读 / 写，从而以与访问内存相同的方式来访问外设。这种方式叫 I/O 与内存统一编址，大多应用在 RISC 体系结构的 CPU 中。另一种为使用专用的 CPU 指令来访问某种特定外设，这种方式叫 I/O 与内存独立编址，大多应用在 CISC 体系结构的 CPU 中。

下面是 I/O 与内存的统一编址和独立编址的对比。

- I/O 与内存统一编址方式：优点是把 I/O 当作内存来访问，编程简单；缺点是 I/O 也需要占用一定的 CPU 地址空间，而 CPU 的地址空间是有限的。
- I/O 与内存独立编址方式：优点是不占用 CPU 地址空间，缺点是 CPU 设计复杂。

2.4.2 冯 · 诺依曼结构和哈佛结构

对于一个正在运行的程序，核心的两大元素是程序和数据。程序是我们写好的代码经过编译、汇编之后得到的机器码，这些机器码可以拿给 CPU 去解码执行，CPU 不应该也不会去修改程序，所以程序是只读的。数据是程序运行过程中定义或产生的变量的值，是可以读 / 写的。运行程序实际就是为了改变数据的值。

冯 · 诺依曼结构是一种将程序中的代码指令和数据存储在同一个存储器中的结构。读取数据和代码指令共用一根传输总线，所以数据和代码指令的位宽一样。由于代码指令和数据都是二进制码，代码指令和操作数的地址又密切相关，所以当初发明这种结构是很自然的。

ARM 公司的 ARM7、MIPS 公司的 MIPS CPU，都采用了冯 · 诺依曼结构。现在的计算机一般都使用冯 · 诺依曼结构。这种代码指令和数据共享同一总线的结构，使信息流的传输成为限制计算机性能的瓶颈，影响了数据处理速度的提升。

冯 · 诺依曼结构的存储方式如图 2-2 所示。

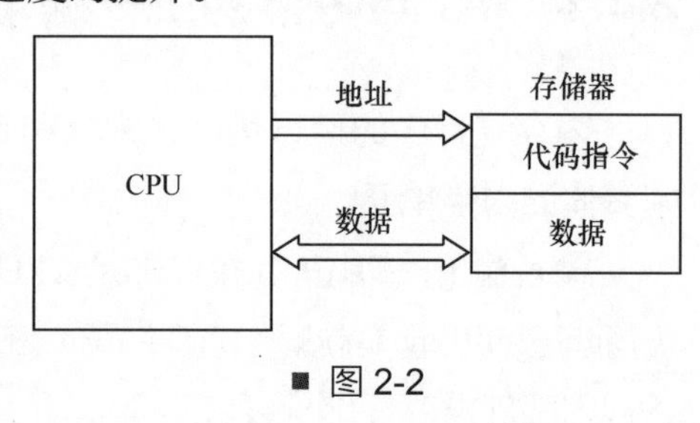

■ 图 2-2

哈佛结构是一种将程序中的代码指令和数据分开存储的结构。CPU 首先到代码指令存储器中读取程序指令，解码后得到数据地址，然后到相应的数据存储器中读取数据，依次执行操作并读取下一条指令。由于代码指令和数据分开存储，所以传输总线是分开的，代码指令和数据的存取可以同时进行，也可以使代码指令和数据有不同的数据宽度，并且在执行时可以预先读取下一条指令，哈佛结构的 CPU 通常都具有很高的执行效率。

哈佛结构的代码指令和数据分开存储减小了数据交叉出错的概率，保证了采用哈佛结构的 ARM 运行的稳定性和安全性，因此适用于嵌入式领域。哈佛结构决定了裸机程序使用实地址（物理地址），而链接比较麻烦，必须使用复杂的链接脚本告知链接器如何组织程序；对于操作系统之上的应用，由于其工作在虚拟地址之中，则不需考虑这么多。

目前使用哈佛结构的 CPU 和微控制器有很多，如 Microchip 公司的 PIC 系列、摩托罗拉公司的 MC68 系列、Zilog 公司的 Z8 系列、Atmel 公司的 AVR 系列，以及 ARM 公司的 ARM9、ARM10 和 ARM11 系列芯片，甚至是 51 单片机。常见的 ARM 芯片（除 ARM7 系列外）都是哈佛结构。

哈佛结构的存储方式如图 2-3 所示。

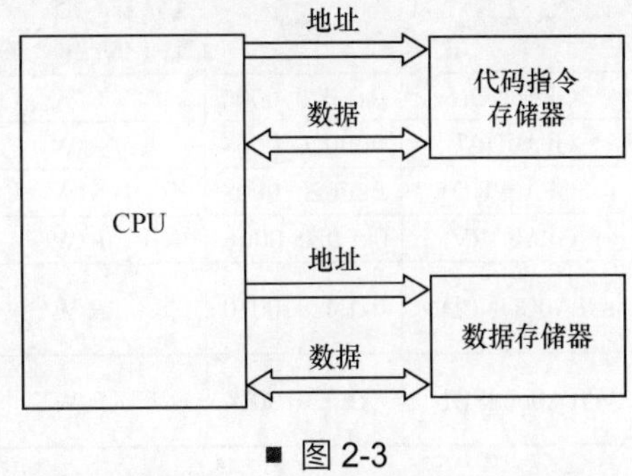

■ 图 2-3

两种结构的存储方式不同，所以产生的效果也不同。根据不同的应用场合，现实中这两种方式都在使用。三星推出的一款多媒体设备用 S5PV210 作为 CPU，其所有应用程序的代码和数据都存放在 DRAM 中，使用的是冯·诺依曼结构，不是哈佛结构。某些单片机里面既有代码指令存储器 Flash，又有数据存储器 RAM。当我们把代码烧录到 Flash 中时，代码直接在 Flash 中运行，但是用到的数据（全局变量、局部变量）不是存放在 Flash 中，而是存放在 RAM（或 SRAM）中。这种用的就是哈佛结构。

2.5 软件编程控制硬件的关键——寄存器

2.5.1 寄存器的含义及查看方法

软件通过访问特殊功能的寄存器来访问硬件，ARM CPU 的 I/O 和内存采用的是统一编址的方式，所以访问内存和访问 I/O 寄存器的方式一样，都是通过访问地址来实现的。

寄存器是 CPU 内的硬件组成部分，CPU 可以像访问内存一样通过访问地址来访问寄存器。

寄存器的功能、地址、是否可读 / 写等特性，是 CPU 的硬件设计者事先就定好的；而寄存器就是外设被编程控制的“活动开关”。正如汇编指令集是 CPU 的应用程序接口（Application Program Interface，API）一样，寄存器是外设硬件的 API。使用软件编程控制某一硬件，其实就是通过编程来读 / 写该硬件的寄存器。

与通用型输入输出（General-Purpose Input/Output，GPIO）有关的寄存器如表 2-1 所示（表 2-1 摘自数据手册英文原文，其中的地址常写成 ××××_×××× 形式，后文类似表情况相同）。表格的第 1 列是所有与 GPIO 相关的寄存器的名称。第 2 列是该寄存器在 CPU 中的以十六进制数据表示的物理地址，0x 表示十六进制，使用下画线“_”是为了便于区分地址的前后 4 位，这 8 位数字表示 32 位的内存地址。第 3 列代表寄存器的可读（Read）和可写（Write）属性。第 4 列是对相应寄存器的描述。第 5 列是寄存器在初始上电时的复位值。

GPA0CON 寄存器的详细内容如表 2-2 所示。表格中的第 1 列表示将 GPA0CON 分为

8 个部分。第 2 列表示该寄存器是按照“位”（bit）来访问的。第 3 列表示 GPA0CON 中每一部分的作用和配置方法。第 4 列表示 GPA0CON 中每一部分的初始值。

表 2-1

寄存器	地址	读（Read，R）/写（Write，W）	描述	复位值
GPA0CON	0xE020_0000	R/W	Port Group GPA0 Configration Register	0x00000000
GPA0DAT	0xE020_0004	R/W	Port Group GPA0 Data Register	0x00
GPA0PUD	0xE020_0008	R/W	Port Group GPA0 pull-up/down Register	0x5555
GPA0DRV	0xE020_000C	R/W	Port Group GPA0 Driver Strength Control Register	0x0000
GPA0CONPDN	0xE020_0010	R/W	Port Group GPA0 Power Down Mode Configuration Register	0x00
GPA0pudPDN	0xE020_0014	R/W	Port Group GPA0 Power Down Mode Pull-up/down Register	0x00

表 2-2

GPA0CON 的各部分	bit	描述	初始值
GPA0CON[7]	[31:28]	0000=Input 0001=Output 0010=UART_1_RTSn 0011 ~ 1110=Reserved 1111=GPA0_INT[7]	0000
GPA0CON[6]	[27:24]	0000=Input 0001=Output 0010=UART_1_CTSn 0011 ~ 1110=Reserved 1111=GPA0_INT[6]	0000
GPA0CON[5]	[23:20]	0000=Input 0001=Output 0010=UART_1_TXD 0011 ~ 1110=Reserved 1111=GPA0_INT[5]	0000
GPA0CON[4]	[19:16]	0000=Input 0001=Output 0010=UART_1_RXD 0011 ~ 1110=Reserved 1111=GPA0_INT[4]	0000
GPA0CON[3]	[15:12]	0000=Input 0001=Output 0010=UART_0_RTSn 0011 ~ 1110=Reserved 1111=GPA0_INT[3]	0000
GPA0CON[2]	[11:8]	0000=Input 0001=Output 0010=UART_0_CTSn 0011 ~ 1110=Reserved 1111=GPA0_INT[2]	0000
GPA0CON[1]	[7:4]	0000=Input 0001=Output 0010=UART_0_TXD 0011 ~ 1110=Reserved 1111=GPA0_INT[1]	0000
GPA0CON[0]	[3:0]	0000=Input 0001=Output 0010=UART_0_TXD 0011 ~ 1110=Reserved 1111=GPA0_INT[10]	0000

从表 2-1、表 2-2 可以看出，GPA0CON 寄存器地址为 0xE020_0000，属性为可读、可写，

名称为 GPA0CON。GPA0CON 寄存器分为 8 个部分，即 GPA0CON[0] ~ GPA0CON[7]。GPA0CON 的每一个部分包含 4 位，所以 GPA0CON 寄存器一共有 32 位。

寄存器中的每一位或者不同位之间的组合都是有特定含义的。如 GPA0CON 寄存器每一部分的 4 位的不同数值代表了不同的功能，GPA0CON[0] 中的 4 位的内容被配置为 0000，表示该引脚配置为输入（Input）类型；配置为 10001，表示该引脚配置为输出（Output）类型。

引脚的功能由编程者配置，且每一个引脚在同一时刻的功能是唯一的。开发时我们可先查阅芯片对应的数据手册，然后根据芯片数据手册中寄存器的说明来进行配置。

由于寄存器中的每一位都有特定的含义，所以访问和配置寄存器时需要利用 C 语言中的位操作。对 C 语言位操作不熟悉的读者可自行查阅相关资料。

2.5.2 寄存器的分类

SoC 中一般有两类寄存器：通用寄存器和特殊功能寄存器。单个寄存器的位宽一般和 CPU 的位宽是一样的，以便提高寄存器的访问效率。

通用寄存器存在于 CPU 的内部，与 CPU 绑定，可用于传送和暂存数据，也可参与算术逻辑运算，并保存运算结果，CPU 的很多活动都需要通用寄存器的支持和参与。ARM CPU 中有 30 个通用寄存器。

特殊功能寄存器不在 CPU 中，它存在于 CPU 的外设中，并与外设绑定，是外设与 CPU 的连接接口。每一个外设都有对应的特殊功能寄存器，我们学习外设的知识其实就是学习其对应的特殊功能寄存器的知识。芯片中各功能部件对应的寄存器用于存放相应功能部件的控制命令、状态或数据。我们通过访问外设的特殊功能寄存器来操控这个外设，这就是以软件编程的方式控制硬件的方法。我们可以通过配置寄存器来实现设定的功能，设定后不可更改，其中寄存器的每一位都已经设定了特定的功能。

使用汇编语言访问通用寄存器的方法举例如下。

```
ldr r1, =0xE0200280          //将 0xE0200280 写入 r1 通用寄存器，即访问 0xE0200280 地址
str r0, [r1]                 //将 r0 通用寄存器中的内容写入 r1 通用寄存器
mov r0, #0                   //将 0 写入 r0 通用寄存器
```

使用 C 语言访问寄存器的方法举例如下。

```
int *p = (int *)0x30008000; //将指针指向 0x30008000 地址空间
*p = 16;                    //在 p 指向的地址空间中写入 16
```

2.6 S5PV210 的地址映射详解

S5PV210 属于 ARM Cortex-A8 架构，是 32 位 CPU，有 32 根地址线和 32 根数据线。

32 根地址线决定了 CPU 的地址空间为 4GB，地址空间分配使用即地址映射（习惯将其称为内存映射，但这是不准确的叫法）。而地址映射怎么去分配空间，是设计者在设计 CPU 之初就已经确定好的。

通过 S5PV210 的数据手册，我们可以查询 S5PV210 的地址映射的详细介绍。首先从数据手册目录中确定 S5PV210 的地址映射内容的位置，图 2-4 所示为数据手册目录中的截图，可确定 S5PV210 的地址映射内容在 section 01-overview 的 2 MEMORY MAP 中。

借助目录我们进行 S5PV210 的地址映射内容的详细介绍，图 2-5 所示为 S5PV210 的地址映射内容的详细介绍中的部分截图（2.1 MEMORY ADDRESS MAP，注意，其中的地址也是 ××××_×××× 形式）。

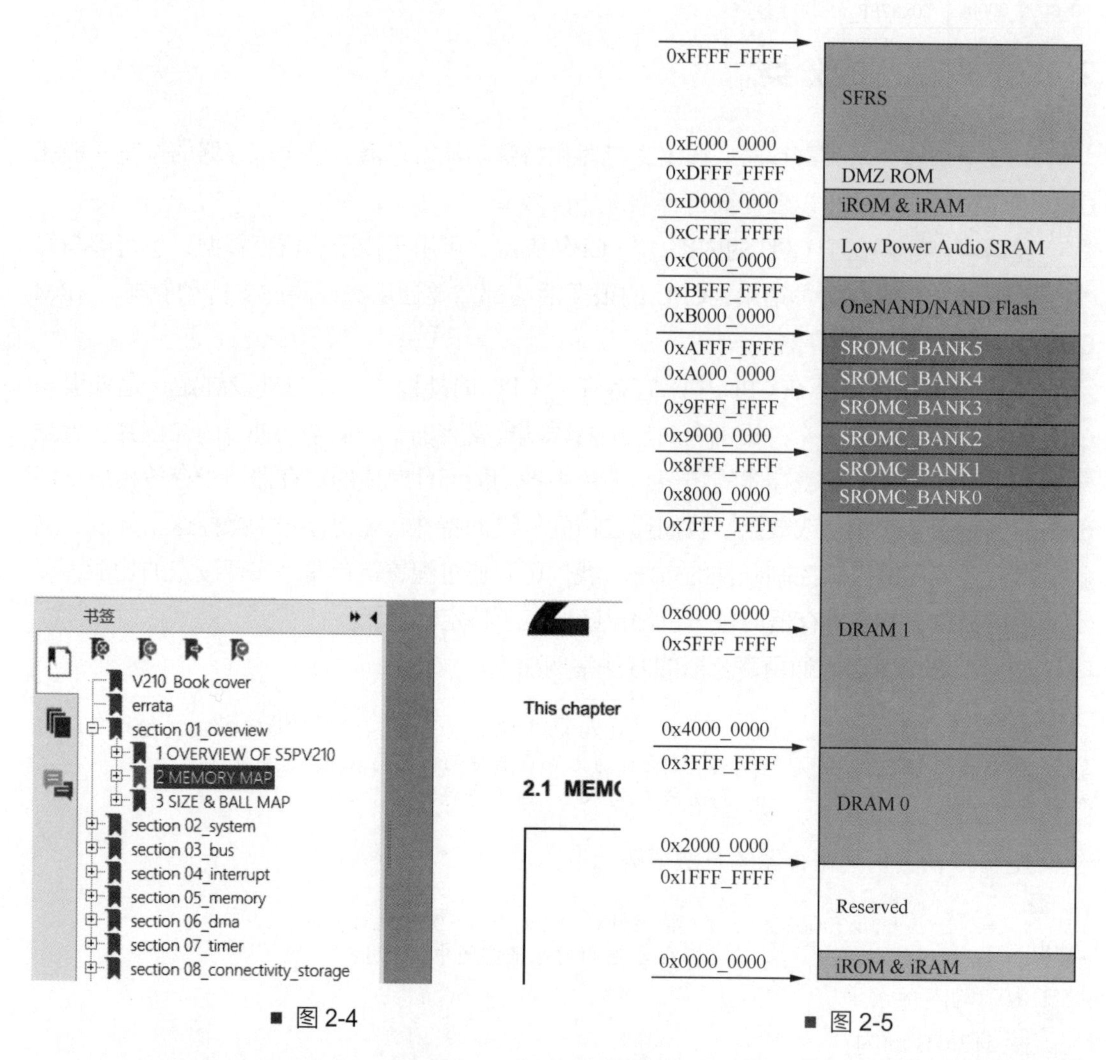

■ 图 2-4　　■ 图 2-5

图 2-5 就是地址映射的一个形象化展现。长方形框代表内存，但并非代表物理内存，而是代表逻辑内存。左边箭头上的数据代表相对应模块的起始地址，从 0x0000_0000 开始，到 0xFFFF_FFFF 结束。十六进制的 1 位代表二进制的 4 位，因而在这里 8 位十六进制数就

代表 2 的 32 次方（表示 4GB 的内存）。当然，内存根据不同的功能有不同的分区，每一区域也有自己的内存地址，而具体的内存大小，我们可以从数据手册中查询，也可以自己计算。

对于内存分区里面各区的名称和含义，这里做一个简单的介绍。表 2-3 和表 2-4 分别是对图 2-5 的详细说明和缩写解释。

表 2-3

地址		内存空间	描述	备注
0x0000_0000	0x1FFF_FFFF	512MB	Boot area	Mirrored region depending on the boot mode
0x2000_0000	0x3FFF_FFFF	512MB	DRAM 0	
0x4000_0000	0x7FFF_FFFF	1024MB	DRAM 1	
0x8000_0000	0x87FF_FFFF	128MB	SROM Bank 0	
0x8800_0000	0x8FFF_FFFF	128MB	SROM Bank 1	
0x9000_0000	0x97FF_FFFF	128MB	SROM Bank 2	
0x9800_0000	0x9FFF_FFFF	128MB	SROM Bank 3	
0xA000_0000	0xA7FF_FFFF	128MB	SROM Bank 4	
0xA800_0000	0xAFFF_FFFF	128MB	SROM Bank 5	
0xB000_0000	0xBFFF_FFFF	256MB	OneNAND/NAND Controller and SFR	
0xC000_0000	0xCFFF_FFFF	256MB	MP3_SRAM output buffer	
0xD000_0000	0xD000_FFFF	64KB	iROM	
0xD001_0000	0xD001_FFFF	64KB	Reserved	
0xD002_0000	0xD003_FFFF	96KB	iRAM	
0xD800_0000	0xDFFF_FFFF	128MB	DMZ ROM	
0xE000_0000	0xFFFF_FFFF	512MB	SFR region	

表 2-4

名称缩写	解释
ROM	Read Only Memory，为只读存储器
RAM	Random Access Memory，为随机存储器
iROM	internal ROM，为内部 ROM，指的是集成到 SoC 内部的 ROM
iRAM	internal RAM，为内部 RAM，指的是集成到 SoC 内部的 RAM
DRAM	Dynamic RAM，为动态 RAM
SROM	Static ROM，为静态 ROM
OneNAND/NAND	计算机闪存设备
SFR	Special Function Register，为特殊功能寄存器

表 2-3 中的 DRAM0 和 DRAM1 区域专门用来外接内存。这里是内存空间，地址从 0x2000_0000 到 0x7FFF_FFFF，一共有 1.5GB 的内存。这两个区域代表两个内存通道，就好比主板中的内存条卡槽，可以自己配置内存。我们在这里也可以把 DRAM0 看作一个卡槽，支持 512MB 的内存；把 DRAM1 看作另一个卡槽，支持 1GB 的内存。CPU 内存支持空间是在 CPU 设计之初就确定的，主要依据 CPU 的性能确定。两者相互对应，不然性能就会因为不对等而造成浪费。

图 2-5 中的内存区域有两部分：iROM 和 iRAM。这里的两部分区域并不是简单重

复，而是 CPU 的一种特殊设计（特别是三星生产的 CPU），称为映射，这里映射的意思就是镜像。在实际的运用中，底部的 iRAM 和 iROM 是空的，如果对这个区域进行操作，CPU 其实是把这个区域的内容直接映射到上半部分的 iRAM 和 iROM 区域，底部的 iROM 和 iRAM 就相当于上半部分 iROM 和 iRAM 的“影子”；也可以看作同一区域，有两个入口。这样的设计应该是为了方便以后软件升级或做改变而预留的一些空间。

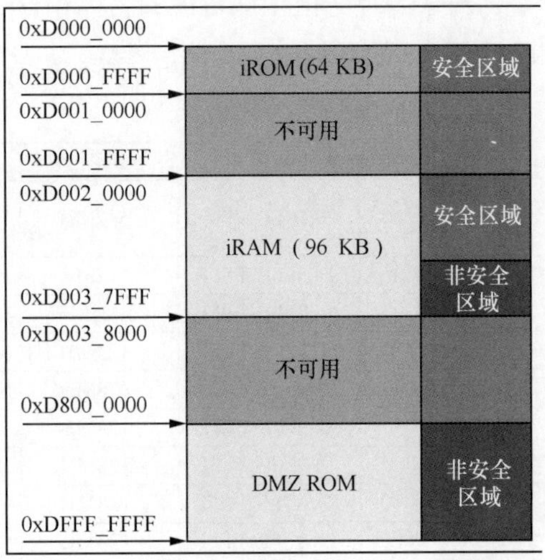

0xD000_0000 – 0xD000_FFFF	iROM (64 KB)	安全区域
0xD001_0000 – 0xD001_FFFF	不可用	
0xD002_0000 – 0xD003_7FFF	iRAM（96 KB）	安全区域 / 非安全区域
0xD003_8000 – 0xD800_0000	不可用	
0xD800_0000 – 0xDFFF_FFFF	DMZ ROM	非安全区域

■ 图 2-6

图 2-6 对表 2-3 中的 iROM、iRAM、DMZ ROM 做出了详细说明。

iROM 用来存储程序，iRAM 用来存储数据。为了不让软件工程师在编写代码过程中出现错误时，将相邻区域的数据或者程序误删掉，在相邻区域之间添加了一块不可用（not available）区域，类似于“隔离带”。iRAM 区域分为安全区域（secure area）和非安全区域（non secure area），在安全区域内 CPU 对程序可以开启安全模式，而不用担心 CPU 内部在进行数据复制的时候发生错误。在非安全区域内 CPU 不能对程序开启安全模式。

2.7 CPU 的外存储器和接口方式

主存储器（又称内存）是用来存储、运行程序的，如 RAM。RAM 可以分为静态 RAM（SRAM）和动态 RAM（DRAM）。

SRAM 的优点是操作简单，上电不需要配置，可以直接运行；缺点是容量小，价格高。

DRAM 的优点是容量大，价格低；缺点是上电后不能直接运行，需要配置后才能运行。

辅助存储器（又称外存储器）用来存储数据、程序等。硬盘、Flash [表示闪存，如 NAND Flash、iNAND Flash（简写为 iNAND）、U 盘] 等都属于外存储器。

内存通过地址总线和数据总线与 CPU 直接相连，可以直接访问、随机访问，但是占用 CPU 的地址空间的大小有限，例如 S5PV210 支持的最大内存只有 1.5GB。

外存储器与 CPU 有两种连接方式。一种和内存与 CPU 连接方式一样，即通过内部总线连接的直连方式，这种方式占用 CPU 的地址空间，限制了外接的外存储器的容量大小。另一种是通过外存储器接口的非直连方式，这种方式不占用 CPU 的地址空间，对外存储器没有容量大小的限制，但是访问速度没有总线式访问快，访问时序比较复杂。例如 2.6 节介绍的地址映射中 NAND 区域只有 256MB 的地址空间，但是这部分可以接入 4GB 空间大小的 Flash。

2.7.1 SoC 外存储器分类与介绍

SoC 的常用外存储器有两大类。

第一类：硬盘。

- SATA（Serial Advanced Technology Attachment，串行高级技术附件）硬盘。

第二类：Flash 类外存储器。

- NOR Flash。
- NAND Flash。
- eMMC/iNAND/moviNAND。
- OneNAND Flash（简写为 OneNAND）。
- SD 卡 /TF 卡 /MMC 卡。
- eSSD（embeded Solid State Disk，嵌入式固态硬盘）。

硬盘是磁存储，可进行机械式的访问。上述的 SATA 代表硬盘的接口方式。

Flash 类外存储器有很多分类，它们各有各的特点。

NOR Flash 像内存一样，可以直接连接到 CPU 的地址空间并通过内部总线访问。其成本较高，但是稳定性也高，不易损坏，一般接到 SROM Bank（S5PV210 内部有 6 个，每个 128MB）。它一般用作 CPU 启动的存储器。我们使用的 W25Q64 等 Flash 属于 NOR Flash。

NAND Flash 不能直接连接到 CPU 的地址空间，不能通过内部总线访问，需要在外部加主控电路才能进行读 / 写访问，不能随机访问，而且必须以区块的方式读 / 写。NAND Flash 在 CPU 上电后是不能直接读 / 写的，需要 CPU 先运行一些初始化软件后，才可以通过时序接口进行读 / 写。NAND Flash 由于自身原理、设计等原因容易出现坏块和位翻转等问题，所以需要通过 ECC（Error Checking and Correction，差错校验）等手段进行管理。NAND Flash 相对于 NOR Flash 成本较低，并且容易制成大容量的存储器，所以 NAND Flash 在市场上被广泛使用，例如 U 盘使用的就是 NAND Flash。

NAND Flash 从工艺上还可以分为 SLC、MLC、TLC。

- SLC（Single-Level Cell，单层式存储，Cell 表示存储器的存储单元）：每层 1 位，速度快，寿命长，价格高（是 MLC 3 倍以上的价格），约 10 万次擦写寿命。
- MLC（Multi-Level Cell，多层式存储）：每层 2 位，速度一般，寿命一般，价格一般，3000 ~ 10000 次擦写寿命。
- TLC（Trinary-Level Cell，3 层式存储）：每层 3 位，速度慢，寿命短，价格低，约 500 次擦写寿命；它的性能与前面两种相比较差。

NAND Flash 具体的应用有以下几种。

- eMMC：指满足 MMC（Multi-Media Card，一种快速闪存记忆卡标准）协议的芯片，eMMC 中的 e 代表 embeded（嵌入式）。eMMC 卡是集成了 NAND Flash、控制器和标准封装接口的存储器，即 eMMC=NAND Flash + 控制器 + 标准封装接口，主要用作嵌入式的外存储器。iNAND 是 SanDisk 公司生产的 eMMC，MoviNAND 是三星公司生产的 eMMC。

- SD（Secure Digital memory，安全数字存储）卡 /TF（Trans Flash）卡 /MMC 卡：这 3 种卡也由 NAND Flash 构成，区别是 eMMC 是闪存芯片，而这 3 种是卡片。这 3 种卡片的功能和原理大同小异。
- eSSD：属于 SSD 的嵌入式 MLC 类的 NAND Flash。
- OneNAND：是三星公司设计的 NAND Flash，既实现了 NOR Flash 的高速读取速度，又保留了 NAND Flash 的大容量数据存储的优点。但是由于使用的接口线太多，并且 OneNAND 规范不通用，所以它未被广泛使用。

硬盘和 Flash 类外存储器的本质区别就是存储的原理不一样，硬盘是磁存储原理。一般来讲，硬盘在嵌入式系统里面用得比较少，而在台式计算机中用得较多。硬盘的一大特点就是单位存储价格比 Flash 类外存储器的低，而且硬盘的存储空间可以做得很大。Flash 类外存储器虽然大小有限，但是访问速度快，重量（“质量”的俗称）轻，成本也有走低的态势，这是未来存储器发展的一个趋势。在嵌入式系统中，存储设备基本都以 Flash 类外存储器为主。

2.7.2 S5PV210 支持的外存储器

我们可以通过数据手册来查看 S5PV210 支持的外存储器。

这里分析 BOOTING SEQUENCE 中的内容，如图 2-7 所示。

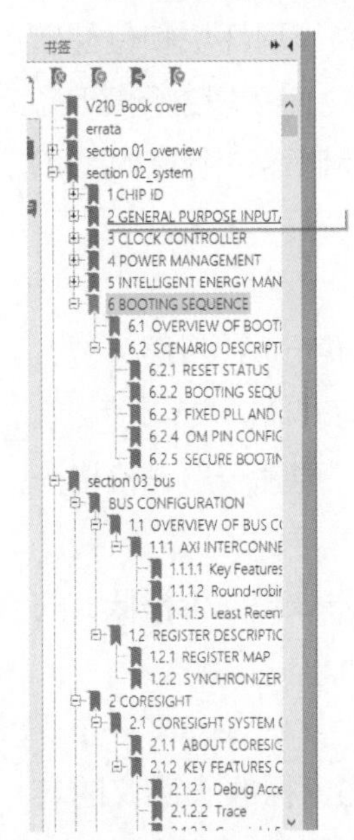

6 BOOTING SEQUENCE

6.1 OVERVIEW OF BOOTING SEQUENCE

S5PV210 consists of 64KB ROM and 96KB SRAM as internal memory. For booting, internal 64KB R
internal 96KB SRAM regions can be used. S5PV210 boots from internal ROM to enable secure booti
ensures that the image cannot be altered by unauthorized users. To select secure booting or normal
S5PV210 should use e-fuse information. This information cannot be altered after being programmed.

The booting device can be chosen from following list:

- General NAND Flash memory
- OneNAND memory
- SD/ MMC memory (such as MoviNAND and iNAND)
- eMMC memory
- eSSD memory
- UART and USB devices

■ 图 2-7

BOOTING SEQUENCE 是指启动时序，与后面我们讲的 S5PV210 的启动方式联系密切。图 2-7 中“The booting device can be chosen from following list:”这句话下面就是它所支持的外存储器。General NAND Flash memory 指 NAND Flash。UART and USB devices 指外部串口连接，不属于外存储器。

X210 开发板有两个版本，即 NAND 版和 iNAND 版，分别使用 NAND Flash 和 iNAND 作为外存储器。本书配套的开发板使用的是 iNAND 版，板载 4GB iNAND。S5PV210 共支持 4 个 SD 卡 /MMC 通道，其中通道 0 和 2 用作启动。X210 开发板中的 SD 卡 /MMC0 通道用于连接板载 MMC，因此外部启动时只能使用 SD 卡 /MMC2 通道（注意通道 3 不能启动），通道 0 在内部直接连接板载 eMMC，而通道 1 没有引出来。

2.8　S5PV210 的启动过程详解

2.8.1　不同计算机系统内存和外存配置的区别

芯片的启动过程与芯片的内存和外存储器（这里简称外存）有很大的关系。不同的系统由于功能和成本的要求，其内存和外存会有不一样的配置。2.7 节关于内存中的 SRAM 和 DRAM、外存中的 NOR Flash 和 NAND Flash 的知识对我们理解 S5PV210 的启动过程尤为重要。

计算机系统内存和外存配置的区别如下。

单片机对内存的需求量小，而且开发简单，内存适合使用 SRAM。内存、外存配置为 SoC 内置小容量 SRAM + 小容量 NOR Flash。内存和外存与 CPU 总线接口连接，程序是固化到 NOR Flash 中的，系统启动后由于 SRAM 和 NOR Flash 都不需要初始化，所以上电后直接运行程序。这样配置的缺点是，内存和外存的容量小，并且相同容量下成本较高，限制了系统的大小；优点是启动简单，内存和外存不用初始化，CPU 直接读取程序、数据来工作。

基于复杂操作系统的嵌入式系统对内存的需求量和软件复杂程度介于单片机和 PC 之间，基于复杂操作系统的嵌入式系统的内存和外存配置为 SoC 内置小容量的 SRAM + 小容量的 NOR Flash + 外置大容量 DRAM + 外置大容量 NAND Flash。芯片在出厂的时候，NOR Flash 内置了启动程序，上电启动后通过内置的 SRAM 和 NOR Flash 初始化外置的 DRAM 和 NAND Flash，运行程序固化在外置 NAND Flash 中，而程序运行在外置的 DRAM 中。这样的优点是配置了大容量的内存和外存；缺点是由于配置的是大容量内存和外存，需要初始化后才能使用，所以需要用内置的小容量、不需要初始化的内存和外存来初始化大容量的内存和外存，导致启动方式复杂。

PC 对内存的需求大，软件复杂，并且不用在乎 DRAM 的初始化开销，所以适合使用 DRAM 作为内存。内存和外存配置为 BIOS（Basic Input/Output System，基本输入输出系统）（内置 SRAM 电池供电来保存配置，内置 NOR Flash 来保存启动代码）+ 外置大容量机械硬盘或者 NAND Falsh + 大容量 DRAM。主板上加 BIOS，内置启动程序启动后（包括配置 NAND Flash 和 DRAM），再从 NAND Flash 读取程序在 DRAM 上运行。

2.8.2 S5PV210 启动方式详解

S5PV210 使用外接大容量 NAND Flash、大容量 DRAM，以及 SoC 内置的 96KB 大小的 SRAM（iRAM）和 64KB 大小的 NOR Flash（iROM）方式来启动。

S5PV210 的启动过程如图 2-8 所示，从中还可以看出启动过程与 SoC 内存和外存储器之间的关系。详细的启动过程如图 2-9 所示。

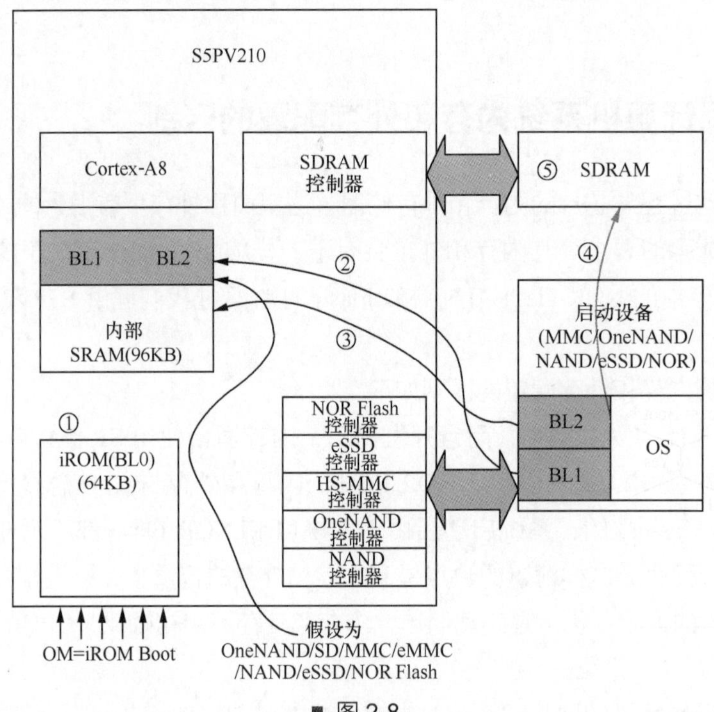

■ 图 2-8

启动代码分为 BL0、BL1、BL2 3 个部分，BL0 是内置于 iROM（即 SoC 内部集成的 NOR Flash）的出厂启动代码，BL1 和 BL2 是存放于外存储器中的启动代码。

具体启动过程如下。

① 芯片上电后读取 iROM 中的 BL0 启动代码到 iRAM（即 SoC 内部集成的 SRAM）中运行，iRAM 大小为 96KB。BL0 启动代码实现的功能如下。

- 初始化基本功能，例如初始化时钟，关闭看门狗（SoC 内部的定时器，系统故障时进行系统复位），初始化堆栈，初始化块设备的复制函数等。

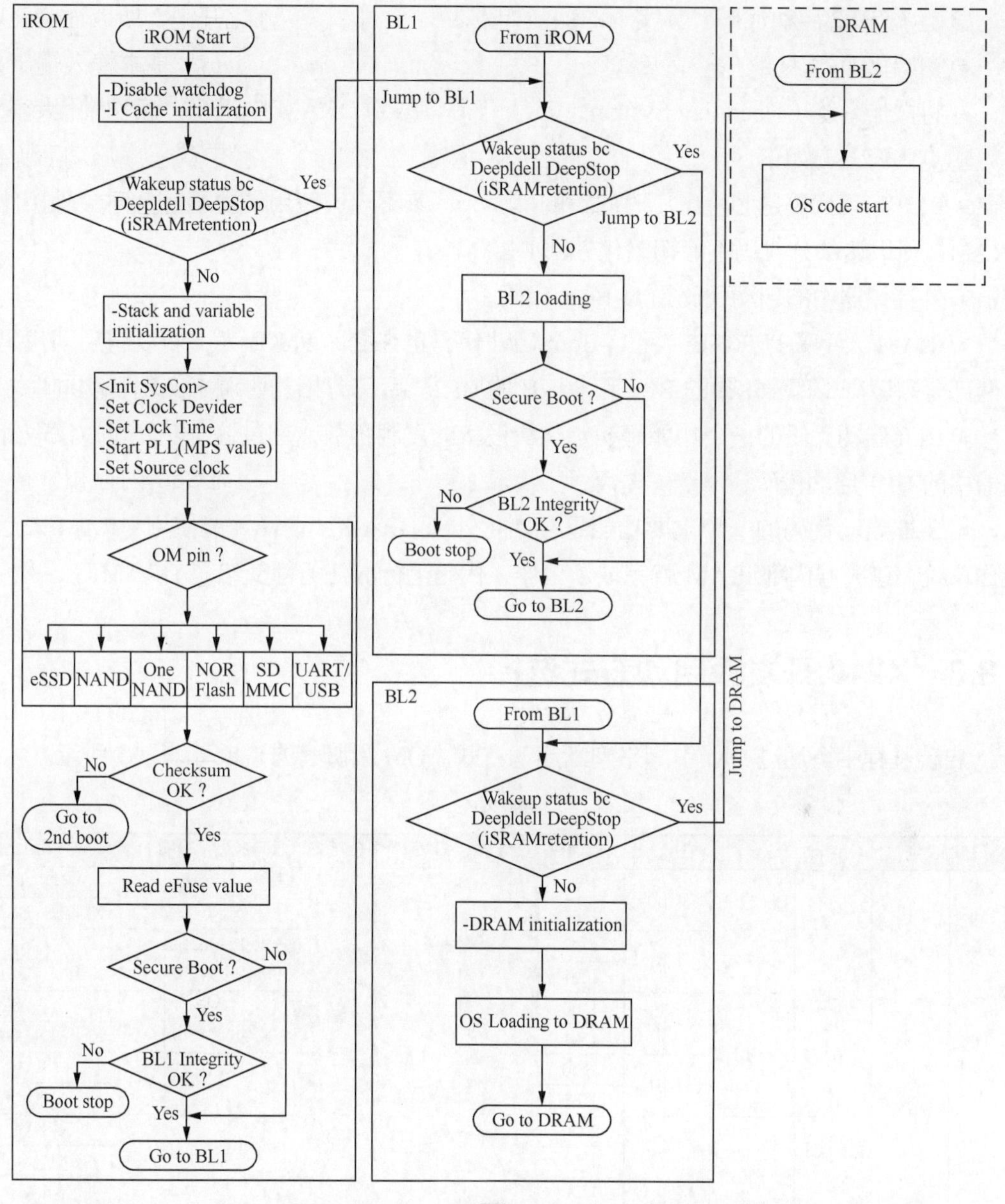

■ 图 2-9

- 判断启动方式，启动方式决定了存放启动代码的外存储器的位置。首先从第一启动方式启动，校验第一启动方式（SD 卡 /MMC Channel 0）启动介质中的 BL1 的校验和。如果成功，加载 BL1 程序；如果失败，则从第二启动方式（SD 卡 /MMC Channel 2）启动；如果仍然失败，则从串口启动；如果还是失败，则从通用串行总线启动；如果依然失败，则启动结束。
- 确定了启动方式后，将外存储器存放的启动代码中的 16KB 大小的 BL1 启动代码读取到 iRAM。

② 运行 BL1 启动代码，其实现的功能如下。

- 将 80KB 大小的 BL2 读取到 iRAM。

③ 运行 BL2 启动代码，其实现的功能如下。

- 初始化 DRAM。
- 将操作系统（Operating System，OS）代码读取到 DRAM 中运行，启动过程结束。

重点内容补充如下。

- BL0 启动代码是芯片出厂时内置的程序，厂家不知道使用者使用芯片时会外接什么 DRAM，所以这部分代码不能初始化外部 DRAM。
- 外存储器中的启动代码是 U-Boot 代码。
- iRAM 大小只有 96KB，而 U-Boot 启动代码也许会比 96KB 大，所以将启动代码分为两部分来运行，即 16KB 的 BL1 和 80KB 的 BL2。两部分相互协调来实现启动过程。
- BL0 启动代码的一个功能是初始化块设备的复制函数，通过这个功能可以读取外存储器中的 BL1 启动代码。
- BL2 启动代码的一个重要功能是初始化外部 DRAM，这样才能使用 DRAM 来运行操作系统，这时候内部 iRAM 就完成了工作，代码运行的任务都交给了 DRAM。

2.8.3 X210 开发板启动方式选择

启动过程中可通过 OM 引脚来判断启动方式。OM 引脚官方说明如表 2-5 所示。

表 2-5

OM [5]	OM [4]	OM [3]	OM [2]	OM [1]	OM [0]	OM [5]	OM [4]	OM [3]	OM [2]	OM [1]	OM [0]
1'b0	1'b0	1'b0	1'b0	1'b0	1'b0	Boot Mode	iROM	eSSD			X-TAL
					1'b1						X-TAL (USB)
				1'b1	1'b0			Nand 2KB, 5cycle (Nand 8bit ECC)			X-TAL
					1'b1						X-TAL (USB)
			1'b1	1'b0	1'b0			Nand 4KB, 5cycle (Nand 8bit ECC)			X-TAL
					1'b1						X-TAL (USB)
				1'b1	1'b0			Nand 4KB, 5cycle (Nand 16bit ECC)			X-TAL
					1'b1						X-TAL (USB)
		1'b1	1'b0	1'b0	1'b0			OnenandMux (Audi)			X-TAL
					1'b1						X-TAL (USB)
				1'b1	1'b0			OnenandDemux (Audi)			X-TAL
					1'b1						X-TAL (USB)
			1'b1	1'b0	1'b0			SD/MMC			X-TAL
					1'b1						X-TAL (USB)
				1'b1	1'b0			eMMC (4-bit)			X-TAL
					1'b1						X-TAL (USB)
	1'b0	1'b0	1'b0	1'b1	1'b0			Nand 2KB, 5cycle (16-bit bus, 4-bit ECC)			X-TAL
					1'b1						X-TAL (USB)
				1'b1	1'b0			Nand 2KB, 4cycle (Nand 8bit ECC)			X-TAL
					1'b1						X-TAL (USB)
			1'b1	1'b0	1'b0			iROM NOR boot			X-TAL
					1'b1						X-TAL (USB)
				1'b1	1'b0			eMMC (8-bit)			X-TAL
					1'b1						X-TAL (USB)

续表

OM [5]	OM [4]	OM [3]	OM [2]	OM [1]	OM [0]	OM [5]	OM [4]	OM [3]	OM [2]	OM [1]	OM [0]
1'b1	1'b0	1'b0	1'b0	1'b0	1'b0	Boot Mode	iROM First boot UART ->USB	eSSD			X-TAL
					1'b1						X-TAL (USB)
				1'b1	1'b0			Nand 2KB，5cycle			X-TAL
					1'b1						X-TAL (USB)
			1'b1	1'b0	1'b0			Nand 4KB，5cycle			X-TAL
					1'b1						X-TAL (USB)
				1'b1	1'b0			Nand 16bit ECC (Nand 4KB，5cycle)			X-TAL
					1'b1						X-TAL (USB)
		1'b1	1'b0	1'b0	1'b0			OnenandMux (Audi)			X-TAL
					1'b1						X-TAL (USB)
				1'b1	1'b0			OnenandDemux (Audi)			X-TAL
					1'b1						X-TAL (USB)
			1'b1	1'b0	1'b0			SD/MMC			X-TAL
					1'b1						X-TAL (USB)
				1'b1	1'b0			eMMC (4-bit)			X-TAL
					1'b1						X-TAL (USB)

表 2-5 中 1'b1 的含义是：1'b 代表二进制表示方法，1'b 后的 1 表示二进制 1，对应到硬件电路为高电平。图 2-10 所示为开发板 X210V3 硬件电路中的拨码开关与启动方式的对应关系。

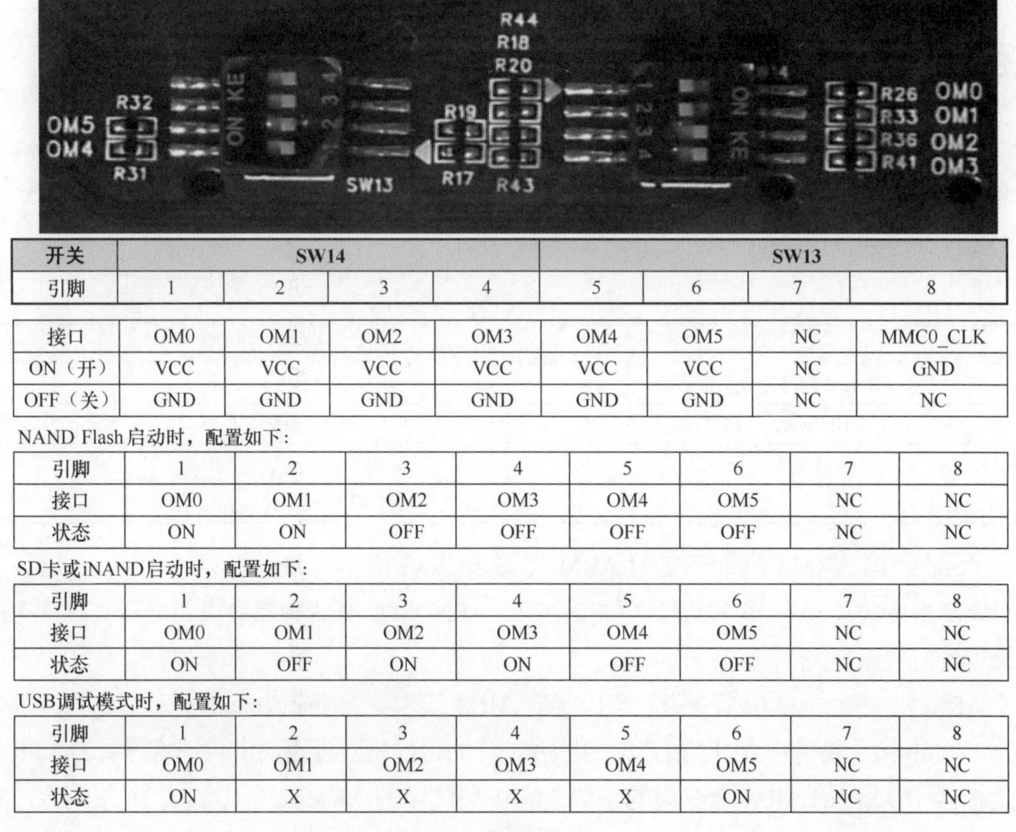

开关	SW14				SW13			
引脚	1	2	3	4	5	6	7	8
接口	OM0	OM1	OM2	OM3	OM4	OM5	NC	MMC0_CLK
ON（开）	VCC	VCC	VCC	VCC	VCC	VCC	NC	GND
OFF（关）	GND	GND	GND	GND	GND	GND	NC	NC

NAND Flash 启动时，配置如下：

引脚	1	2	3	4	5	6	7	8
接口	OM0	OM1	OM2	OM3	OM4	OM5	NC	NC
状态	ON	ON	OFF	OFF	OFF	OFF	NC	NC

SD卡或iNAND启动时，配置如下：

引脚	1	2	3	4	5	6	7	8
接口	OM0	OM1	OM2	OM3	OM4	OM5	NC	NC
状态	ON	OFF	ON	ON	OFF	OFF	NC	NC

USB调试模式时，配置如下：

引脚	1	2	3	4	5	6	7	8
接口	OM0	OM1	OM2	OM3	OM4	OM5	NC	NC
状态	ON	X	X	X	X	ON	NC	NC

■ 图 2-10

由于开发板设备更新，厂家推出了新的 X210BV3S 开发板。X210BV3S 开发板的启动方式选择如图 2-11 所示。白色端子没有短接的时候选择 SD 卡 /iNAND 启动，首先从第一启动方式 SD0 启动，若启动失败就从 SD2 启动；若白色端子短接就从 USB 启动。

■ 图 2-11

2.9 ARM CPU 的编程模式和 7 种工作模式

2.9.1 ARM CPU 的编程模式

ARM CPU 主要采用 32 位架构，如本书配套的 S5PV210。ARM 公司也推出了 64 位架构的 CPU，如 ARMv8 系列的 CPU，但是 64 位架构的 CPU 本书暂不讨论。ARM 对 CPU 还有一些我们需要了解的约定，如表 2-6 所示。

表 2-6

名称		对应位数
Byte（简写为 B，字节）		8 位（bit）
Halfword（半字）		16 位（2B）
Word（字）		32 位（4B）
备注	“字”表示 CPU 一次性可以处理的位宽	

大部分的 ARM 内核都支持 ARM 指令集（32 位）、Thumb 指令集（16 位）、Thumb-2 指令集（16 位和 32 位）3 种指令集。ARM CPU 有 3 种指令集，导致其内部电路设计得十分复杂。

ARM 指令集为 32 位指令集，可以实现 ARM 架构下的所有功能。

Thumb 指令集是对 ARM 指令集的扩展，它的目标是实现更高的代码密度。Thumb 指令集相当于 32 位的 ARM 指令集的子集，它仅把常用的 ARM 指令压缩成 16 位指令。在指令的执行阶段，16 位的 Thumb 指令集中的指令被重新解码，完成对应的 32 位的 ARM

指令集中的指令所实现的功能。但是对于部分 ARM 指令集中的指令功能，Thumb 指令集中的指令是不能实现的，使用时 CPU 需要在 ARM 状态和 Thumb 状态之间不断切换。

与全部使用 ARM 指令集中的指令相比，使用 Thumb 指令集中的指令可以在代码密度方面改善大约 30%。但是，这种改进是以牺牲代码的效率为代价的。尽管每个 Thumb 指令都有相对应的 ARM 指令，但是相同的功能，需要更多的 Thumb 指令才能完成。因此，当指令预取需要的时间没有区别时，ARM 指令相对 Thumb 指令具有更好的性能。

Thumb-2 技术是对 ARM 架构非常重要的扩展，它可以改善 Thumb 指令集的性能。Thumb-2 指令集在现有的 Thumb 指令集的基础上做了如下扩充。

- 增加了一些新的 16 位的 Thumb 指令来改进程序的执行流程。
- 增加了一些新的 32 位的 Thumb 指令以实现一些 32 位的 ARM 指令的专有功能，解决了之前 Thumb 指令集不能访问协处理器，以及不能使用特权指令和特殊功能指令的问题。
- 扩展了 32 位的 ARM 指令，增加了一些新的指令来改善代码性能和提高数据处理的效率。

Thumb-2 指令集的优点如下。

- 实现了 ARM 指令集的所有功能，这样就不需要在 ARM 状态与 Thumb 状态之间反复切换了。
- 增加了 12 条新指令，可以改进代码性能和代码密度之间的平衡问题。
- 代码性能达到了纯 ARM 代码性能的 98%。
- 相对于 ARM 代码，Thumb-2 指令的代码的所占空间仅有 ARM 指令的代码的 74%。
- 代码密度比现有的 Thumb 指令集更高。
- 代码长度平均减小 5%。
- 代码速度平均提高 2% ~ 3%。

2.9.2 ARM CPU 的 7 种工作模式

CPU 是硬件，操作系统是软件。软件的设计要依赖硬件的特性；硬件的设计要考虑软件的需要，以便于实现软件特性。两者相互促进、协同发展。而操作系统有安全级别要求，因此 CPU 设计多种模式是为了满足操作系统的多种安全等级需要。从这方面看，CPU 的工作模式其实是由操作系统决定的。

ARM CPU 有如下 7 种工作模式。

- 用户（User）模式：非特权模式，大部分任务在这种模式执行。
- 快速中断（用 FIQ 表示）模式：当一个高优先级（如 Fast）中断产生时将会进入这种模式。
- 中断（用 IRQ 表示）模式：当一个低优先级（如 Normal）中断产生时将会进入这种模式。

- 管理（用 SVC 表示）模式：操作系统使用的保护模式。当复位或软中断指令执行时将会进入这种模式。
- 系统（System）模式：使用和 User 模式相同的寄存器集的特权模式。
- 数据访问终止（用 Abort 表示）模式：数据或指令预取终止时进入该模式。
- 未定义指令终止（用 Undef 表示）模式：未定义的指令执行时进入该模式。

User 模式是普通模式，其他 6 种工作模式都是特权模式。特权模式中除了 System 模式外，其余的 5 种均是异常模式。

CPU 在工作过程中，同一时间只能在一种工作模式下工作，各种模式的切换，可以通过代码主动切换（通过配置 CPSR 实现，下文会介绍）进行，也可以让 CPU 在某些情况下自动切换，例如外部中断会使 CPU 自动切换到 IRQ 模式。各种模式下的权限和可以访问的寄存器不同，各种模式负责的功能也不一样。

2.10 ARM CPU 的 37 个寄存器详解

寄存器可以分为两种，一种是通用寄存器，另一种是特殊功能寄存器。

通用寄存器不同于特殊功能寄存器的是有自己独有的地址，所以每一个通用寄存器被取了特定的名字。在编程过程中，可通过这些名字来实现访问这个寄存器的效果。

ARM CPU 里面的 37 个寄存器如图 2-12 所示。在 ARM CPU 的 7 种工作模式中，User 模式和 System 模式拥有物理空间上完全相同的寄存器，而其他 5 种工作模式都有一些自己独立的寄存器。

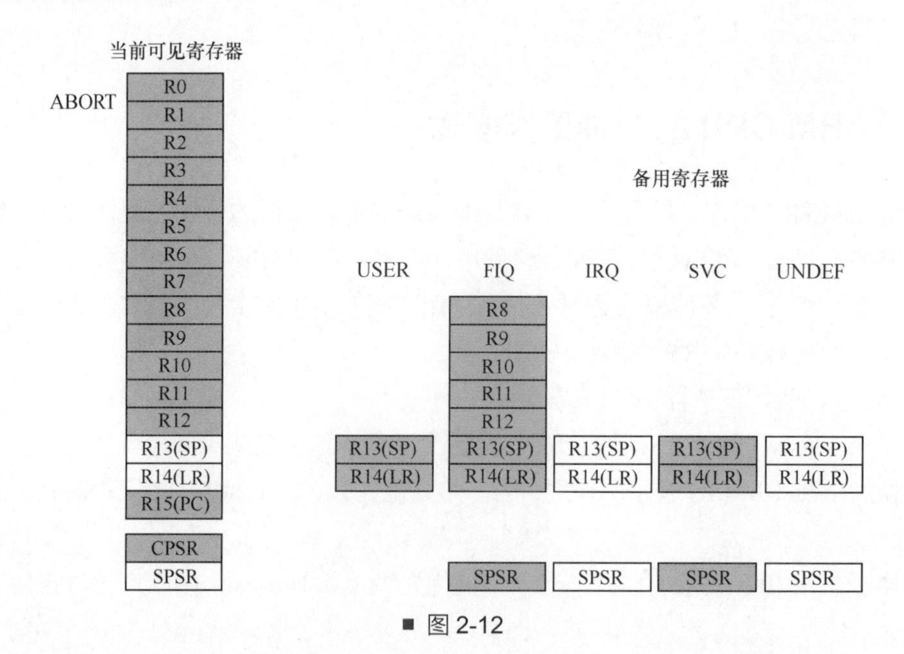

■ 图 2-12

图 2-12 中最左边显示的是当前模式，即 Abort 模式下可见的寄存器，其中阴影部分为当前模式与 User 模式共用的寄存器；右边显示的是其他模式下备用的寄存器，这些备用的寄存器是该模式下可见的寄存器，虽然名字可能和其他模式下的寄存器一样，但是其物理空间是独有的，因而不会发生冲突。

例如 ARM CPU 共有 6 个名叫 R14（用作堆栈指针，Stack Point，SP）的寄存器，但是在每种特定的 CPU 工作模式下，只有一个 R14 是当前可见的，其他的 R14 必须切换到对应的模式下才可以见到，这样的寄存器我们称为“影子寄存器”（backed register）。在 Abort 模式下，可以访问的可见的寄存器共 18 种，包括 3 种影子寄存器；在 User 模式下可以访问的影子寄存器有 2 种；在 FIQ 模式下可以访问的影子寄存器有 8 种；在 IRQ 模式下可以访问的影子寄存器有 3 种；在 SVC 模式下可以访问的影子寄存器有 3 种；在 Undef 模式下可以访问的影子寄存器有 3 种。

这样安排的好处是当各种异常发生的时候，可在每种异常模式下保存一些重要的数据，使异常处理程序运行完成之后返回异常发生前的程序时不会破坏原有的寄存器内容或状态。

不同模式下可见的寄存器如图 2-13 所示（System 模式和 User 模式下寄存器是一样的）。

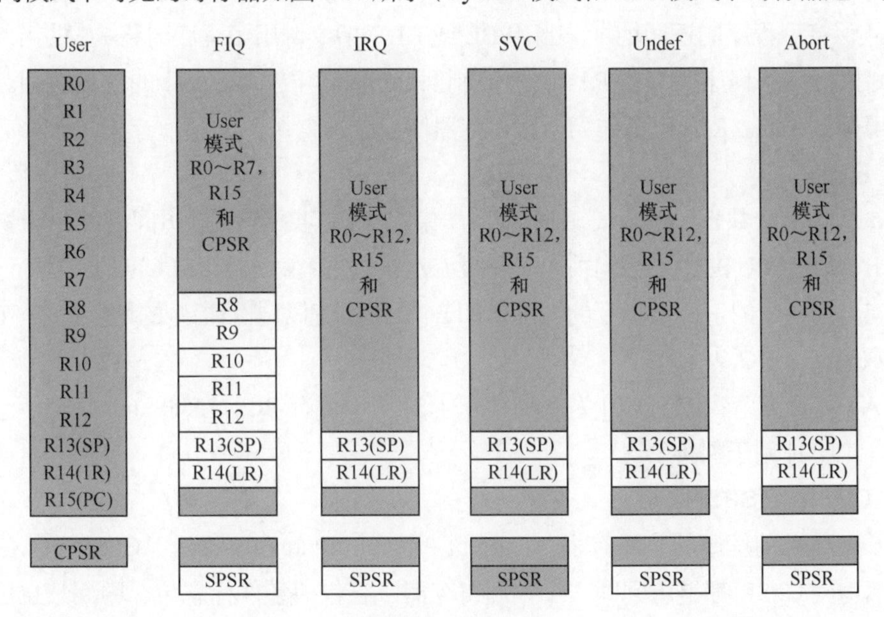

■ 图 2-13

1. R0 ~ R7

在所有工作模式下，R0 ~ R7 都分别指向同样的物理寄存器（共 8 个物理寄存器），它们未被系统用作特殊的用途。因为在发生中断或异常处理过程中进行工作模式切换时，由于不同工作模式均使用相同的物理寄存器，可能造成寄存器中的数据被破坏。

2. R8 ~ R12

在 User、System、IRQ、SVC、Abort 和 Undef 模式下访问的 R8 ~ R12 都是同样的

物理寄存器（共 5 个物理寄存器）；在 FIQ 模式下，R8 ~ R12 是另外独立的物理空间的寄存器（共 5 个物理寄存器）。

3. R13 和 R14

在 User、System、IRQ、FIQ、SVC、Abort 和 Undef 模式下访问的 R13 和 R14 都是各自模式下独立的物理空间的寄存器（共 12 个物理寄存器）。

R13 在 ARM CPU 指令集中常用作堆栈指针，但这只是一种习惯用法，用户也可使用其他的寄存器作为堆栈指针。而在 Thumb 指令集中，某些指令强制要求使用 R13 作为堆栈指针。

由于 CPU 在每种工作模式均有自己独立的物理寄存器 R13，在用户应用程序初始化时，一般都要初始化每种工作模式下的 R13，使其指向该工作模式下的堆栈空间。这样，当程序进入异常模式时，可以将需要保护的寄存器放入 R13 所指向的堆栈空间；而当程序从异常模式返回时，则从对应的堆栈空间中恢复。采用这种方式可以保证异常发生后程序正常执行。

R14 称为链接寄存器（Link Register，LR），当执行子程序调用指令（BL）时，R14 可得到 R15（用作程序计数器，Program Counter，PC）的备份。在每一种工作模式下，都可用 R14 保存子程序的返回地址。当用 BL 或 BLX 指令调用子程序时将 PC 的当前值复制给 R14，执行完子程序后又将 R14 的值复制回 PC，即可完成子程序的调用返回。以上的描述可用指令完成。R14 也可作为通用寄存器使用。

4. R15

R15 即程序计数器（PC）。在所有工作模式下访问 R15 都是访问的同一个物理寄存器，由于 ARM CPU 的体系结构采用了多级流水线技术，对于 ARM CPU 指令集而言，PC 总是指向当前指令的下两条指令的地址，即 PC 的地址值为当前指令的地址值加 8B。整个 CPU 中只有一个 PC。

在 ARM 状态下，R15[1:0] 为 0，R15[31:2] 用于保存 PC；在 Thumb 状态下，R15[0] 为 0，R15[31:1] 用于保存 PC。

5. CPSR 和 SPSR

R16 用作当前程序状态寄存器（Current Program Status Register，CPSR）。在所有工作模式下访问 CPSR 都是访问同一个物理寄存器，它包括条件标志位、中断禁止位、CPU 模式位，以及其他一些相关的控制位和状态位，如图 2-14 所示。

CPSR 中的各个标志位表明了 CPU 的某些状态信息，这些信息非常重要，它们和后面介绍的汇编指令息息相关（如 BLE 指令中的 E 和 CPSR 中的 Z 标志位有关）。CPSR 中的 I 与 F 位和开中断与关中断有关。CPSR 中的 Mode 位（bit4 ~ bit0 共 5 位）决定了 CPU 的工作模式，在 U-Boot 代码中会使用汇编语言进行设置。

备份的程序状态寄存器（也称程序状态保存寄存器，Saved Program Status Register，SPSR）是在每种异常模式下独立的物理空间的寄存器。当异常发生时，SPSR 用于保存

CPSR 的当前值，从异常退出时则可由 SPSR 来恢复 CPSR。共有 5 个这样的寄存器。

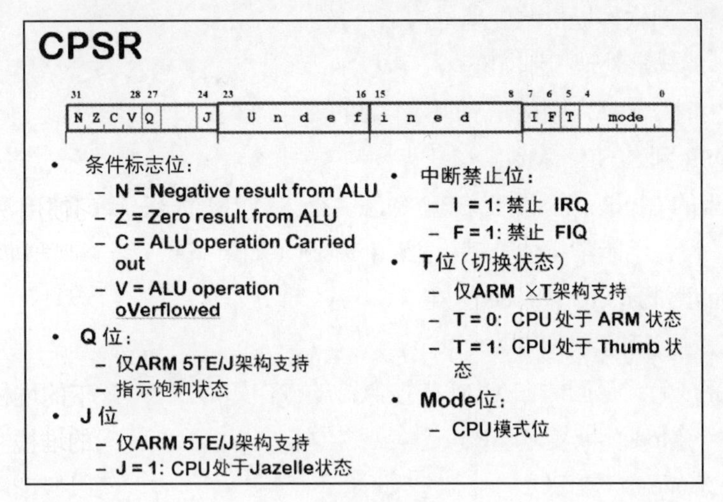

■ 图 2-14

User 模式和 System 模式不属于异常模式，它们没有 SPSR，在这两种模式下访问 SPSR，结果是未知的。

ARM CPU 的 37 个寄存器中有 7 个特殊功能寄存器，包括 1 个 PC、1 个 CPSR，以及 5 个 SPSR；其余 30 个为通用寄存器。

2.11 ARM CPU 的异常处理方式简介

正常工作之外的流程都叫作异常。异常会打断正在执行的工作，一般我们希望 CPU 处理完异常后，可以继续执行原来的工作。

ARM CPU 具有如下 7 种异常。

- 复位。
- 未定义指令。
- 软中断。
- 预读取中断。
- 数据中断。
- 中断请求。
- 快速中断请求。

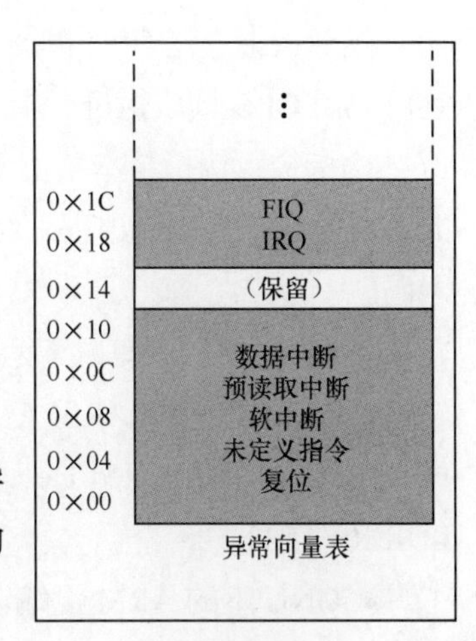

■ 图 2-15

当一种异常发生的时候，ARM CPU 会跳转到对应该异常的固定地址去执行异常处理程序，而这个固定地址被称为异常向量表，如图 2-15 所示。所有的 CPU 都有异常向量表，这是设计 CPU 时就设定好的，是由硬件决定的。当异常发生时，CPU 会自动产生“动作”，PC 跳转到异常向量处处理异常，有时伴有一些辅助动作。异常向量表是硬件向软件提供的处理异常的支持。

ARM CPU 的异常处理机制如下。

当异常产生时，ARM 内核执行的操作如下。

- 复制 CPSR 到 SPSR_<Mode>。
- 设置适当的 CPSR 位。改变 CPU 状态，进入 ARM 状态；改变 CPU 模式，进入相应的异常模式；设置中断禁止位，禁止相应的中断（如果需要）。
- 保存返回地址到 LR_<Mode>。
- 设置 PC 为相应的异常向量。

异常处理完成后，返回时，ARM 内核执行的操作如下。

- 从 SPSR_<Mode> 恢复 CPSR。
- 从 LR_<Mode> 恢复 PC。

以上的所有异常处理操作都只能在 ARM 状态下执行。

异常处理中有一些工作是硬件自动做的，有一些是需要软件工程师自己做的。我们前面讲了，在进行 CPU 设计时就设定了异常向量表，一般称其为一级中断向量表。有些 CPU 为了支持多个中断，还会提供二级中断向量表，其处理思路类似于这里说的一级中断向量表。编写代码的时候需要清楚地了解你所需要的中断是怎样来实现的。

2.12 ARM 汇编指令集详解

2.12.1 ARM 汇编指令集总述

指令：指令是 CPU 机器指令的助记符，经过编译后会得到由二进制数组成的机器码，它可以由 CPU 读取执行。指令一一对应着机器码。

伪指令：伪指令本质上不是指令（只是和指令一起写在代码中），它是由编译器提供的，目的是指导编译过程。经过编译后伪指令不会生成机器码。伪指令没有一一对应着机器码。

ARM 汇编指令有以下两种不同风格的写法。

- ARM 官方的 ARM 汇编语言风格：指令一般用大写字母，在 Windows 系统的集成开发环境（Integrated Development Environment，IDE，如 ADS、MDK 等）下常用，如 LDR R0, [R1]。
- GNU 下的 ARM 汇编语言风格：指令一般用小写字母，在 Linux 系统的开发环境下常用，如 ldr r0, [r1]。

ARM 汇编指令集中的 LDR/STR 指令可实现 ARM CPU 与内存之间的数据交换。ARM CPU 采用 RISC 架构，但 CPU 本身不能直接读取内存，需要先将内存中的内容载入 CPU 中的通用寄存器，然后才能被 CPU 处理。LDR 指令将内存内容载入通用寄存器。STR 指令将寄存器内容存入内存空间。

ARM 汇编指令集具有 8 种寻址方式，如表 2-7 所示。

表 2-7

寻址方式	举例
寄存器寻址	mov r1, r2
立即寻址	mov r0, #0xFF00
寄存器移位寻址	mov r0, r1, lsl #3
寄存器间接寻址	ldr r1, [r2]
基址变址寻址	ldr r1, [r2, #4]
多寄存器寻址	ldmia r1!, {r2-r7, r12}
堆栈寻址	stmfd sp!, {r2-r7, lr}
相对寻址	beq flag flag:

ARM 汇编指令有后缀，同一指令经常附带不同后缀，变成不同的指令。经常使用的后缀如表 2-8 所示。

表 2-8

后缀名称	说明	举例
B（Byte）	功能不变，操作长度变为 8 位	ldr 和 ldrb
H（Halfword）	功能不变，操作长度变为 16 位	ldr 和 ldrh
S（Signed）	功能不变，操作数变为有符号	ldrsb 和 ldrsh
S（S 标志）	功能不变，影响 CPSR 标志位	mov 和 movs

ARM 汇编指令有条件后缀（条件码助记符），如表 2-9 所示。

表 2-9

条件码	条件码助记符	标志	含义	条件码	条件码助记符	标志	含义
0000	EQ	Z=1	相等	1000	HI	C=1,Z=0	无符号数大于
0001	NE	Z=0	不相等	1001	LS	C=0,Z=1	无符号数小于或等于
0010	CS/HS	C=1	无符号数大于或等于	1010	GE	N=V	有符号数大于或等于
0011	CC/LO	C=0	无符号数小于	1011	LT	N!=V	有符号数小于
0100	MI	N=1	负数	1100	GT	Z=0,N=V	有符号数大于
0101	PL	N=0	正数或零	1101	LE	Z=1,N!=V	有符号数小于或等于
0110	VS	V=1	溢出	1110	AL	任意	无条件执行（指令默认条件）
0111	VC	V=0	没有溢出	1111	NV	任意	从不执行（不要使用）

对于条件后缀，要注意以下两点。

- 条件后缀是否成立，不是取决于本句代码，而是取决于这句代码之前的代码执行后的结果。

- 条件后缀决定了本句代码是否被执行，不会影响上一句和下一句代码的执行。

ARM 汇编具有多级指令流水线。ARM CPU 使用多级指令流水线是为了增加 CPU 指令流的速度。指令流水线工作原理如图 2-16 所示。S5PV210 使用 13 级指令流水线，ARM11 使用 8 级指令流水线。

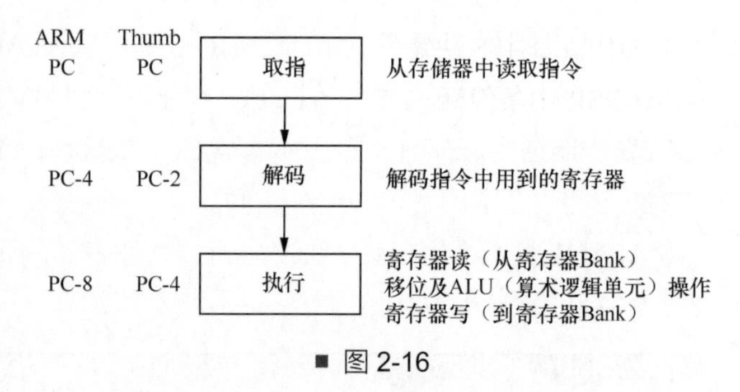

■ 图 2-16

2.12.2 ARM 汇编指令集中指令的分类及详细讲解

ARM 汇编指令集中的指令可以分为以下 7 类。

- 数据处理指令。
- 程序状态寄存器（PSR）访问指令。
- 跳转指令。
- 数据交换指令。
- 软中断指令。
- 协处理器指令。
- 批量数据加载 / 存储指令。

数据处理指令可分为数据传输指令、算术指令、逻辑指令和比较指令等。数据传输指令用于在寄存器和存储器之间进行数据的双向传输；算术指令、逻辑指令完成常用的算术与逻辑的运算，不仅会将运算结果保存在目的寄存器中，而且会更新 CPSR 中的相应条件标志位；比较指令不保存运算结果，只更新 CPSR 中相应的条件标志位。

数据处理指令举例如下。

- 数据传输指令：MOV、MVN。
- 算术指令：ADD、SBC、RSC。
- 逻辑指令：AND、ORR、EOR、BIC。
- 比较指令：CMP、CMN、TST、TEQ。
- 乘法指令：MUL、MLA、UMULL、UMLAL、SMULL、SMLAL。
- 前导零计数：CLZ。

一些常用指令的用法，读者一定要掌握。

1. MOV（传送）指令

MOV 指令的格式：MOV{ 条件 }{S} 目的寄存器，源操作数。

MOV 指令可完成将一个寄存器、被移位的寄存器的值或一个立即数加载到目的寄存器的操作。其中 S 决定指令的操作是否影响 CPSR 中条件标志位的值，当没有 S 时指令不更新 CPSR 中条件标志位的值。

指令示例如下。

```
MOV R1,R0;                  //将寄存器 R0 的值传送到寄存器 R1
MOV PC,R14;                 //将寄存器 R14 的值传送到 PC，常用于子程序返回
MOV R1,R0,LSL # 3;          //将寄存器 R0 的值左移 3 位后传送到寄存器 R1
```

2. MVN（求反）指令

MVN 指令的格式：MVN{ 条件 }{S} 目的寄存器，源操作数。

MVN 指令可完成将一个寄存器、被移位的寄存器的值或一个立即数加载到目的寄存器的操作。与 MOV 指令的不同之处是，值在传送之前被按位取反了，即把一个被按位取反的值传送到目的寄存器中。其中 S 决定指令的操作是否影响 CPSR 中条件标志位的值，当没有 S 时使用指令不更新 CPSR 中条件标志位的值。

指令示例如下。

```
MVN R0,#0;       //将立即数 0 取反传送到寄存器 R0 中，完成后 R0=-1
```

3. BIC（位清零）指令

BIC 指令的格式：BIC{ 条件 }{S} 目的寄存器，操作数 1，操作数 2。

BIC 指令用于清除操作数 1 的某些位，并把结果放置到目的寄存器。操作数 1 应是一个寄存器，操作数 2 可以是一个寄存器、被移位的寄存器或一个立即数。操作数 2 为 32 位的掩码，如果在掩码中设置了某一位，则清除这一位。未设置的掩码位保持不变。

指令示例如下。

```
BIC R0,R0,#%1011;//该指令清除 R0 中的位 0、1、3，其余的位保持不变
```

4. CMP（比较）指令

CMP 指令的格式：CMP{ 条件 } 操作数 1，操作数 2。

CMP 指令用于将操作数 1 的值和操作数 2 的值进行比较，同时更新 CPSR 中条件标志位的值。该指令进行一次减法运算，但不存储结果，只更改条件标志位。操作数 1 是寄存器，操作数 2 是寄存器或立即数。标志位表示操作数 1 与操作数 2 的关系（大、小、相等）。例如，当操作数 1 的值大于操作数 2 的值，则此后的有 GT 后缀的指令将可以执行。

指令示例如下。

```
CMP   R1,R0; //将寄存器 R1 的值与寄存器 R0 的值相减，并根据结果设置 CPSR 的标志位
CMP R1,#100; //将寄存器 R1 的值与立即数 100 相减，并根据结果设置 CPSR 的标志位
```

5. CMN（负数比较）指令

CMN 指令的格式：CMN{ 条件 } 操作数 1，操作数 2。

CMN 指令用于把操作数 1 的值和操作数 2 的值取反后进行比较，同时更新 CPSR 中

条件标志位的值。操作数 1 是寄存器，操作数 2 是寄存器或立即数。该指令将操作数 1 和操作数 2 的值相加，并根据结果更改条件标志位。

指令示例如下。

```
CMN   R1,R0; //将寄存器 R1 的值与寄存器 R0 的值相加，并根据结果设置 CPSR 的标志位
CMN R1,#100; //将寄存器 R1 的值与立即数 100 相加，并根据结果设置 CPSR 的标志位
```

6. TST（测试）指令

TST 指令的格式：TST{ 条件 } 操作数 1，操作数 2。

TST 指令用于把操作数 1 的值和操作数 2 的值进行按位与运算，并根据运算结果更新 CPSR 中条件标志位的值。操作数 1 是寄存器，是要测试的数据；操作数 2 是寄存器或立即数，是一个位掩码。该指令一般用来检测是否设置了特定的位。

指令示例如下。

```
TST R1,#%1;    //用于测试在寄存器 R1 中是否设置了最低位（%表示二进制数）
TST R1,#0xFFE;//将寄存器 R1 的值与立即数 0xFFE 按位与，并根据结果设置 CPSR 的标志位
```

程序状态寄存器访问指令用于在程序状态寄存器和通用寄存器之间传送数据，程序状态寄存器访问指令包括 MRS 指令和 MSR 指令。

7. MRS 指令

MRS 指令的格式：MRS{ 条件 } 通用寄存器，程序状态寄存器（CPSR 或 SPSR）。

MRS 指令用于将程序状态寄存器的值传送到通用寄存器。该指令一般用于以下两种情况：当需要改变程序状态寄存器的值时，可用 MRS 指令将程序状态寄存器的值读入通用寄存器，修改后再写回程序状态寄存器；当在异常处理或进程切换过程中需要保存程序状态寄存器的值时，可先用该指令读出程序状态寄存器的值，然后保存。

指令示例如下。

```
MRS R0,CPSR;      //传送 CPSR 的值到 R0
MRS R0,SPSR;      //传送 SPSR 的值到 R0
```

8. MSR 指令

MSR 指令的格式：MSR{ 条件 } 程序状态寄存器（CPSR 或 SPSR）_< 域 >，操作数。

MSR 指令用于将操作数的值传送到程序状态寄存器的特定域。其中，操作数可以为通用寄存器或立即数。< 域 > 用于设置程序状态寄存器中需要操作的位，32 位的程序状态寄存器可分为 4 个域：位 [31:24](bit[31:24]) 为条件位域，用 f 表示；位 [23:16](bit[23:16]) 为状态位域，用 s 表示；位 [15:8](bit[15:8]) 为扩展位域，用 x 表示；位 [7:0](bit[7:0]) 为控制位域，用 c 表示。

该指令通常用于恢复或改变程序状态寄存器的值，在使用时，一般要在 MSR 指令中指明将要操作的域。

指令示例如下。

```
MSR CPSR,R0;  // 传送 R0 的值到 CPSR
MSR SPSR,R0;  // 传送 R0 的值到 SPSR
MSR CPSR_c,R0;// 传送 R0 的值到 SPSR，但仅仅修改 CPSR 中的控制位域
```

跳转指令用于实现程序流程的跳转，在 ARM 程序中有以下两种方法可以实现程序流程的跳转：一是使用专门的跳转指令，二是直接向程序计数器（PC）写入跳转地址。通过向 PC 写入跳转地址，可以实现在 4GB 的地址空间中任意跳转；在跳转之前结合使用 MOV LR、PC 等类似指令，可以保存将来的返回地址值，从而实现在 4GB 连续的线性地址空间中的子程序调用。

ARM 指令集中的跳转指令可以完成从当前指令向前或向后 32MB 地址空间的跳转，包括 B 指令、BX 指令和 BL 指令。

9. B 指令

B 指令的格式：B{ 条件 } 目标地址。

B 指令是最简单的跳转指令。一旦遇到 B 指令，ARM CPU 将立即跳转到指定的目标地址，从那里继续执行。注意存储在跳转指令中的实际值是当前 PC 值的一个偏移量，而不是一个绝对地址，它的值由汇编器来计算（参考寻址方式中的相对寻址）。它是 24 位有符号数，左移 2 位后有符号数扩展为 32 位，表示的有效偏移为 26 位（前后 32MB 的地址空间）。

指令示例如下。

```
B  Label;// 程序无条件跳转到标号 Label 处执行
```

10. BX 指令

BX 指令的格式：BX{ 条件 } 目标地址。

BX 指令可跳转到指令所指定的目标地址，目标地址处的指令既可以是 ARM 指令，也可以是 Thumb 指令。

11. BL 指令

BL 指令的格式：BL{ 条件 } 目标地址。

BL 是另一个跳转指令，但跳转之前，会在寄存器 R14（链接寄存器，LR）中保存 PC 的当前值，因此，可以通过将 R14 的值重新加载到 PC，来返回至跳转指令之后的那个指令处执行。该指令是实现子程序调用的一个基本又常用的指令。

指令示例如下。

```
BL   Label;// 当程序无条件跳转到标号 Label 处执行时，将当前的 PC 值保存到 R14
```

数据交换指令能在存储器和寄存器之间交换数据。数据交换指令包括 SWP 指令和 SWPB 指令。

12. SWP 指令

SWP 指令的格式：SWP{ 条件 } 目的寄存器，源寄存器 1, [源寄存器 2]。

SWP 指令用于将源寄存器 2 所指向的存储器中的字节数据 [以字节（B）为单位的数据]

传送到目的寄存器，同时将源寄存器 1 中的字节数据传送到源寄存器 2 所指向的存储器。当源寄存器 1 和目的寄存器为同一个寄存器时，该指令用于交换该寄存器和存储器中的字节数据。

指令示例如下。

```
SWP   R0,R1,[R2];          //将 R2 所指向的存储器中的字节数据传送到 R0，同时将
                           // R1 中的字节数据传送到 R2 所指向的存储器
SWP   R0,R0,[R1];          //该指令完成将 R1 所指向的存储器中的字节数据与 R0 中的
                           //字节数据交换
```

13. SWPB 指令

SWPB 指令的格式：SWPB{ 条件 } 目的寄存器，源寄存器 1,[源寄存器 2]。

SWPB 指令用于将源寄存器 2 所指向的存储器中的字节数据传送到目的寄存器，目的寄存器的高 24 位清零，同时将源寄存器 1 中的字节数据传送到源寄存器 2 所指向的存储器。当源寄存器 1 和目的寄存器为同一个寄存器时，该指令用于交换该寄存器和存储器中的字节数据。

指令示例如下。

```
SWPB   R0,R1,[R2]; //将 R2 所指向的存储器中的字节数据传送到 R0，R0 的高 24 位清零，
                   //同时将 R1 中的低 8 位字节数据传送到 R2 所指向的存储器
SWPB   R0,R0,[R1]; //该指令完成将 R1 所指向的存储器中的字节数据与 R0 中的低 8 位字
                   //节数据交换
```

软中断指令用来实现操作系统中系统例程的调用，常用的是 SWI 指令。

14. SWI 指令

SWI 指令的格式：SWI{ 条件 } 24 位的立即数。

SWI 指令用于产生软中断，以便用户程序能调用操作系统的系统例程。操作系统在 SWI 的异常处理程序中提供相应的系统服务，指令中 24 位的立即数指定用户程序调用系统例程的类型，相关参数通过通用寄存器传递；当指令中 24 位的立即数被忽略时，用户程序调用系统例程的类型由通用寄存器 R0 的内容决定，同时，参数通过其他通用寄存器传送。

指令示例如下。

```
SWI   0x02;    //该指令调用操作系统编号为 02 的系统例程
```

协处理器指令包括 MCR 指令和 MRC 指令，主要用于 ARM CPU 初始化，ARM 协处理器的数据处理操作，在 ARM CPU 的寄存器和协处理器的寄存器之间传送数据，以及在 ARM 协处理器的寄存器和存储器之间传送数据。

协处理器是 SoC 内部的另一处理核心，协助主 CPU 实现某些功能，被主 CPU 调用执行一定的任务。ARM 设计上支持多达 16 个协处理器，但一般 SoC 只实现其中的 CP15（CP 即 Coprocessor，指协处理器）。协处理器和存储管理部件（Memory Management Unit, MMU）、高速缓冲存储器（Cache）、转译后备缓冲器（Translation Lookaside Buffer, TLB）等的处理操作有关，功能上和操作系统的虚拟地址映射、Cache 管理等有关。

15. MCR 指令

MCR 指令的格式：MCR{ 条件 } 协处理器编码，协处理器操作码 1, 源寄存器，目的寄存器 1, 目的寄存器 2, 协处理器操作码 2。

MCR 指令用于将 ARM CPU 寄存器中的数据传送到协处理器寄存器，若协处理器不能成功完成操作，则产生未定义指令异常。其中协处理器操作码 1 和协处理器操作码 2 为协处理器将要执行的操作，源寄存器为 ARM CPU 的寄存器，目的寄存器 1 和目的寄存器 2 均为协处理器的寄存器。

指令示例如下。

```
MCR  P3,3,R0,C4,C5,6;      //将 ARM CPU 寄存器 R0 中的数据传送到协处理器 P3 的寄存器
                           //C4 和 C5 中
```

16. MRC 指令

MRC 指令的格式：MRC{ 条件 } 协处理器编码，协处理器操作码 1, 目的寄存器，源寄存器 1, 源寄存器 2, 协处理器操作码 2。

MRC 指令用于将协处理器寄存器中的数据传送到 ARM CPU 寄存器，若协处理器不能成功完成操作，则产生未定义指令异常。其中协处理器操作码 1 和协处理器操作码 2 为协处理器将要执行的操作，目的寄存器为 ARM CPU 的寄存器，源寄存器 1 和源寄存器 2 均为协处理器的寄存器。

指令示例如下。

```
MRC  P3,3,R0,C4,C5,6; //该指令将协处理器 P3 的寄存器中的数据传送到 ARM CPU 寄存器中
```

下面介绍批量数据加载 / 存储指令。ARM CPU 支持的批量数据加载 / 存储指令一次可以在一片连续的存储器和多个寄存器之间传送数据。批量数据加载指令（LDM 指令）用于将一片连续的存储器中的数据传送到多个寄存器，批量数据存储指令（STM 指令）则完成相反的操作。

17. LDM（或 STM）指令

LDM（或 STM）指令的格式：LDM（或 STM）{ 条件 }{ 类型 } 基址寄存器 {！}，寄存器列表 { ∧ }。

LDM（或 STM）指令在基址寄存器所指示的一片连续存储器到寄存器列表所指示的多个寄存器之间传送数据，该指令的常见用途是将多个寄存器的值入栈或出栈。其中，{ 类型 } 为以下几种：IA 表示每次传送后地址加 4，IB 表示每次传送前地址加 4，DA 表示每次传送后地址减 4，DB 表示每次传送前地址减 4，FD 表示满递减堆栈，ED 表示空递减堆栈，FA 表示满递增堆栈，EA 表示空递增堆栈。

以下为 4 种栈的介绍。

- 空栈：栈指针指向空位，可以直接存入数据，然后栈指针移动一格；需要先移动一格才能取出数据。

- 满栈：栈指针指向栈中最后一格数据，每次存入数据时需要先移动栈指针一格再存入，取出数据时可以直接取出，再移动栈指针。
- 增栈：栈指针移动时向地址值增加的方向移动的栈。
- 减栈：栈指针移动时向地址值减小的方向移动的栈。

{ ! } 为可选后缀，若选用该后缀，则当数据传送完毕之后，将最后的地址值写入基址寄存器，否则基址寄存器的值不改变。

基址寄存器不允许为 R15，寄存器列表可以为 R0 ~ R15 的任意组合。

{ ∧ } 为可选后缀，当指令为 LDM 且寄存器列表中包含 R15，选用该后缀时表示除了正常的数据传送之外，还将 SPSR 复制到 CPSR。该后缀还表示传送的是用户模式下的寄存器中的数据，而不是当前模式下的寄存器中的数据。

指令示例如下。

```
STMFD R13!,{R0,R4-R12,LR};  //将寄存器列表中的寄存器（R0, R4 ~ R12, LR）存入堆栈
LDMFD R13!,{R0,R4-R12,PC};  //将堆栈内容恢复到寄存器（R0, R4 ~ R12, LR）
```

汇编语言中的立即数可以分为合法立即数与非法立即数。合法立即数是指经过任意位数的移位后，非零部分可以用 8 位表示的立即数，而其他不符合该条件的均为非法立即数。由于 ARM 指令都是 32 位，除了指令标记和操作标记外，其本身只能附带很少位数的立即数，因此立即数有合法和非法之分。

由于本书篇幅有限，以及有些指令用得过少，故在此不赘述。

2.12.3 ARM 汇编指令中的伪指令

在 ARM 汇编语言中，有一些特殊指令助记符，这些助记符与指令系统的助记符不同，没有相对应的机器码，这些特殊指令助记符被称为伪指令。

伪指令是用于告诉汇编程序如何进行汇编的指令。它既不控制机器的操作，也不被处理成机器码，只能为汇编程序所识别并指导汇编操作如何进行，将相对于程序或相对于寄存器的地址值载入寄存器。

伪指令和指令的根本区别是经过编译后会不会生成机器码。伪指令的作用是指导编译过程，同时，伪指令是和具体的编译器相关的。此处我们使用 GNU 工具链，因此学习 GNU 环境下的汇编伪指令。

在 GNU 环境下，汇编语言伪指令中的一些符号如下。

@ 用来做注释。它可以在行首，也可以在代码后面的同一行直接加，和 C 语言中的 // 类似。

做注释时，一般放在行首，表示这一行都是注释而不是代码。

以冒号（:）结尾的是标号。

点号（.）在 GNU 汇编语言中表示当前指令的地址。

立即数前面要加 # 或 $，表示这是个立即数 。

GNU 环境中常见的伪指令如下。

```
.global _start              @ 给 _start 外部链接属性
.section .text              @ 指定当前段为代码段
.ascii .byte .short .long .word .quad .float .string      @ 定义数据
.align 4                    @ 以 16B 对齐
.balignl 16 0xABCDEFGH      @ 16B 对齐填充
.equ                        @ 类似于 C 语言中的宏定义
```

部分伪指令语法释义如下。

1. global 伪指令

语法格式：global 标号 {[WEAK]}。

global 伪指令用于在程序中声明一个全局的标号，该标号可在其他的文件中引用。global 可用 EXPORT 代替。标号在程序中区分大小写，[WEAK] 用于声明其他的同名标号可优先于该标号被引用。

伪指令示例如下。

```
AREA Init,CODE,READONLY
global  Stest;@ 声明一个可全局引用的标号 Stest
 END
```

2. equ 伪指令

语法格式：名称 equ 表达式 {, 类型 }

equ 伪指令用于为程序中的常量、标号等定义一个等效的字符名称，类似于 C 语言中的 #define。其中 equ 可用“*”代替。名称为 equ 伪指令定义的字符名称。当表达式为 32 位的常量时，可以指定表达式的数据类型，有以下 3 种类型：CODE16、CODE32 和 DATA。

伪指令示例如下。

```
Test EQU 50;                @ 定义标号 Test 的值为 50
Addr equ 0x55,CODE32;       @ 定义 Addr 的值为 0x55，且该处为 32 位的 ARM 指令
```

还有一些特别重要的伪指令，如表 2-10 所示。

表 2-10

伪指令	功能
ldr	加载大范围的地址
adr	加载小范围的地址
adrl	加载中等范围的地址
nop	空操作

ARM 汇编指令中有一个 ldr 指令，还有一个 ldr 伪指令。一般使用 ldr 伪指令，不用 ldr 指令。

adr 在编译时会被一个 SUB 或 ADD 指令替代，而 ldr 在编译时会被一个 MOV 指令替代或者以文字池方式处理。adr 总是以程序计数器（PC）为基准来表示地址，因此指令

本身和运行地址有关，可以用来检测程序当前的运行地址。ldr 加载的地址和链接时给定的地址有关，由链接脚本决定。

2.13 习题

1．汇编语言的实质是（　　）。

A．机器指令　　B．C 语言

C．机器指令（机器码）的助记符　　D．C 语言的助记符

2．冯·诺依曼结构和哈佛结构的最本质区别是（　　）。

A．冯·诺依曼结构中，程序中的代码指令和数据分开存放，而且数据和代码指令共用一根传输总线。而哈佛结构是一种将代码指令和数据分开存储的结构

B．冯·诺依曼结构中，程序中的代码指令和数据存储在同一个存储器中，而且数据和代码指令共用一根传输总线。而哈佛结构是一种将代码指令和数据分开存储的结构

C．哈佛结构中，程序中的代码指令和数据存储在同一个存储器中，而且数据和代码指令共用一根传输总线。而冯·诺依曼结构是一种将代码指令和数据分开存储的结构

D．哈佛结构中，程序中的代码指令和数据分开存放，而且数据和代码指令共用一根传输总线。而冯·诺依曼结构是一种将代码指令和数据分开存储的结构

3．ARM CPU 有（　　）种工作模式。

A．5　　B．6　　C．7　　D．8

4．ARM CPU 的寄存器中有（　　）个通用寄存器。

A．5　　B．30　　C．25　　D．33

5．下列关于伪指令的说法正确的是（　　）。

A．伪指令的本质是没有一一对应着机器码

B．伪指令是指令的一种

C．伪指令被大规模应用

D．伪指令的目的不是指导编译过程

6．下列数据处理指令全部属于逻辑指令的是（　　）。

A．MOV、MVN、ADD、SUB、RSB　　B．AND、ORR、EOR、BIC

C．CMP、CM、MVL　　D．CMP、CMN、TST

7．S5PV210 属于（　　）架构。

A．ARM Cortex-A5　　B．inter core

C．ARM Cortex-A9　　D．ARM Cortex-A8

第 3 章　开发板、原理图和数据手册

本章将详细介绍开发板、原理图和数据手册等过渡内容。如果大家不熟悉开发板，则可通过本章熟悉开发板，并且学习相关工具的使用。如果大家会使用开发板，可以略过本章。本章内容主要为简介，大家如果有不明白的地方，可以自行查阅相关资料。

3.1　开发板配置简介

X210 开发板生产厂商是深圳市九鼎创展科技有限公司（以下简称九鼎创展）。

开发板的主要硬件配置信息如表 3-1 所示。

表 3-1

名称	配置
CPU	三星 S5PV210
内存	512MB DDR2 SDRAM
Flash	4GB iNAND
LCD 屏	7in（1in ≈ 2.54cm），分辨率为 800 像素 ×480 像素（像素可用 px 表示）
触摸屏	电容性触摸屏

LCD 屏和触摸屏是独立存在的两种设备，只是在安装的时候贴合。开发板的随机配件如表 3-2 所示。

表 3-2

配件	用途
9V/1.5A 电源适配器	给开发板供电
USB 转串口线	通过 USB 接口查看串口信息
SD 卡	启动和做裸机实验
网线	给开发板联网
串口线	串口通信
USB OTG 数据线一根	裸机实验
开发板光盘	复制资料

开发板对应的资料可以在本书附赠资源中获取。

3.2 资料导读

3.2.1 开发板硬件手册导读

我们在拿到开发板时需要先阅读附赠资料《X210V3S 硬件手册》，这个文档详细介绍了开发板的配置、各种外设的位置和使用方法。

重点关注该手册的第 1 章和第 2 章。以下内容是该手册中未提及的有关细节的说明。

- S5PV210 的主频最高可以达到 1.2GHz，但是出于稳定性的考虑，一般将主频维持在 1GHz。
- S5PV210 是 32 位 CPU，在其内部局部采用 64 位多总线架构有利于系统的优化。
- 国内许多厂家的 S5PV210 的开发板都极为相似，都是基于三星官方提供的开发板手册进行开发的。
- Android 4.0、Android 2.3、QT4.8 和 QTOPIA 均移植到该开发板，可以根据不同的研发目的进行不同的选择。
- 核心板与底板以焊接方式连接。该连接方式的优点为信号稳定，缺点为一旦核心板损坏则更换困难。
- 核心板正中间的芯片为 S5PV210，左下角为 iNAND，其余 4 片小芯片为内存芯片。本开发板采用软按键的启动方式（长按 SW Power Key 按键开关机，短按进入休眠状态），通过电源集成电路（Integrated Circuit，IC）来实现，类似于现在市面上流行的手机和平板计算机的开关机键。Reset Key 是关机键，无论开发板是否运行 Linux 系统或者 Android 系统，按下它后都会关机。
- 板子下方有 6 个按键，在讲解外部中断的相关内容时会用到。
- 板子上有连接 LCD 的排线插头，在裸机实验时尽量少动 LCD 排线，这个排线及插头容易损坏，并且在连接时应注意保证排线与插排接触良好。
- 通过板子上方的 HDMI（High Definition Multimedia Interface，高清多媒体接口）可以将视频输出到外部的大型显示设备上。
- 左侧的 USB OTG 就是所谓的迷你 USB 接口，用来进行 USB 启动和 USB 传输。
- boot 拨码可以利用尖锐的工具拨动，通过该拨码可以实现 USB 启动和 SD 卡启动。注意 boot 拨码上面有层塑料胶带，拨动前需将其取下。
- SPI（Serial Peripheral Interface，串行外设接口）/I2C（也写作 I^2C）拓展接口与核心板之间的芯片为网卡芯片，网卡芯片上方的 Ethernet 为网线的接口。
- ADC 为数模转换器（Analog-to-Digital Converter，A/D 转换器）的英文简称，其主干为滑动变阻器。可用螺丝刀转动它来改变其模数转换电压。

- S5PV210 一共支持 4 个串口，开发板只引出 2 个，分别为 UART0 和 UART2。X210 开发板默认使用的是 UART2，所以在第 3 章后面的系统烧录实验中都需使用 UART2。
- TC 插槽是用来放置 RTC（Real-Time Clock，实时时钟）纽扣电池的，在开发板断电的时候能为实时时钟供电。
- 右侧的 4 个 USB host 用来连接 USB 设备，例如 Wi-Fi 模块、鼠标等。而左侧的 USB OTG 接口既可以当 Host（主）设备，也可以当 Slave（从）设备。
- 板子上其余的接口或模块均可在手册中查到。如果读者阅读手册后还有疑问，可以通过网络查找解决方案。启动开发板的步骤，参考手册第 15 页中“2.2.2 硬件设置”的内容即可。

3.2.2 X210 核心板、底板原理图导读

原理图是电路原理设计图、各个电路中的部件的逻辑连接图，至于其连线具体有多宽、多长是与原理图无关的。原理图可能会影响软件编写。

印制电路板（Printed Circuit Board，PCB）图是我们用来制作 PCB，并且使用 PCB 进行元器件焊接，做成最终产品的生产性图纸。应先设计原理图，然后根据原理图来设计 PCB 图。PCB 图是对原理图的一种实现。原理图和 PCB 图一般都由硬件工程师负责绘制，但是在设计原理图时软件工程师会一定程度上参与其中，而 PCB 图的设计就完全由硬件工程师负责，与软件工程师无任何关系。

丝印图是 PCB 图设计中，所有元器件的外框的框图。丝印图其实就是整个 PCB 的实体位置图纸，与软件和功能无关，与生产制造有关。对软件工程师来说，丝印图可以不用理会。

核心板与底板的 PDF 和 DSN 两种格式的相关原理图文件可在附赠资源中获取。

使用时首先要对整个原理图有总体的了解，要用到某个部分时，再去对应的地方查看。没必要把所有原理图都记住，使用时可用 PDF 阅读软件的搜索功能来查找相应的部分。

核心板的原理图的 80% 都是 S5PV210 芯片。由于该芯片引脚众多，于是原理图将它分成若干部分并分别展示了出来，并且在原理图里为用户做了相应的功能模块化的提示。SYSTEM 部分的引脚如图 3-1 所示。

一般芯片与芯片之间的连接如图 3-2 所示。芯片内部边缘侧为引脚名称，如 XadcAIN_0；左侧为网络名，如 ADCIN0。相同网络名的引脚在硬件上是相互连通的。通过 PDF 阅读软件搜索功能输入网络名，就可以查找到相同网络名的所有引脚的名称。

原理图中标有 K4T1G164QQ 的为内存芯片，共有 4 片。如图 3-3 所示，左侧的 Xm1_ADDR× 为内存的地址总线，右侧的 Xm1_DATA× 为内存的数据总线。

后面学习内存的相关编程时就要结合这一部分原理图和内存 K4T1G164QQ 的数据手册，读者可在附赠资源中获取。

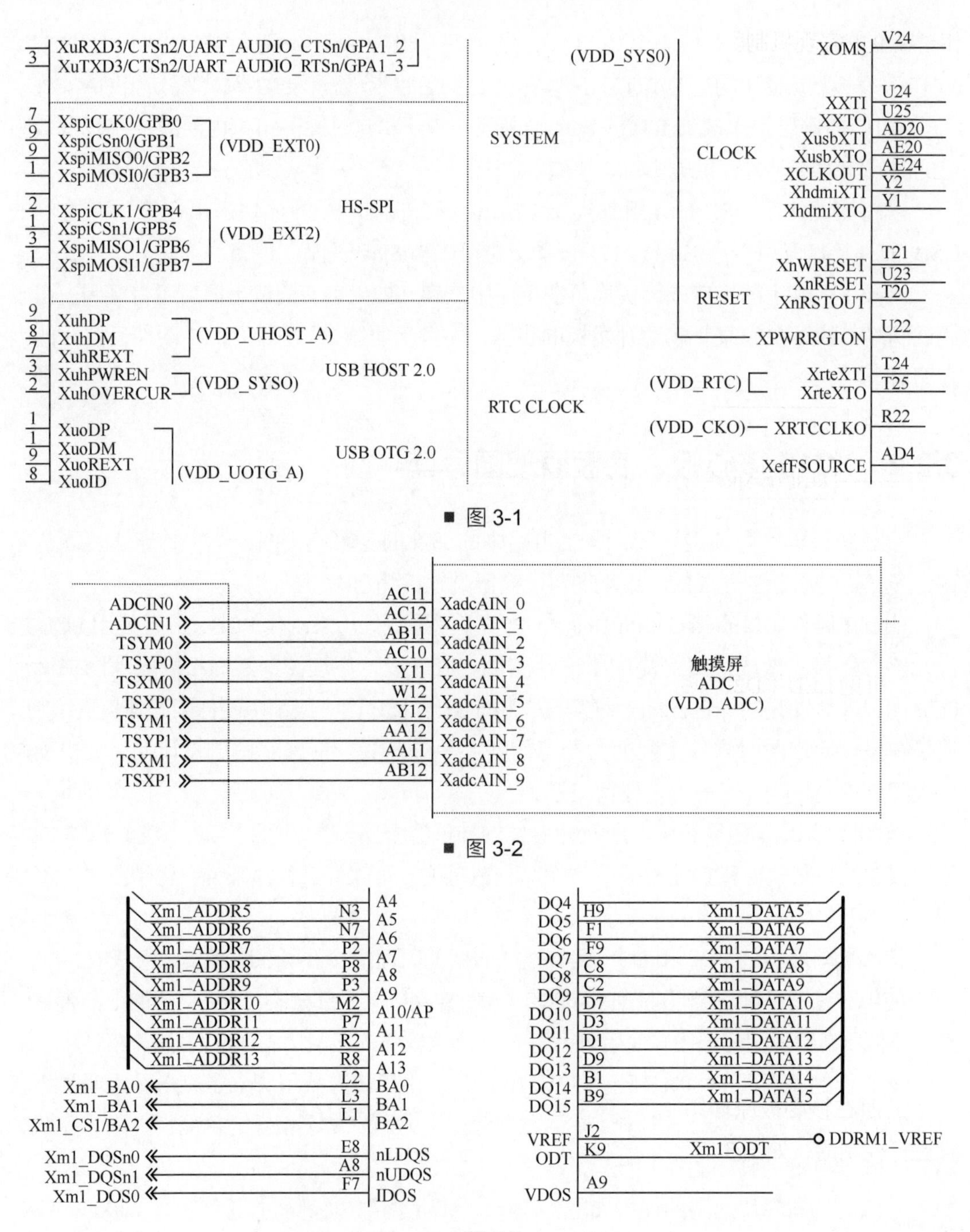

■ 图 3-1

■ 图 3-2

■ 图 3-3

原理图第 8 页中为插排（插线板）接口，第 9 页中为核心板所有的供电模块。大家还需要关注一下 CPU 周边的功能性辅助芯片，如第 2 页中的 MAX811TEUS。这个仅有 4 个引脚的芯片为软复位芯片，如图 3-4 所示。同页中右侧为 OM 网络的电路图，如图 3-5 所示。这里为我们阐述了之前讨论的拨码开关的电路实现原理，拨码的拨动会导致网络上拉至 VDD-IO（高电平）或者下拉至地（低电平）。这也解释了拨码开关内每一位的逻辑 1

和逻辑 0 的实现机制。

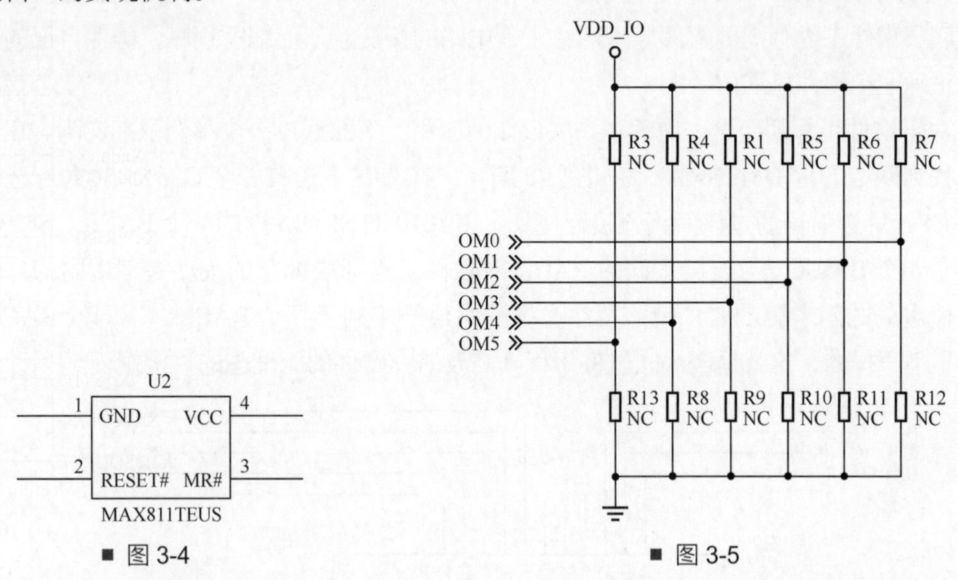

■ 图 3-4　　■ 图 3-5

底板的原理图同样需要关注，因为许多的外接接口和 LED 等模块都固定在底板上。底板的原理图为附赠资源中的 x210bv3.pdf 文件，可通过查找功能找到 LED 模块，如图 3-6 所示。可见 LED（D22）阳极接到了 VDD_IO，阴极通过电阻接到 GPJ0_3。

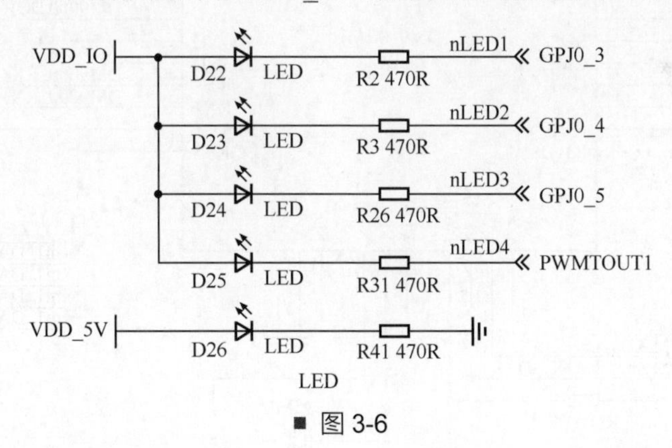

■ 图 3-6

此时在核心板原理图中查找 GPJ0_3，就可以看到这个 LED 究竟是由 CPU 的哪个引脚进行控制的，如图 3-7 所示。

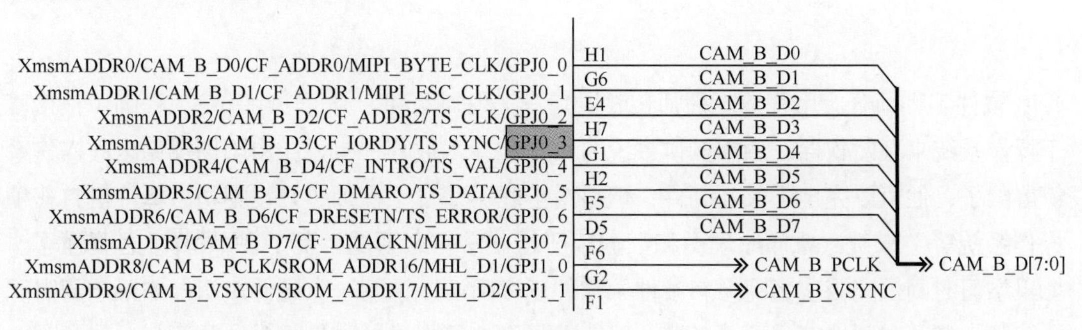

■ 图 3-7

对于可编程器件来说，对电路进行不同的连接可能意味着会产生不同的编程参数，因此，底层软件工程师需要查阅原理图，了解电路的接法，从而编写程序，确保自己的软件可以正确地和硬件“通信”。

对于软件工程师而言，原理图到底该如何应用？下面通过一个小例子来说明。在原理图中找到网卡芯片 DM9000AE，如图 3-8 所示，在其左下角有一个 CSn1，其为片选信号引脚 CS，片选信号通过该网络直接连接到 S5PV210 的 SROM 里的一个 BACK。S5PV210 一共有 6 个 BACK，当连接不同的 BACK 时软件工程师应编写的程序是不相同的。所以当移植对应的网卡驱动时，就需要注意该网络最终接到了哪个 BACK。不同的 BACK 的地址是不一样的，这就是嵌入式软件工程师需要研究硬件的原理图的直接例证。

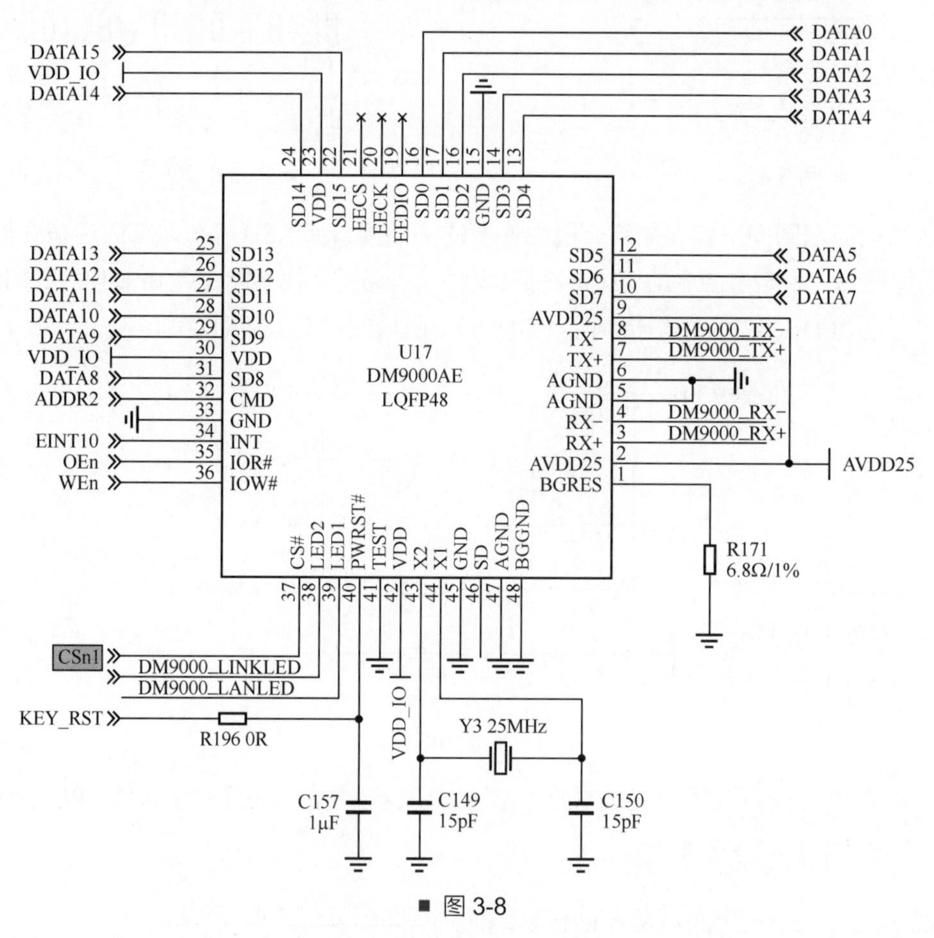

■ 图 3-8

软件工程师分应用开发工程师和底层开发工程师两种。对于应用开发工程师（直接基于操作系统来开发软件，调用操作系统的 API 和库函数等）来说，由于硬件完全被操作系统屏蔽了，他可以完全不关心硬件；但是对于底层开发工程师（开发驱动、单片机，移植操作系统等）来说，看懂原理图和数据手册是非常有必要的，而 PCB 图就没必要懂了。如果学习时间很充裕或者完全有条件，软件工程师可以学习一点硬件知识；如果学习时间比较紧，或者对硬件完全不感兴趣，那就不要将过多的精力放在硬件的学习上。

编写代码的时候需要查阅和参考的资料有核心板原理图、底板原理图、相应硬件的数据手册、S5PV210 数据手册等。

3.2.3 S5PV210 数据手册

数据手册是产品生产厂家编写的对这个产品的所有功能和用法进行统一说明的文档。S5PV210 数据手册在附赠资源的 datasheet 文件夹下，这个文件夹里面存放着底板和核心板上所有能用到的芯片的数据手册。当编程涉及某一个部分的芯片时，软件工程师可以在这里查找相应芯片的数据手册。

对于数据手册的阅读方式，建议不要一字一句地从头阅读。一般拿到一个芯片的数据手册时，要做到先浏览再根据需要查阅。至于如何浏览，最关键之处就是利用好数据手册的目录。

阅读 S5PV210 数据手册 S5PV210_UM_REV1.1.pdf。在 PDF 阅读软件的左侧，整个数据手册的目录内容一目了然，如图 3-9 所示。

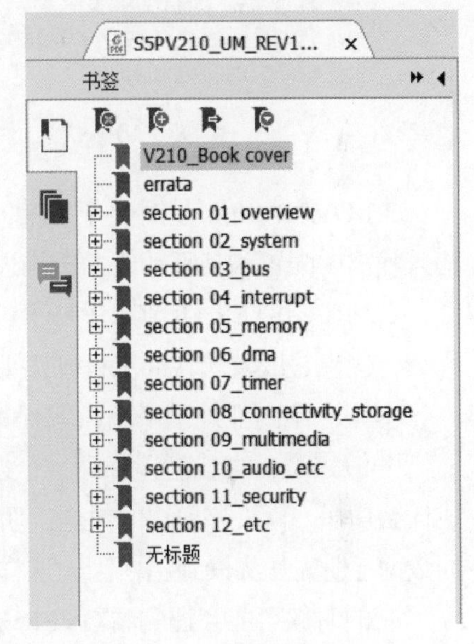

■ 图 3-9

2000 多页的数据手册主要分成了 12 个部分，我们可以查看一下目录，对这 12 个部分有一个整体的了解。

- section 01_overview 的内容为对整个芯片的一个概括性的介绍。
- section 02_system 的内容为有关系统的部分。
- section 03_bus 的内容为有关总线的部分。
- section 04_interrupt 的内容为有关中断的部分。
- section 05_memory 的内容为有关存储器（内存）的部分。
- section 06_dma 的内容为有关直接内存存取的部分。
- section 07_timer 的内容为有关定时器的部分。
- section 08_connectivity_storage 的内容为有关连接性接口资源的部分，如串口。
- section 09_multimedia 的内容为有关多媒体的部分。
- section 10_audio_etc 的内容为有关音频等的部分。
- section 11_security 的内容为有关安全性的部分。
- section 12_etc 为除了以上方面的其他内容。

了解了目录之后就可以根据自己的需要去选择相应的内容进行查阅，详细内容可以到第二层目录下查找。如查找与 GPIO 相关的内容，我们可以单击 section 02_system 进入第二层目录，如图 3-10 所示。

section 02_system 的第二层目录一共分为 6 个部分，可以发现，其中的第二部分就是我们所需要了解的 GPIO。当要使用其他芯片的 GPIO 时，我们就可以凭借经验直接去查阅该芯片的相关内容了。

找到了 GIPO 部分后，打开 2 GENERAL PURPOSE INPUT/OUTPUT，进行深入了解，如图 3-11 所示。

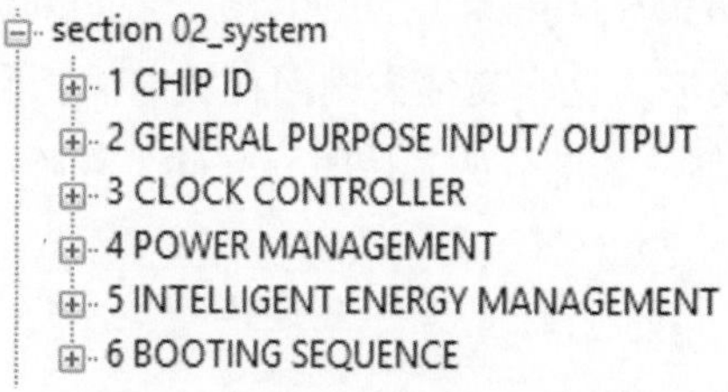

section 02_system
1 CHIP ID
2 GENERAL PURPOSE INPUT/ OUTPUT
3 CLOCK CONTROLLER
4 POWER MANAGEMENT
5 INTELLIGENT ENERGY MANAGEMENT
6 BOOTING SEQUENCE

■ 图 3-10

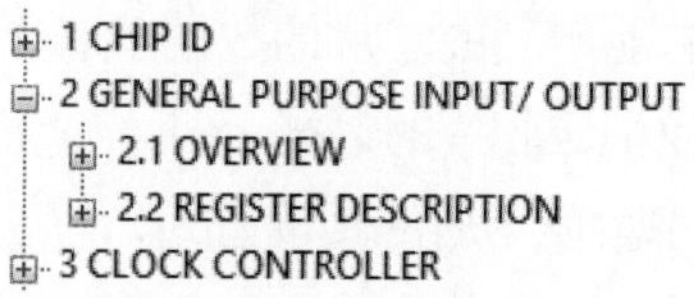

1 CHIP ID
2 GENERAL PURPOSE INPUT/ OUTPUT
2.1 OVERVIEW
2.2 REGISTER DESCRIPTION
3 CLOCK CONTROLLER

■ 图 3-11

2.1 OVERVIEW 是对整个 GPIO 模块的总体性能的概括，其中包括 GPIO 的一些特性、输入输出的配置和其驱动能力的描述等。

2.2 REGISTER DESCRIPTION 是对整个 GPIO 所涉及的特殊功能寄存器的一个详细介绍，这也是嵌入式软件工程师需要额外注意的一个部分。

对于一个内部外设来说，编程其实就是对其对应的特殊功能寄存器内的值进行改写。

一般来说，当我们接触到一个之前从来没有接触过的模块时，首先需了解该模块要完成什么功能，再去该模块的数据手册下的 OVERVIEW 里了解该模块的特性。不宜把该模块的数据手册先从头读到尾，因为这样会浪费时间，也不一定能对该模块有一个好的理解。

有的时候可能会遇到看 OVERVIEW 的内容却似懂非懂的情况。出现这种问题很常见，大家不要担心。面对看不懂的问题，先在网络上查找相关信息，最终做到对其有一个印象即可，不需深究，因为在后面具体使用的时候，会对它有更深刻的理解。即使之后还是不太明白也没关系，熟能生巧，接触多了自然就可以理解透彻。

3.3 开发板刷系统

3.3.1 刷机工具简介

刷系统是指利用刷机工具，在开发板上烧录事先编译好的操作系统的镜像文件，并使之在开发板上运行。随着智能手机的普及，刷系统这个概念逐渐进入我们的生活。刷系统可以理解为烧录系统或者下载系统。

X210BV3S 开发板默认烧录的系统是 Android 4.04，为我们提供的资料中有 Android

4.04、Android 2.3、Linux+QT 3 种镜像文件，我们通过刷系统操作可以下载任意镜像文件并在开发板上运行。

串口（全称为串行端口）是一种硬件通信接口，很多年前串口是与 CPU 进行通信的主要接口。现在因为串口通信的速度很慢，所以它主要用来做程序输出监控、调试。

嵌入式系统一般是通过串口来做控制台的。用一根串口线连接开发板的串口和计算机的串口，然后在计算机上使用一个串口监视终端软件，这样开发板上的串口输出内容就可以在计算机上看到；也可以通过串口监视终端软件向开发板输入一些控制命令，然后由开发板执行。

常用的串口监视终端软件有超级终端、SecureCRT、minicom 等。以上 3 种工具都可实现串口监视，大家可以任意选择，此处使用 SecureCRT 来作为串口监视终端软件（常称为 SecureCRT 终端）。

串口一般有两种线，一种是 DM9 串口线，另一种是 USB 转串口线。DM9 串口的接口如图 3-12 所示，现在台式计算机还会配置有 DM9 串口的接口，但是一般的笔记本计算机已经不配置 DM9 串口的接口了。我们一般使用 USB 转串口线作为调试工具，如图 3-13 所示。

■ 图 3-12

■ 图 3-13

USB 转串口线通过 USB 接口连接到计算机后，需要安装 USB 转串口线驱动，而驱动安装后在计算机上会形成一个虚拟串口，这样就相当于计算机有了一个串口，可以通过这个串口来监视开发板的串口输出。

尚未安装 USB 转串口线驱动的计算机在插上 USB 转串口线后会弹出系统提示，如图 3-14 所示。

■ 图 3-14

安装驱动的步骤如下。

右击桌面上的“我的电脑”→“属性”→“设备管理器”，可见图标上带黄色感叹号的 USB-Serial Controller，如图 3-15 所示。

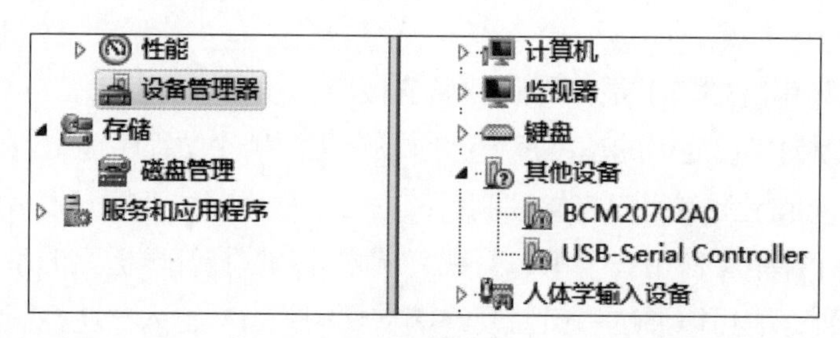

■ 图 3-15

Windows 系统对 USB 设备的管理和 USB 接口有关，每次把 USB 转串口线插到同一个 USB 接口中，得到的 COM 端口号是不变的，这样方便我们后期使用。如果每次使用不同的 USB 接口，则 COM 端口会变。COM 端口号也可以修改，还可以强制占用显示“已使用”的 COM 端口号，一般改成 COM4 以内的就可以了。

SecureCRT 软件是此处选用的串口监视终端软件，请自行下载安装包，并完成注册。

完成注册后，打开软件，单击左上方的“文件”→“快速连接”，进行设置，如图 3-16 所示。注意，一定不要勾选“数据流控制”中的“RTS/CTS”。

图 3-16 中的端口（COM3）要与之前设备管理器中的端口一致。设置完成后单击“连接”，标签左侧变成绿色，表明已经成功监视开发板串口。单击“断开”，标签左侧的绿色变成红色，表明监视断开。

保持连接状态，重新启动开发板即可看到串口输出的信息。另外，单击“选项”→“会话选项”→“外观”，可以在打开的对话框中设置字体和颜色方案等，如图 3-17 所示。

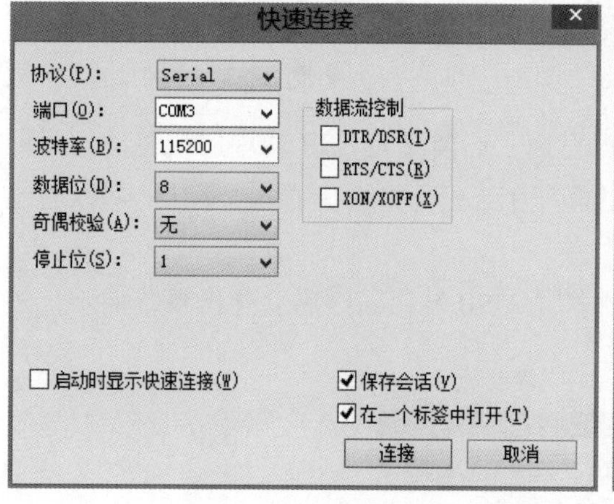

■ 图 3-16

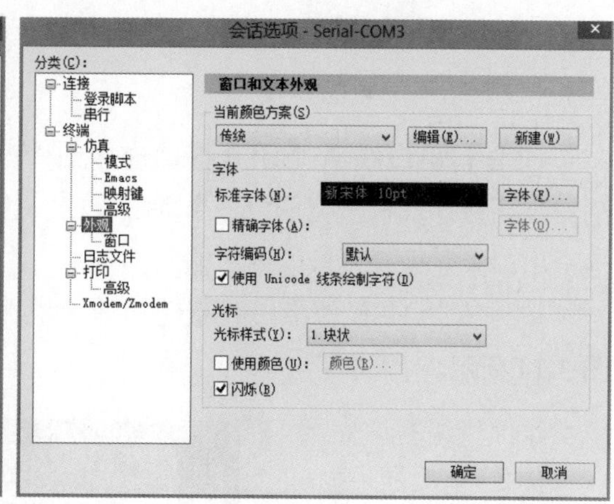

■ 图 3-17

3.3.2 开发板刷系统方法介绍

刷系统（又称刷机）有两个步骤，每个步骤都有多种实现方法。

步骤一：从开发板启动U-Boot。

方法一：从SD卡启动U-Boot。

① 在Windows系统下制作U-Boot SD启动卡。

② 在Linux系统下制作U-Boot SD启动卡。

通过使用外部SD卡启动的方式启动U-Boot（拨码选择），然后在U-Boot的交互界面下烧录U-Boot镜像文件和系统镜像文件到内部存储器，烧录成功后更改启动方式（内部启动），开机即可运行系统。

方法二：通过USB下载启动U-Boot。

① 在Windows系统下使用dnw软件下载U-Boot到DRAM中运行。

② 在Linux系统下使用dnw软件下载U-Boot到DRAM中运行。

使用USB启动方式启动U-Boot，此方法是通过dnw软件将U-Boot程序下载到DRAM中运行启动U-Boot，在U-Boot运行界面必须下载U-Boot镜像文件到内部存储器中，不然下次USB启动仍需要下载U-Boot。U-Boot启动后在U-Boot的交互界面下烧录U-Boot镜像文件和系统镜像文件到内部存储器，烧录成功后更改启动方式（内部启动），开机即可运行系统。

相对来说，用SD卡刷机较为简单，用dnw刷机较为麻烦。用SD卡刷机适用于量产产品，用dnw刷机方便调试程序。

步骤二：在启动的U-Boot交互界面利用fastboot命令烧录系统镜像文件。

步骤一详解（方法一）

（1）破坏板载iNAND中的bootloader。

开发板默认从SD0启动，即从板载的iNAND启动（启动程序在开发板出厂的时候已经烧录到iNAND）。从S5PV210的启动方式得知，只有当板载的iNAND启动失败后才会从SD2启动。所以我们需要破坏iNAND里面的bootloader，才能从SD2启动。破坏iNAND里面的bootloader的方法如下。

由于开发板出厂时烧录了Android系统，启动开发板后通过串口监视终端软件进入Android系统控制台，执行以下命令。

```
#busybox dd if=/dev/zero of=/dev/block/mmcblk0 bs=512 seek=1 count=1 conv=sync
```

此行代码的含义是把板载iNAND的第一个扇区用全0来填充，即擦除iNAND的第一个扇区。由启动步骤可知，开发板下次启动时iROM会先从iNAND中读取前16KB数据，然后计算校验和。这是因为iNAND第一个扇区的数据被擦除了，校验和不通过，所以启动失败，然后从SD2去执行第二种启动方式。

在Linux系统下dd命令是用来读/写磁盘的命令。读者可以通过网络搜索Linux系统下的dd命令查询其具体含义，这里不赘述。

bootloader破坏成功的输出信息如图3-18所示。

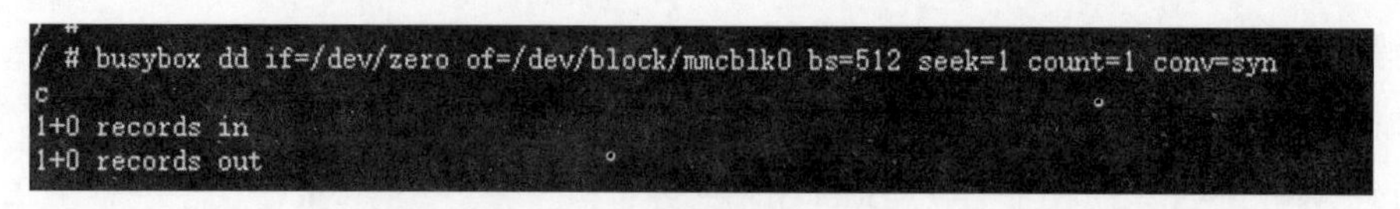

■ 图 3-18

然后执行 sync 命令，此时重新启动开发板将发现已无法正常进入 Android 系统，串口监视终端软件上会出现 SD checksum Error 的提示。

（2）通过制作 SD 启动卡来启动 U-Boot。

制作 SD 启动卡的过程就是把 U-Boot 烧录到 SD 卡中的过程。

具体的烧录方法有两种：一种是在 Windows 系统中用刷机工具去制作 SD 启动卡，另一种是在 Linux 系统中用 dd 命令进行 U-Boot 烧录。

① 在 Windows 系统下制作 SD 启动卡。

刷机工具为附赠资源中的 x210_Fusing_Tool.rar。解压 x210_Fusing_Tool.rar 后右击，然后以管理员身份运行 x210_Fusing_Tool.exe 文件，不以管理员身份运行则有时会出现无法烧录成功的现象。

打开软件后将 SD 卡通过读卡器插到计算机的 USB 接口（如果你的笔记本计算机自带 SD 卡插槽也可以直接使用该插槽，而不需要使用 SD 卡读卡器），此时刷机工具会自动在 SD/MMC Drive 和 Drive Size 里显示 SD 卡信息，如图 3-19 所示。

■ 图 3-19

单击“Browse”，选择 iNAND 启动文件。启动文件为附赠资源中的 U-Boot.bin 或者 U-Boot-inand.bin。然后单击“Add”，勾选下方对应的文件，如图 3-20 所示。单击“START”，开始制作 SD 启动卡。

■ 图 3-20

当弹出“Fusing image done”对话框时，表明制作完成。将SD卡取出，插入开发板的SD2插槽，重新启动开发板，将发现系统可以正常启动（有Android系统的情况下能进入Android系统界面，否则只能进入U-Boot界面）。如果有Android系统存在，可在U-Boot开机自动启动的倒数3s之内迅速按Enter键，中断自动启动即可进入U-Boot界面，否则会自动启动iNAND中的Android系统。

制作好SD启动卡后，就可以通过SD启动卡进入SD卡启动介质下的U-Boot终端，然后在此终端下烧录U-Boot和系统镜像文件到板载iNAND中。

启动U-Boot后，要确保U-Boot参数中的bootcmd和bootargs正确。

在U-Boot命令行中依次输入以下指令。

```
set bootcmd 'movi read kernel 30008000; bootm 30008000'
set bootargs console=ttySAC2,115200 root=/dev/mmcblk0p2 rw init=/
linuxrc rootfstype=ext3
save
```

以上指令设置了U-Boot中正确的环境变量。

② 在Linux系统下制作SD启动卡。

下载“课件 & 代码 .rar”文件，然后解压缩，将U-Boot_sd_fusing文件夹复制到虚拟机的共享文件夹下。

该文件夹内有4个文件，分别为mkbl1、sd_fdisk、U-Boot.bin和nand_fusing.sh。nand_fusing.sh为三星发布的一个脚本文件，我们后续也是通过在Linux系统下操作这个脚本文件来进行SD启动卡的制作。

将USB设备（如SD卡）插到计算机后，如果USB设备在Windows系统中被识别了，此时就不能在虚拟机Linux系统中被识别；如果在Linux系统中被识别了，此时在Windows系统中就不能被识别。USB设备一般都是默认直接连接到Windows系统中的，所以在虚拟机的Linux系统中是找不到刚插入的USB设备的。

如果你需要将该设备连接到Linux系统中，需要在VMware软件的菜单栏中选择，单击“虚拟机”→“可移动设备”→“GEMBIRD USB大容量存储设备”→“连接”，如图3-21所示。连接后在Windows系统中就无法看到该USB设备了。

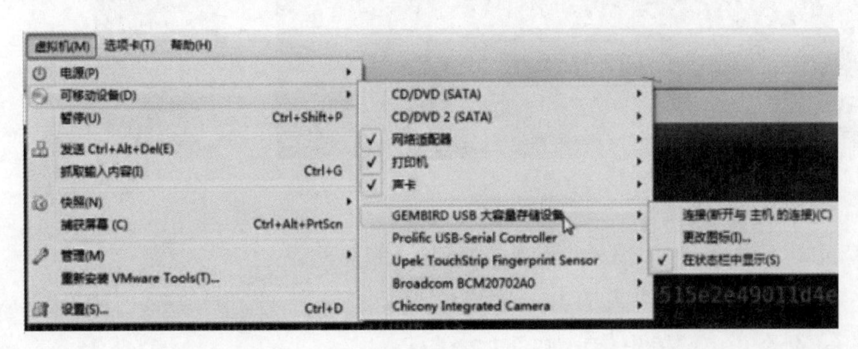

■ 图3-21

打开虚拟机中的Linux系统后，将SD卡插入计算机，SD卡在Linux系统中被识别后，被连接进Linux系统，在命令行中输入 ls/dev/sd* 指令查看SD卡设备。

同插入之前查看的信息做对比，就知道SD卡在Linux系统中的设备号了。SD卡的设备号一般是 /dev/sdb，也有可能是sdc或者其他。后面的实验是基于这个SD卡的设备号为 /dev/sdb 进行的。如果不是，在后面的实验中要做相应的修改。sd后面的不同字母表示不同的磁盘，而相同字母后面的数字表示该字母代表的磁盘下的不同分区。

虚拟机识别了SD卡后，由虚拟机的Linux系统的终端进入Windows系统的共享文件夹的U-Boot_sd_-fusing文件夹。输入以下指令运行nand_fusing.sh脚本文件。

```
./nand_fusing.sh /dev/sdb
```

运行后即可开始进行SD启动卡的制作，如图3-22所示。

SD启动卡制作成功后便可以启动U-Boot。

步骤二详解

通过SD启动卡中的U-Boot终端烧录镜像文件的方法如下。

在U-Boot终端使用fastboot工具来烧录U-Boot和系统镜像文件。

fastboot是U-Boot中可用来快速烧录镜像文件的一个命令，但Windows系统中的fastboot是一个软件工具。在Windows系统上运行fastboot软件再配合上开发板U-Boot里的fastboot命令就可以达到快速烧录的目的。

fastboot是使用USB线进行下载数据传输的，所以fastboot运行之前要使用随开发板配赠的USB OTG数据线，如图3-23所示。该数据线连接开发板和计算机，一端接在开发板左侧的OTG接口，一端连接计算机USB接口。

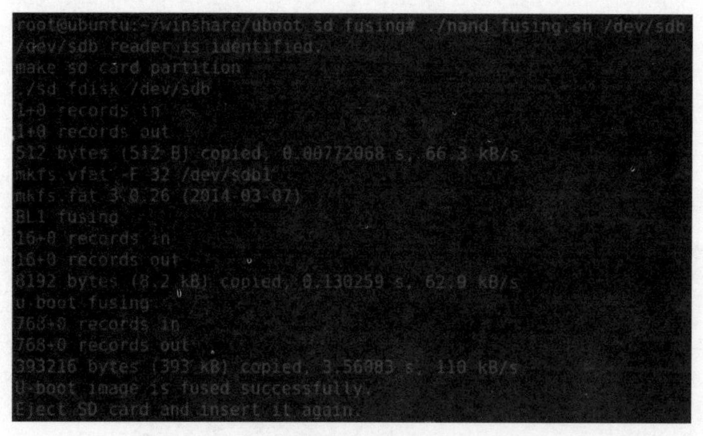

■ 图3-22

■ 图3-23

在Windows系统下使用fastboot软件需要安装驱动。

首先需要启动开发板进入U-Boot终端（开机自动启动，倒数3s之内按Enter键），输入fastboot命令。串口输出信息如图3-24所示。

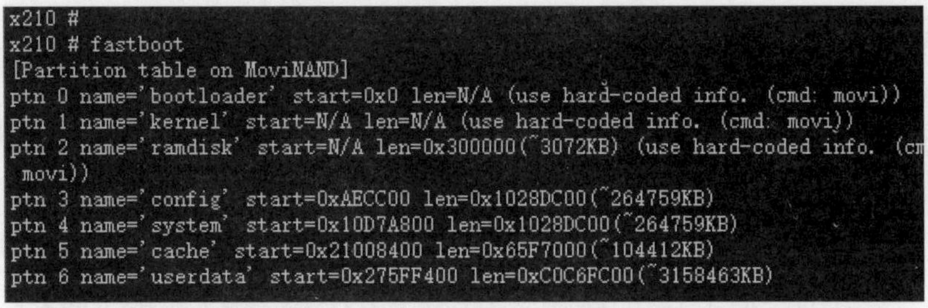

```
x210 #
x210 # fastboot
[Partition table on MoviNAND]
ptn 0 name='bootloader' start=0x0 len=N/A (use hard-coded info. (cmd: movi))
ptn 1 name='kernel' start=N/A len=N/A (use hard-coded info. (cmd: movi))
ptn 2 name='ramdisk' start=N/A len=0x300000(~3072KB) (use hard-coded info. (cm
 movi))
ptn 3 name='config' start=0xAECC00 len=0x1028DC00(~264759KB)
ptn 4 name='system' start=0x10D7A800 len=0x1028DC00(~264759KB)
ptn 5 name='cache' start=0x21008400 len=0x65F7000(~104412KB)
ptn 6 name='userdata' start=0x275FF400 len=0xC0C6FC00(~3158463KB)
```

■ 图 3-24

然后进入设备管理器（参考安装串口驱动时的进入方法），会出现驱动未安装的提示信息，如图 3-25 所示。

右击“Android 1.0”，选择更新驱动程序。之后选择 fastboot 驱动安装文件所在的目录即可，如图 3-26 所示。如果你的计算机的 Windows 系统为 Windows 7 之后的版本，安装该驱动时可能会失败。这种情况下可以利用相关工具软件来安装对应的驱动。

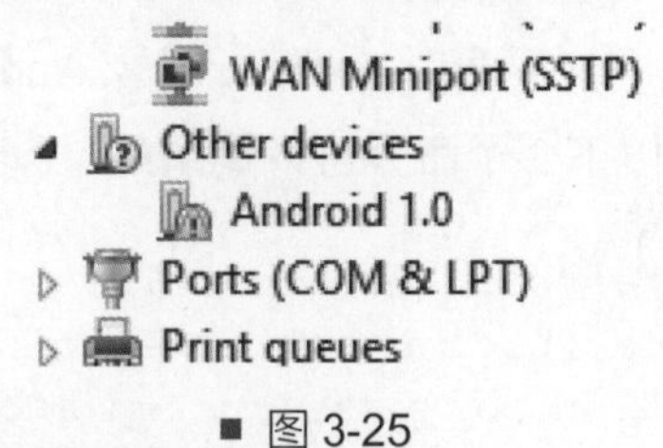

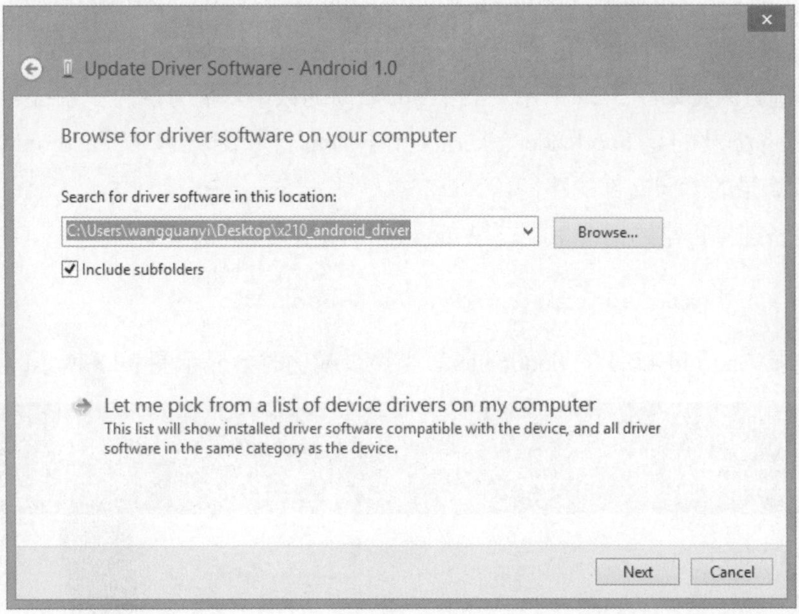

■ 图 3-25

Update Driver Software - Android 1.0

Browse for driver software on your computer

Search for driver software in this location:

C:\Users\wangguanyi\Desktop\x210_android_driver

Browse...

Include subfolders

Let me pick from a list of device drivers on my computer

This list will show installed driver software compatible with the device, and all driver software in the same category as the device.

Next Cancel

■ 图 3-26

由于 fastboot 命令需要输入路径，所以 fastboot 软件最好放到一个比较简单的路径下，如放到桌面路径（其他路径也可以，将 fastboot 软件所在路径和输入的命令中的路径对应起来即可）。打开 Windows 系统控制台（按 Win+R 快捷键，输入 cmd），在开发板处于运行中的状态下，在 Windows 系统控制台执行以下命令。

- fastboot devices 命令用来查看当前连接的设备。
- fastboot flash 命令用来执行烧录。

- fastboot reboot 命令用来重启系统。

执行 fastboot devices 命令，如果设备正常连接会提示 SMDKC110-01，如图 3-27 所示。如果未提示，表明设备未正常连接。此时可以检查一下 USB 数据线连接是否良好或者重新启动开发板。

```
C:\Users\wangguanyi\Desktop\fastboot>fastboot devices
SMDKC110-01       fastboot
```

■ 图 3-27

开发板资料中提供了 Android 4.0.4、Linux+QT、Android 2.3 这 3 种镜像文件。

下面以 fastboot 烧录 Android 4.0.4 镜像文件为例，讲解在 Windows 系统控制台使用以下 3 个命令进行烧录的过程。

```
fastboot flash bootloader android4.0.4/U-Boot.bin（烧录 U-Boot）
fastboot flash kernel android4.0.4/zImage-android（烧录 Linux 内核）
fastboot flash system android4.0.4/x210.img（烧录 Android ROM）
```

fastboot flash bootloader android4.0.4/U-Boot.bin 命令中，“fastboot flash”是命令，“bootloader”是要烧录的分区。在 U-Boot 终端下输入 fastboot 命令后，可以在串口输出的信息中看到分区，如图 3-24 所示。其中 ptn 后面的数字就是分区号。系统默认有 7 个分区，而我们将烧录的是 bootloader、kernel 和 system 这 3 个分区。“android4.0.4/U-Boot.bin”是将要烧录的镜像文件的路径。

保证设备连接正常的情况下，在 Windows 终端输入如下命令。

```
fastboot flash bootloader android4.0.4/U-Boot.bin
```

开始烧录 Android 4.0.4 的 bootloader。当烧录成功时会显示图 3-28 所示的提示信息。

```
C:\Users\wangguanyi\Desktop\fastboot>fastboot flash bootloader android4.0.4/uboo
t.bin
sending 'bootloader' (384 KB)... OKAY
writing 'bootloader'... OKAY
```

■ 图 3-28

此时串口端显示信息如图 3-29 所示。

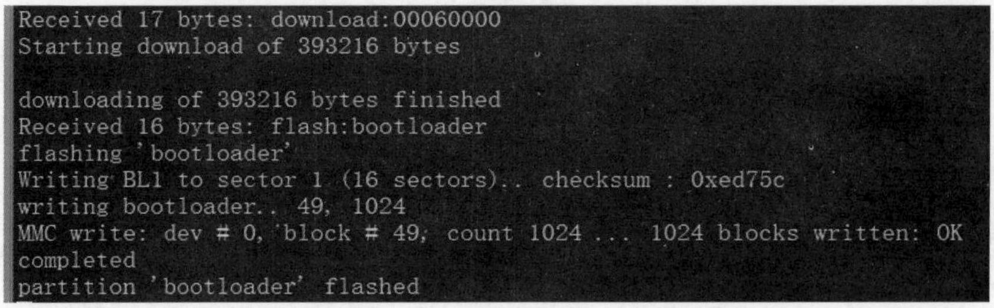

```
Received 17 bytes: download:00060000
Starting download of 393216 bytes

downloading of 393216 bytes finished
Received 16 bytes: flash:bootloader
flashing 'bootloader'
Writing BL1 to sector 1 (16 sectors).. checksum : 0xed75c
writing bootloader.. 49, 1024
MMC write: dev # 0, block # 49, count 1024 ... 1024 blocks written: OK
completed
partition 'bootloader' flashed
```

■ 图 3-29

而后在命令行界面依次执行如下命令。

```
fastboot flash kernel android4.0.4/zImage-android
fastboot flash system android4.0.4/x210.img
```

注意：在执行 fastboot flash system android4.0.4/x210.img 时，串口端会显示在“读条”，表明 x210.img 镜像文件正从计算机烧录到开发板里。同时开发板的屏幕上会有“绿幕”逐渐落下，显示烧录进度。烧录结束时，命令行界面如图 3-30 所示。

```
C:\Users\wangguanyi\Desktop\fastboot>fastboot flash system android4.0.4/x210.img

sending 'system' (262144 KB)... OKAY
writing 'system'... OKAY
```

■ 图 3-30

串口端信息如图 3-31 所示。

```
................
downloading of 268435456 bytes finished
Received 12 bytes: flash:system
flashing 'system'

MMC write: dev # 0, block # 551892, count 529518 ... 529518 blocks written: OK
partition 'system' flashed
```

■ 图 3-31

烧录完成后拔掉 SD 卡，在 Windows 终端输入 fastboot reboot 命令对开发板进行重启。开发板正常启动后进入 Android 4.0.4 系统，说明烧录成功。

U-Boot 的参数设置：set bootcmd 'movi read kernel 30008000; bootm 30008000'（默认就是这个设置，如果参数与其不一致就需要重新设置，否则不能启动系统）。

Linux+QT 的烧录方法与 Android 4.0.4 的烧录方法一致，只是镜像文件不同。

全部烧录完成后重启开发板即可进入 Linux 系统。Linux 系统默认用户名是 root，密码是 123456。

烧录 Android 2.3 与 Android 4.0.4 的方法一致，只需要更换 3 个镜像文件和更改指令里的路径，这里不赘述。

Android 2.3 中使用了串口 0，所以启动后要把串口插到 UART0，不然串口没有任何启动信息出来。在 Android 2.3 中，屏幕上的标志（Logo）在左上角，这个图标的出现也是刷机成功的标志。

通过步骤一和步骤二的操作，我们可以将系统烧录到开发板中。

3.4 新开发板 X210BV3S

X210V3 开发板升级后的开发板为 X210BV3S，其底板上有相应的标志。两种开发板的相似度高达 80%，X210BV3S 只是在个别地方进行了优化。两种开发板具体的差异如下。

- LCD 屏不同。X210V3 的 LCD 屏的分辨率为 800 像素 × 480 像素，而 X210BV3S 的分辨率为 1024 像素 × 600 像素。
- 触摸屏芯片不同。虽然该芯片不同，但是都是 I2C 接口的。
- POWER 按键不同。X210V3 是普通按键；而 X210BV3S 采用了带彩灯的按键，显得更漂亮。但是从功能和使用方法上来说它们完全相同。
- 触摸屏排线接法不同。X210V3 的触摸屏和底板使用单独的排线连接；而 X210BV3S 将触摸屏排线集成到 LCD 屏排线中，因此底板的 CTP 接口闲置。
- 拨码开关设计不同。X210V3 使用两个 5 脚的小型拨码开关；而 X210BV3S 使用一个两针的插座来替代，实现 USB 启动和 SD 卡启动的选择。
- X210BV3S 的整个 LCD 模块使用了整体注塑工艺，更坚固耐用、更美观。

其中有 3 点需要大家格外注意。

- 蜂鸣器下面的白色两针插座用于选择从 USB 启动或从 SD 卡启动，如图 3-32 所示（已用圆圈标出）。默认情况下为 SD 卡启动，如果需要从 USB 启动则使用短路帽短接两个引脚。
- X210BV3S 底板的 CTP 接口闲置，因为触摸屏排线已经集成到 LCD 屏排线中，可防止大家在学习过程中插拔触摸屏排线造成不必要的硬件损伤。
- X210BV3S 开发板的电源按键改为带灯光提示的了。

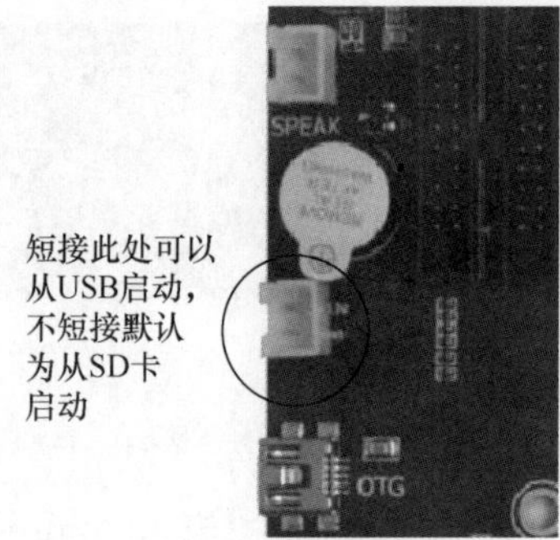

■ 图 3-32

3.5 习题

1．S5PV210 的主频最高可以达到________GHz，但是出于稳定性的考虑，一般将主频维持在________GHz。

2．请列举常用的串口监视终端软件。

3．简述下列 fastboot 命令的含义。

fastboot devices

fastboot flash

fastboot reboot

4．阐述原理图、PCB 图、丝印图分别是什么。

5．如何理解通读 S5PV210 数据手册 datasheet 文件夹中各部分的内容？

第 4 章　GPIO 和 LED

本章将进入编程实战环节，主要内容包括安装交叉编译工具链、使用工程管理工具 Makefile、分析 mkv210_image.c 的作用、编程前的准备工作，以及最终操作——通过 GPIO（General-Purpose Input/Output，通用输入输出）点亮 LED。对于反汇编工具的作用与用法方面的知识本章也会稍加介绍。

4.1　交叉编译工具链

这一节将介绍如下 4 个部分的内容。

- Windows/Linux 系统下的软件安装方法。
- 在 Linux 系统下安装交叉编译工具链。
- 添加环境变量。
- 添加符号链接。

1．安装软件

从 1.10.1 小节介绍的软件开发模式中我们知道，嵌入式系统软件开发需要交叉编译。这就需要安装交叉编译器。

在 Windows 系统中安装软件一般有两种方法。一种是下载一个安装文件或相关的文件夹，通过它们运行可执行程序，在引导窗口中进行一些设置后自动安装软件。另一种是所谓的绿色软件，即免安装版，一般为一个压缩包，解压后即可使用，无须安装。

在 Linux 系统中安装软件一般有以下几种方法。

第 1 种方法：自己下载安装包来安装。这种方法类似于在 Windows 系统中安装的第 1 种方法。这种方法在 Linux 系统下不易操作，因为 Linux 系统的版本繁多，用户很难确定下载的安装包和自己使用的系统是否匹配。

第 2 种方法：在线安装。如在 Ubuntu（一种以桌面应用为主的 Linux 系统）中使用 apt-get install vim 命令来安装 Vim 文本编辑器。可在线安装是因为 Linux 系统事先准备了很多的网站作为安装包库。当发出在线安装的指令后，程序就会自动链接这个安装包库并下载相应的安装包进行安装。这种方法较为先进和方便，而且 Linux 系统会根据计算机的信息自动选择与之相匹配的安装包，这就很好地弥补了用户自己下载安装包来安装的缺陷。

第 3 种方法：源码安装。因为 Linux 系统的很多软件包括 Linux 都是开源的，我们可以获取自己想安装的软件的源码，进行现场编译和安装。这是 Linux 系统独有的一种方法，也是较为专业、难度较高的一种。它的优点是具有可塑性，用户可以根据自己的需要对源码进行修改，使软件更符合自己的要求。

2. 安装交叉编译工具链

安装交叉编译工具链分为以下 3 个步骤。

- 安装下载的交叉编译工具链。
- 为交叉编译工具链添加环境变量。
- 为交叉编译工具链添加符号链接。

选择交叉编译工具链的原则是，选择的交叉编译工具链要与所使用的目标平台（某型号的 SoC）尽量匹配。如开发 S5PV210 的程序时就是用 arm-2009q3 这个版本的交叉编译工具链，因为三星官方在开发 S5PV210 时使用的就是这个版本的交叉编译工具链，这样可以最大限度地避免出现问题。由于我们确定了交叉编译工具链的版本，所以可以采用第 1 种方法来安装交叉编译工具链。

下载好交叉编译工具链的安装包之后，就可以开始安装了。

① 打开虚拟机，在路径为 /usr/local/ 的文件夹下创建一个文件夹，文件名可以任意命名，这里就叫"arm"。

② 将安装包从 Windows 系统中复制到 Linux 系统中；可以用共享文件夹，也可以用 Samba 软件或 CuteFTP 工具。

③ 将安装包复制到步骤①创建的文件夹中去。

④ GZ 格式压缩包的解压命令为 tar -zxvf，BZ2 格式压缩包的解压命令为 tar -jxvf。

打开解压出来的文件夹（这里为 arm-2009q3），在其中的 bin 文件夹中可以看到很多可执行程序，这些文件就是交叉编译工具链。完成以上 4 步之后，交叉编译工具链的安装就完成了。真正的软件安装在 /usr/local/arm/arm-2009q3/bin 目录下。

检查交叉编译工具链是否正确安装，在软件安装目录（/usr/local/arm/arm-2009q3/bin）下执行 arm-none-linux-gcc -v 命令。如果能输出 GNU 编译器套件（GNU Compiler Collection，GCC）的版本号，便说明交叉编译工具链已经正确安装。

从 Linux 系统的目录管理方法的技术角度来讲，所有目录的性质都是一样的，把软件安装到哪个目录都可以。但是如果没有规划好安装程序，程序可能找不到对应的安装目录。所以 Linux 系统有一个软件放置的默认目录：在 bin 目录中放置一些系统自带的用户使用的软件，sbin 目录下存放的是系统自带的系统管理方面的软件，用户自行安装的软件一般放在 usr 目录下。

3. 添加环境变量

通过以上步骤安装好交叉编译工具链后，就可以使用交叉编译工具链来编译程序了。此时该交叉编译工具链要在安装目录下使用，使用的命令为 ./arm-none-linux-gcc example.c

（./ 表示当前目录、arm-none-linux-gcc 为交叉编译工具链文件、example.c 为需要编译的 .c 文件），可直接输入命令 arm-none-linux-gcc example.c，操作系统也默认在当前目录下使用。如果在其他目录下使用，必须在交叉编译工具链的前面加上绝对路径，否则会出现“No such file or directory”的编译错误提示。图 4-1 所示就是在交叉编译工具链安装目录之外使用此交叉编译工具链报出的编译错误，原因是操作系统找不到 arm-none-linux-gcc 文件。

```
aston@ubuntu:~$ vim example.c
aston@ubuntu:~$ ./arm-none-linux-gnueabi-gcc example.c
bash: ./arm-none-linux-gnueabi-gcc: No such file or directory
```

■ 图 4-1

在交叉编译工具链安装目录之外的目录下使用交叉编译工具链的正确方法是添加绝对路径 /usr/local/arm/arm-2009q3/bin。输入命令 ./usr/local/arm/arm-2009q3/bin/arm-none-linux-gcc example.c，即可编译成功。

编译时要注意编译的 .c 文件放在命令行界面建立的目录下，否则也要添加绝对路径。

以上使用交叉编译工具链的方法相对不方便，编译时需要进入交叉编译工具链安装目录或者输入很长的绝对路径，不能像使用 ls 命令那样可以在任何目录下使用。而通过添加环境变量可以解决这个问题。

使用命令的时候操作系统会到特定的目录中查询命令的执行程序（如交叉编译工具链文件 arm-none-linux-gcc），找到了才会执行，找不到就会报错。而操作系统到哪些目录寻找对应的命令，是由环境变量控制的。

环境变量是指在操作系统中指定操作系统运行环境的一些参数，可理解为操作系统的全局变量。每一个环境变量对操作系统来说都是唯一的，即其名字和所表示的含义都是唯一的。Linux 系统有很多个环境变量，其中有一部分是 Linux 系统自带的，还有一部分是用户自己扩充的。这里只讲解 PATH 环境变量，其他的暂时不涉及。PATH 这个环境变量是操作系统自带的，它的含义就是操作系统在查找可执行程序时会搜索的目录。当我们输入命令时，操作系统便会到 PATH 环境变量中的目录里去找。输入 echo $PATH，可将 PATH 环境变量输出，如图 4-2 所示。

```
aston@ubuntu:~/examples$ echo $PATH
/usr/local/sbin:/usr/local/bin:/usr/sbin:/usr/bin:/sbin:/bin:/usr/games:/usr/loc
al/games
```

■ 图 4-2

输出信息中一共有 8 个目录，以冒号分隔，分别是 /usr/local/sbin、/usr/local/bin、/usr/sbin、/usr/bin、/sbin、/bin、/usr/games、/usr/local/games。

我们需要将交叉编译工具链的安装目录 /usr/local/arm/arm-2009q3/bin 添加到 PATH 环境变量。

输入命令 export PATH=/usr/local/arm/arm-2009q3/bin:$PATH。这条命令的意思就是

输出更新后的 PATH 变量，更新后的 PATH 变量为 /usr/local/arm/arm-2009q3/bin 加上旧的 PATH 变量。该命令类似 C 语言中的“a=1+a”。添加完成后输出环境变量，可以看到 /usr/local/arm/arm-2009q3/bin 已经包含在更新后的 PATH 环境变量中了，如图 4-3 所示。

■ 图 4-3

这种添加环境变量的方法为在本次打开的终端中添加环境变量，如果重启另一个终端，本次添加的环境变量就会消失。在 ~/.bashrc 文件中添加 export PATH=/usr/local/arm/arm-2009q3/bin:$PATH 即可解决此问题。

~/.bashrc 文件的作用是在用户每次打开终端时都优先去执行这个文件，所以只要将目录导出命令添加到这个文件中，终端打开时便会自动地将目录导出到 PATH 环境变量中。在 ~/.bashrc 文件中添加的内容必须在下次打开终端时才能生效，对本次打开的终端是无效的。用户可重新打开终端或者输入 source.bashrc 使其生效，并且添加的这个环境变量在当前用户下有效。

添加环境变量的其他方法，读者可以自行查阅资料并学习验证。

添加好环境变量后，可以在任意目录下用 arm-none-linux-gcc 命令编译程序，如图 4-4 所示。

■ 图 4-4

4. 为交叉编译工具链添加符号链接

添加符号链接其实就是为命令改名，它不是必须要做的，但可满足用户的书写习惯。因为历史的原因，交叉编译工具链有很多名字，例如这里的 arm-none-linux-gcc 有不同的前缀，但我们一般都习惯用 arm-linux-gcc 这个名字，所以可以添加一个符号链接。

进入 /usr/local/arm/arm-2009q3/bin 目录，输入 ln arm-none-linux-××× -s arm-linux-×××，为每一个可执行程度添加一个符号链接，这样我们就可以用 arm-linux-××× 来执行这些命令了。

大家可以思考一下这里为什么不是直接使用 gcc 命令。

4.2 Makefile

本节将讲 3 个部分的内容。

- Makefile 引入。
- Makefile 规则。
- 在 U-Boot 中使用 Makefile 的方法。

一般我们练习的过程中编译的文件较少，如对于一个 .c 文件，我们直接使用 gcc 一条命令就可以编译完成并生成。但是在一个正式的工程中会有很多文件，这些文件或者需要一起编译，或者需要分开编译，或者有其他更复杂的编译要求，如果每一个文件都使用一次 gcc 命令将会严重影响工作效率，并且让人不好管理工程。Makefile 就是通过编写一定的规则来解决这个问题的。

Makefile 是用来管理工程的，其最主要、最基本的功能就是描述源程序之间的相互关系并自动维护编译工作，且 Makefile 需要按照某种语法进行编写，通过 make 命令执行。Makefile 编写好的规则会告诉 make 命令如何编译和链接程序。Makefile 的优点是“自动化编译”，一旦写好，只需要输入一条 make 命令，整个工程即可完全自动编译，极大地提高了软件开发的效率。

Makefile 的基本格式如下。

目标：依赖

（Tab 键）命令

目标指的就是一个目标文件，可以是 Object File，也可以是可执行程序，还可以是一个标签。这个目标是终极目标，指最终生成的文件。

依赖指要生成目标所依赖的文件。

命令就是 make 需要执行的命令，命令前一定要使用 Tab 键输入空格（任意的 Shell 命令）。

Makefile 内容举例如下。

```
a.out:a.c b.c
	gcc a.c b.c -o a.out
clean:
	rm a.out
```

a.out:a.c b.c 是 Makefile 中的第一条语句，其中 a.out 是目标，a.c b.c 是生成目标所需要的依赖。gcc a.c b.c -o a.out 是第一个目标中所执行的命令。

clean 是 Makefile 中的第二条语句，这条语句中没有依赖，它执行的命令为 rm a.out。

Makefile 的基本工作原理如下。

执行 make 命令时会在当前目录下找名字叫 Makefile 或 makefile 的文件（makefile 中的 m 大小写是不区分的）。如果找到，系统会找文件中的第一个目标文件，在上面的例子中，它会找到 a.out 这个文件，并把这个文件作为最终的目标文件。如果 a.out 文件不存在，或是 a.out 所依赖的后面的 .c 文件的修改时间比 a.out 这个文件新，它就会执行后面所定义的命令来生成 a.out 这个文件。

make 命令直接使用的时候是默认第一个目标，即 a.out。如果需要第二个目标则使用 make+ 目标的方式，如 make clean 就会执行第二个目标。

这只是Makefile的冰山一角。Makefile是十分智能的，它还有很多高级的形式和用法。学习 Makefile 的建议是：先学会有关 Makefile 的基本概念和应用，再理解 Makefile 的工作原理。读者会写简单的 Makefile 来管理工程即可，更深入的内容可以随之后的课程来学习。

ARM 裸机实验中需要用到的 Makefile 如下。

```
led.bin: start.o
	arm-linux-ld -Ttext 0x0 -o led.elf $^
	arm-linux-objcopy -O binary led.elf led.bin
	arm-linux-objdump -D led.elf > led_elf.dis
	gcc mkv210_image.c -o mkx210
	./mkx210 led.bin 210.bin

%.o : %.S
	arm-linux-gcc -o $@ $< -c

%.o : %.c
	arm-linux-gcc -o $@ $< -c

clean:
	rm *.o *.elf *.bin *.dis mkx210 -f
```

这个 Makefile 中有两个目标文件：led.bin 和 clean。执行 make 命令后，Makefile 会将第一个目标文件（这里为 led.bin）作为最终目标文件检索它的依赖文件（这里为 start.o，编程人员可根据自身需求添加 .o 文件）。一般情况下 start.o 文件是不存在的，于是，Makefile 会以 start.o 为目标文件，在文件的当前文件夹找到与其相匹配的 .S 或者 .c 文件（这里的 .S 文件为 start.S 文件，需要编程人员事先编写好），并编译生成 start.o，进而生成 led.bin。

其实在第一步链接 arm-linux-ld -Ttext 0x0 -o led.elf $^ 时生成的 led.elf 就是可执行文件。如果是在 Linux 系统下，led.elf 是可以执行的，但是在嵌入式裸机中我们需要的是可以烧录的文件（可烧录的文件就叫镜像文件），因此我们需要用这个 led.elf 为“原材料”来制作镜像文件 led.bin，命令为 arm-linux-objcopy -O binary led.elf led.bin。arm-linux-objcopy 是交叉编译工具链中的制作烧录镜像文件的工具。ARM 裸机中用到的 Makefile 将编译（生成 .o 文件）和链接（生成 .bin 文件）分开（实际上真正项目中的 Makefile 都是这样的）。

Makefile 链接生成 led.bin 后还有 3 条命令（见本页上方代码部分）。其实这 5 条命令是一体的，要么不执行，要么都执行。

可使用 arm-linux-objdump 工具进行反汇编，反汇编就是把编译后的 ELF 格式的可执行文件反转为对应的汇编程序，得到它的汇编源码。我们使用反汇编主要是用来学习（4.6

节会详细讲解）。

gcc mkv210_image.c -o mkx210 和 ./mkx210 led.bin 210.bin 的主要作用是由从 USB 启动时使用的烧录文件（led.bin）来生成从 SD 卡启动得到的镜像文件（210.bin）（4.3 节会详细讲解）。而 clean 是一个伪目标，用于删除生成的 .o、.elf、.bin、.dis 和 mkx210 等文件。

4.3 mkv210_image.c

4.3.1 mkv210_image.c 的作用

在 ARM 裸机用到的 Makefile 中，gcc mkv210_image.c -o mkx210 和 ./mkx210 led.bin 210.bin 代码编译链接 mkv210_image.c 用的是 gcc，而不是 arm-linux-gcc。因为 mkv210_image.c 文件编译后得到的可执行文件 mkx210 是在 Linux 系统中执行的，如图 4-5 所示。mkx210 的作用就是为 BL1 添加校验头，通过执行这个 mkx210 文件为 led.bin 添加头信息，然后得到 210.bin。210.bin 是从 SD 卡启动的时候使用的镜像文件。工程编译链接时只得到了 led.bin 镜像文件，这个镜像文件可以使用 USB 启动。由 led.bin 得到 210.bin 的过程不需要编译，所以与交叉编译器无关，这部分功能是由代码运行实现的，因此编写 mkv210_image.c 来完成。

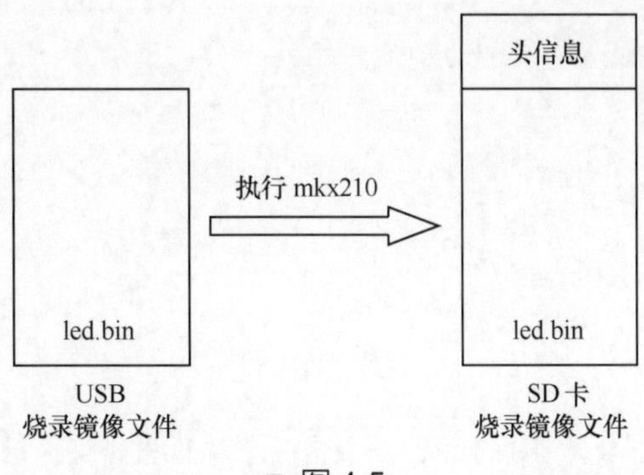

■ 图 4-5

第 2 章讲解 S5PV210 的启动过程时指出，S5PV210 启动后先执行内部 iROM 中的 BL0，BL0 执行完后会根据 OM 引脚的配置选择一个外设来启动。启动方式有很多，开发板有两种启动方式，即从 USB 启动和从 SD 卡启动。

从 USB 启动时内部 BL0 读取到 BL1 后不做校验，直接从 BL1 的实质内部 0xD0020010 开始执行，因此从 USB 启动的镜像文件 led.bin 不需要头信息。我们从 USB 启动时直接将镜像文件下载到 0xD0020010 去执行即可。

从 SD 卡启动时，BL0 会首先读取 SD 卡得到完整的镜像文件（完整镜像文件指的是 led.bin 和 16B 的头信息），然后 BL0 会根据实际镜像文件 led.bin 计算一个校验和（checksum），并将其和完整镜像文件头信息中的校验和比对。如果比对一致则执行 BL1，如果比对不一致则执行 2st 启动，即 SD2 启动。如果此时已经是 2st 启动了，校验不通过就会启动失败。

4.3.2 mkv210_image.c 代码解析

（1）mkv210_image.c 的代码如下。

```
/*********************************************
*   mkv210_image.c 的主要作用是由从 USB 启动时使用的 led.bin 制作得到从 SD 卡启动得到的镜像文件 210.bin
*   在 BL0 阶段，iROM 内固化的代码读取 NAND Flash 或 SD 卡前 16B 头信息的内容，并且对比根据实际镜像文件计算得到的校验和与 16B 头信息中的校验和是否一致，一致则继续，不一致则停止
*********************************************/
#include <stdio.h>
#include <string.h>
#include <stdlib.h>

#define BUFSIZE                 (16*1024)
#define IMG_SIZE                (16*1024)
#define SPL_HEADER_SIZE         16
#define SPL_HEADER              "S5PC110 HEADER  "
#define SPL_HEADER              "****************"
int main (int argc, char *argv[])
{
FILE         *fp;
char         *Buf, *a;
int          BufLen;
int          nbytes, fileLen;
unsigned int checksum, count;
int          i;
if (argc != 3)
// 判断传参（传递参数）个数是否等于 3，如果不等于就输出错误提示信息，返回 -1，退出程序
{
     printf("Usage: %s <source file> <destination file>\n", argv[0]);
     return -1;
}
// 使用 malloc 函数申请 16KB 的堆内存，用于制作 .bin 目标文件的内容
BufLen = BUFSIZE;
Buf = (char *)malloc(BufLen);
if (!Buf)                          // 检测堆内存是否成功申请
{
     printf("Alloc buffer failed!\n");
     return -1;
```

```
}
memset(Buf, 0x00, BufLen);        //将申请到的堆内存清零
//打开源文件,也就是 led.bin
//"rb" 表示以二进制的方式打开
fp = fopen(argv[1], "rb");
if( fp == NULL)  //如果打开失败则输出错误信息,返回 -1 并且退出程序
{
     printf("source file open error\n");
     free(Buf);
     return -1;
}
//获取 .bin 源文件的长度
fseek(fp, 0L, SEEK_END);          // 将 fp 定位到文件尾
fileLen = ftell(fp);
// ftell 用于得到 fp 相对于文件首的偏移字节数,即文件长度
fseek(fp, 0L, SEEK_SET);          // 将 fp 再次定位到文件头
/****************************************
*.bin 源文件长度不得超过 16KB
* 如果 led.bin 小于 16KB,就直接复制 .bin 源文件
* 如果 led.bin 大于 16KB,则只截取 .bin 源文件的前 16B ~ 16KB
* 这种做法可能会使程序出问题,但是暂时是最合理的
****************************************/
  //先在前 16B,即头信息的位置存放 "S5PC110 HEADER"
  //存放的内容没有什么含义,只要是 16 个字符就行,仅仅是为了占位
count = (fileLen < (IMG_SIZE - SPL_HEADER_SIZE))
     ? fileLen : (IMG_SIZE - SPL_HEADER_SIZE);
     memcpy(&Buf[0], SPL_HEADER, SPL_HEADER_SIZE);
//复制 .bin 源文件到 buffer[16]
nbytes = fread(Buf + SPL_HEADER_SIZE, 1, count, fp);
if ( nbytes != count )
{
     printf("source file read error\n");
     free(Buf);
     fclose(fp);
     return -1;
}
//关闭 .bin 源文件
fclose(fp);
//计算校验和
//从第 16B 开始,到第 16KB 结束
//把缓存中的所有数据以 B(字节)为单位加起来得到的结果便是校验和
a = Buf + SPL_HEADER_SIZE;
for(i = 0, checksum = 0; i < IMG_SIZE - SPL_HEADER_SIZE; i++)
     checksum += (0x000000FF) & *a++;
//Buf 是 210.bin 的起始地址,+8 表示向后位移 2
     //个字,也就是说写入第 3 个字
//校验和放在头信息的第 3 个字节位置
a = Buf + 8;
*( (unsigned int *)a ) = checksum;
```

```
/**********************************
* 到这里，.bin 目标文件的内容就制作完成，存放在缓存中
* 现在只要复制缓存中的内容到 .bin 目标文件中就可以了
**********************************/
// 打开 .bin 目标文件
fp = fopen(argv[2], "wb");
if (fp == NULL)
{
    printf("destination file open error\n");
    free(Buf);
    return -1;
}
// 将 16KB 的缓存内容复制到 .bin 目标文件中
a = Buf;
nbytes= fwrite( a, 1, BufLen, fp);
if ( nbytes != BufLen )
{
    printf("destination file write error\n");
    free(Buf);
    fclose(fp);
    return -1;
}
free(Buf);    //释放堆内存
fclose(fp);   //关闭 .bin 目标文件
return 0;
}
```

上述程序中，有的知识点大家也许不明白，但是这个 .c 文件是我们在裸机实验中必须要使用的，大家有不懂的地方可以自行查阅资料学习。以下列出几个重要的知识点。对于裸机课程这部分知识大家了解就好，后续课程会慢慢讲解。

（2）main 函数两个形参（形式参数）的作用。

main 函数接收两个形参：argc 和 argv。

argc 是用户（通过命令行来）执行一个程序时，实际传递的参数个数。注意：参数个数是包含程序执行本身的。

argv 是一个字符串数组，这个数组中存储的字符串就是一个个传参。如我们执行程序时使用 ./mkx210 led.bin 210.bin，若 argc = 3，则 argv[0] = "./mkx210"，argv[1] = led.bin，argv[2] = 210.bin。

（3）读 / 写文件接口。

在 Linux 系统中，若需要读取一个文件，可以使用 fopen 函数打开该文件，用 fread 函数读取文件，读完之后用 fclose 函数关闭文件；要写文件则使用 fwrite 函数。这些函数是 glibc 的库函数，可以在 Linux 系统中用 man 3 命令查找。

（4）校验和的计算方法。

在需要校验的内存区域中，所有内存中的数据以 B（字节）为单位进行相加操作，最

终相加的和为校验和。实现时大家要注意指针的类型为 char *。

4.4 编写点亮 LED 程序前的相关准备工作

通过编程操作一个硬件的步骤如下。

- 分析硬件的工作原理。
- 分析原理图。
- 翻阅数据手册，分析相关的寄存器。
- 写代码并设置寄存器。

下面以用 GPIO 点亮 LED 为例，从零开始介绍操作硬件的方法。

LED（Light Emitting Diode）是发光二极管的英文简称。二极管是一种具有两个电极的电子器件，只允许电流由单一方向流过；LED 就是当电流由特定方向流过时会发光的一种电子器件。通常，在 LED 的正极和负极之间加一个正向电压（如在正极加 3.3V 电压，负极加 0V 电压）便可使它发光。这个正向电压的数值根据 LED 种类的不同会有所不同。通常 LED 不能反接，反接时一般不会有任何现象，但如果反接时电压过大，可能击穿 LED，造成 LED 损坏。

LED 的特点是体积小，耗电量低，使用寿命长，亮度高，产生的热量低，环保，坚固耐用，类型多样等。

LED 在电路及仪器中常作为指示灯，也常被用于制作大型广告牌、舞台背景等的显示屏。

LED 的电路符号和实物分别如图 4-6 和图 4-7 所示。

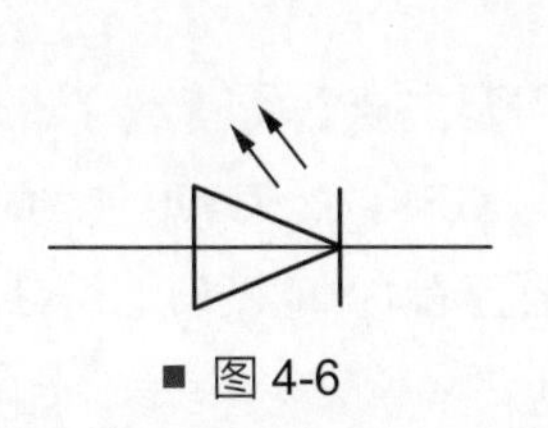

■ 图 4-6

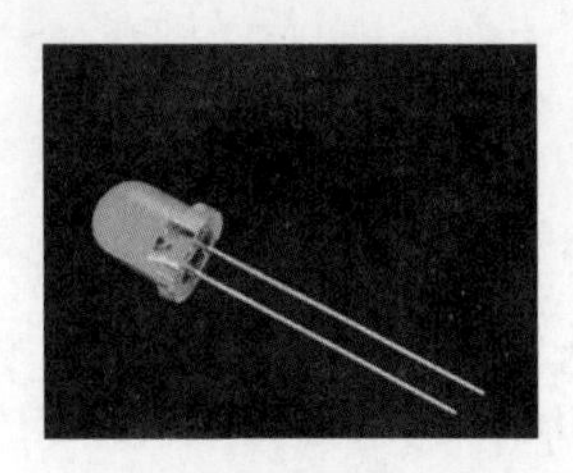

■ 图 4-7

编程者不必深入地研究 LED 的结构和原理，只需知道 LED 这个硬件的功能是发光或者不发光。想要点亮一个 LED 只需要给它加正向电压，要熄灭一个亮着的 LED 只需要去掉电压。

了解了 LED 的定义及其基本的物理特性之后，我们需要查看核心板和底板的原理图，了解 LED 的接法，并在数据手册中找到相应的寄存器。

首先打开底板的原理图，可自行寻找或者使用查找功能查找“LED”关键字，搜寻结果如图 4-8 所示。

由图 4-8 可知，开发板上一共有 5 个 LED。

其中 D22、D23、D24 的正极接的是 VDD_IO（一般为 3.3V），负极分别接的是 GPJ0_3、GPJ0_4、GPJ0_5 这 3 个 GPIO 引脚。只要我们在 GPJ0_3、GPJ0_4、GPJ0_5 引脚输入低电平便可点亮 LED。

D25 的正极接的是 VDD_IO，负极接的是 GPD0_1（PWMTOUT1）引脚。

D26 正极接 VDD_5V，负极接地，只要通电便会点亮，它是电源指示灯。

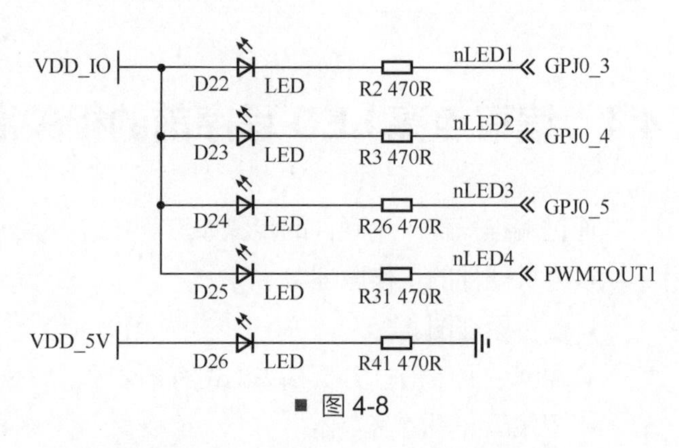

■ 图 4-8

使用 PWMTOUT1 端口时需在核心板原理图中查找“PWMTOUT1”，可知 PWMTOUT1 端口对应的是 GPD0_1 引脚。

GPIO 的英文全称为 General-Purpose Input/Output，是通用输入输出的意思。I/O 引脚是处理器必须具备的最基本外设，可以简单理解为芯片的引脚。我们可以通过编程控制 GPIO 引脚的工作模式、电压高低等。

通过之前的分析我们知道，我们在设计电路时就把 LED 接在了一个 GPIO 引脚上，所以可以通过编程控制 GPIO 引脚的工作模式和 I/O 值来操控 LED 亮还是不亮。

打开 S5PV210 数据手册，再打开 section 02_system，找到 2 GENERAL PURPOSE INPUT/OUTPUT 并打开，便可查阅数据手册中的 GPIO 部分。

第 1 章我们讲过使用软件操作硬件是通过寄存器实现的。当前要操作的硬件是 LED，可将 LED 连接到 GPIO 引脚并通过 GPIO 引脚来间接控制，所以当前我们实际要操作的其实是处理器的 GPIO 引脚。要操作这些 GPIO 引脚，必须通过设置它们的寄存器来实现。

SoC 为 GPIO 引脚配置了大量的寄存器，我们不需要去查看所有寄存器，只需要看那些要用到的有对应的 I/O 接口的寄存器。LED 用到的是 GPJ0_3、GPJ0_4、GPJ0_5 这 3 个 GPIO 引脚，即 GPJ0 的 3、4、5 这 3 个 I/O 接口，所以只要查看 GPJ0 接口的寄存器就可以了。

GPJ0 有以下几个相关寄存器。

- GPJ0CON，GPJ0 控制寄存器，用于设置各引脚的工作模式。
- GPJ0DAT，当引脚配置为 Input/Output（I/O）模式时，寄存器的相应位与引脚的高、低电平相对应。
- GPJ0PUD，控制引脚内部的上拉、下拉电平。
- GPJ0DRV，配置 GPIO 引脚的驱动能力。
- GPJ0CONPDN，低功耗模式下的控制寄存器。
- GPJ0PUDPDN，低功耗模式下的上、下拉寄存器。

对应的寄存器说明如表 4-1 ～表 4-6 所示。

表 4-1

GPJ0CON	bit	描述	初始值
GPJ0CON [7]	[31:28]	0000=Input 0001=Output 0010=MSM_ADDR [7] 0011=CAM_B_DATA [7] 0100=CF_DMACKNs 0101=MHL_D0 0110～1110=Reserved 1111=GPJ0_INT [7]	0000
GPJ0CON [6]	[27:24]	0000=Input 0001=Output 0010=MSM_ADDR [6] 0011=CAM_B_DATA [6] 0100=CF_DRESETN 0101=TS_ERROR 0110～1110=Reserved 1111=GPJ0_INT [6]	0000
GPJ0CON [5]	[23:20]	0000=Input 0001=Output 0010=MSM_ADDR [5] 0011=CAM_B_DATA [5] 0100=CF_DMARQ 0101=TS_DATA 0110～1110=Reserved 1111=GPJ0_INT [5]	0000
GPJ0CON [4]	[19:16]	0000=Input 0001=Output 0010=MSM_ADDR [4] 0011=CAM_B_DATA [4] 0100=CF_INTRQ 0101=TS_VAL 0110～1110=Reserved 1111=GPJ0_INT [4]	0000
GPJ0CON [3]	[15:12]	0000=Input 0001=Output 0010=MSM_ADDR [3] 0011=CAM_B_DATA [3] 0100=CF_IORDY 0101=TS_SYNC 0110～1110=Reserved 1111=GPJ0_INT [3]	0000
GPJ0CON [2]	[11:8]	0000=Input 0001=Output 0010=MSM_ADDR [2] 0011=CAM_B_DATA [2] 0100=CF_ADDR [2] 0101=TS_CLK 0110～1110=Reserved 1111=GPJ0_INT [2]	0000
GPJ0CON [1]	[7:4]	0000=Input 0001=Output 0010=MSM_ADDR [1] 0011=CAM_B_DATA [1] 0100=CF_ADDR [1] 0101=MIPI_ESC_CLK 0110～1110=Reserved 1111=GPJ0_INT [1]	0000

续表

GPJ0CON	bit	描述	初始值
GPJ0CON [0]	[3:0]	0000=Input 0001=Output 0010=MSM_ADDR [0] 0011=CAM_B_DATA [0] 0100=CF_ADDR [0] 0101=MIPI_BYTE_CLK 0110～1110=Reserved 1111=GPJ0_INT [0]	0000

表 4-2

GPJ0DAT	bit	描述	初始值
GPJ0DAT [7:0]	[7:0]	When the port is configured as input port, the corres ponding bit is the pin state. When the port is configured as output port, the pin state is the same as the corresponding bit. When the port is configured as functional pin, the underlined value will be read.	0x00

表 4-3

GPJ0PUD	bit	描述	初始值
GPJ0PUD [n]	[2n+1:2n] n=0～7	00=Pull-up/down disabled 01=Pull-down enabled 10=Pull-up enabled 11=Reserved	0x5555

表 4-4

GPJ0DRV	bit	描述	初始值
GPJ0DRV [n]	[2n+1:2n] n=0～7	00=1x 10=2x 01=3x 11=4x	0x0000

表 4-5

GPJ0CONPDN	bit	描述	初始值
GPJ0 [n]	[2n+1:2n] n=0～7	00=Output 0 01=Output 1 10=Input 11=Previous state	0x00

表 4-6

GPJ0PUDPDN	bit	描述	初始值
GPJ0 [n]	[2n+1:2n] n=0～7	00=Pull-up/down disabled 01=Pull-down enabled 10=Pull-up enabled 11=Reserved	0x00

GPJ0 有 6 个寄存器，实际操控 LED 的只有 GPJ0CON、GPJ0DAT 这 2 个寄存器。GPJ0 有 GPJ0_0 ~ GPJ0_7 共 8 个引脚，如表 4-1 所示。可通过 GPJ0CON 设置这 8 个引脚的工作模式。寄存器的设置以位（bit）为单位，ARM 中的寄存器都是 32 位，32 除以 8 得 4，即每个引脚对应 4 位。例如，GPJ0_0 对应 bit0 ~ bit3、GPJ0_1 对应 bit4 ~ bit7，

以此类推。

在 I/O 接口相对应的 GPJ0CON 寄存器位写入不同的值，该 I/O 接口便依据该值工作在不同的工作模式下。每个引脚都有 8 种工作模式，读者不必深究每一种工作模式的作用，需要用的时候再去查即可。Input 对应输入功能，Output 对应输出功能。

GPJ0DAT 寄存器只有低 8 位有效，每一位对应一个引脚。当引脚设置为输入模式时，GPJ0DAT 寄存器相应的位用于存放引脚的状态。当引脚设置为输出模式时，GPJ0DAT 寄存器相应的位用于设置引脚的状态。

文档中寄存器的名字是 GPJ0CON、GPJ0DAT 等，在实际编程时，我们操作的是地址值，不能直接使用寄存器的名字，如果要使用需要提前设置宏定义。在编程中使用寄存器的名字只是为了方便编程的人了解寄存器的功能，在代码中直接写名字，代码是“不认识”的，是无效的。

通过分析得到以下信息。

- LED 所用的 I/O 接口为 GPJ0_3、GPJ0_4、GPJ0_5，并且我们只需要设置 GPJ0CON 寄存器和 GPJ0DAT 寄存器即可控制 LED 发光与否。
- LED 在其引脚输入为低电平时点亮，在引脚输入为高电平时熄灭。
- GPJ0CON 用于设置工作模式，若设置为输出模式，即在相应的 4 个位写入 0b0001。
- GPJ0DAT 用于控制 LED 的亮灭，即引脚的电平状态。
- 寄存器地址：GPJ0CON 为 0xE0200240，GPJ0DAT 为 0xE0200244。

4.5 点亮 LED

经过以上准备后我们使用汇编语言来点亮 LED，新建一个汇编文件（start.S），内容如下。

```
.global _start                          // 把 _start 链接属性改为外部
_start:                                 // 这样其他文件就可以看见 _start
    // 第 1 步：把 0x11111111 写入 0xE0200240（GPJ0CON）位置
        // 设置 GPJ0CON 寄存器
        ldr r1, =0xE0200240             // 将 GPJ0CON 地址写入 r1
        ldr r0, =0x11111111             // 将要写入寄存器的值写入 r0
        str r0, [r1]        // 寄存器间接寻址，将 r0 的值写入 r1 的值对应的地址
    // 第 2 步：把 0x0 写入 0xE0200244（GPJ0DAT）位置
        // 设置 GPJ0DAT 寄存器
        ldr r1, =0xE0200244             // 将 GPJ0DAT 地址写入 r1
        ldr r0, =0x00
        str r0, [r1]

  flag:                                 // 设置死循环
     b flag
```

这部分代码用到的知识点如下。

伪指令：ldr 伪指令和 ARM 的 ldr 指令很像，但是作用不太一样。可以在 ldr 伪指令的立即数前加上 =，表示把一个地址写到某寄存器中，如 ldr r0, =0x12345678。

ldr 在这里是伪指令。ldr 作为伪指令时的命令格式为 ldr rn, =expr。需要编译器来判断该数是合法立即数还是非法立即数，一般写代码都会用到 ldr 伪指令。

读者可以结合第 2 章或自行查找的资料来学习有关伪指令的知识，详细内容本章不赘述。

死循环：末尾的死循环是必须有的。因为裸机程序直接在 CPU 上运行，CPU 会逐行运行裸机程序直到 CPU 断电关机。如果程序中的所有代码都执行完毕，CPU 就会“跑飞”，即没有程序运行时 CPU 会进入停止或未知状态，为了让 CPU 能一直运行程序，需要在程序运行完后添加死循环。

将编写好的 start.S 和之前讲过的 ARM 裸机中用到的 Makefile、mkv210_image.c 放在一个文件夹中，在 Linux 系统中执行 make 命令，如图 4-9 所示。

```
root@ubuntu:/mnt/hgfs/shaw# make
arm-linux-gcc -o start.o start.S -c
arm-linux-ld -Ttext 0x0 -o led.elf start.o
arm-linux-objcopy -O binary led.elf led.bin
arm-linux-objdump -D led.elf > led_elf.dis
gcc mkv210_image.c -o mkx210
./mkx210 led.bin 210.bin
```

■ 图 4-9

通过编译得到的 led.bin 和 210.bin 2 个文件，可以通过 USB 启动 dnw 下载（led.bin），或者 SD 卡下载（210.bin）到开发板，同时点亮 3 个 LED。

以上程序可以实现我们需要的功能，但是比较烦琐。如果我们每次都用数值来表示地址，当地址需要被重复使用时程序就十分烦琐、易错和缺少可读性。所以我们可以用宏定义对地址进行封装。修改后代码如下。

```
#define GPJ0CON 0xE0200240
#define GPJ0DAT 0xE0200244
.global _start                      // 把 _start 链接属性改为外部
_start:                             // 这样其他文件就可以看见 _start

// 设置 GPJ0CON 寄存器
ldr r1, =GPJ0CON
 ldr r0, =0x11111111
 str r0, [r1]                       // 将 r0 的值写入 r1 的值对应的地址

// 设置 GPJ0DAT 寄存器
ldr r1, =GPJ0DAT
 ldr r0, =0x00
str r0, [r1]                        // 将 r0 的值写入 r1 的值对应的地址
```

```
//末尾循环的简化
b .                          //.在ARM汇编语言中表示当前这一句指令的地址
```

通过以上的修改，我们直接写入寄存器名字就可以使用寄存器地址。如果在编写代码过程中把寄存器的名字写错，系统会报错提示，并且阅读代码时也能很明显地看出是哪个寄存器的地址。修改寄存器地址的时候只需要修改宏定义，不需要修改所有的地址。

接下来我们继续完善程序，用位运算实现复杂点亮要求。

上个程序是同时点亮3个LED，现在我们在其基础上改进，点亮1个LED（如D23），另外2个熄灭（如D22和D24）。实现这个效果只需要拉高其中2个接口的电平，即修改GPJ0DAT寄存器的值。引脚的模式依旧为输出模式，GPJ0CON寄存器不需要修改。GPJ0DAT寄存器的值要改为多少，可以通过表4-7来算一下。

表4-7

bit7	bit6	bit5	bit4	bit3	bit2	bit1	bit0
0	0	1	0	1	0	0	0

通过表4-7计算GPJ0DAT寄存器的值时应该将二进制数00101000改为十六进制数0x28，修改部分代码如下。

```
ldr r1, =GPJ0DAT
ldr r0, =0x28                //将GPJ0DAT的bit3和bit5改为1
str r0, [r1]
```

以上代码可以实现我们想要的效果，但是有缺陷，那就是需要手动计算这个特定的设置值，而且代码不易阅读。如看到0x28后不能立刻知道其代表的含义，需要计算解析才能知道。在编写代码的时候使用位运算，让编译器帮我们计算这个特定值，可以解决这个问题。

常用的位运算有位与（&）、位或（|）、位取反（~）、位左移（<<）、位右移（>>）。

0x28可表示为（1<<3）|（0<<4）|（1<<5）。

修改代码如下。

```
ldr r1, =GPJ0DAT
ldr r0, =(1<<3)|(0<<4)|(1<<5)
str r0, [r1]
```

这次修改虽然中间的(0<<4)是没有效果的，但是可以让编程人员看到代码时便明白bit3是1、bit4是0、bit5是1，这样的代码风格可提高程序的可读性，而且可方便日后修改代码。如要实现两边的LED亮，中间的LED灭，可以在原代码的基础上很方便地改为(0<<3) | (1<<4) | (0<<5)。这样的代码风格，让人在编写代码时容易写、容易修改，也容易让其他软件工程师阅读。通过进一步学习，大家会发现这样写还有更多的好处。修改好的

代码如下。

```
#define GPJ0CON 0xE0200240
#define GPJ0DAT 0xE0200244
.global _start                  // 把 _start 链接属性改为外部
_start:                         // 这样其他文件就可以看见 _start

// 设置 GPJ0CON 寄存器
ldr r1, =GPJ0CON
ldr r0, =0x11111111
str r0, [r1]                    // 将 r0 的值写入 r1 的值对应的地址
// 设置 GPJ0DAT 寄存器
ldr r1, =GPJ0DAT
ldr r0, =(1<<3)|(0<<4)|(1<<5)
str r0, [r1]                    // 将 r0 的值写入 r1 的值对应的地址
// 末尾循环的简化
b .                             // . 在 ARM 汇编语言中表示当前这一句指令的地址
```

接下来我们继续修改代码以实现另一个效果：编写延时函数并实现 LED 的闪烁效果。

通过之前的学习，我们已经能随意地点亮和熄灭任意一个 LED，现在来实现 LED 的闪烁效果。LED 的闪烁就是不断循环点亮、延时、熄灭、延时、点亮的过程。LED 的点亮和熄灭前文已经讲解了，下面讲解延时函数。在汇编过程中实现延时的方法是执行一些没有目的的代码来消耗时间，达到延时的效果。延时函数的格式及代码如下。

```
// 延时函数：函数名：delay()
delay:
    ldr  r2, =900000        // 设置循环次数，用于控制延时的时长
    ldr  r3, =0x0
delay_loop:
    sub  r2,  r2,  #1       //r2 = r2 -1
    cmp  r2,  r3            //cmp 会影响 Z 标志位
    bne  delay_loop         // 如果 r2 不等于 r3 则 Z=0，bne 就会成立
    mov  pc,  lr            // 函数调用返回
```

r2 中最初存放着最大循环次数值 900000，每次循环都减 1，并且和 r3 中的 0 进行比较，如果不相等就跳转到 delay_loop 处进入下一次循环，一直到 r2 中的值减小到和 r3 中的 0 相等才跳出循环，从延时函数返回。

整个主程序是一个死循环，这个死循环是汇编程序的主体。延时函数和其他子函数都必须写在 b . 之后，即主函数的后面，不然会出错。这和 C 语言的函数不能写在主函数中是一样的道理。

用汇编语言编写延时函数时，要注意函数的初始化和函数体的位置，不能把初始化代码写在循环体内。

延时函数编写好后，只要在原来的主程序中调用它，便可以实现 LED 的闪烁效果。修改后代码如下。

```
#define GPJ0CON 0xE0200240
#define GPJ0DAT 0xE0200244
.global _start
_start:
//设置GPJ0CON寄存器
    ldr r1, =GPJ0CON
    ldr r0, =0x11111111
    str r0, [r1]
//设置GPJ0DAT寄存器
    ldr r1, =GPJ0DAT
flag:
    ldr r0, =(0<<3)|(0<<4)|(0<<5)                    //点亮LED
    str r0, [r1]
    bl delay                                         //使用bl调用延时函数
     ldr r0, =(1<<3)|(1<<4)|(1<<5)                   //熄灭LED
    str r0, [r1]
    bl delay                                         //延时
     b  flag                                         //主循环
b .                                                  //因为主循环就是一个死循环
                                                     //所以末尾的死循环删不删都是一样的
delay:
    ldr  r2, =900000
    ldr  r3, =0x0
delay_loop:
    sub  r2,  r2,  #1
    cmp  r2,  r3
    bne  delay_loop
    mov  pc,  lr
```

在汇编过程中调用函数用bl指令，最后在子函数中用mov pc, lr来返回。

以上代码便实现了LED的闪烁效果，这节内容的重点在于要学会写函数和调用函数。

下面继续修改代码以实现更加复杂的功能——流水灯效果。流水灯又叫跑马灯，实现的效果是相邻的LED依次点亮、熄灭，并且同一时间有且只有一个LED被点亮。要实现流水灯，只要在主循环代码段，即“flag:”和“b flag”之间设置依次点亮、熄灭LED。修改后代码如下。

```
#define GPJ0CON 0xE0200240
#define GPJ0DAT 0xE0200244
.global _start
_start:
//设置GPJ0CON寄存器
    ldr r1, =GPJ0CON
    ldr r0, =0x11111111
    str r0, [r1]
    //设置GPJ0DAT寄存器
        ldr r1, =GPJ0DAT
flag:
```

```
    //点亮第 1 个 LED，同时熄灭另外 2 个
     ldr r0, =(0<<3)|(1<<4)|(1<<5)
     str r0, [r1]
     bl delay                                         //延时
    //点亮第 2 个 LED，同时熄灭第 1 个
     ldr r0, =(1<<3)|(0<<4)|(1<<5)
     str r0, [r1]
     bl delay                                         //延时
    //点亮第 3 个 LED，同时熄灭第 2 个
     ldr r0, =(1<<3)|(1<<4)|(0<<5)
     str r0, [r1]
     bl delay                                         //延时

      b  flag                                         //主循环
delay:
    ldr  r2, =900000
    ldr  r3, =0x0
delay_loop:
    sub  r2,  r2,  #1
    cmp  r2,  r3
    bne  delay_loop
    mov  pc,  lr
```

以上代码实现了 LED 的流水灯效果，但这个程序有缺陷。当我们要实现的是很多个 LED 的流水灯效果时，要写 ldr r0, =(0<<3)|(1<<4)|(1<<5)|(1<<6)|(1<<7)|(...)。这里可以包括很多 GPIO 接口，处理方式是使用 |（按位或）方法，但程序会很庞大。下面继续优化代码，解决的办法依旧是位运算，例如“ldr r0, =~(1<<3)”。修改后代码如下。

```
#define GPJ0CON 0xE0200240
#define GPJ0DAT 0xE0200244
.global _start
_start:
//设置 GPJ0CON 寄存器
    ldr r1, =GPJ0CON
    ldr r0, =0x11111111
    tr r0, [r1]
    //设置 GPJ0DAT 寄存器
    ldr r1, =GPJ0DAT
flag:
    //点亮第 1 个 LED，同时熄灭另外 2 个
    ldr r0, =~(1<<3)
     str r0, [r1]
     bl delay                                         //延时
    //点亮第 2 个 LED，同时熄灭第 1 个
     ldr r0, =~(1<<4)
     str r0, [r1]
     bl delay                                         //延时
    //点亮第 3 个 LED，同时熄灭第 2 个
```

```
     ldr r0, =~(1<<5)
     str r0, [r1]
     bl delay                                    // 延时
      b  flag                                    // 主循环
delay:
    ldr  r2, =900000
    ldr  r3, =0x0
delay_loop:
    sub  r2,  r2,  #1
    cmp  r2,  r3
    bne  delay_loop
    mov  pc,  lr
```

从点亮 3 个 LED 到实现更复杂的流水灯效果，在大框架下我们不断优化代码，且每次优化都涉及新的知识点，不断优化可使代码更加简洁明了。任何复杂的代码都由简单的代码构成，将它分解开来，逐条进行分析优化，程序写起来就不难。

4.6 扩展：反汇编工具 objdump

4.2 节讲到 Makefile 的第 1 个目标的第 3 条命令“arm-linux-objdump -D led.elf > led_elf.dis”中的 arm-linux-objdump 是查看目标文件时需要使用的工具，-D 表示反汇编，这条命令所要实现的功能是通过编译好的 led.elf 可执行文件反向得到汇编代码 led_elf.dis。命令中符号 > 左边的是反汇编的原材料，右边的是通过反汇编生成的反汇编程序。

我们需要反汇编的原因如下。

- 逆向破解。
- 调试程序。调试程序的时候反汇编代码可以帮助我们更好地理解程序和寻找程序中的错误（我们学习时使用 objdump 的主要目的），尤其是在理解链接脚本、链接地址等概念时。
- 把 C 语言源码编译链接生成的可执行文件反汇编后得到对应的代码，可以帮助我们理解 C 语言和汇编语言之间的对应关系。这非常有助于我们深入理解 C 语言。下面以 4.5 节编写的流水灯代码生成的反汇编程序为例子，来讲解反汇编程序的格式和用法。

```
led.elf:     file format elf32-littlearm
Disassembly of section .text:
00000000 <_start>:
   0: e59f0050     ldr   r0, [pc, #80]; 58 <delay_loop+0x10>
   4: e59f1050     ldr   r1, [pc, #80]; 5c <delay_loop+0x14>
   8: e5810000     str   r0, [r1]
0000000c <flash>:
   c: e3e00008     mvn   r0, #8
  10: e59f1048     ldr   r1, [pc, #72]; 60 <delay_loop+0x18>
```

配套资源验证码 200209

```
  14: e5810000     str   r0, [r1]
  18: eb000008     bl    40 <delay>
  1c: e3e00010     mvn   r0, #16
  20: e59f1038     ldr   r1, [pc, #56]; 60 <delay_loop+0x18>
  24: e5810000     str   r0, [r1]
  28: eb000004     bl    40 <delay>
  2c: e3e00020     mvn   r0, #32
  30: e59f1028     ldr   r1, [pc, #40]; 60 <delay_loop+0x18>
  34: e5810000     str   r0, [r1]
  38: eb000000     bl    40 <delay>
  3c: eafffff2     b     c <flash>
00000040 <delay>:
  40: e59f201c     ldr   r2, [pc, #28]; 64 <delay_loop+0x1c>
  44: e3a03000     mov   r3, #0
00000048 <delay_loop>:
  48: e2422001     sub   r2, r2, #1
  4c: e1520003     cmp   r2, r3
  50: 1afffffc     bne   48 <delay_loop>
  54: e1a0f00e     mov   pc, lr
  58: 11111111     tstne r1, r1, lsl r1
  5c: e0200240     eor   r0, r0, r0, asr #4
  60: e0200244     eor   r0, r0, r4, asr #4
  64: 00895440     addeq r5, r9, r0, asr #8

Disassembly of section .ARM.attributes:

00000000 <.ARM.attributes>:
   0: 00001a41     andeq r1, r0, r1, asr #20
   4: 61656100     cmnvs r5, r0, lsl #2
   8: 01006962     tsteq r0, r2, ror #18
   c: 00000010     andeq r0, r0, r0, lsl r0
  10: 45543505     ldrbmi r3, [r4, #-1285]    ; 0x505
  14: 08040600     stmdaeq       r4, {r9, sl}
  18: Address 0x00000018 is out of bounds.
```

反汇编程序整体上保持了汇编语言的风格。每行代码前面的数字表示当前地址与起始地址的相对偏移量，冒号和汇编命令之间的数字是汇编代码相对应的机器码。

<_start> 前的 00000000 表示标号的地址，这也说明了标号的实质就是地址。

ldr r0, [pc, #80] 对应源码中的 ldr r0, =0x11111111。取地址为［pc, #80］处的值赋给 r0，换算成十六进制数即 0x50。由于 ARM 的流水线工艺，PC（指令计数器，也称程序计数器）超前两条指令，地址需要再加 8，所以地址为 0x58。我们找到 0x58 地址时会发现，其对应的机器码便是 11111111。这种方式叫作地址池，ARM 汇编通过这种方式来处理非法立即数。对于这部分知识读者可以不去深究，因为平时不会用到很多，只要明白标号地址、标号名字、指令地址、指令机器码、指令机器码反汇编到的对应指令即可。

下载烧录执行的 .bin 文件，内部其实是一条条指令机器码。每一条指令都有一个指令地址，这个地址是连接的时候 ld 指定的（ld 根据我们写的链接脚本来指定），并不一定从 0 开始。

反汇编的时候得到的指令地址是链接器考虑了链接脚本之后得到的地址，而我们写代码时是通过指定链接脚本来让链接器链接合适的地址，但是有时候写的链接脚本有误（或者我们不知道这个链接脚本有误），这时候可以通过看反汇编程序来分析这个链接脚本。

4.7 习题

1．BL1 是从________开始读取的，dnw 下载时需要设置下载地址为________。

A．0x00000000 0x00000000　　B．0xD0020000 0xD0020010

C．0xEFFFFFFF 0xEFFFFFEF　　D．0x00000000 0x00000010

2．GPJ0CON 用于设置 GPIOJ0 接口________，GPJ0DAT 用于设置 GPIOJ0 接口________。

3．简述编写代码一般要提前准备哪些资料。

4．开发板上还有第 4 个 LED（接在 GPD0_1 上），编程并运行把它点亮、熄灭。

5．自己尝试用 4 个 LED 实现流水灯效果。

第 5 章　SDRAM 和重定位

本章的主要内容为同步动态随机存储器（Synchronous Dynamic Random Access Memory，SDRAM）的相关知识，介绍了看门狗、栈、iCache（指令缓存）、重定位、SDRAM 初始化，以及其他相关的外设。

5.1　关闭看门狗

看门狗的英文为 watchdog，常被应用于系统长期运行且无人值守的设备上，当系统死机时，看门狗就会自动重启系统。

看门狗实际上是 SoC 内部的一个定时器。程序运行后，看门狗按照程序预置的时间倒计时。如果程序运行正常，则它会在一定的时间内清零，这个过程俗称“喂狗”。如果系统出错（如程序进入死循环），在看门狗倒计时减到 0 时，就无法喂狗，此时看门狗会认为系统故障，于是进行系统复位，如图 5-1 所示。

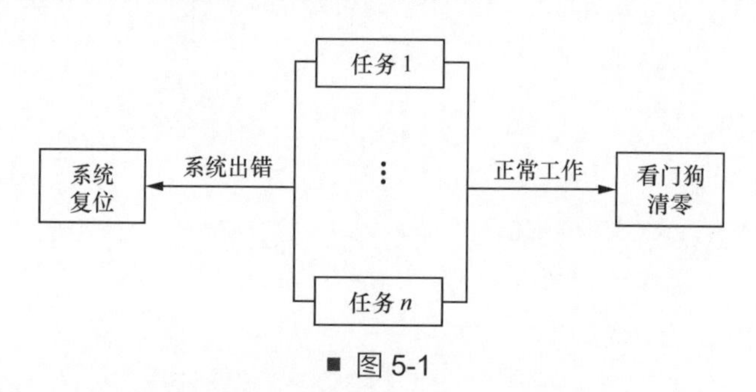

■ 图 5-1

X210 开发板上电启动时需要先关闭看门狗，不然系统会一直复位。使用汇编程序在启动代码中关闭看门狗，可以防止启动过程中无法喂狗导致的复位。下面就带大家认识一下看门狗外设，同时进一步熟悉 ARM 汇编程序的编写方法。

看门狗是 SoC 的一个内部外设，没有相关的外部器件与它相连接，所以我们为编写看门狗程序查看开发板的相关原理图时，可以直接分析看门狗的相关寄存器。参考文档 S5PV210_UM_REV1.1.pdf。

我们需要的功能是在 CPU 上电后关闭看门狗，所以需要用到的寄存器是 WTCON，其地址是 0xE2700000，寄存器格式如表 5-1 所示。

表 5-1

WTCON	bit	描述	初始值
Reserved	[31:16]	Reserved	0
Prescaler value	[15:8]	Prescaler value The valid range is from 0 to (2^8-1)	0x80
Reserved	[7:6]	Reserved These two bits must be 00 in normal operation	00
Watchdog timer	[5]	Enables of disables Watchdog timer bit 0=Disables 1=Enables	1
Clock select	[4:3]	Determines the clock division factor 00=16 01=32 10=64 11=128	00
Interrupt generation	[2]	Enables or disables interrupt bit 0=Disables 1=Enables	0
Reserved	[1]	Reserved This bit must be 0 in normal operation	0
Reset enable/disable	[0]	Enables or disables Watchdog timer output bit for reset signal 1=Asserts reset signal of the S5PV210 at watchdog time-out 0=Disables the reset function of the watchdog timer	1

WTCON 寄存器的起始地址为 0xE2700000，Watchdog timer 位是看门狗的使能位：0 代表关，1 代表开。上电复位后此位默认为 1，即打开看门狗，程序编程时向它写入 0 就可以关闭看门狗。

在 S5PV210 内部的 iROM 代码（BL0）中，CPU 上电后其实已经关闭了看门狗，实际上是不用启动代码去关的。但是很多 CPU 内部是没有 BL0 的，这时就需要在启动代码前自己写代码关闭看门狗了。

在关闭和打开看门狗时分别观察 LED 的变化。打开看门狗代码如下。

```
#define GPJ0CON     0xE0200240
#define GPJ0DAT     0xE0200244
#define WTCON       0xE2700000

.global _start     // 把 _start 链接属性改为外部，这样其他文件就可以看见 _start 了
_start:
    // 第 1 步：关看门狗
    ldr r0, =WTCON
    ldr r1, =1<<5
    str r1, [r0]
    //把所有引脚都设置为输出模式，代码不变
    ldr r0, =0x11111111
    ldr r1, =GPJ0CON
    str r0, [r1]
```

```
flash:
    //点亮 LED1，其他熄灭
    //ldr r0, =((0<<3) | (1<<4) | (1<<5))
    ldr r0, =~(1<<3)
    ldr r1, =GPJ0DAT
    str r0, [r1]
    bl delay
    //点亮 LED2，其他熄灭
    ldr r0, =~(1<<4)
    ldr r1, =GPJ0DAT
    str r0, [r1]
    bl delay
    //点亮 LED3，其他熄灭
    ldr r0, =~(1<<5)
    ldr r1, =GPJ0DAT
    str r0, [r1]
    bl delay
    b flash

// 延时函数：函数名为 delay
delay:
    ldr r2, =9000000
    ldr r3, =0x0
delay_loop:
    sub r2, r2, #1
    cmp r2, r3
    bne delay_loop
    mov pc, lr                                          // 函数调用返回
```

通过上面的代码可以发现，如果打开看门狗，系统会一直复位，看不出 LED 工作的样子。

5.2　设置栈和调用 C 程序

在 ARM 的程序编写过程中，启动代码可使用汇编语言编写，当 CPU 启动完成后程序会由汇编语言转为 C 语言。

C 语言程序（以下简称 C 程序）运行时需要一个栈空间来保存程序运行过程中产生的数据。C 程序中的局部变量可用栈来实现。如果在启动代码部分没有给 C 程序预设合理的栈空间地址，那么 C 程序中定义的局部变量就没有空间存储，整个程序也就不会运行下去。

编写单片机（如 51 单片机）程序或者编写应用程序时并没有设置栈，但是 C 程序还

是可以运行的。这是因为在单片机中硬件初始化时提供了一个默认可用的栈。在编写应用程序时，我们编写的 C 程序其实并不是全部程序，编译器（GCC）在链接的时候会自动添加一个程序头，这个程序头是一段引导 C 程序运行的用汇编语言编写的代码，这段代码中的一部分用于设置 C 程序的栈。

CPU 有各种工作模式，对应的有各种工作模式下的栈。

ARM CPU 的每种工作模式都有自己独立的 SP（堆栈指针）寄存器，各操作系统使用自己独立的栈，各应用程序也使用自己独立的栈，当一个应用程序出问题的时候（如栈溢出）不会影响到其他应用程序和操作系统。S5PV210 在复位后默认进入 SVC（管理）工作模式，所以在该模式下将 SP 设置到合理的位置即可。

栈必须是当前一段被初始化过的、可以访问的内存，而且这个内存只会被用作栈，不会被其他程序使用。在外部的 DRAM 尚未初始化时，可用的内存只有内部的 SRAM（因为它不需初始化即可使用）。因此我们只能在 SRAM 中找一段内存来作为 SVC 的栈。SRAM 内部映射如图 5-2 所示。

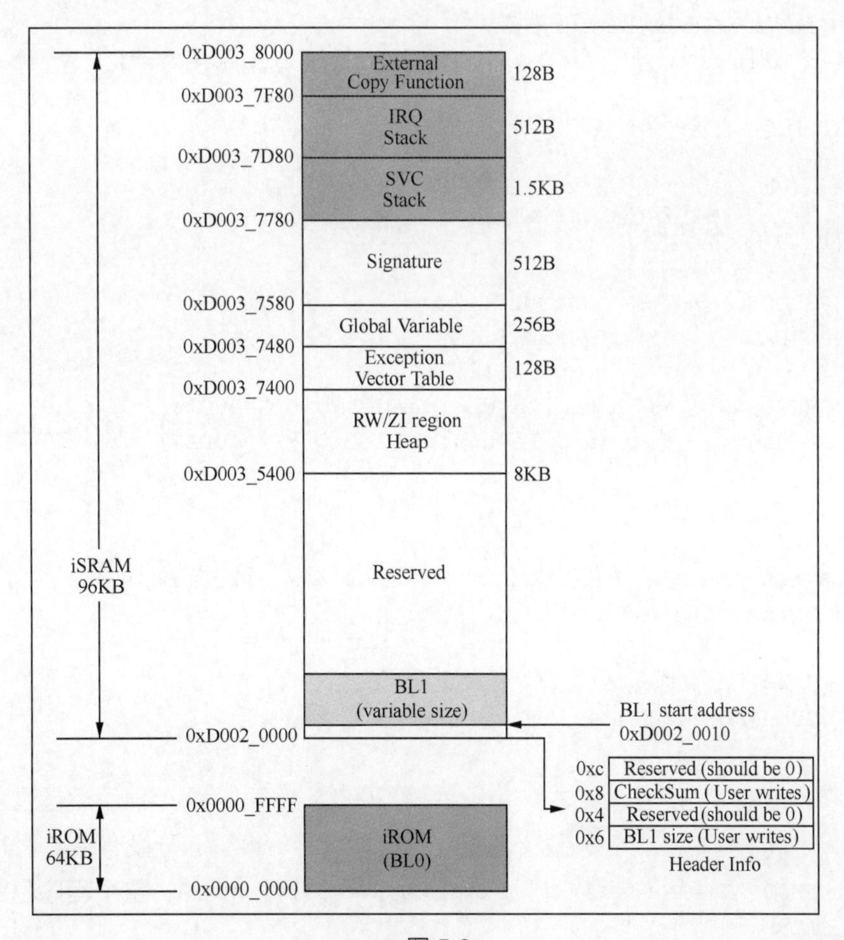

■ 图 5-2

如图 5-2 所示，SRAM 中的 0xD003_7780 ~ 0xD003_7D80 空间是 SVC 工作模式

的栈空间。在 ARM 体系中，ARM-Thumb 过程调用标准（ARM-THUMB Procedure Call Standard，ATPCS）要求使用满减栈，所以 SVC 栈应该设置为 0xD0037D80。设置好后就可以在用汇编语言编写的代码中调用 C 语言中的函数了。start.S 启动代码如下。

```
#define WTCON        0xE2700000
#define SVC_STACK    0xD0037D80

.global _start       // 把 _start 链接属性改为外部，这样其他文件就可以看见 _start 了
_start:
    // 第 1 步：关看门狗（向 WTCON 的 bit5 写入 0 即可）
    ldr r0, =WTCON
    ldr r1, =0x0
    str r1, [r0]

    // 第 2 步：设置 SVC 栈
    ldr sp, =SVC_STACK

    // 接下来就可以开始调用 C 程序了
    bl led_blink                         // led_blink 是 C 语言中的一个函数

// 汇编最后的这个死循环不能丢
    b .
```

C 程序的 led.c 代码如下。

```
#define GPJ0CON             0xE0200240
#define GPJ0DAT             0xE0200244

#define rGPJ0CON    *((volatile unsigned int *)GPJ0CON)
#define rGPJ0DAT    *((volatile unsigned int *)GPJ0DAT)

void delay(void);

// 该函数要实现 LED 闪烁，是从汇编语言中跳转过来的函数，相当于 main 函数
void led_blink(void)
{
    // LED 初始化，也就是把 GPJ0CON 设置为输出模式
    rGPJ0CON = 0x11111111;

    while (1)
    {
        // LED 亮
        rGPJ0DAT = ((0<<3) | (0<<4) | (0<<5));
        // 延时
        delay();
        // LED 灭
```

```
        rGPJ0DAT = ((1<<3) | (1<<4) | (1<<5));
        // 延时
        delay();
    }
}

void delay(void)
{
    volatile unsigned int i = 900000; // volatile 让编译器不要优化，这样才能
                                       // 消耗时间，实现延时
    while (i--);
}
```

通过上面的代码我们发现，启动代码已经可以调用C程序并且成功实现LED闪烁。

5.3 用汇编语言编写启动代码之开/关iCache

Cache是一种内存，数据访问速度比一般的RAM快，叫高速缓冲存储器（简称高速缓存）。当CPU处理数据时，它会先到Cache中去寻找，如果数据因之前的操作已经被读取且被暂存其中，就不需要再从RAM中读取数据。RAM的读/写速度和CPU的数据处理速度相差很大，如果CPU执行完一条指令再去RAM中读取下一条指令，那么CPU的处理速度就会被RAM的读取速度拖慢。提供缓存的目的是让数据访问的速度适应CPU的处理速度。

iCache是指令缓存。工作时，CPU正在执行的指令的前后几句指令会被预先读取到iCache中。CPU要执行下一条指令时，iCache会首先检查自己的缓存指令中有没有这条指令。如果有这条指令，CPU就直接从iCache中读取；如果没有这条指令，iCache则需要从RAM中重新读取，并同时做一系列的动作来清理缓存、重新缓存等，然后CPU从iCache中读取。打开和关闭iCache的启动程序start.S代码如下。

```
#define WTCON       0xE2700000
#define SVC_STACK   0xD0037D80

.global _start       // 把_start链接属性改为外部，这样其他文件就可以看见_start了
_start:
    // 第1步：关看门狗（向WTCON的bit5写入0即可）
    ldr r0, =WTCON
    ldr r1, =0x0
    str r1, [r0]

    // 第2步：设置SVC栈
    ldr sp, =SVC_STACK
```

```
    // 第 3 步：开 / 关 iCache
    mrc p15,0,r0,c1,c0,0;          // 读出 cp15 的 c1 到 r0 中
    bic r0, r0, #(1<<12)           // bit12 置 0，关 iCache
    orr r0, r0, #(1<<12)           // bit12 置 1，开 iCache
    mcr p15,0,r0,c1,c0,0;

    // 接下来就可以开始调用 C 程序了
    bl led_blink                   // led_blink 是用 C 语言实现的 LED 闪烁函数

// 汇编最后的这个死循环不能丢
    b .
```

通过以上代码可观察到，关闭 iCache 时 LED 闪烁频率变慢，说明指令执行速度变慢。

5.4 重定位引入与编程实现

5.4.1 重定位引入和链接脚本

位置无关代码（Position Independent Code，PIC）是可在内存中的任意地址正确运行，而不受其绝对地址影响的一种机器码。位置有关代码需要经过链接器或加载器的特殊处理才能确定合适的运行时的内存地址。

位置无关代码适应性强，放在任何地址都能正常运行；位置有关代码必须在链接时指定的地址上运行，适应性差。位置无关代码有一些限制，不能实现所有功能，有时候不得不使用位置有关代码，所以大部分指令是位置有关代码。

链接地址在链接时指定，运行地址由实际运行时被加载到内存的地址决定。链接地址和运行地址可能相同，也可能不同。

在编写 Linux 系统的应用程序时，我们通过 gcc hello.c -o hello 命令编译 hello.c，这时使用的是默认的链接地址 0x0，所以应用程序都是链接 0 地址的。应用程序运行在操作系统的一个进程中，每个进程独享 4GB 的虚拟地址空间，所以应用程序可以链接到 0 地址，因为每个进程都是从 0 地址开始的。

在编写 X210 开发板的裸机程序时，运行地址在下载时确定，下载时下载到 0xD0020010，所以就从这里开始运行（这个下载地址不是我们随意指定的，是 iROM 中的 BL0 加载 BL1 时事先指定好的地址，即这是由 CPU 的设计决定的）。所以理论上我们在编译链接时应该将地址指定到 0xD0020010，但是实际上我们在之前的裸机程序中都是使用位置无关代码，所以链接地址可以是 0。S5PV210 有两个 iRAM 内存区，这两个地址

内部做了映射，如图 5-3 所示。

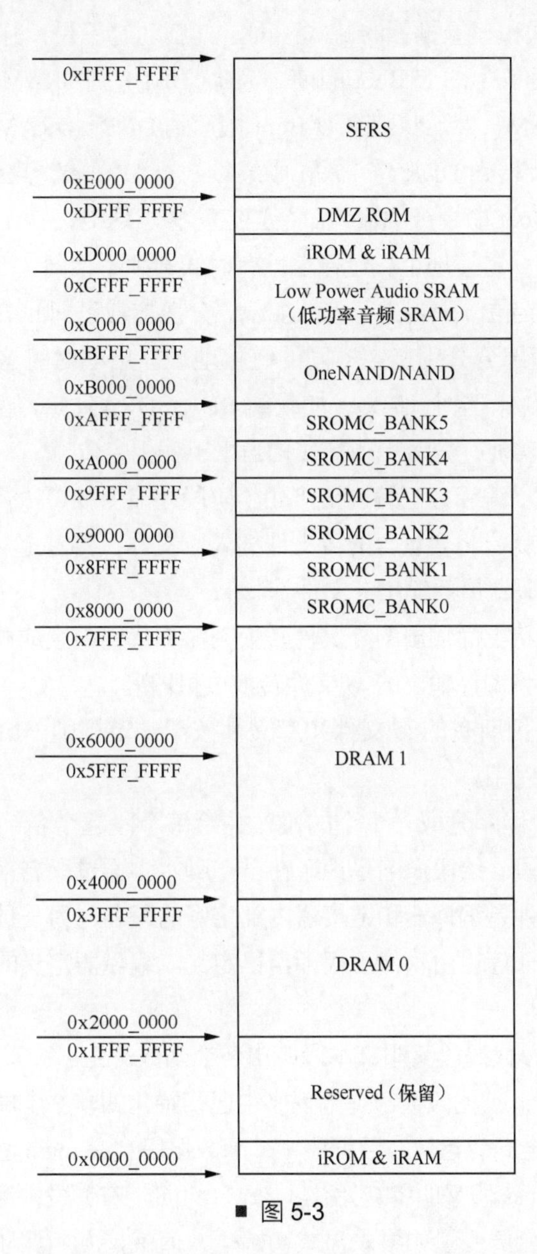

■ 图 5-3

在 S5PV210 的启动过程中，三星推荐的启动方式和通过 U-Boot 实现的启动方式是不同的。

三星推荐的启动方式中，bootloader 必须小于 96KB 且大于 16KB。假定 bootloader 为 80KB，启动过程是，开机上电后 BL0 运行，BL0 会加载外部启动设备中的 bootloader 的前 16KB（BL1）到 SRAM 中去运行，BL1 运行时会加载 BL2（bootloader 中 80KB–16KB= 64KB）到 SRAM 中（从 SRAM 的 16KB 处开始用）去运行，BL2 运行时会初始化 DDR SDRAM（Double Data Rate Synchronous Dynamic Random Access Memory，双倍速率同步

动态随机存储器）并且将操作系统搬运到 DDR SDRAM，再启动操作系统。

U-Boot 的启动方式和三星推荐的方式不同。其启动过程是，开机上电后 BL0 运行，BL0 会加载外部启动设备中的 U-Boot 的前 16KB（BL1）到 SRAM 中去运行，BL1 运行时会初始化 DDR SDRAM，然后将整个 U-Boot 搬运到 DDR SDRAM 中，再用一条长跳转指令从 SRAM 中直接跳转到 DDR SDRAM 中继续执行 U-Boot，直到 U-Boot 完全启动。U-Boot 启动后，在 U-Boot 命令行中输入命令去启动操作系统。

从上面的分析知道，链接地址和运行地址有时候必须不相同，而且不能全部用位置无关代码，这时候只能重定位，或者进行分散加载。分散加载可把 U-Boot 分成两部分（BL1 和整个 U-Boot），这两部分分别指定不同的链接地址。启动时将这两部分加载到不同的地址（BL1 加载到 SRAM，整个 U-Boot 加载到 DDR SDRAM），这时候不用重定位也能启动。重定位可用代码实现，分散加载其实相当于手动重定位。

源码要经过预处理、编译、汇编、链接 4 个阶段才能变成可执行程序。

- 预处理：预处理就是将要包含的头文件插入原文件，将宏定义展开，根据条件编译命令选择需要使用的代码，最后输出 .i 文件。
- 编译：编译就是将上面输出的 .i 文件转换为汇编代码，生成机器码 .o 文件。
- 汇编：汇编就是将编译输出的 .o 文件转换成机器码。
- 链接：链接就是把所有的 .o 文件和库文件按照一定规则（由链接脚本来指定）链接在一起，形成可执行程序。

程序段就是把整个程序分成一个个的段，并给每个段起个名字，然后在链接时可以用这个名字来指示这些段。给段命名是为了在链接脚本中通过段名来让段运行在合适的位置。段名分为两种：一种是编译器和链接器内部定好的段名；另一种是软件工程师自定义的段名，段的属性和特征等也由软件工程师自己定义。编译器定义的段名有代码段、数据段、bss 段。

- 代码段（.text）：代码段又叫文本段，由各个函数产生。
- 数据段（.data）：数据段通常是指程序中已初始化的非 0 全局变量。main 函数是 C 程序的入口，代码中的全局变量放在数据段中，而数据段会在 main 函数执行之前被处理。
- bss 段（.bss）：bss 段又叫零初始化（Zero Initial，ZI）段，对应程序中未初始化的全局变量。C 语言中的全局变量如果未显式初始化，值就是 0。因为 C 语言把这类全局变量放在 bss 段，从而保证了该值为 0。

链接脚本是个规则文件，它决定了一个可执行程序的各个段的存储位置，是软件工程师用来指挥链接器工作的文件。链接器会参考链接脚本，并且使用其中规定的规则来处理可执行程序中的段，将其链接成一个可执行程序。

链接脚本的格式如下。

```
SECTIONS {
...
```

```
secname start ALIGN(align) (NOLOAD) : AT ( ldadr )
{ contents } >region :phdr =fill
...
}
```

• secname 和 contents 是必需的，其他的都是可选的。secname 是段名，contents 决定哪些内容放在本段。

• start：本段代码的运行地址，当程序是位置有关代码时，必须放在这个地址上运行。

• ALIGN（align）：使程序字节对齐。

• （NOLOAD）：用来告知加载器这个段不用加载。

• AT（ldadr）：定义本段加载的地址。如果没有这个选项，则加载地址等于运行地址。

5.4.2 重定位代码实现

在 SRAM 中将代码从 0xD0020010 地址重定位到 0xD0024000 地址。本来代码是在 0xD0020010 地址执行的，但是因为一些原因我们希望代码实际在 0xD0024000 地址执行，这时候就需要重定位了。本练习对代码本身的执行无实际意义，我们做这个练习纯粹是为了练习重定位技能，因为在某些情况下重定位是必需的，如在 U-Boot 中。

通过链接脚本将代码链接到 0xD0024000 地址，使用 dnw 下载时将 .bin 文件下载到 0xD0020010 地址，这样就保证了代码实际下载在 0xD0020010 地址并执行，却被链接到 0xD0024000 地址，从而为重定位奠定基础。

当我们把代码链接地址设置为 0xD0024000 时，隐含意思就是这个代码将来必须放在 0xD0024000 地址才能被正确执行。如果实际执行的地址不是这个地址就会出问题，除非代码是位置无关代码，所以在位置无关代码执行完之前必须将整个代码搬移到 0xD0024000 地址执行。整个重定位过程为，代码执行开始后，通过代码前段的少量位置无关代码将整个代码搬移到 0xD0024000 地址，然后使用一条长跳转命令将 PC 指针跳转到 0xD0024000 地址处的代码继续执行，重定位完成。

C 语言要求显式初始化的全局变量的值为 0，或者未显式初始化的全局变量的值为 0，清除 bss 段是为了满足 C 语言的这个运行要求。平时 C 语言编译器会清除 bss 段，所以一般情况下我们在编写程序时是不需要考虑清除 bss 段的。但是在代码重定位了之后，因为编译器附加的代码只是清除了下载运行地址那一段代码中的 bss 段，而未清除重定位地址处开头的那一段代码的 bss 段，所以重定位之后需要我们自己编写程序去清除 bss 段。

ARM 中的跳转指令类似分支指令 B、BL 等的作用，跳转指令通过给 PC（r15）赋一个新值来完成代码段的跳转执行。长跳转指令可用于跳转到的地址和当前地址差异比较大的情况，跳转的范围比较宽。执行完代码重定位后，实际上在SRAM中有两段代码的镜像：一段是下载到0xD0020010处开头的镜像，另一段是重定位代码复制到0xD0024000处开头的镜像。这两段内容完全相同，仅开头地址不同。当链接地址和运行地址相同时，短跳转和长跳转的实际效果是一样的；但是当链接地址不同于运行地址时，短跳转和长跳转就有差异了。这时候短跳转实际执行的是运行地址处的那一段代码，而长跳转执行的是链接地址处那一段代码。重定位的启动代码如下。

```
#define WTCON         0xE2700000
#define SVC_STACK     0xD0037D80

.global _start        // 把 _start 链接属性改为外部，这样其他文件就可以看见 _start 了
_start:
    // 第 1 步：关看门狗（向 WTCON 的 bit5 写入 0 即可）
    ldr r0, =WTCON
    ldr r1, =0x0
    str r1, [r0]

    // 第 2 步：设置 SVC 栈
    ldr sp, =SVC_STACK

    // 第 3 步：开 / 关 iCache
    mrc p15,0,r0,c1,c0,0;              // 读出 cp15 的 c1 到 r0 中
    bic r0, r0, #(1<<12)               // bit12 置 0，关 iCache
    orr r0, r0, #(1<<12)               // bit12 置 1，开 iCache
    mcr p15,0,r0,c1,c0,0;

    // 第 4 步：重定位
    adr r0, _start          //adr 指令用于加载 _start 当前的运行地址
    ldr r1, =_start         // ldr 指令用于加载 _start 的链接地址：0xD0024000
    ldr r2, =bss_start      // 重定位代码的结束地址，重定位只需代码段和数据段即可
    cmp r0, r1              // 比较 _start 的运行地址和链接地址是否相同
    beq clean_bss           // 如果相同说明不需要重定位，直接到 clean_bss

// 用汇编语言实现的一个 while 循环，将代码复制到链接地址处
copy_loop:
    ldr r3, [r0], #4      // 源
    str r3, [r1], #4      // 目标
    cmp r1, r2
    bne copy_loop

// 第 5 步：清除 bss 段，其实就是在链接地址处把 bss 段之后的地址全部清零
clean_bss:
    ldr r0, =bss_start
    ldr r1, =bss_end
```

```
    cmp r0, r1                    // 如果r0等于r1，说明bss段为空，继续执行
    beq run_on_dram               // 清除bss段之后的地址
    mov r2, #0
clear_loop:
    str r2, [r0], #4              // 先将r2中的值放入r0所指向的内存地址
    cmp r0, r1                    // 然后r0 = r0 + 4
    bne clear_loop

//第6步：长跳转到led_blink开始第二阶段
run_on_dram:
    ldr pc, =led_blink            // ldr指令实现长跳转

// 汇编最后的这个死循环不能丢
    b .
```

通过以上代码可知，在第4步中分别用了adr和ldr两个加载指令。ldr和adr都是伪指令，区别是ldr是长加载伪指令，adr是短加载伪指令。用adr伪指令加载符号地址时，加载的是运行地址；用ldr伪指令加载符号地址时，加载的是链接地址。

重定位代码相当于用汇编语言编写的代码中的copy_loop函数，重定位代码的作用是使用循环结构来逐句复制代码到链接地址。复制的源地址是SRAM的0xD0020010，复制的目标地址是SRAM的0xD0024000，复制的长度是bss_start减去_start。复制的长度就是整个重定位代码需要重定位的长度，也就是整个程序中代码段+数据段的长度。bss段（bss段中就是0初始化的全局变量）不需要重定位。

此时在SRAM中有两个led_blink函数镜像，两个都能执行。如果短跳转bl led_blink，则执行的是0xD0020010开头的这一段代码；如果长跳转ldr pc, =led_blink，则执行的是0xD0024000开头处的这一段代码。重定位之后使用ldr pc, =led_blink这条长跳转指令直接从0xD0020010处代码跳转到0xD0024000开头的那一段代码的led_blink函数处执行。

led_blink函数在上面的led.c文件中，这里不赘述。

程序段的安排和链接地址由链接脚本规定。链接脚本如下。

```
SECTIONS
{
    . = 0xD0024000;
    .text : {
        start.o
        * (.text)
    }
    .data : {
        * (.data)
    }
    bss_start = .;
```

```
    .bss : {
        * (.bss)
    }
    bss_end  = .;
}
```

5.5 SDRAM 初始化

本节讲解 SDRAM 初始化代码。首先从原理图出发，详细分析 X210 开发板原理图中的 DDR SDRAM 芯片的相关部分，获取一些参数；然后结合数据手册得到另一些参数，并根据数据手册上初始化 SDRAM 的部分，逐项分析代码；接着讲几个关键性寄存器参数值的设置；最后在 SDRAM 初始化后将代码重定位到 SDRAM 上执行。

我们可以按照操作外设的步骤来分析 SDRAM。

- 分析外设的工作原理。
- 分析原理图。
- 分析数据手册，找到相关的寄存器。
- 编写代码。

我们按照编程的一般步骤来分析，可以参考 4.4 节的内容。

SDRAM 的特点是容量大，价格低，掉电易失性，随机读 / 写，总线式访问。SDRAM 上电后需要先执行一段初始化代码后才能运行。

SDRAM 属于 SoC 外设，通过地址总线和数据总线接口与 SoC 通信。X210 开发板原理图上使用的是 K4T1G164QQ 芯片，但是实际开发板上焊接的不是这个型号的芯片。这两款是完全兼容的，所以进行软件编程分析的时候可以参考 K4T1G164QQ 芯片的相关文档。因为全球生产 SDRAM 的厂家不多，二线厂家的产品参数都是向一线厂家看齐的，目的就是兼容一线厂家的设计。若一些使用者在意 SDRAM 的价格，可以选用价格较低的二线厂家的产品来代替。SDRAM 的市场特征导致 SDRAM 比较标准化，大多数时候官方（芯片原厂商）都会给使用者提供标准参数的参考值，直接使用这个参考值就可以。

SDRAM 芯片的型号标识了这个芯片的规格和参数，如 K4T1G164QE，其中 K 表示三星的产品，4 表示 DRAM，T 表示产品号码，1G 表示容量（此处的 1G 等于 128MB，X210 开发板上一共用了 4 个相同的内存，所以总容量是 128MB×4=512MB），16 表示单芯片是 16 位宽的，4 表示 4 个 bank，Q 代表电平接口，E 代表第 6 代产品。

三星官方的数据手册上没有与芯片相关的参数设置信息，都是芯片选型与外观封装方面的信息。选型信息是给产品经理看的，封装和电压等信息是给硬件工程师看的，而软件工程师最关注的应是工作参数信息。

5.5.1 原理图中 SDRAM 相关部分分析

S5PV210 共有 2 个内存端口，结合查阅数据手册中的内存映射部分可知：2 个内存端口分别是 DRAM0 和 DRAM1，其中 DRAM0 最大支持 512MB 的存储空间，内存地址范围是 0x20000000 ~ 0x3FFFFFFF；DRAM1 最大支持 1GB 的存储空间，内存地址范围是 0x40000000 ~ 0x7FFFFFFF。所以 X210 开发板最大支持约 1.5GB 的存储空间，如果给 X210 开发板更多的存储空间，CPU 就无法识别。X210 开发板只有 512MB 的存储空间，可在 DRAM0 端口接 256MB 的内存芯片，地址是 0x20000000 ~ 0x2FFFFFFF（256MB）；在 DRAM1 端口也接 256MB 的内存芯片，地址是 0x40000000 ~ 0x4FFFFFFF（256MB）。如果程序中使用了其他地址，如 0x30004000，程序就会出问题。

查看底板原理图，图中每个 DDR SDRAM 的端口都由 3 类总线构成：地址总线、控制总线、数据总线。图 5-4 所示为 4 个 DDR SDRAM（图 5-4 中简写为 DDR）中的一个的接线方式，其他 3 个的接线方式与此相同。这里用的是 32 位的 DDR SDRAM 芯片。原理图中有 4 个 DDR SDRAM 芯片，其中 2 个并联在 DMC0 接口上，另外 2 个并联在 DMC1 接口上。X210 开发板上的 4 个 DDR SDRAM 芯片中，2 个 DDR SDRAM 芯片通过地址总线并联，另 2 个 DDR SDRAM 芯片通过数据总线串联，这样由 16 位的内存就可以得到 32 位的内存。

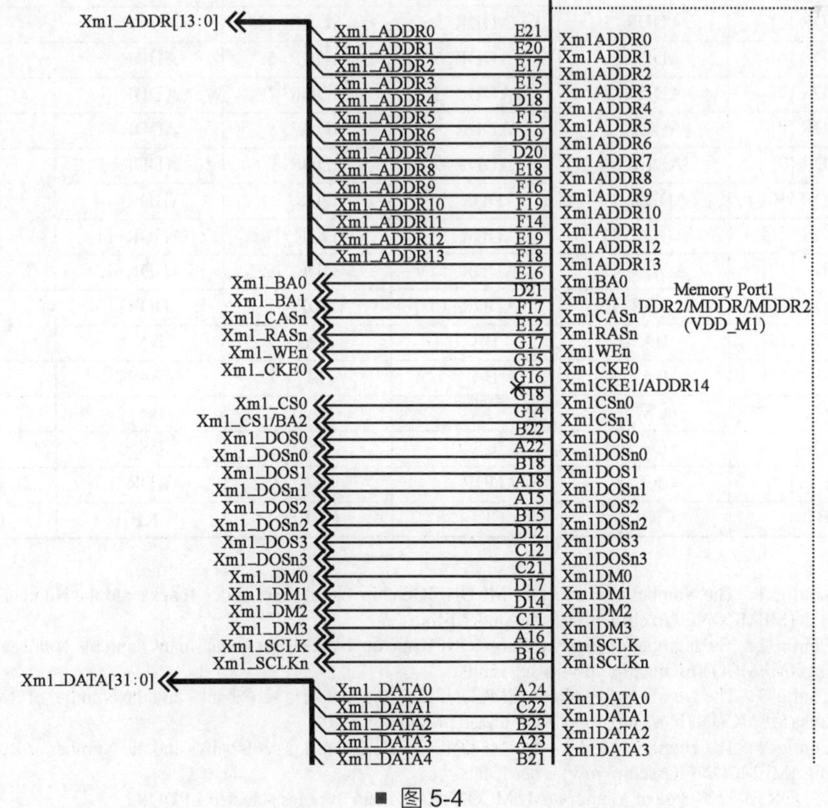

■ 图 5-4

5.5.2 数据手册中 SDRAM 相关部分分析

由核心板的原理图可知，我们使用的内存芯片是 16 位宽的，所以查看数据手册《NT5TU64M16GG-DDR2-1G-G-R18-Consumer》中的 block diagram（框图）。这个框图是 64MB×16 结构的，这里的 64MB 是指该内存芯片有 64MB 个存储单元，16 指的是内存芯片的位宽是 16 位的，即每个存储单元存储 16 位的数据，所以一共可以存储 1GB 的数据。

内存芯片的 BA0 ~ BA2 是用来选择 bank 的，正好可以选择 8 个 bank。可通过 13 位行地址（row address）和 10 位列地址（column address）来综合寻址。开发板上的内存芯片地址线是 14 位的，所以有 1 位行地址虽然接了硬件，但是没有使用。此内存芯片的最大寻址空间是 $2^{13}\times 2^{10}=2^{23}$=8MB=64Mbit，对应 8MB（64Mbit）个存储单元。

内存芯片有 8 个 bank，而 DMC0 和 DMC1 都只有 2 根 bank 线，只能支持 4 个 bank。三星给出了解决方案，如表 5-2 所示。

表 5-2

PAD Name	Config.1	Config.2	Config.3	Config.4	LPDDR2
Xm1 (2) ADDR [0]	ADDR_0	ADDR_0	ADDR_0	ADDR_0	CA_0
Xm1 (2) ADDR [1]	ADDR_1	ADDR_1	ADDR_1	ADDR_1	CA_1
Xm1 (2) ADDR [2]	ADDR_2	ADDR_2	ADDR_2	ADDR_2	CA_2
Xm1 (2) ADDR [3]	ADDR_3	ADDR_3	ADDR_3	ADDR_3	CA_3
Xm1 (2) ADDR [4]	ADDR_4	ADDR_4	ADDR_4	ADDR_4	CA_4
Xm1 (2) ADDR [5]	ADDR_5	ADDR_5	ADDR_5	ADDR_5	CA_5
Xm1 (2) ADDR [6]	ADDR_6	ADDR_6	ADDR_6	ADDR_6	CA_6
Xm1 (2) ADDR [7]	ADDR_7	ADDR_7	ADDR_7	ADDR_7	CA_7
Xm1 (2) ADDR [8]	ADDR_8	ADDR_8	ADDR_8	ADDR_8	CA_8
Xm1 (2) ADDR [9]	ADDR_9	ADDR_9	ADDR_9	ADDR_9	CA_9
Xm1 (2) ADDR [10]	ADDR_10	ADDR_10	ADDR_10	ADDR_10	
Xm1 (2) ADDR [11]	ADDR_11	ADDR_11	ADDR_11	ADDR_11	
Xm1 (2) ADDR [12]	ADDR_12	ADDR_12	ADDR_12	ADDR_12	
Xm1 (2) ADDR [13]	ADDR_13	ADDR_13	ADDR_13	ADDR_13	
Xm1 (2) ADDR [14]	BA_0	BA_0	BA_0	BA_0	
Xm1 (2) ADDR [15]	BA_1	BA_1	BA_1	BA_1	
Xm1 (2) CSn [1]	CS_1		BA_2	BA_2	CS_1
Xm1 (2) CSn [0]	CS_0	CS_0	CS_0	CS_0	CS_0
Xm1 (2) CKE [1]	CKE_1	ADDR_14		ADDR_14	CKE_1
Xm1 (2) CKE [0]	CKE_0	CKE_0	CKE_0	CKE_0	CKE_0

NOTE

1. Address Config. 1：The Number of Banks (MEMCONFIGn.chip_bank) is set under 4banks and the Number of Row Address Bits (MEMCONFIGn.chip_row) is set under 14bits.
2. Address Config. 2：The Number of Banks (MEMCONFIGn.chip_bank) is set under 4banks and the Number of Row Address Bits (MEMCONFIGn.chip_row) is set 15bits.
3. Address Config. 3：The Number of Banks (MEMCONFIGn.chip_bank) is set 8 banks and the Number of Row Address Bits (MEMCONFIGn.chip_row) is set under 14bits.
4. Address Config. 4：The Number of Banks (MEMCONFIGn.chip_bank) is set 8 banks and the Number of Row Address Bits (MEMCONFIGn.chip_row) is set 15bits.
5. Address LPDDR2：The Type of Memory (MEMCONTROL.mem_type) is selected LPDDR2.

这里的硬件接法选择了数据手册中的方案 3，这个方案适用于包含 8 个 bank 和低于 14 位行地址的内存芯片。

下面以 DMC0 控制器为例，介绍 DMC0 部分的寄存器，更多的寄存器说明参考 S5PV210 数据手册。

1. CONCONTROL 寄存器

CONCONTROL 寄存器是控制器的控制寄存器，可对控制器的功能进行配置，如表 5-3 所示。在 5.5.3 小节中，此寄存器被配置为 0x0FFF2010。

表 5-3

CONCONTROL	bit	描述	读/写 (R/W)	初始值
Reserved	[31:28]	Should be zero		0x0
timeout_cnt	[27:16]	Default Timeout Cycles 0xn=0 aclk cycles (aclk:AXI clock) This counter prevents transactions in command queue from starvation. This counter starts if a new AXI transaction comes into a queue. If the counter becomes zero，the corresponding transaction becomes the highest priority command of all the transactions in the command queue. This is a default timeout counter and overridden by the QoS counter if the ARID/AWID matched with the QoS ID comes into the command queue. Refer to “1.2.5 *Quality of Service* ”	R/W	0xFFF
rd_fetch	[15:12]	Read Data Fetch Cycles 0xn=n mclk cycles (mclk:Memory clock) This register is for the unpredictable latency of read data coming from memory devices by tDQSCK variation or the board flying time. The read fetch delay of PHY read FIFO must be controlled by this parameter. The controller will fetch read data from PHY after (read_latency+n) mclk cycles. Refer to “1.2.6 *Read Data Capture*”	R/W	0x1
qos_fast_en	[11]	Enables adaptive QoS 0x0=Disables 0x1=Enables If enabled，the controller loads QoS counter value from QoSControl. qos_cnt_f instead of QoS Control. qos_cnt if the corresponding input pin qos_fast is turned on. Refer to “1.2.5 *Quality of Service*”	R/W	0x0
dq_swap	[10]	DQ Swap 0x0=Disables 0x1=Enables If enabled，the controller reverses the bit order of memory data pins，(For example, DQ [31]> DQ [0], DQ[30] <-> DQ [1])	R/W	0x0
chip1_empty	[9]	Command Queue Status of Chip1 0x0=Not Empty 0x1=Empty There is no AXI transaction corresponding to chip1 memory in the command queue entries	R	0x1
chip0_empty	[8]	Command Queue Status of Chip0 0x0=Not Empty 0x1=Empty There is no AXI transaction corresponding to chip0 memory in the command queue entries	R	0x1

续表

CONCONTROL	bit	描述	读/写(R/W)	初始值
drv_en	[7]	PHY Driving 0x0=Disables 0x1=Enables During the high-Z state of the memory bidirectional pins，PHY drives these pins with the zeros or pull down these pins for preventing current leakage. Set PhyControl1. drv_type register to select driving type	R/W	0x0
ctc_rtr_gap_en	[6]	Read Cycle Gap for Two Different Chips 0x0=Disables 0x1=Enables To prevent collision between reads from two different memory devices，a one-cycle gap is required. Enable this register to insert the gap automatically for continuous reads from two different memory devices	R/W	0x1
aref_en	[5]	Auto Refresh Counter 0x0=Disables 0x1=Enables Enable this to decrease the auto refresh counter by 1 at the rising edge of the mclk	R/W	0x0
out_of	[4]	Out of Order Scheduling 0x0=Disables 0x1=Enables The embedded scheduler enables out-of order operation to improve SDRAM utilization	R/W	0x1
Reserved	[3:0]	Should be zero		0x0

2. MEMCONTROL 寄存器

MEMCONTROL 寄存器主要对位宽、突发长度、芯片数量、内存类型等进行配置，如表 5-4 所示。在 5.5.3 小节中，此寄存器被配置为 0x00202400，主要需要配置的内存类型为 DDR2，总线位宽为 32 位，存储控制器片选数量为 1（由前面的接线方式知道只有一个片选引脚 CS0，CS1 被复用为 Bank2），内存突发长度为 4，其他取默认值即可。

表 5-4

MEMCONTROL	bit	描述	读/写(R/W)	初始值
Reserved	[31:23]	Should be zero		0x0
bl	[22:20]	Memory Burst Length 0x0=Reserved 0x1=2 0x2=4 0x3=8 0x4=16 0x5～0x7=Reserved In case of DDR2/LPDDR2，the controller only supports burst length 4	R/W	0x2
num_chip	[19:16]	Number of Memorychips 0x0=1 chip 0x1=2 chips 0x0～0xf=Reserved	R/W	0x0

续表

MEMCONTROL	bit	描述	读/写 (R/W)	初始值
mem_width	[15:12]	Width of Memory Data Bus 0x0=Reserved 0x1=16-bit 0x2=32-bit 0x3～0xf=Reserved	R/W	0x2
mem_type	[11:8]	Type of Memory 0x0=Reserved 0x1=LPDDR 0x2=LPDDR2 0x3=Reserved 0x4=DDR2 0x5～0xf=Reserved	R/W	0x1
add_lat_pall	[7:6]	Additional Latency for PALL 0x0=0 cycle 0x1=1 cycle 0x2=2 cycle 0x3=3 cycle If all banks precharge command is issued, the latency of precharging will be tRP+add_lat_pall	R/W	0x0
dsref_en	[5]	Dynamic Self Refresh 0x0=Disables 0x1=Enables Refer to "1.2.3.3 *Dynamic Self Refresh*"	R/W	0x0
tp_en	[4]	Timeout Precharge 0x0=Disables 0x1=Enables If tp_en is enabled，it automatically precharges an open bank after a specified amount of mclk cycles (if no access has been made in between the cycles) in an open page policy. If PrechConfig.tp_cnt bit-field is set, it specifies the amount of mclk cycles to wait until timeout precharge precharges the open bank. Refer to "1.2.4.2. *Timeout Precharge*"	R/W	0x0
dpwrdn_type	[3:2]	Type of Dynamic Power Down 0x0=Active/Precharge power down 0x1=Force precharge power down 0x2～0x3=Reserved Refer to "1.2.3.2 *Dynamic Power Down*"	R/W	0x0
dpwrdn_en	[1]	Dynamic Power Down 0x0=Disable 0x1=Enable	R/W	0x0
clk_stop_en	[0]	Dynamic Clock Control 0x0=Always running 0x1=Stops during idle periods Refer to "1.2.3.4. *Clock Stop*"	R/W	0x0

3. MEMCONFIG0 寄存器

MEMCONFIG0 寄存器用来配置 DMC0 控制器，主要设置行 / 列地址位宽、AXI 总线地址、内存芯片的 bank 数量，如表 5-5 所示。在 5.5.3 小节中，此寄存器被配置为 0x20F01313，主要配置 bank 数为 8，行地址为 10 位，列地址为 13 位，AXI 总线基地址为 0x20，掩码为 0xF0。

表 5-5

MEMCONFIG0	bit	描述	读/写(R/W)	初始值
chip_base	[31:24]	AXI Base Address AXI base address [31:24]=chip_base For example，if chip_base=0x20, then AXI base address of memory chip0 becomes 0x2000_0000	R/W	DMC0: 0x20 DMC1: 0X40
chip_mask	[23:16]	AXI Base Address Mask Upper address bit mask to determine AXI offset address of memory chip0. 0=Corresponding address bit is not to be used for comparision 1=Corresponding address bit is to be used for comparision For example，if chip_mask=0xF8, then AXI offset address becomes 0x0000_0000～0x07FF_FFFF.If AXI base address of memory chip0 is 0x2000_0000, then memory chip0 has an address range of 0x2000_0000～0x27FF_FFFF	R/W	DMC0: 0xF0 DMC1: 0xE0
chip_map	[15:12]	Address Mapping Method (AXI to Memory) 0x0=Linear ({bank, row, column, width}) 0x1=Interleaved({row, bank, column, width}) 0x2=Mixed1 (if bank (MSB)=1'b1, {1, b1, band (except MSB), row, column,width} else {1'b0, row, bank (except MSB), column, width}) 0x3～0xf=Reserved	R/W	0x0
chip_col	[11:8]	Number of Column Address Bits 0x0=Reserved 0x1=8bits 0x2=9bits 0x3=10bits 0x4=11bits 0x5～0xf=Reserved	R/W	
chip_row	[7:4]	Number of Row Address Bits 0x0=12bits 0x1=13bits 0x2=14bits 0x3=15bits 0x4～0xf=Reserved	R/W	0x1
chip_bank	[3:0]	Number of Banks 0x0=1 bank 0x1=2 bank 0x2=4 bank 0x3=8 bank 0x4～0xf=Reserved	R/W	0x2

通过对 MEMCONFIG0 寄存器进行配置使内存芯片映射到内存段的合适位置，这里我们映射到了 DMC0 的起始地址 0x20000000 处。前面指出 X210 开发板接了 8 个 bank 的内存芯片，CS1 要被复用于 bank2 引脚，这样就只有 CS0 作为片选引脚使用。为了使 CS0 始终处于片选状态，针对 256MB 的内存就需要将 chip_mask 设置为 0xE0，因为 256MB=256×1024×1024B，即 0x10000000B，所以在内存中的偏移量是 0x00000000 ~ 0x0FFFFFFF，最后地址的高 8 位正好是 0b00001111，其掩码就是 0b11110000=0xF0。

4．DIRECTCMD 寄存器

该寄存器是个命令寄存器，如表 5-6 所示。我们可使用 X210 开发板通过向这个寄存器写值来向 DDR SDRAM 芯片发送命令，这些命令应该都是用来配置 DDR SDRAM 芯片的工作参数的。

表 5-6

DIRECTCMD	bit	描述	读/写 (R/W)	初始值
Reserved	[31:28]	Should be zero		0x0
cmd_type	[27:24]	Type of Direct Command 0x0=MRS/EMRS (mode register setting) 0x1=PALL (all banks precharge) 0x2=PRE (per bank precharge) 0x3=DPD (deep power down) 0x4=REFS (self refresh) 0x5=REFA (auto refresh) 0x6=CKEL (active/precharge power down) 0x7=NOP (exit from active/precharge power down or deep power down) 0x8=REFSX (exit from self refresh) 0x9=MRR (mode register reading) 0xa～0xf=Reserved If a direct command is issued, AXI masters must not access memory. It is strongly recommended to check the command queue's state by Concontrol.chip0/1_empty before issuing a direct command. You must disable dynamic power down, dynamic self refresh and force precharge function (MemControl register). MRS/EMRS and MRR commands should be issued if all banks are in idle state. If MRS/EMRS and MRR is issued to LPDDR2, CA pins must be mapped as follows. MA [7:0]={cma_addr [1:0], cmd_bank [2:0], cmd_addr [12:1]} , OP [7:0]=cmd_addr [9:2]	R/W	0x0
Reserved	[23:21]	Should be zero		0x0
cmd_chip	[20]	Chip Number to send the direct command to 0=Chip 0 1=Chip 1	R/W	0x0
cmd_bank	[18:16]	Related Bank Address when issuing a direct command. To send a direct command to a chip, additional information such as the bank address is required. This register is used in such situations	R/W	0x0
cmd_addr	[14:0]	Related Address Value when issuing a direct command. To send a direct command to a chip, additional information such as the bank address is required. This register is used in such situations	R/W	0x0

DDR SDRAM 的配置过程比较复杂，基本上是按照 DDR 控制器的时序要求来做的，其中很多参数要结合 DDR SDRAM 本身的参数来设置，还有些参数是时序参数，要仔细计算。所以 DDR SDRAM 的配置非常烦琐、细致、专业。我们对 DDR SDRAM 初始化的态度就是，读者应学会这种思路和方法，能看懂文档和代码，会算一些常见的参数。

5. PRECHCONFIG 寄存器

PRECHCONFIG 寄存器用来设置选择性预充电规则和超时预充电规则，如表 5-7 所示。

表 5-7

PRECHCONFIG	bit	描述	读/写 (R/W)	初始值
tp_cnt	[31:24]	Timeout Precharge Cycles 0xn=n mclk cycles If the timeout precharge function (MemControl.tp_en) is enabled and the timeout precharge counter becomes zero, the controller forces the activated memory bank into the precharged state. Refer to "1.2.4.2. *Timeout Precharge*"	R/W	0xFF
Reserved	[23:16]	Should be zero		0x0
chip1_policy	[15:8]	Memory Chip1 Precharge Bank Selective Policy 0x0=Open page policy 0x1=Close page (auto precharge) policy chip 1_policy [n], n is the bank number of chip 1. Open Page Policy：After a READ or WRITE, the row accessed before is left open. Close Page (Auto Precharge) Policy：Right after a READ or WRITE command, memory devices automatically precharges the bank. This is a bank selective precharge policy. For Example, if chip 1_policy [2] is 0x0, bank2 of chip1 has an open page policy and if chip 1_policy [6] is 0x1, bank6 of chip 1 has a close page policy. Refer to "1.2.4.1 *Bank Selective Precharge Policy*"	R/W	0x0
chip0_policy	[7:0]	Memory chip0 Precharge Bank Selective Policy 0x0=open page policy 0x1=close page (auto precharge) policy Chip0_policy [n], n is the bank number of chip0. This is for memory chip0	R/W	0x0

6. PHYCONTROL0 寄存器

PHYCONTROL0 主要配置 DCM0 的锁相环，如表 5-8 所示。对此寄存器的配置按照 DDR2（见图 5-4）的初始化流程进行。

表 5-8

PHYCONTROL0	bit	描述	读/写 (R/W)	初始值
ctrl_force	[31:24]	DLL Force Delay This field is used instead of ctrl_lock_value [9:2] from the PHY DLL when ctrl_dll_on is LOW (i.e. If the DLL is off，this field is used to generate 270' clock and shift DQS by 90')	R/W	0x0
ctrl_inc	[23:16]	DLL Delay Increment Increase the amount of start point This value should be 0x10	R/W	0x0
ctrl_start_point	[15:8]	DLL Lock Start Point Initial DLL lock start point. This is the number of delay cells and is the start point where"DLL"start tracing to lock. Calculates Initial delay time by multiplying the unit delay of delay cell and this value. This value should be 0x10	R/W	0x0
dqs_delay	[7:4]	Delay Cycles for DQS Cleaning This register is to enable PHY to clean incoming DQS signals delayed by external circumstances. If DQS is coming with read latency plus n mclk cycles, this registers must be set to n mclk cycles	R/W	0x0

续表

PHYCONTROL0	bit	描述	读/写(R/W)	初始值
ctrl_dfdqs	[3]	Differential DQS If enabled, PHY generates differential DQS out signals for write command and receives differential DQS input signals for read command. This function is used in case of DDR2/LPDDR2	R/W	0x0
ctrl_half	[2]	DLL Low Speed HIGH active signal to activate the low speed mode for DLL. If this bit is set, DLL runs at low speed (80～100MHz)	R/W	0x0
ctrl_dll_on	[1]	DLL On HIGH active start signal to activate the DLL. This signal should be kept HIGH for normal operation. If this signal becomes LOW, DLL is turned off and ctrl_clock and ctrl_flock become HIGH. This bit should be set before ctrl_start is set to turn on the DLL	R/W	0x0
ctrl_start	[0]	DLL Start HIGH active start signal to initiate the DLL run and lock. This signal should be kept HIGH during normal operation. If this signal becomes LOW, DLL stops running. To re-run DLL, make this signal HIGH again. In the case of re-running, DLL loses previous lock information. Before ctrl_start is set, make sure that ctrl_dll_on is HIGH	R/W	0x0

5.5.3 代码实战

DDR2（见图5-4）初始化和SoC的内存控制器有关，和开发板使用的内存芯片有关，和开发板设计时内存芯片的连接方式也有关。S5PV 210的DDR2初始化顺序如下。

① 提供稳压电源给内存控制器和内存芯片。内存控制器必须使CLE保持在低电平，才会提供稳压电源。

② 依照时钟频率正确配置PhyControl0.ctrl_start_point和PhyControl0.ctrl_incbit-fields。配置的PhyControl0.ctrl_dll_on值应为1，以打开PHY DLL。

③ 配置DQS（Bi-Directional Date Strobe，双向数据控制引脚）Cleaning。依照时钟频率和内存的tAC参数正确配置PhyControl1.ctrl_shiftc和PhyControl1.ctrl_offsetcbit-fields位。

④ 配置PhyControl0.ctrl_start位的值为1。

⑤ 配置ConControl，与此同时，自动刷新（auto refresh）计数器应该关闭。

⑥ 配置MemControl，与此同时，所有的Power Down应该关闭。

⑦ 配置MemConfig0寄存器。如果有两组内存芯片（如有8个DDR SDRAM，这8个DDR SDRAM分别挂在Memory Port1和Memory Port2上），再配置MemConfig1寄存器。

⑧ 配置PrechConfig和PwrdnConfig寄存器。

⑨ 依照内存的tAC参数配置TimingAref、TimingRow、TimingData和TimingPower寄存器。

⑩ 如果需要满足 QoS（Quality of Service，服务质量）标准，配置 QosControl0 ~ QosControl15 和 QosConfig0 ~ QosConfig15 寄存器。

⑪ 等待 PhyStatus0.ctrl_locked 位变为 1。检查 PHY DLL 是否已锁。

⑫ PHY DLL 补偿在进行内存操作时由处理器、电压和温度（Process、Voltage and Temperature，PVT）变化引起的延迟量。但是，PHY DLL 不能因某些可靠的内存操作而切断，除非是工作在低频率下。如果关闭 PHY DLL，应依照 PhyStatus0.ctrl_lock_value [9:2] 位的值正确配置 PhyControl0.ctrl_force 位来弥补延迟量（fix delay amount）。可清除 PhyControl0.ctrl_dll_on 位的值来关闭 PHY DLL。

⑬ 上电后，确定周期最小值为 200μs 的稳定时钟信号是否发出。

⑭ 使用 DirectCmd 寄存器发出一个 NOP 命令，保证 CKE 引脚为高电平。

⑮ 等待最小值为 400ns 的时钟周期。

⑯ 使用 DirectCmd 寄存器发出一个 PALL 命令。

⑰ 使用 DirectCmd 寄存器发出一个 EMRS2 命令。

⑱ 使用 DirectCmd 寄存器发出一个 EMRS3 命令。

⑲ 使用 DirectCmd 寄存器发出一个 EMRS 命令。

⑳ 使用 DirectCmd 寄存器发出一个 MRS 命令，重启内存 DLL。

㉑ 使用 DirectCmd 寄存器发出一个 PALL 命令。

㉒ 使用 DirectCmd 寄存器发出两个自动刷新命令。

㉓ 使用 DirectCmd 寄存器发出一个 MRS 命令给程序的操作参数，不要重启内存 DLL。

㉔ 等待最小值为 200μs 的时钟周期。

㉕ 使用 DirectCmd 寄存器给程序的运行参数发出一个 EMRS 命令。如果片外驱动（Off-Chip Driver，OCD）校准没有使用，修改一个 EMRS 命令去设置 OCD 校准的默认值。在此之后，发送一个 EMRS 指令退出 OCD 校准模式。

㉖ 如果有两组 DDR SDRAM 芯片，重复⑭ ~ ㉕配置 chip1。之前配置的是 chip0，也就是第一组内存芯片。

㉗ 配置 ConControlto 来打开自动刷新计数器。

㉘ 如果需要 Power Down（断电）模式，可配置 MemControl 寄存器。

如下内容是在 DRAM 中执行前面介绍的“点灯”程序重定位代码。其重定位代码过程和之前重定位到 SRAM 中的过程完全相同。

```
//start.S 启动代码
#define WTCON        0xE2700000
#define SVC_STACK    0xD0037D80

.global _start      // 把 _start 链接属性改为外部，这样其他文件就可以看见 _start 了
_start:
```

```
// 第1步：关看门狗（向WTCON的bit5写入0即可）
ldr r0, =WTCON
ldr r1, =0x0
str r1, [r0]

// 第2步：设置SVC栈
ldr sp, =SVC_STACK

// 第3步：开/关iCache
mrc p15,0,r0,c1,c0,0;                    // 读出cp15的c1到r0中
bic r0, r0, #(1<<12)                     // bit12置0，关iCache
orr r0, r0, #(1<<12)                     // bit12置1，开iCache
mcr p15,0,r0,c1,c0,0;

// 第4步：初始化DDR SDRAM
bl sdram_asm_init

// 第5步：重定位
adr r0, _start      // adr指令用于加载_start当前的运行地址
ldr r1, =_start     // ldr指令用于加载_start的链接地址：0xD0024000
ldr r2, =bss_start  // 重定位代码的结束地址，重定位只需代码段和数据段即可
cmp r0, r1          // 比较_start的运行地址和链接地址是否相同
beq clean_bss       // 如果相同说明不需要重定位，直接到clean_bss

// 用汇编语言实现一个while循环，将代码复制到链接地址处
copy_loop:
ldr r3, [r0], #4    // 源
str r3, [r1], #4    // 目标
cmp r1, r2
bne copy_loop

//第6步：清除bss段，其实就是在链接地址处把bss段之后的地址全部清零
clean_bss:
ldr r0, =bss_start
ldr r1, =bss_end
cmp r0, r1          // 如果r0等于r1，说明bss段为空，继续执行
beq run_on_dram     // 清除bss段之后的地址
mov r2, #0
clear_loop:
str r2, [r0], #4                // 先将r2中的值放入r0所指向的内存地址
cmp r0, r1                      // r0 = r0 + 4
bne clear_loop

//第7步：长跳转到led_blink开始第二阶段
run_on_dram:
ldr pc, =led_blink              // 用ldr指令实现长跳转

// 汇编最后的这个死循环不能丢
```

```
b .

//sdram_init.S 文件:
#include "s5pv210.h"
#define DMC0_MEMCONTROL    0x00202400
#define DMC0_MEMCONFIG_0   0x20F01313
#define DMC0_MEMCONFIG_1   0x30E00312
#define DMC0_TIMINGA_REF   0x00000618
#define DMC0_TIMING_ROW    0x28233287
#define DMC0_TIMING_DATA   0x23240304
#define DMC0_TIMING_PWR    0x09C80232
#define DMC1_MEMCONTROL    0x00202400
#define DMC1_MEMCONFIG_0   0x40F01313
#define DMC1_MEMCONFIG_1   0x60E00312
#define DMC1_TIMINGA_REF   0x00000618
#define DMC1_TIMING_ROW    0x28233289
#define DMC1_TIMING_DATA   0x23240304
#define DMC1_TIMING_PWR    0x08280232

.global sdram_asm_init
sdram_asm_init:
ldr   r0, =0xF1E00000
ldr   r1, =0x0
str   r1, [r0, #0x0]
//配置 DMC0 的驱动强度 (Setting 2X)
ldr   r0, =ELFIN_GPIO_BASE
ldr   r1, =0x0000AAAA
str   r1, [r0, #MP1_0DRV_SR_OFFSET]   // 寄存器中对应 0b10，就是 2X
ldr   r1, =0x0000AAAA
str   r1, [r0, #MP1_1DRV_SR_OFFSET]
ldr   r1, =0x0000AAAA
str   r1, [r0, #MP1_2DRV_SR_OFFSET]
ldr   r1, =0x0000AAAA
str   r1, [r0, #MP1_3DRV_SR_OFFSET]
ldr   r1, =0x0000AAAA
str   r1, [r0, #MP1_4DRV_SR_OFFSET]
ldr   r1, =0x0000AAAA
str   r1, [r0, #MP1_5DRV_SR_OFFSET]
ldr   r1, =0x0000AAAA
str   r1, [r0, #MP1_6DRV_SR_OFFSET]
ldr   r1, =0x0000AAAA
str   r1, [r0, #MP1_7DRV_SR_OFFSET]
ldr   r1, =0x00002AAA
str   r1, [r0, #MP1_8DRV_SR_OFFSET]

// 初始化 DMC0 的 PHY DLL
ldr   r0, =APB_DMC_0_BASE
//保持 CLE 在低电平，提供稳压电源
ldr   r1, =0x00101000
```

```
str   r1, [r0, #DMC_PHYCONTROL0]
//设置PhyControl1.ctrl_shiftc和PhyControl1.ctrl_offsetcbit-fields位的值
ldr   r1, =0x00000086
str   r1, [r0, #DMC_PHYCONTROL1]
ldr   r1, =0x00101002
str   r1, [r0, #DMC_PHYCONTROL0]
//配置PhyControl0.ctrl_start位的值为1
ldr   r1, =0x00101003
str   r1, [r0, #DMC_PHYCONTROL0]

//等待DLL锁定
find_lock_val:
ldr   r1, [r0, #DMC_PHYSTATUS] @Load Phystatus register value
and   r2, r1, #0x7
cmp    r2, #0x7                @Loop until DLL is locked
bne   find_lock_val
//强制锁定值
and   r1, #0x3FC0
mov   r2, r1, LSL #18
orr   r2, r2, #0x100000
orr   r2 ,r2, #0x1000

orr   r1, r2, #0x3             @Force Value locking
str   r1, [r0, #DMC_PHYCONTROL0]

//配置ConControl，自动刷新计数器应该关闭
ldr   r1, =0x0FFF2010          @ConControl auto refresh off
str   r1, [r0, #DMC_CONCONTROL]
//配置MemControl，所有的休眠模式应该关闭
ldr   r1, =DMC0_MEMCONTROL
tr    r1, [r0, #DMC_MEMCONTROL]
//配置MemConfig0寄存器，有2组内存芯片（这里有4个DDR SDRAM，这4个DDR SDRAM
分别挂在Memory Port1和Memory Port2上），再配置MemConfig1寄存器
dr    r1, =DMC0_MEMCONFIG_0
str   r1, [r0, #DMC_MEMCONFIG0]
//配置MemConfig1
ldr   r1, =DMC0_MEMCONFIG_1
str   r1, [r0, #DMC_MEMCONFIG1]
//配置PrechConfig和PwrdnConfig寄存器，使用默认值
ldr   r1, =0xFF000000
str   r1, [r0, #DMC_PRECHCONFIG]
//依照tAC参数配置TimingAref、TimingRow、TimingData和TimingPower寄存器
ldr r1, =DMC0_TIMINGA_REF
str r1, [r0, #DMC_TIMINGAREF]
// 配置TimingRow   for @200MHz
ldr   r1, =DMC0_TIMING_ROW
str   r1, [r0, #DMC_TIMINGROW]
//配置TimingData   CL=3
ldr   r1, =DMC0_TIMING_DATA
```

```
str   r1, [r0, #DMC_TIMINGDATA]
//配置 TimingPower
dr    r1, =DMC0_TIMING_PWR
str   r1, [r0, #DMC_TIMINGPOWER]

//配置 DirectCmd 寄存器
//使用 DirectCmd 寄存器发出一个 NOP 命令，保证 CKE 引脚为高电平
ldr   r1, =0x07000000
str   r1, [r0, #DMC_DIRECTCMD]
//使用 DirectCmd 寄存器发出一个 PALL 命令
ldr   r1, =0x01000000
str   r1, [r0, #DMC_DIRECTCMD]
//使用 DirectCmd 寄存器发出一个 EMRS2 命令
ldr   r1, =0x00020000
str   r1, [r0, #DMC_DIRECTCMD]
//使用 DirectCmd 寄存器发出一个 EMRS3 命令
ldr   r1, =0x00030000
str   r1, [r0, #DMC_DIRECTCMD]
//使用 DirectCmd 寄存器发出一个 EMRS 命令来使能内存 DLLs，禁止 DQS
ldr   r1, =0x00010400
str   r1, [r0, #DMC_DIRECTCMD]
//使用 DirectCmd 寄存器发出一个 MRS 命令，重启内存 DLL
ldr   r1, =0x00000542
str   r1, [r0, #DMC_DIRECTCMD]
//使用 DirectCmd 寄存器发出一个 PALL 命令
ldr   r1, =0x01000000
str   r1, [r0, #DMC_DIRECTCMD]
//使用 DirectCmd 寄存器发出两个自动刷新命令
ldr   r1, =0x05000000
str   r1, [r0, #DMC_DIRECTCMD]
ldr   r1, =0x05000000
str   r1, [r0, #DMC_DIRECTCMD]
//使用 DirectCmd 寄存器发出一个 MRS 命令给程序的操作参数，不要重启内存 DLL
ldr   r1, =0x00000442
str   r1, [r0, #DMC_DIRECTCMD]
//使用 DirectCmd 寄存器发出一个 EMRS 命令给程序的运行参数，设置 OCD 校准
ldr   r1, =0x00010780
str   r1, [r0, #DMC_DIRECTCMD]
//再次发送 EMRS 命令，设置退出 OCD 校准
ldr   r1, =0x00010400
str   r1, [r0, #DMC_DIRECTCMD]
//如果有两组 DDR SDRAM 芯片，重复上面的步骤配置 chip1，刚刚配置了 chip0，也就是第一组内存芯片
//配置 ConControlto 来打开自动刷新计数器
ldr   r1, =0x0FF02030
str   r1, [r0, #DMC_CONCONTROL]

ldr   r1, =0xFFFF00FF
str   r1, [r0, #DMC_PWRDNCONFIG]
//如果需要 Power Down（断电）模式，配置 MemControl 寄存器
```

```
ldr    r1, =0x00202400
str    r1, [r0, #DMC_MEMCONTROL]
// 函数返回
mov pc, lr
```

DMC0 通道中 memory chip1 的参数设置寄存器和 memory chip0 的一样。由于设置了 DMC0 通道，我们可以接两个 256MB 的内存芯片，分别为 memory chip0 和 memory chip1，我们可用两个寄存器来设置它们的参数。按照三星的设计，memory chip0 的地址应该是 0x20000000 ~ 0x2FFFFFFF，memory chip1 的地址应该是 0x30000000 ~ 0x3FFFFFFF。但是实际上我们用 X210 开发板在 DRAM0 端口只接了 256MB 的内存芯片，所以只用了 memory chip0，没有使用 memory chip1。两个内存芯片并联形成 32 位内存芯片，逻辑上只能算一个芯片。因此，DMC0_MEMCONFIG_0 有用，而 DMC0_MEMCONFIG_1 无用，就直接给后者设置默认值。

SDRAM 初始化使用了 sdram_asm_init 函数，该函数在 sdram_init.S 文件中用汇编语言编写代码实现。它在返回时需要明确使用返回指令（mov pc, lr）。s5pv210.h 中包含了所有的寄存器地址，读者可以查看 S5PV210 数据手册，这里不再一一列出。上面是 DMC0 的初始化部分，程序按照前文对 DDR2 的初始化顺序进行编写。DMC1 的初始化与 DMC0 的类似，读者可以参考代码自己进行分析，这里不再详细叙述。

5.6 习题

1．为什么要引入重定位概念？

2．看门狗的作用是（　　）。

A．看门　　　　B．当宠物

C．用于计算　　　　D．程序跑飞后自动重启

3．iCache 的优点有哪些？

第 6 章　时钟系统

时钟是 SoC 工作的时间基准，没有时钟，SoC 中的电路甚至 SoC 本身就不能正常工作。通过这个时间基准，SoC 中的部件可以彼此协调工作。本章将讲解 S5PV210 的时钟系统，让大家通过时钟系统了解 S5PV210 的工作方式。

6.1　SoC 时钟系统简介

本节主要介绍如下内容。

- 什么是时钟？ SoC 为什么需要时钟？
- 时钟信号一般如何获得？
- 时钟和系统性能的关系，超频、稳定性和功耗控制的关系。
- 时钟和外设编程的关联。

生活中的时钟是计时的工具，通过对时钟进行定义，我们可以用它衡量时间的长短，可以规定在某一段时间里需要做什么事情。其实 SoC 的时钟与我们现实生活中使用的时钟作用一样，SoC 利用时钟周期，可以计算时间的长短，规定电路工作的节奏，以确定 SoC 中的部件都工作在同一“节拍”下，使所有部件协调工作。如 SoC 内部的 CPU、串口、DRAM 控制器、GPIO 等多种内部外设，就在 SoC 的同步时钟系统的控制下协调工作。

SoC 获取时钟信号一般有以下 3 种方式。

• 外部直接输入时钟信号。SoC 中有专门的引脚用以输入外部时钟信号。这种方式在 SoC 中使用得很少。

• 外部晶振 + 内部时钟发生器产生时钟信号。大部分低频单片机的时钟系统采用这种方式。

• 外部晶振 + 内部时钟发生器 + 内部锁相环（Phase Locked Loop，PLL）产生高频时钟信号，再使用内部分频器得到各种频率的时钟信号。S5PV210 的时钟系统使用这种方式。

由于传导辐射较难控制，加上高频率的晶振价格太高，这些十分不利于产品的使用与推广，因此芯片外部电路不直接接高频率的晶振。

SoC 内部有很多部件都需要使用时钟信号，而且各自需要的时钟频率不同，无法做到统一供应。因此设计思路是选用价格较低的低频晶振通过 PLL 倍频得到一个最高的频率（如 1GHz、1.2GHz 等），然后各外设都用自己的分频器来分频，得到自己想要的频率。这种方法既解决了高频外部电路强辐射的问题，又极大地降低了成本。

SoC 的每个外设工作时都需要一定频率的时钟信号，这些时钟信号都是由时钟系统提供的。我们可以通过编程控制时钟系统的工作模式，因此通过编程控制可以为每个外设指定时钟来源、时钟分频方式，从而设定这个外设的工作时钟信号。

时钟频率的高低对系统性能及稳定性有很大影响。建议将 S5PV210 的时钟的工作频率设置为 800MHz ~ 1.2GHz，一般将主频设置为 1GHz。如果主频设置到 1.2GHz 即超频，超频的时候系统性能会提升，但是发热较严重，功耗会增加。发热越严重系统越不稳定，需要的外部散热条件也会变得苛刻，因此在不使用 SoC 内部外设的时候，最好关闭其对应的时钟，以减少散热和功耗，规避不稳定的风险。

6.2 S5PV210 的时钟系统

本节主要介绍如下内容。

- 时钟域：MSYS、DSYS、PSYS。
- S5PV210 时钟信号来源：晶振 + 时钟发生器 + PLL + 分频电路，S5PV210 时钟域详解。
- PLL：APLL、MPLL、EPLL、VPLL。

S5PV210 外部有 4 个晶振接口，设计开发板硬件时可以根据需要来决定在哪个接口接晶振。接好晶振并且上电后，相应的模块就能产生振荡信号，产生原始时钟信号。原始时钟信号再经过一系列的筛选开关进入相应的 PLL 电路生成倍频后的高频时钟信号。高频时钟信号再经过分频器到达芯片内部各模块上。有些模块（如串口）内部还有分频器，可对时钟信号进行再次分频然后使用。

PLL 主要将低频的晶振振荡频率倍频到高频，并提供给高频的模块使用，或者提供给低频的模块分频后使用。S5PV210 中的几个 PLL 有不同的应用：APLL 用于提供 MSYS 的时钟信号，最高频率为 1GHz；MPLL 用于提供 DSYS 的时钟信号，最高频率为 2GHz；EPLL 用于提供音频（audio）时钟信号；VPLL 用于提供视频（video）时钟信号。输入时钟信号与 PLL 之间的关系如图 6-1 所示。

XRTCXTI：提供 32.768kHz 供 RTC 使用，使用芯片的引脚为 XRTCXTI 和 XRTCXTO。

XXTI：CMU 和 PLL 使用这个晶振为 APLL、MPLL、VPLL、EPLL 提供时钟信号，推荐频率为 24MHz。使用芯片的引脚为 XXTI 和 XXTO。

XUSBXTI：为 APLL、MPLL、VPLL、EPLL、USB PHY 提供时钟，推荐频率为 24MHz。使用芯片的引脚为 XUSBXTI 和 XUSBXTO。

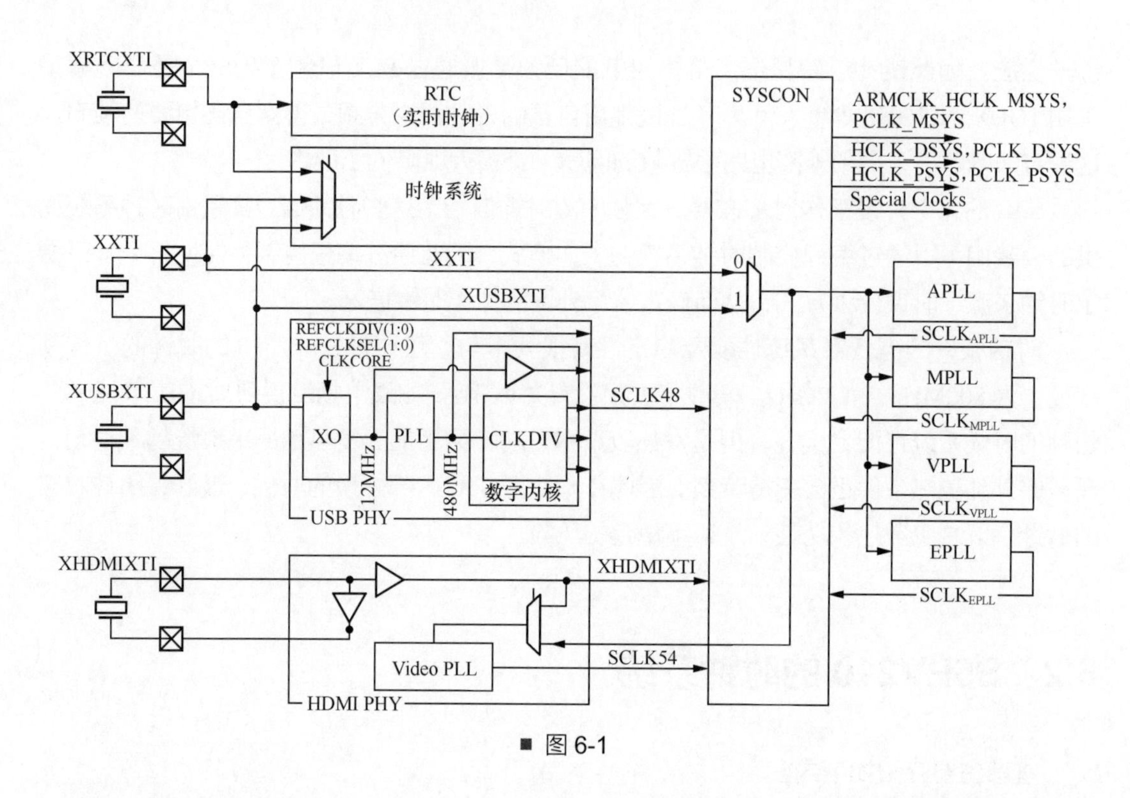

■ 图 6-1

XHDMIXTI：推荐频率为 27MHz。HDMI PHY、VPLL 为 TV 解码器提供频率为 54MHz 的时钟信号。使用芯片的引脚为 XHDMIXTI 和 XHDMIXTO。

X210 开发板核心板上的晶振的电路如图 6-2 所示，其使用的晶振频率都是推荐频率。

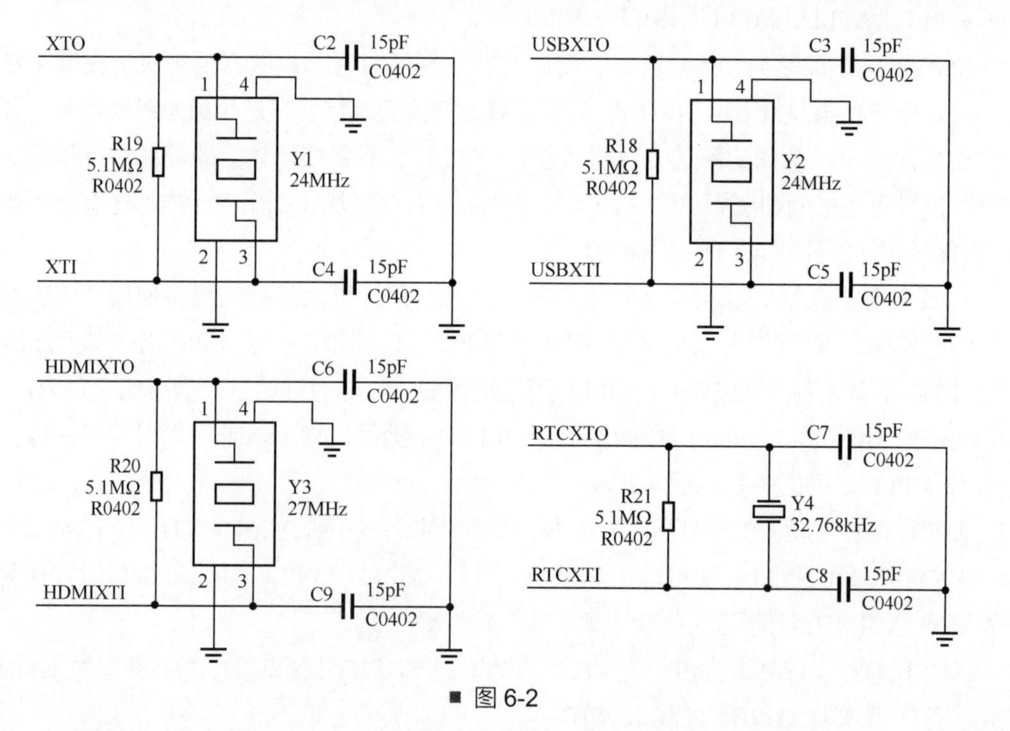

■ 图 6-2

S5PV210的时钟系统比较复杂，内部外设模块较多，各个模块工作时的时钟频率差异很大，所以有必要对高频和低频的时钟分别进行统一，这样可使各个模块都工作在各自的频率，互不干扰。因此通常把整个内部的时钟划分为3块，即3个域（domain），每个域由不同的元器件组成，各个域又由异步的桥（Bridge，BRG）连接，如图6-3所示。

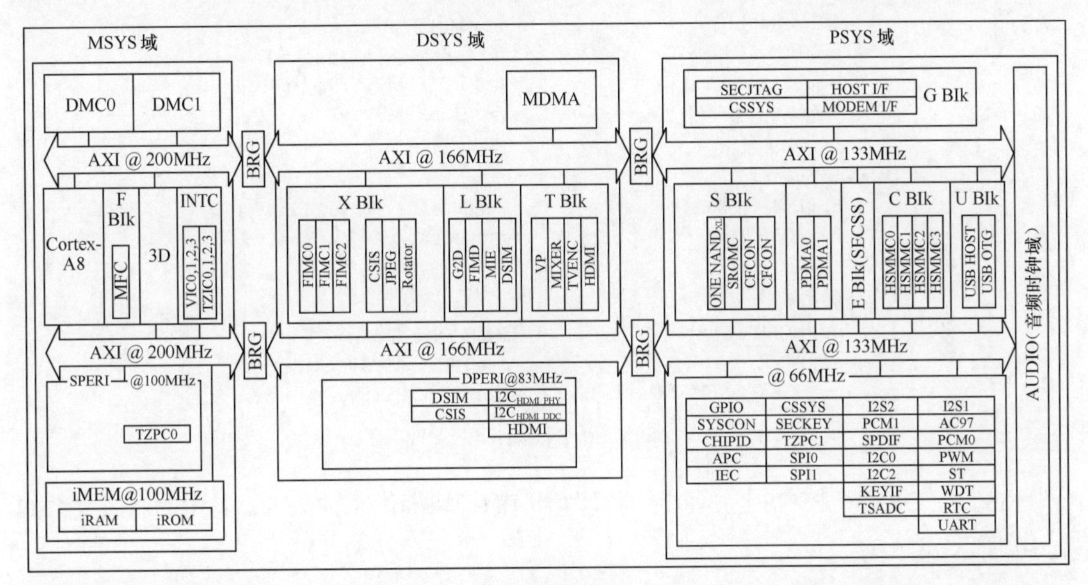

■ 图6-3

• MSYS是Main System（主系统）的缩写，它主要给CPU（Cortex-A8内核）、DRAM控制器（DMC0和DMC1）、iRAM/iROM等外设提供时钟信号。MSYS域又细分为ARMCLK、HCLK_MSYS、PCLK_MSYS、HCLK_IMEM这4个域。其中ARMCLK给CPU内核的工作提供时钟信号，也就是我们说的主频；HCLK_MSYS为MSYS域提供高频时钟，让DMC0和DMC1使用；PCLK_MSYS为MSYS域提供低频时钟；HCLK_IMEM为iROM和iRAM（合称iMEM）提供时钟信号。

• DSYS是Display System（显示系统）的缩写，它主要给与视频显示、编解码等有关的模块提供时钟信号。DSYS域又细分为HCLK_DSYS、PCLK_DSYS两个域，HCLK_DSYS为DSYS域提供高频时钟，PCLK_DSYS为DSYS域提供低频时钟。

• PSYS是Peripheral System（外围系统）的缩写，它主要给各种内部外设提供时钟信号，如串口、SD卡接口、I2C、AC97、USB接口等。PSYS域又细分为HCLK_PSYS、PCLK_PSYS、SCLK_ONENAND等3个域，其中HCLK_PSYS为PSYS域提供高频时钟，PCLK_PSYS为PSYS域提供低频时钟。

S5PV210内部的各个外设都是接在总线[内部AMBA（Advanced Microcontroller Bus Architecture，高级微控制器总线架构）总线]上面的，AMBA总线有一条高频分支叫AHB（Advanced High performance Bus，高级高性能总线），一条低频分支叫APB（Advanced Peripheral Bus，高级外围总线）。MSYS、DSYS、PSYS各个域都有各自对应

的 HCLK_××× 和 PCLK_×××，其中 HCLK_××× 就是 ××× 这个域中 AHB 的工作频率，PCLK_××× 就是 ××× 这个域中 APB 的工作频率。

MSYS、DSYS、PSYS 这 3 个时钟域的主要分类和时钟来源如图 6-4 所示。

- MSYS 域
  - freq(ARMCLK) = freq(MOUT_MSYS)/n，当 n=1～8
  - freq(HCLK_MSYS) = freq(ARMCLK)/n，当 n=1～8
  - freq(PCLK_MSYS) = freq(HCLK_MSYS)/n，当 n=1～8
  - freq(HCLK_IMEM) = freq(HCLK_MSYS)/2
- DSYS 域
  - freq(HCLK_DSYS) = freq(MOUT_DSYS)/n，当 n=1～16
  - freq(PCLK_DSYS) = freq(HCLK_DSYS)/n，当 n=1～8
- PSYS 域
  - freq(HCLK_PSYS) = freq(MOUT_PSYS)/n，当 n=1～16
  - freq(PCLK_PSYS) = freq(HCLK_PSYS)/n，当 n=1～8
  - freq(SCLK_ONENAND) = freq(HCLK_PSYS)/n，当 n=1～8

■ 图 6-4

MSYS、DSYS、PSYS 这 3 个时钟域为相应的模块提供时钟信号，其中的对应关系如表 6-1 所示。

表 6-1

时钟域	最高频率/MHz	模块
MSYS	200	MFC, G3D TZIC0, TZIC1, TZIC2, TZIC3, VIC0, VIC1, VIC2, VIC3 DMC0, DMC1 AXI_MSYS, AXI_MSFR, AXI_MEM
	100	iRAM, iROM, TZPC0
DSYS	166	FIMC0, FIMC1, FIMC2, FIMD, DSIM, CSIS, JPEG, Rotator, VP, MIXER, TVENC, HDMI, MDMA, G2D
	83	DSIM, CSIS, I2C_HDMI_PHY, I2C_HDMI_DDC
PSYS	133	CSSYS JTAG, MODEM I/F CFCON, NFCON, SROMC, ONENAND PDMA0, PDMA1 SECSS HSMMC0, HSMMC1, HSMMC2, HSMMC3 USB OTG, USB HOST
	66	SYSCON, GPIO, CHIPID, APC, IEC, TZPC1, SPI0, SPI1, I2S1, I2S2, PCM0, PCM1, PCM2, AC97, SPDIF, I2C0, I2C2, KEYIF, TSADC, PWM, ST, WDT, RTC, UART

由于 SoC 内部的各个外设是挂在总线上工作的，也就是说某个外设的时钟来自它所挂的总线，如串口 UART 挂在 PSYS 域下的 APB 上，因此串口的时钟来源是 PCLK_PSYS，因而我们可以通过记住和分析上面的这些时钟域和总线数值，来确定各个外设的具体时钟频率。这是我们写代码的关键。

S5PV210 上电时，默认使用外部晶振和内部时钟发生器产生 24MHz 频率的时钟信号，并直接供给 ARMCLK 使用，这时系统的主频就是 24MHz，运行速度非常慢。iROM 程序的第 6 步初始化了时钟系统，这时候系统的时钟频率切换为我们设置好的时钟频率。这个时钟频率是三星推荐的，也是保持 S5PV210 工作性能和稳定性最佳的频率。我们通过查 S5PV210 的数据手册可以得到各时钟的频率值，如图 6-5 所示。

Values for the high-performance operation:

- freq(ARMCLK) =1000MHz
- freq(HCLK_MSYS) =200MHz
- freq(HCLK_IMEM) =100MHz
- freq(PCLK_MSYS) =100MHz
- freq(HCLK_DSYS) =166MHz
- freq(PCLK_DSYS) =83MHz
- freq(HCLK_PSYS) =133MHz
- freq(PCLK_PSYS) =66MHz
- freq(SCLK_ONENAND) =133MHz,166MHz

■ 图 6-5

下面我们来仔细分析 S5PV210 的时钟系统。

要读懂时钟系统框图，需要明白两个器件的作用，一个是多路开关（又称数据选择器，Multiplexer，MUX），另一个是分频器（Frequency Divider，简写为 DIV），如图 6-6 所示。

MUX 其实就是或门开关，实际对应某个寄存器的某几个位，设置什么值可决定哪条通道打开，分析这个问题可以知道框图中 MUX 右边的输出时钟是从 MUX 左边的输入时钟的哪条路径输入的，从而计算出 MUX 右边的输出时钟频率是多少。在 S5PV210 中，MUX 通过 Clock Source x 寄存器来设置。

DIV 是硬件设备——分频器，可以对框图中 DIV 左边的频率进行 1/*n* 分频，分频后得到的低频时钟信号输出到 DIV 右边。在编程时 DIV 实际对应某个寄存器中的某几个位，我们可以通过设置这个寄存器的这些对应位来设置分频器的分频系数。例如在 DIV 左边进来的时钟频率是 80MHz，分频系数设置为 8，则 DIV 右边输出的时钟频率为 10MHz。在 S5PV210 中 DIV 的分频系数通过 Clock Divider Control 寄存器设置。

由图 6-6 可知，从左到右，时钟依次完成了从原始时钟到 PLL 倍频得到高频时钟，再到初次分频得到各总线时钟的这几个步骤。

例如 MSYS 时钟的生成。其外部 XXTI 引脚处接的是 24MHz 的原始时钟，经过第 1 个 MUX。当第 1 个 MUX 设置为 0 时，MSYS 时钟的原始时钟来源就是 XXTI 引脚处的晶振，此时 FIN 处的时钟频率为 24MHz。然后经过第 2 个 MUX，当此处 MUX 设置为 0 时，MUX 右侧的输出时钟频率为 24MHz，这个时钟是 SoC 初次上电后运行的时钟。初始化时此处 MUX 设置为 1，MUX 右侧的输出时钟频率为 FOUT，即 FIN 时钟经过 APLL 后生成的时钟，此处的时钟频率为 1000MHz（1GHz），即 APLL 的最高时钟频率。再经过第 3 个 MUX 选择时钟的来源，这里将其设置为 0 并选择与 APLL 相关的时钟，经过第 3

个 MUX 后输出的时钟频率为 1000MHz。这个为 1000MHz 的时钟频率再经过分频，分别供给 ARMCLK、HCLK_MSYS、PCLK_MSYS、HCLK_IMEM 这 4 个部分的时钟。例如 1000MHz 的时钟频率经过 3 个分频器，3 个分频器依次设置为 0、4、1，分频系数依次为 1、5、2，得到的 PCLK_MSYS 的时钟频率为 100MHz。

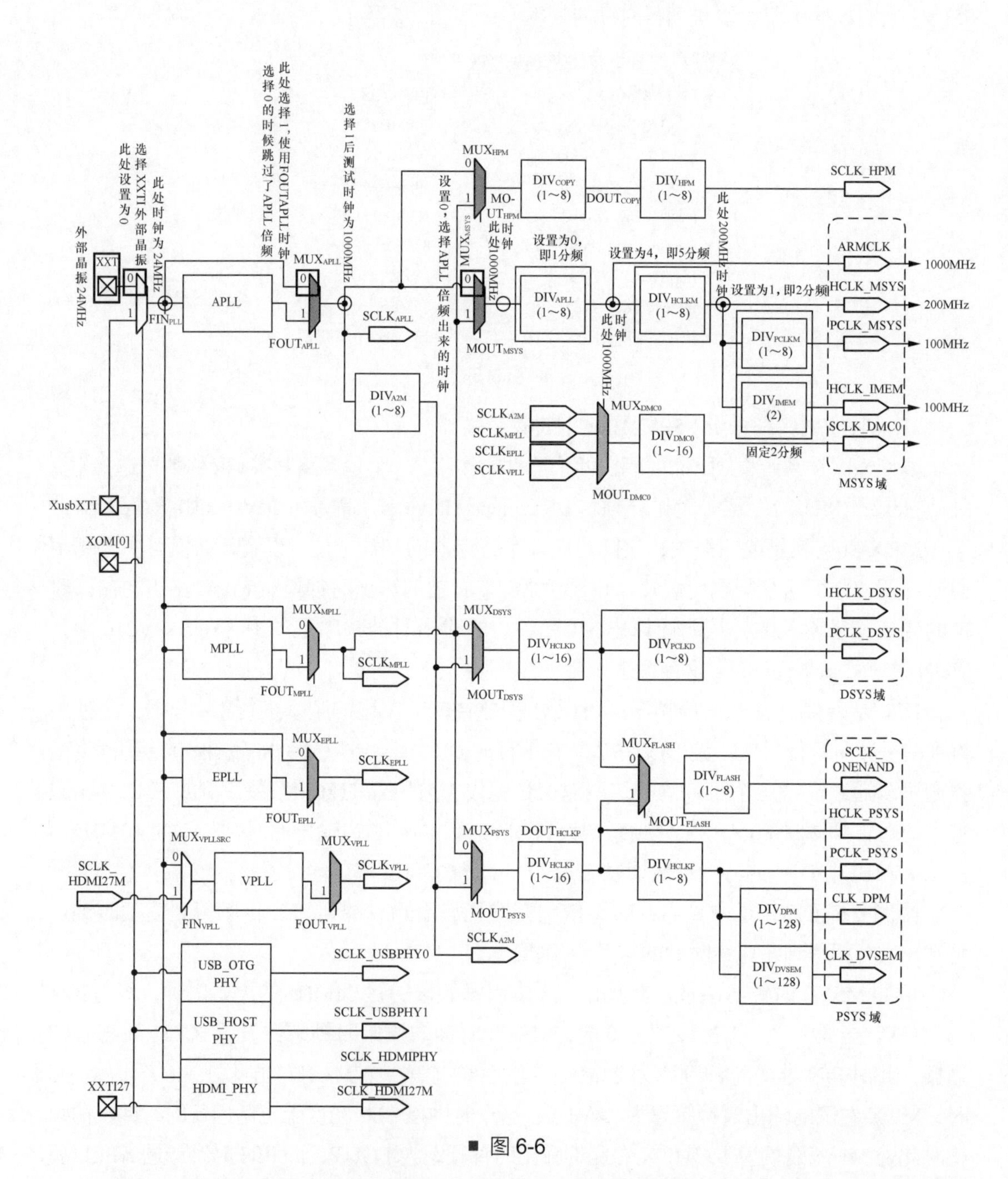

■ 图 6-6

图 6-7 中的内容是由图 6-6 生成各总线时钟后再分频到各外设自己使用的时钟的设置，实际就是个别外设自己额外分频的设置。例如 SCLK_AUDIO0 时钟的设置，首

先通过 MUX_{AUDIO0} 选择时钟的输入源，然后通过 DIV_{AUDIO0} 设置时钟的分频系数。

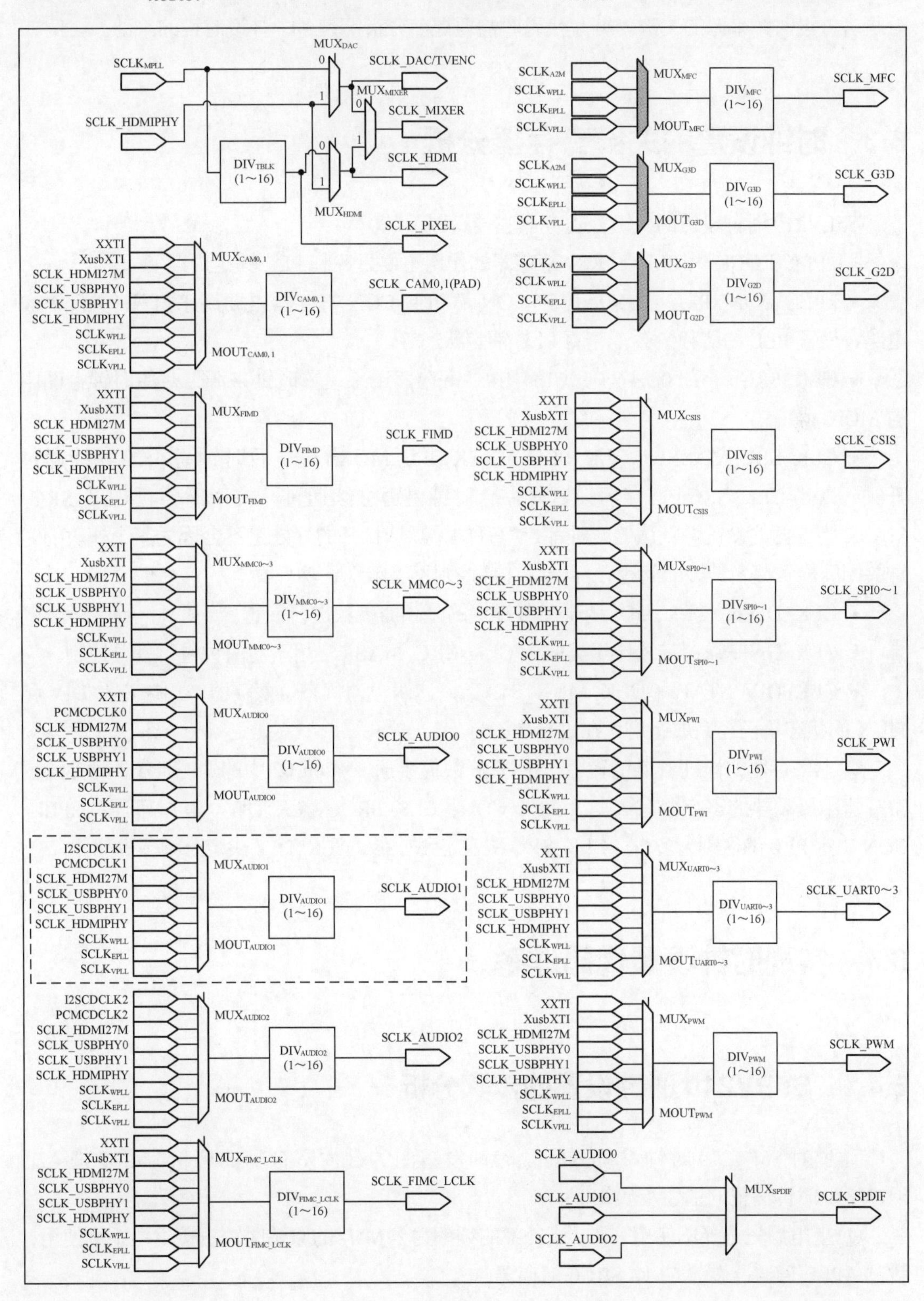

■ 图 6-7

图 6-6 和图 6-7 是渐进的关系。图 6-6 是理解整个时钟系统的关键，图 6-7 是进一步分析各外设时钟来源的关键。编写代码时需要提前分析清楚各个外设时钟的来源。

6.3 时钟设置的关键寄存器分析

S5PV210 时钟设置的关键性寄存器主要有以下几类。

- xPLL_LOCK：xPLL_LOCK 寄存器的作用主要是控制 PLL 锁定周期。
- xPLL_CON/xPLL_CON0/xPLL_CON1：PLL_CON 寄存器主要用来打开 / 关闭 PLL 电路，设置 PLL 的倍频参数，查看 PLL 锁定状态等。
- CLK_SRCn（n：0 ~ 6）：CLK_SRC 寄存器用来设置时钟来源，对应时钟框图中的 MUX。
- CLK_SRC_MASKn：CLK_SRC_MASK 决定 MUXn 选 1 后时钟是否能继续通过开关，即当 CLK_SRCn 寄存器设置好后，时钟是否继续通过开关还需要看 CLK_SRC_MASK 寄存器的设置。默认的时钟都是打开的，默认打开的好处是不会因为某个模块的时钟关闭而导致莫名其妙的问题，坏处是功耗控制不够精细、功耗高。
- CLK_DIVn：CLK_DIV 用于对各模块的分频器参数进行设置。
- CLK_GATE_x：它的作用类似于 CLK_SRC_MASK，用于对时钟进行开关控制。
- CLK_DIV_STATn、CLK_MUX_STATn：这两类为状态位寄存器，用来查看 DIV 和 MUX 的状态是已经完成还是正在进行中。

以上寄存器的详细资料请查看 S5PV210 数据手册 section 02 中的 3.7 部分。时钟设置寄存器中最重要的寄存器有 3 类：xPLL_CON、CLK_SRC、CLK_DIV。其中可通过 xPLL_CON 决定 PLL 的倍频为多少，CLK_SRC 决定走哪一路，CLK_DIV 决定分频多少等。

6.4 实现时钟设置代码详解

6.4.1 S5PV210 时钟设置的步骤分析

通过对 S5PV210 时钟系统框图及时钟设置的关键性寄存器的分析，可以总结出 S5PV210 时钟设置的主要步骤如下。

① 上电后先选择不使用 PLL，让外部的频率为 24MHz 的原始时钟直接供给系统使用，跳过 APLL 通道；设置 CLK_SRC0 寄存器。

② 设置锁定时间，默认值为 0x0FFF，保险起见我们设置为 0xFFFF；设置 xPLL_

LOCK 寄存器。

③ 设置分频系统。这一步决定由 PLL 出来的最高时钟频率如何分频得到各个分时钟的频率，设置 CLK_DIV 寄存器。

④ 设置 PLL。主要是设置 PLL 的倍频系统，决定由输入端的 24MHz 的原始频率可以得到多大的输出频率，这里按照默认值设置 ARMCLK 的输出频率为 1GHz；设置 xPLL_CON 寄存器。

⑤ 打开 PLL。通过前面 4 步已经设置好了所有的开关和分频系数，本步 PLL 开始工作，锁定频率后输出，然后经过分频得到各个频率；设置 CLK_SRC0 寄存器。

以上 5 步看似复杂，其实真正涉及的寄存器只有 6 个，接下来分析怎样设置这 6 个寄存器。

6.4.2 S5PV210 时钟设置汇编语言代码分析

用汇编语言编写代码如下。

```
// 首先对相关寄存器地址进行宏定义
// 定义时钟控制器基地址
#define ELFIN_CLOCK_POWER_BASE          0xE0100000

// 定义与时钟相关的寄存器相对于时钟控制器基地址的偏移值
#define APLL_LOCK_OFFSET                0x00
#define MPLL_LOCK_OFFSET                0x08

#define APLL_CON0_OFFSET                0x100
#define APLL_CON1_OFFSET                0x104
#define MPLL_CON_OFFSET                 0x108

#define CLK_SRC0_OFFSET                 0x200
#define CLK_SRC1_OFFSET                 0x204
#define CLK_SRC2_OFFSET                 0x208
#define CLK_SRC3_OFFSET                 0x20C
#define CLK_SRC4_OFFSET                 0x210
#define CLK_SRC5_OFFSET                 0x214
#define CLK_SRC6_OFFSET                 0x218
#define CLK_SRC_MASK0_OFFSET            0x280
#define CLK_SRC_MASK1_OFFSET            0x284

#define CLK_DIV0_OFFSET                 0x300
#define CLK_DIV1_OFFSET                 0x304
#define CLK_DIV2_OFFSET                 0x308
#define CLK_DIV3_OFFSET                 0x30C
#define CLK_DIV4_OFFSET                 0x310
#define CLK_DIV5_OFFSET                 0x314
#define CLK_DIV6_OFFSET                 0x318
```

```
#define CLK_DIV7_OFFSET           0x31C

#define CLK_DIV0_MASK             0x7FFFFFFF
/* 下面这些 M、P、S 的配置值都是通过查数据手册中典型时钟的推荐配置值得来的。这些配置值是
三星推荐的，工作时最稳定。如果是自己随便拼凑出来的，那就要经过严格测试，才能保证正确 */
#define APLL_MDIV                 0x7D        // 125
#define APLL_PDIV                 0x3
#define APLL_SDIV                 0x1

#define MPLL_MDIV                 0x29B       // 667
#define MPLL_PDIV                 0xC
#define MPLL_SDIV                 0x1

#define set_pll(mdiv, pdiv, sdiv)  (1<<31 | mdiv<<16 | pdiv<<8 | sdiv)
#define APLL_VAL                  set_pll(APLL_MDIV,APLL_PDIV,APLL_SDIV)
#define MPLL_VAL                  set_pll(MPLL_MDIV,MPLL_PDIV,MPLL_SDIV)


.global clock_init
clock_init:
 ldr   r0, =ELFIN_CLOCK_POWER_BASE
// 第 1 步：设置各种时钟开关，暂时不使用 PLL
 ldr   r1, =0x0
// 对应芯片手册 378 页寄存器 CLK_SRC: Select clock source 0 (Main)
 str   r1, [r0, #CLK_SRC0_OFFSET]

// 第 2 步：设置锁定时间，使用默认值即可
// 设置 PLL 后，时钟从 FIN 提升到目标频率时需要一定的时间，即锁定时间
 ldr   r1,    =0x0000FFFF
 str   r1,    [r0, #APLL_LOCK_OFFSET]
 str r1, [r0, #MPLL_LOCK_OFFSET]

// 第 3 步：设置分频
 ldr   r1, [r0, #CLK_DIV0_OFFSET]       // 清 bit[0 ~ 31]
 ldr   r2, =CLK_DIV0_MASK
 bic   r1, r1, r2
 ldr   r2, =0x14131440                  //0x14131440 的含义请看下文
 orr   r1, r1, r2
 str   r1, [r0, #CLK_DIV0_OFFSET]

// 第 4 步：设置 PLL
 // FOUT = MDIV*FIN/(PDIV*2^(SDIV-1))=0x7d*24/(0x3*2^(1-1))=1000MHz
 ldr   r1, =APLL_VAL
 str   r1, [r0, #APLL_CON0_OFFSET]
 // FOUT = MDIV*FIN/(PDIV*2^SDIV)=0x29b*24/(0xc*2^1)= 667MHz
 ldr   r1, =MPLL_VAL
 str   r1, [r0, #MPLL_CON_OFFSET]

// 第 5 步：设置各种时钟开关，使用 PLL
```

```
ldr  r1, [r0, #CLK_SRC0_OFFSET]
ldr  r2, =0x10001111
orr  r1, r1, r2
str  r1, [r0, #CLK_SRC0_OFFSET]

mov  pc, lr
```

第 1 步：设置寄存器分析。CLK_SRC0 寄存器其实是用来设置 MUX 的。在这里先将该寄存器设置为全 0，即将 bit0 和 bit4 设置为 0，表示 APLL 和 MPLL 暂时都不启用。CLK_SRC0 寄存器的说明如表 6-2 所示。

表 6-2

CLK_SRC0	bit	描述	初始值
Reserved	[31:29]	Reserved	0x0
ONENAND_SEL	[28]	Control MUXFLASH (0:HCLK_PSYS, 1:HCLK_DSYS)	0
Reserved	[27:25]	Reserved	0x0
MUX_PSYS_SEL	[24]	Control MUX_PSYS (0:SCLKMPLL, 1:SCLKA2M)	0
Reserved	[23:21]	Reserved	0x0
MUX_DSYS_SEL	[20]	Control MUX_DSYS (0:SCLKMPLL, 1:SCLKA2M)	0
Reserved	[19:17]	Reserved	0x0
MUX_MSYS_SEL	[16]	Control MUX_MSYS (0:SCLKMPLL, 1:SCLKMPLL)	0
Reserved	[15:13]	Reserved	0x0
VPLL_SEL	[12]	Control MUXVPLL (0:FINVPLL, 1:FOUTVPLL)	0
Reserved	[11:9]	Reserved	0x0
EPLL_SEL	[8]	Control MUXEPLL (0:FINPLL, 1:FOUTEPLL)	0
Reserved	[7:5]	Reserved	0x0
MPLL_SEL	[4]	Control MUXMPLL (0:FINPLL, 1:FOUTMPLL)	0
Reserved	[3:1]	Reserved	0x0
APLL_SEL	[0]	Control MUXAPLL (0:FINPLL, 1:FOUTAPLL)	0

第 2 步：设置寄存器分析。xPLL_LOCK 寄存器用于设置 PLL 锁定延时，一共包含 4 个寄存器，这里我们用到了 APLL 和 MPLL，所以只设置了 APLL、MPLL 的锁定时间，分别通过 APLL_LOCK、MPLL_LOCK 寄存器进行设置。这 2 个寄存器属于一类寄存器，功能一样，但地址不一样。官方推荐的设置值为 0x0FFF，保险起见我们设置为 0xFFFF。xPLL_LOCK 寄存器的说明如表 6-3 所示。

表 6-3

APLL_LOCK/ MPLL_LOCK/ EPLL_LOCK/ VPLL_LOCK	bit	描述	初始值
Reserved	[31:16]	Reserved	0x0000
PLL_LOCKTIME	[15:0]	Required period to generate a stable clock output. This count is based on PLL's source clock. -FINPLL for APLL, MPLL，EPLL -FINVPLL for VPLL	0x0FFF

第 3 步：设置寄存器分析。CLK_DIVn 寄存器决定了分频系数，CLK_DIVn 寄存器

一共包含 8 个寄存器，这里使用了 CLK_DIV0 寄存器。CLK_DIV0 寄存器的说明如表 6-4 所示。

表 6-4

CLK_DIV0	bit	描述	初始值
Reserved	[31]	Reserved	0
PCLK_PSYS_RATIO	[30:28]	DIVPCLKP clock divider ratio, PCLK_PSYS=HCLK_PSYS/(PCLK_PSYS_RATIO+1)	0x0
HCLK_PSYS_RATIO	[27:24]	DIVHCLKP clock divider ratio, HCLK_PSYS=MOUT_PSYS/(HCLK_PSYS_RATIO+1)	0x0
Reserved	[23]	Reserved	0
PCLK_DSYS_RATIO	[22:20]	DIVHCLKD clock divider ratio, PCLK_DSYS=HCLK_DSYS/(PCLK_DSYS_RATIO+1)	0x0
HCLK_DSYS_RATIO	[19:16]	DIVHCLKD clock divider ratio, HCLK_DSYS=MOUT_DSYS/(HCLK_DSYS_RATIO+1)	0x0
Reserved	[15]	Reserved	0
PCLK_MSYS_RATIO	[14:12]	DIVHCLKM clock divider ratio, PCLK_MSYS=HCLK_MSYS/(PCLK_MSYS_RATIO+1)	0x0
Reserved	[11]	Reserved	0
HCLK_MSYS_RATIO	[10:8]	DIVHCLKM clock divider ratio, HCLK_MSYS=ARMCLK/(HCLK_MSYS_RATIO+1)	0x0
Reserved	[7]	Reserved	0
A2M_RATIO	[6:4]	DIVA2M clock divider ratio, SCLKA2M=SCLKAPLL/(A2M_PATIO+1)	0x0
Reserved	[3]	Reserved	0
APLL_RATIO	[2:0]	DIVAPLL clock divider ratio, ARMCLK=MOUT_MSYS/(APLL_RATIO+1)	0x0

第 4 步：设置分频中的 0x14131440。这个值的含义如下。

设置 PCLK_PSYS = HCLK_PSYS/2、HCLK_PSYS = MOUT_PSYS/5、PCLK_DSYS = HCLK_DSYS/2、HCLK_DSYS = MOUT_DSYS/4、PCLK_MSYS=HCLK_MSYS/2、HCLK_MSYS = ARMCLK/5、SCLKA2M=SCLKAPLL/5、ARMCLK = MOUT_MSYS/1。

第 5 步：设置寄存器分析。在 PLL 中这里只设置了 APLL 和 MPLL，EPLL、VPLL 没有用到，所以没有设置。设置 APLL 和 MPLL 的关键就是 M（MDIV）、P（PDIV）、S（SDIV）3 个值，这 3 个值官方数据手册均有推荐值。可通过 APLL_CON0、MPLL_CON 两个寄存器进行设置。APLL_CON0 寄存器的说明如表 6-5 所示，MPLL_CON 寄存器的说明如表 6-6 所示（注：表 6-5 和表 6-6 及其后说明均摘自数据手册）。

表 6-5

APLL_CON0	bit	描述	初始值
ENABLE	[31]	PLL enable control (0:disable, 1:enable)	0
Reserved	[30]	Reserved	0
LOCKED	[29]	PLL locking indication 0=Unlocked 1=Locked Read Only	0

续表

APLL_CON0	bit	描述	初始值
Reserved	[28:26]	Reserved	0x0
MDIV	[25:16]	PLL M divide value	0xC8
Reserved	[15:14]	Reserved	0
PDIV	[13:8]	PLL P divide value	0x3
Reserved	[7:3]	Reserved	0
SDIV	[2:0]	PLL S divide value	0x1

The reset value of APLL_CON0 generates 800MHz output clock，if the input clock frequency is 24MHz.

Equation to calculate the output frequency：

FOUT=MDIV × FIN/(PDIV × 2^{SDIV-1})

where, MDIV, PDIV, SDIV for APLL and MPLL must meet the following conditions：

PDIV：1≤PDIV≤63
MDIV：64≤MDIV≤1023
SDIV：1≤SDIV≤5
Fref (=FIN/PDIV)：1MHz≤Fref≤12MHz

FVCO (=2×MDIV×FIN/PDIV)：1000MHz≤FVCO≤2060MHz

表 6-6

MPLL_CON	bit	描述	初始值
ENABLE	[31]	PLL enable control (0:disable，1:enable)	0
Reserved	[30]	Reserved	0
LOCKED	[29]	PLL locking indication 0=Unlocked 1=Locked Read Only	0
Reserved	[28]	Reserved	0
VSEL	[27]	VCO frequency range selection	0x0
Reserved	[26]	Reserved	0
MDIV	[25:16]	PLL M divide value	0x14D
Reserved	[15:14]	Reserved	0
PDIV	[13:8]	PLL P divide value	0x3
Reserved	[7:3]	Reserved	0
SDIV	[2:0]	PLL S divide value	0x1

The reset value of MPLL_CON generates 667MHz output clock respectively，if the input clock frequency is 24MHz.

Equation to calculate the output frequency：

FOUT=MDIV × FIN/(PDIV × 2^{SDIV})

where, MDIV, PDIV, SDIV for APLL and MPLL must meet the following conditions：

PDIV：1≤PDIV≤63
MDIV：64≤MDIV≤1023
SDIV：1≤SDIV≤5
Fref (=FIN/PDIV)：1MHz≤Fref≤12MHz

FVCO (MDIV×FIN/PDIV)：

1000MHz≤FVCO≤1400MHz when VSEL=LOW
1400MHz≤FVCO≤2000MHz when VSEL=HIGH

FOUT：32MHz≤FOUT≤2000MHz

设置 APLL_CON0 寄存器后输出的时钟频率的计算过程如下（下述公式来自表 6-5 和表 6-6 后的说明）。

$FOUT=MDIV\times FIN/(PDIV\times 2^{SDIV-1})=0x7D\times 24/(0x3\times 2^{1-1})= 1000MHz$。

设置 MPLL_CON 寄存器后输出的时钟频率的计算过程如下。

$FOUT = MDIV\times FIN/(PDIV\times 2^{SDIV})=0x29B\times 24/(0xC\times 2^{1})= 667MHz$。

C 语言中 M、P、S 的设置依赖于位运算，位运算技巧广泛应用在嵌入式系统软件编程中，希望大家能掌握。

第 6 步：设置寄存器分析。在第 1 步设置 CLK_SRC0 寄存器全为 0，关闭了 PLL，在本步中打开 PLL，将 CLK_SRC0 寄存器设置为 0x10001111。读者可参考表 6-2 自行分析设置内容。

读者可结合寄存器、时钟系统框图、代码综合分析 S5PV210 的时钟系统。

6.4.3 S5PV210 时钟设置 C 语言代码分析

用 C 语言和汇编语言实现时钟设置只是语句写法上不同，二者的核心是一样的，都是对相关寄存器进行读取、修改等操作。用 C 语言实现的优势在于，在 C 语言中实现位运算更加简单。用 C 语言编写的代码如下。

```
// 时钟控制器基地址
#define ELFIN_CLOCK_POWER_BASE          0xE0100000
// 与时钟相关的寄存器相对于时钟控制器基地址的偏移值
#define APLL_LOCK_OFFSET                0x00
#define MPLL_LOCK_OFFSET                0x08

#define APLL_CON0_OFFSET                0x100
#define APLL_CON1_OFFSET                0x104
#define MPLL_CON_OFFSET                 0x108

#define CLK_SRC0_OFFSET                 0x200
#define CLK_SRC1_OFFSET                 0x204
#define CLK_SRC2_OFFSET                 0x208
#define CLK_SRC3_OFFSET                 0x20C
#define CLK_SRC4_OFFSET                 0x210
#define CLK_SRC5_OFFSET                 0x214
#define CLK_SRC6_OFFSET                 0x218
#define CLK_SRC_MASK0_OFFSET            0x280
#define CLK_SRC_MASK1_OFFSET            0x284

#define CLK_DIV0_OFFSET                 0x300
#define CLK_DIV1_OFFSET                 0x304
#define CLK_DIV2_OFFSET                 0x308
#define CLK_DIV3_OFFSET                 0x30C
#define CLK_DIV4_OFFSET                 0x310
```

```
#define CLK_DIV5_OFFSET                 0x314
#define CLK_DIV6_OFFSET                 0x318
#define CLK_DIV7_OFFSET                 0x31C

#define CLK_DIV0_MASK                   0x7FFFFFFF
// 这些M、P、S的配置值都是通过查数据手册中典型时钟的推荐配置值得来的
// 这些配置值是三星推荐的，因此工作最稳定
// 如果是自己随便拼凑出来的，那就要经过严格测试，才能保证正确
#define APLL_MDIV           0x7D        // 125
#define APLL_PDIV           0x3
#define APLL_SDIV           0x1

#define MPLL_MDIV           0x29B       // 667
#define MPLL_PDIV           0xC
#define MPLL_SDIV                   0x1

#define set_pll(mdiv, pdiv, sdiv)   (1<<31 | mdiv<<16 | pdiv<<8 | sdiv)
#define APLL_VAL                    set_pll(APLL_MDIV,APLL_PDIV,APLL_SDIV)
#define MPLL_VAL                    set_pll(MPLL_MDIV,MPLL_PDIV,MPLL_SDIV)


#define REG_CLK_SRC0        (ELFIN_CLOCK_POWER_BASE + CLK_SRC0_OFFSET)
#define REG_APLL_LOCK       (ELFIN_CLOCK_POWER_BASE + APLL_LOCK_OFFSET)
#define REG_MPLL_LOCK       (ELFIN_CLOCK_POWER_BASE + MPLL_LOCK_OFFSET)
#define REG_CLK_DIV0        (ELFIN_CLOCK_POWER_BASE + CLK_DIV0_OFFSET)
#define REG_APLL_CON0       (ELFIN_CLOCK_POWER_BASE + APLL_CON0_OFFSET)
#define REG_MPLL_CON        (ELFIN_CLOCK_POWER_BASE + MPLL_CON_OFFSET)

#define rREG_CLK_SRC0       (*(volatile unsigned int *)REG_CLK_SRC0)
#define rREG_APLL_LOCK      (*(volatile unsigned int *)REG_APLL_LOCK)
#define rREG_MPLL_LOCK      (*(volatile unsigned int *)REG_MPLL_LOCK)
#define rREG_CLK_DIV0       (*(volatile unsigned int *)REG_CLK_DIV0)
#define rREG_APLL_CON0      (*(volatile unsigned int *)REG_APLL_CON0)
#define rREG_MPLL_CON       (*(volatile unsigned int *)REG_MPLL_CON)


void clock_init(void)
{
    // 第1步：设置各种时钟开关，暂时不使用PLL
    rREG_CLK_SRC0 = 0x0;

    // 第2步：设置锁定时间，使用默认值即可
    // 设置PLL后，时钟从FIN提升到目标频率时需要一定的时间，即锁定时间
    rREG_APLL_LOCK = 0x0000FFFF;
    rREG_MPLL_LOCK = 0x0000FFFF;

    //第3步：设置分频
    // 清bit[0 ~ 31]
    rREG_CLK_DIV0 = 0x14131440;
```

```
    // 第 4 步：设置 PLL
    // FOUT = MDIV*FIN/(PDIV*2^(SDIV-1))=0x7D*24/(0x3*2^(1-1))=1000MHz
    rREG_APLL_CON0 = APLL_VAL;
    // FOUT = MDIV*FIN/(PDIV*2^SDIV)=0x29B*24/(0xC*2^1)= 667MHz
    rREG_MPLL_CON = MPLL_VAL;

    // 第 5 步：设置各种时钟开关，使用 PLL
    rREG_CLK_SRC0 = 0x10001111;
}
```

6.5 习题

1．S5PV210 的时钟系统一共可以分为几个域，每个域的作用是什么?

2．ARMCLK 的时钟频率推荐值为（　　）MHz。

A．800　　B．1500　　C．1200　　D．1000

3．S5PV210 时钟设置有哪几个步骤?

第 7 章　串口通信

在 ARM 嵌入式系统开发中，我们通常将串口（全称为串行端口）作为程序的调试工具，从而实现与 PC 之间的通信。本章将通过对串口相关内容的介绍，带领读者掌握这一有效工具，希望大家对串口及串口相关的应用有一个全面而深入的了解，为后续学习 U-Boot、内核移植等打下坚实的基础。

7.1　通信发展史及电子通信涉及的基础概念

本节将讲述通信发展史及通信基本原理，重点内容是通信所涉及的同步通信和异步通信、电平信号和差分信号、并行通信和串行通信、单工通信和双工通信这 4 类主要概念。

7.1.1　通信发展史

人类文明诞生之初，通信便是必不可少的交流手段。在古代，有烽火狼烟、飞鸽传信等通信手段；在现代，有电报、电话、网络等电子通信手段。现代的通信手段早已渗透到我们日常生产与生活中的方方面面。如今，人类的信息传递方式已经脱离了常规的视、听觉方式，光电信号已经作为新的载体，开启了人类通信技术变革的全新时代。

无论通信怎样发展，通信中最重要的两个特性一直没变。第一个特性为信息的表示和解析，第二个特性为信息的传输。

信息的表示和解析，通常指人们对要传递的信息的编码与解码。编码是将需要接收方理解的信息按照约定的规则进行变化得到可以使用传输介质进行传输的信息的过程；解码是将通过介质传输过来的信息按照编码的规则反向解释，得到人能理解的信息的过程。

信息的传输，通常指经过编码后的信息通过传输介质传输的过程。

通信过程如下。

- 发送方先按照信息编码规则对有效信息进行编码，使信息转化为可以在通信线路上传输的信号的形式。
- 编码后的信息通过传输介质传输给接收方。
- 接收方接收到编码信息后，按照信息编码规则进行解码，得到可以理解的有效信息。

几种基本通信方式的区别如表 7-1 所示。

表 7-1

通信方式	信息的表示和解析	信息的传输	优缺点
烽火狼烟	烽火台点火冒烟表示有敌人入侵，烽火台无火不冒烟表示无敌人入侵	通过人类的视觉	传输迅速、可靠，传输内容单一，只包含两个信息："是"和"否"
飞鸽传信	文字、图画等表达方式	信鸽携带信件	传输中速，传输介质不稳定，传输信息详尽
莫尔斯码	将要传送的字母或数字用不同排列顺序的"点"和"划"表示	通过导线或无线电上的电流变化传递信号	传输迅速、可靠，传输信息详尽

7.1.2 电子通信中涉及的概念

1. 同步通信和异步通信

通信是一种交流方式，我们在工作和生活中使用同步和异步的通信方式。发送方和接收方按照同一个时钟节拍工作就叫同步；发送方和接收方没有统一的时钟节拍，各自按照自己的节拍工作就叫异步。

同步通信的原理图如图 7-1 所示。在同步通信中，通信双方按照统一的时钟节拍工作。一般发送方在给接收方发送信息时，需要同时发送时钟信号；接收方根据发送方发送的时钟信号同步进行工作。同步通信一般用在通信双方信息交换频率固定，或者通信比较频繁的场合。

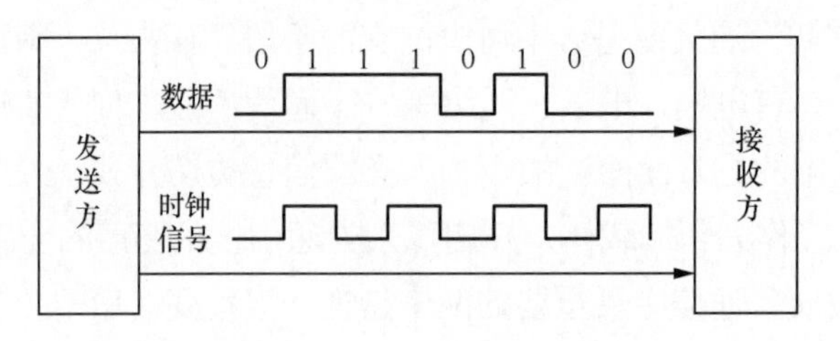

■ 图 7-1

异步通信又叫异步通知。双方通信时的接收频率和发送频率不固定，例如接收方接收信息的频率不固定，有时 3ms 接收一次，有时 3 天接收一次，此种情况不适合使用同步通信，而适合使用异步通信。使用异步通信时，接收方不必一直监视发送方是否发送信息过来，可以去做其他的事情。发送方需要发送信息时，会先给接收方发送一个起始信号，作为发送信息开始的标志；接收方接收到起始信号后，就认为后面紧跟着的是有效传输信息，此时接收方才开始接收传输信息；当接收方收到发送方发送过来的结束信号时，便停止接收传输信息。

2. 电平信号和差分信号

电平信号和差分信号都是用来描述通信线路的传输方式的，即如何在通信线路上表示

1 和 0。

一个电平信号的两根传输线中，一根为参考电平线（一般是 GND），另一根为信号线，信号值为 1 或 0 由信号线和参考电平线的电压差决定。

一个差分信号的两根传输线中，没有参考电平线，两根都是信号线，信号值为 1 或 0 由两信号线之间的电压差决定。

电平信号和差分信号的传输原理分别如图 7-2、图 7-3 所示。

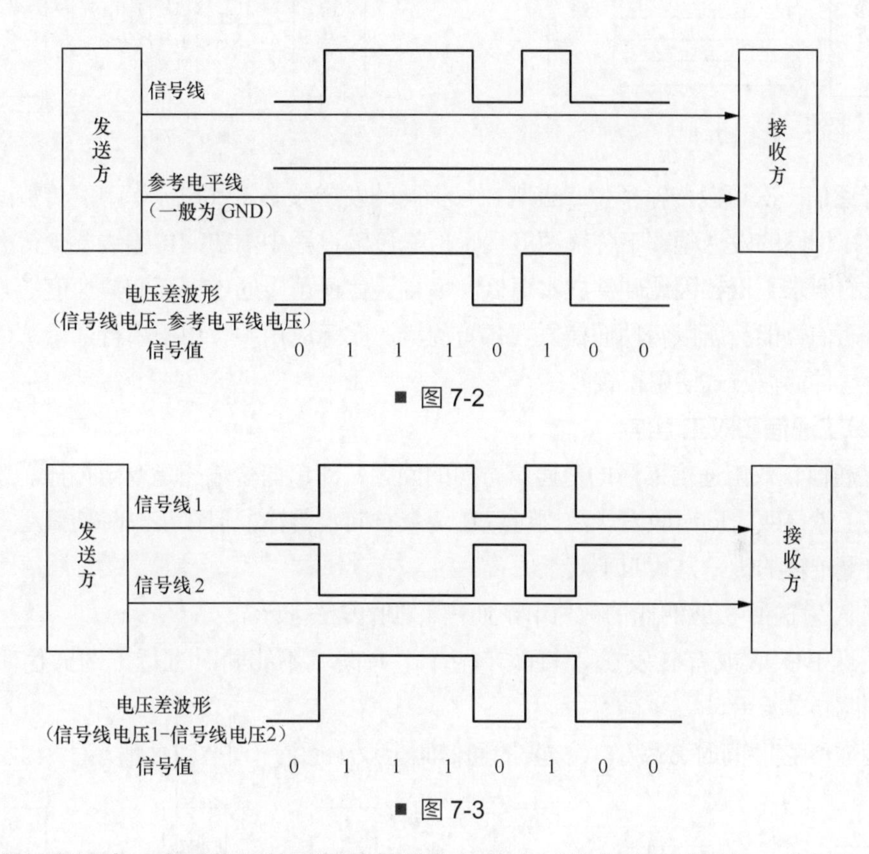

■ 图 7-2

■ 图 7-3

在实际应用中，电平信号的两根传输线之间的电压差容易受到干扰，容易传输失败，传输频率较低。差分信号易识别小信号且不易受到干扰，因此传输比较稳定且可以高频率传输。现代通信中广泛使用的 USB 传输、网络通信等，一般都是差分信号传输，电平信号的应用场合越来越少了。

3. 并行通信和串行通信

并行、串行主要考虑通信线的根数问题，即发送方和接收方可以同时传输的信息量的多少问题。

并行通信是把 1B 数据的各数位用多根数据线同时进行传输。在电平信号下，1 根参考电平线和 1 根信号线可以同时传输 1 位二进制数；如果我们有 3 根线（例如 2 根信号线和 1 根参考电平线），就可以同时传输 2 位二进制数；如果想同时传输 8 位二进制数，就需要 9 根线。而在差分信号下，2 根线可以同时传输 1 位二进制数；如果需要同时传输 8

位二进制数，需要 16 根线。并行通信方式下的 8 位数据传输如图 7-4 所示。

串行通信是将数据（以 B 为单位）分成一位一位的形式在一根传输线上逐个进行传输。串行通信方式下的 8 位数据传输如图 7-5 所示。

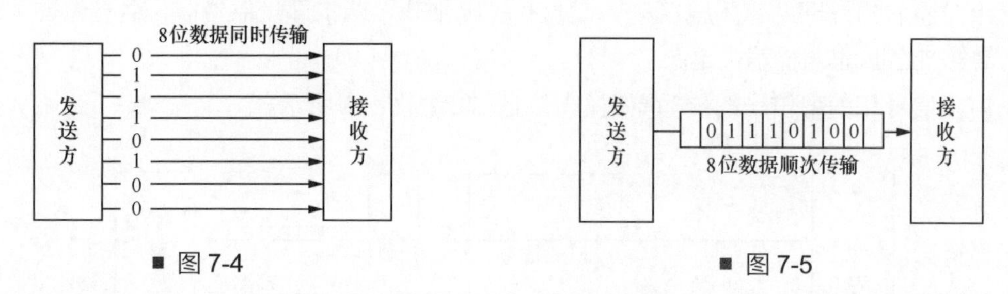

■ 图 7-4　　■ 图 7-5

并行通信一次可以传输多位二进制数，相同的发送频率下并口比串口的传输速度快。串行通信在相同的发送频率下传输速度慢，但是传输过程中需要的传输线要少得多，而且对传输线的要求更低，因此硬件成本更低。串行通信还可以通过提高通信速度的方法，来提高总体通信性能。所以两种通信方式各有优势。实际应用中，由于串行通信硬件简单、成本低，这种通信方式使用得较多。

4. 单工通信和双工通信

单工通信和双工通信描述的是通信方向的问题，即单向传输还是双向传输。单工就是单向，双工就是双方同时收发。数据可以在两个方向上传输，但在某一时刻只允许数据在一个方向上传输的传输方式叫半双工。

只能 A 发送 B 接收的通信称为单工通信，如图 7-6 所示。

A 发送 B 接收或者 B 发送 A 接收（两个“方向”不能同时进行）的通信叫半双工通信，如图 7-7 所示。

A 发送 B 接收同时 B 发送 A 接收的通信叫全双工通信，如图 7-8 所示。

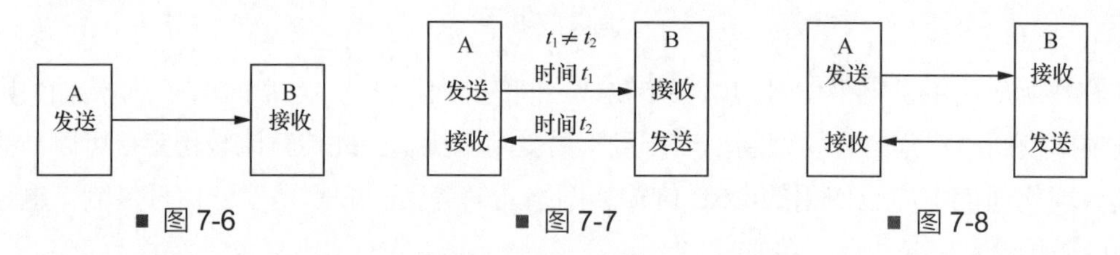

■ 图 7-6　　■ 图 7-7　　■ 图 7-8

经历多年的发展，综合多方因素，主流通信中主要用到异步、差分、串行、全双工通信方式。现在主流的 USB 传输和网络通信都采用这种通信方式。

7.2 串口通信的基本概念

本节将讲述串口通信涉及的基本概念，如 RS232 电平和 TTL 电平、波特率、起始位、数据位、奇偶校验位、停止位等，目的是让大家对串口通信涉及的主要概念有所了解，方便后续使用。

1. 串口通信的特点

串口通信的特点主要体现在异步通信、电平信号、串行通信。

异步通信：串口通信的发送方和接收方之间没有统一的时钟信号。

电平信号：串口通信方式形成的时间较早，在形成初期，速率较低，传输的距离较近，传输干扰还不太明显，因此当时使用了电平信号传输；如今，后期优化的传输协议都改成差分信号传输了。

串行通信：串口通信每次只能同时传输1位二进制数。

2. RS232电平和TTL电平

电平信号是用信号线电压减去参考电平线电压得到的电压差，这个电压差决定了传输值是1还是0。电平信号传输时，多少电压代表1，多少电压代表0，不是固定的，这取决于电平标准。RS232电平和TTL电平就是两种不同的电平标准。

RS232电平中，−15 ~ −3V表示1，+3 ~ +15V表示0；TTL电平中，+5V表示1，0V表示0。无论哪种电平都是为了在传输线上表示1和0，二者的区别在于适用的环境和条件不同。RS232电平的电压范围比较大，适用于干扰大、距离远的情况，发送方和接收方使用的电压较高。TTL电平电压范围小，适用于干扰小、距离近的情况，发送方和接收方使用的电压较低。台式计算机后面的串口插口就是RS232接口，工业上所用的串口通常都是这种，传输距离小于15m。TTL电平一般用在电路板内部的两个芯片之间。

对于编程来说，是RS232电平传输还是TTL电平传输，并没有多大的差异，所以电平标准对硬件工程师更有意义，而软件工程师只要略懂即可。但需注意，由于使用的电压不一样，把TTL电平和RS232电平混用是不可以的。

3. 波特率

波特率（baud rate）指串口通信的速率，即串口通信时每秒可以传输的码元数（码元指携带信息的信号单元），单位为baud/s。例如，某一串口每秒可以传输9600个码元，波特率就是9600baud/s，因为串口是一位一位进行传输的，所以一个码元就代表一个二进制数，因此此时传输一位二进制数需要的时间是1/9600s，即104μs。

串口通信的波特率不能随意设定，应该在一些常用值中去选择，最常见的波特率是9600baud/s或者115200baud/s。一般低端单片机（如51单片机）的波特率常设置为9600baud/s，高端单片机和嵌入式SoC的波特率常设置为115200baud/s。

波特率不能随意设置的原因如下。

通信双方必须事先设定相同的波特率才能成功通信。如果发送方和接收方通过不同的波特率通信，会导致通信失败。因此，波特率最好是大家熟知的，而不是随意指定的。常用的波特率经过了时间和应用的验证，比较稳定，并且大家已经形成了共识，所以可以优先选用。

4. 起始位、数据位、奇偶校验位和停止位

串口通信时，接收和发送是一个周期一个周期地进行的，这个周期包括许多工作节拍，每周期传输 *n* 位二进制数。一个周期叫作一个通信单元，一个通信单元由起始位、数据位、奇偶校验位和停止位 4 个部分组成，我们也称一个通信单元为一个数据帧。

起始位表示发送方要开始发送一个通信单元。其定义是串口通信标准事先指定的，由通信线上的电平变化来反映。

数据位是一个通信单元中发送的有效信息位，是本次通信真正要发送的有效数据。串口通信一次发送多少位有效数据是可以设定的，一般可选的有 6 ~ 9 位，大多数情况下我们都是选择 8 位。这主要是由于一般我们通过串口发送的文字信息都是由美国信息交换标准码（American Standard Code for Information Interchange，ASCII）编码的，而 ASCII 中一个字符刚好占 8 位。

奇偶校验位用来校验数据位，防止数据位出错，可以在一定程度上防止位反转。把待校验的有效数据逐位加起来，总和为奇数奇偶校验位就为 1，总和为偶数奇偶校验位就为 0。

停止位是发送方用来表示本通信单元结束的标志。其定义也是由串口通信标准事先指定的，也是用通信线上的电平变化来反映的，常见的有 1 位停止位、1.5 位停止位、2 位停止位等。大多数情况下都是用 1 位停止位。

7.3 串口通信的基本原理

本节将讲解串口通信的基本原理，让大家明白进行串口通信时，信息如何在通信线上传输，以及各种常见接口的通信线定义。

（1）串口通信的硬件传输载体设计原理。

任何通信方式都要有信息传输载体，可以是有线的，也可以是无线的。串口通信是有线通信，是通过串口线来通信。串口线最少需要 2 根（GND 和信号线），可以实现单工通信；也可以使用 3 根串口线（发送线 Tx、接收线 Rx、GND）来实现全双工通信。

一般开发板都会引出 SoC 上串口引脚直接输出的 TTL 电平的串口线（X210 开发板没有），多为插针式线，每个串口引出 3 根线（发送线 Tx、接收线 Rx、GND），可以通过这些线直接连接外部 TTL 电平的串口设备。

（2）通信双方需要事先规定好通信参数：波特率、数据位、奇偶校验位、停止位等。

串口通信属于基层基本性的通信，通信过程中，通信双方不会去协商通信参数，而需要在通信前事先约定好通信参数，如波特率、数据位、奇偶校验位、停止位这 4 个重要的参数。串口通信时，上述任何一个参数设置错误，都会导致通信失败。例如，波特率如果设置错了，虽然发送方能发送，接收方也能接收，但是接收到的全是乱码。

（3）信息以二进制流的方式在信道上传输。

串口通信的发送方每隔一定的时间（时间在数值上固定为“波特率分之一”，单位是s），即在选择的波特率规定的时间内将有效信息（1或0）“放”到通信线上去，逐个按二进制位进行发送。接收方从读到起始位标志开始，每间隔波特率分之一秒的时间，读取通信线上的高低电平，以此来区分发送来的信息是1还是0，并依次读取数据位、奇偶校验位、停止位。当读到停止位时，就表示这一个通信单元（数据帧）结束了，接下来是不定长短的非通信时间，发送方有可能紧接着就发送第二个数据帧，也有可能几小时之内都不发第二个数据帧，此时为异步通信。当再次读到起始位标志时，就表示第二个数据帧开始发送了，以此重复收、发信息。数据帧的组成及数据帧的传输方式如图7-9所示，信息以二进制流的方式在信道上传输。

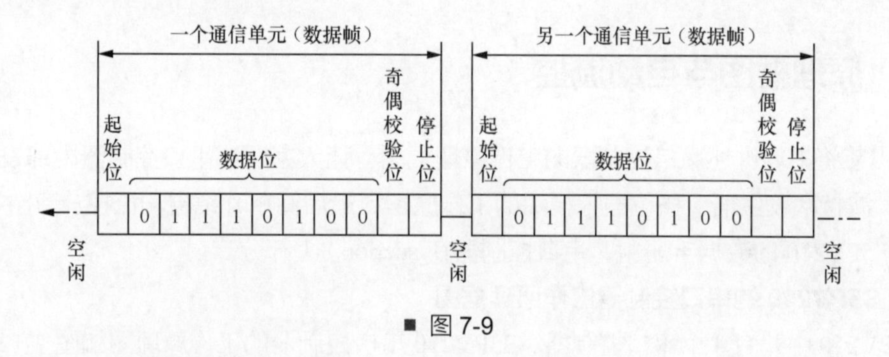

■ 图7-9

（4）串口通信需要注意的问题。

• 波特率非常重要，波特率错了整个通信就会失败。

• 数据位、奇偶校验位、停止位也很重要，需要合理设置，否则可能分辨不清数据。

• 通过串口，不管发送数字、文本，还是命令或其他什么信息，都要先将发送信息编码成二进制流再进行逐位发送。

• 通过串口发送的一般都是ASCII编码后的字符，所以设置数据位为8，方便刚好一帧发送一个字符。

（5）DB9接口介绍。

DB9接口是串口通信早期比较常用的一种规范化接口。在早期，串行通信是计算机与外界通信的主要方式，那时候的计算机都有标准配置的串口，以实现和外部通信。当时也定义了一套标准的串口规则，DB9接口就是一种标准接口，如图7-10所示。DB9接口中有9根通信线，其中3根很重要（对应图7-11中的2、3、5号通信线），分别为Tx、Rx、GND；剩余6根都与流控（全称为流量控制）有关，如今我们大多用串口来做调试，一般都禁用流控，所以这6根没用。

现在，使用串口时一般会把流控禁止掉，不然可能发生奇怪的错误。

■ 图 7-10

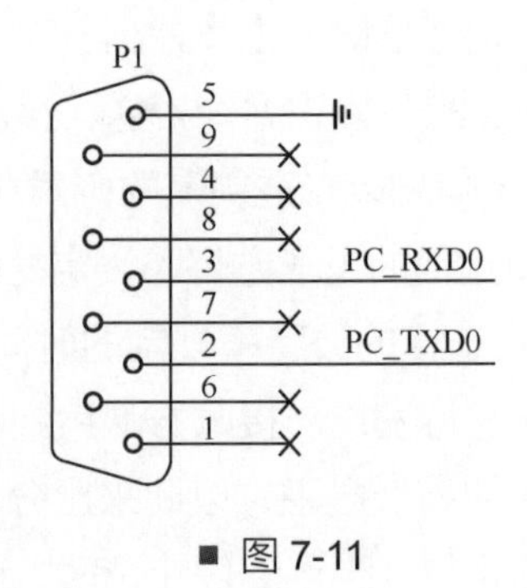

■ 图 7-11

7.4 S5PV210 串口通信详解

7.4.1 原理框图与自动流控

本小节将主要讲述串口控制器的工作原理框图，让大家明白串口控制器内部发送器、接收器、波特率发生器、移位器等模块的工作原理；最后简单介绍自动流控。

在 S5PV210 的数据手册中，串口控制器在 section 8.1 部分。

1. S5PV210 的串口控制器工作原理框图

S5PV210 中共有 4 个串口控制器。S5PV210 串口控制器的工作原理图如图 7-12 所示。串口控制器是接在 APB 上的，因此我们在编程计算它的源时钟时，要以 APB 的时钟频率来计算。每个串口控制器包含一个发送器（transmitter）、一个接收器（receiver）、一个波特率发生器（baud rate generator）和一个控制单元（control unit），共 4 个部分。其中，发送器负责 S5PV210 向外部发送信息，接收器负责从外部接收信息，波特率发生器从总线获取源时钟产生波特率，控制单元控制协调以上 3 个部分完成工作。

发送器由发送缓冲区（transmit buffer register）和发送移位器（transmit shifter）构成。发送信息时，首先将信息编码成二进制流（一般用 ASCII），然后将一帧数据（一般是 8 位）写入发送缓冲区。这之后的工作程序就不用管了，由硬件自动完成。发送移位器会自动从发送缓冲区中读取一帧数据，然后自动移位，将一帧数据的各个位分别拿出来，发送到发送线 Tx（图示为 TXDn）上。

接收器由接收缓冲区（receive buffer register）和接收移位器（receive shifter）构成。当发送方通过串口线向 S5PV210 发送信息时，信息通过接收线 Rx（图示为 RXDn）进入接收移位器，然后接收移位器自动移位，将该二进制位保存至接收缓冲区。接收完一帧数据后，接收器会产生一个中断给 S5PV210，S5PV210 收到中断后即知道接收器接收满了一帧数据，会来读取这帧数据。

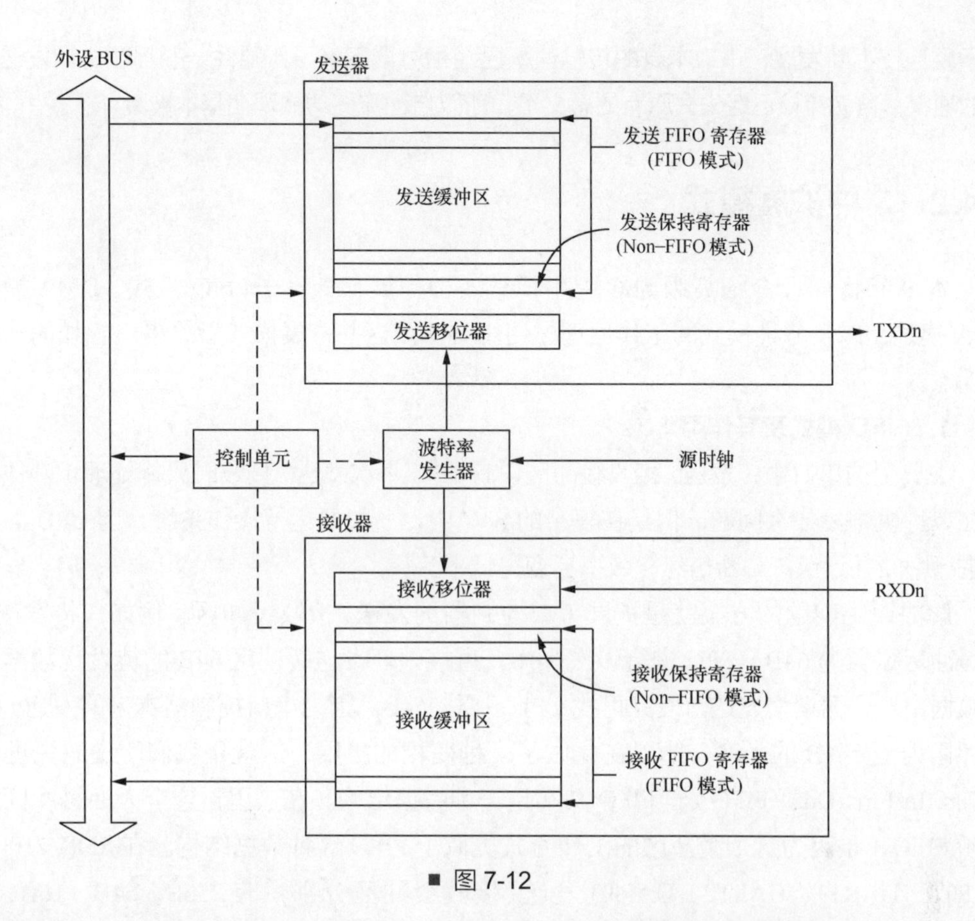

■ 图 7-12

波特率发生器用来生成串口发送/接收的节拍时钟。波特率发生器其实是时钟分频器。它从 APB 上获得源时钟（PCLK 和 SCLK_UART），可通过软件设置寄存器来配置，在内部将源时钟进行分频，得到目标时钟，硬件会自动用这个目标时钟产生波特率。

串口通信中，发送缓冲区和接收缓冲区是关键，发送移位器和接收移位器的工作都是自动的，不用编程控制的，所以可以按如下步骤写串口的代码。

第 1 步：初始化串口控制器，包括发送控制器和接收控制器；初始化的实质是读/写各寄存器。

第 2 步：要发送信息时，将信息直接写入发送缓冲区；要接收信息时，直接去读取缓冲区读取数据。

由此可见，串口底层的工作，如怎么移位、起始位怎么定义、使用 TTL 电平还是 RS232 电平等，可对软件工程师隐藏，他们不用去管。软件工程师对串口的操作就是对发送/接收缓冲区（实质上就是寄存器）的操作（对其操作的方式就是读/写内存）。

2. 自动流控（Auto Flow Control，AFC）

自动流控的目的是让串口通信可靠。在发送方速率比接收方速率快的时候自动流控，可以保证发送和接收时不会漏掉东西。

现在串口更多地被用在由 SoC 输出调试信息的场合。由于调试信息不是关键性信息，又由于硬件在不断发展，串口本身的传输速率已经相对慢下来了，硬件一般都能协调发送和接收的速率，自动流控已经失去原有的意义了，所以自动流控功能现在基本被废弃了。

7.4.2 3 种扩展模式

本小节将详细介绍高级 SoC 中串口的 3 种扩展模式——FIFO 模式、DMA 模式、IrDA 模式，以及各种模式的工作原理、使用方法。这些扩展模式是给串口叠加的一些高级功能。

1. FIFO 模式及其作用

在典型的串口中，发送 / 接收缓冲区只有 1B，每次发送 / 接收时只能处理 1 帧数据。这在单片机中没什么问题，但是在复杂的 SoC 中，一般要运行操作系统，因 CPU 需要不断进行中断并且保护中断信息，效率会变得低下。

解决以上问题的方案就是扩展串口控制器的发送 / 接收缓冲区。例如，将发送 / 接收缓冲区设置为 64B，CPU 进行一次操作，直接处理发送缓冲区 64B 的待发送数据，这些数据由发送器慢慢发送，发完再找 CPU“要”64B。因为串口控制器本来的发送 / 接收缓冲区为固定 1B 的长度，所以在此做了一种变相的扩展，这就是我们所说的先进先出（First In First Out，FIFO）。FIFO 其实是一种数据结构。在这里，这个大的缓冲区之所以叫 FIFO，是因为这个缓冲区的工作方式类似于 FIFO 这种数据结构。在 S5PV210 中，UART0、UART1、UART2、UART3 发送 / 接收缓冲区分别带有 256B、64B、16B、16B 的 FIFO。

2. DMA 模式及其作用

直接内存访问（Direct Memory Access，DMA）本来是数字信号处理（Digital Signal Processing，DSP）中的一种技术，DMA 技术的核心是在交换数据时不需要 CPU 参与，模块可以自己完成。

DMA 模式要解决的问题和 FIFO 模式要解决的是一样的。传统的串口工作方式（无 FIFO 无 DMA）效率是极低的，适合低端单片机，高端单片机中的 CPU 很繁忙，所以都需要串口能够自己完成大量的数据发送 / 接收工作。这时候就需要使用 FIFO 或者 DMA 模式。FIFO 模式是一种轻量级的解决方案，而 DMA 模式适合解决大量数据并发这类的发送 / 接收问题。

3. IrDA 模式及其作用

红外线数据协会（Infrared Data Association，IrDA）提出了红外连接，也就是红外线通信技术，如电视机、空调遥控器就是使用红外线通信。红外线通信的原理是，发送方每隔固定时间向接收方发送红外线信号，或者不发送红外线信号，接收方每隔固定时间去判断有无红外线信号（接收 1 和 0）。

红外线通信和串口通信非常像，都是由发送方每隔固定时间发送 1 或者 0，与接收方进行通信，只是判断 1 或 0 的物理方式不同。S5PV210 就利用串口通信来实现红外线信号发送和接收，其每个串口都支持 IrDA 模式。开启 IrDA 模式后，我们只需要向串口写数据，这些数据就会以红外线的方式向外发送（需要外部硬件支持），当接收方接收到这些红外线数据时，即可对其进行解码，最终得到我们发送的信息。

7.4.3 串口通信中的中断与时钟

本小节首先讲述串口通信和中断的关系，希望向大家引入串口发送 / 接收时的中断模式、轮询模式这两个概念，然后详细分析串口控制器内部的时钟来源、波特率计算等。

1. 串口通信与中断的关系

串口通信分为发送 / 接收两部分。发送方一般不需要中断即可完成发送（也可以使用中断）；接收方通常使用中断来接收，少数情况下以轮询方式接收。

发送方使用中断的工作流程是发送方先设置好中断，并绑定一个中断处理程序，然后发送方传输一帧数据给发送器，发送器耗费一段时间来发送这一帧数据，这段时间内发送方 CPU 可以去做别的事情，等发送器发送完成后会产生一个 TXD 中断，该中断会导致事先绑定的中断处理程序执行，在中断处理程序中 CPU 会切换回来继续给发送器“放”一帧数据，然后 CPU 切换离开。

发送方不使用中断的工作流程是发送方事先禁止 TXD 中断，发送方 CPU“放”一帧数据到发送器，然后发送器耗费一段时间来发送这帧数据，CPU 等待发送方发送完成后再给它一帧数据让它继续发送，直到所有数据发送完。

CPU 通过状态寄存器中一个叫发送缓冲区空标志的位来判断发送器是否发送完一帧数据。发送器发送完成，发送缓冲区空了，就会设置空标志位。CPU 就是通过不断查询这个标志位中的值（是 1 还是 0）来获取发送完成状态的。

因为串口通信是异步的，这意味着在通信中发送方占主导权。发送方随时可能发送信息，而接收方只有时刻等待才不会丢失数据。这个差异的存在，导致发送方可以不用中断模式，而接收方不得不使用中断模式，以提高 CPU 的处理效率。

2. S5PV210 串口通信的时钟设计

串口通信需要一个固定的波特率，发送器和接收器在工作时都需要一个时钟信号来协调工作。

时钟信号的源时钟信号是 APB（PCLK_PSYS，66MHz）提供给串口模块的，所以通常我们也说串口挂在 APB 上。源时钟信号进入串口控制器内部的波特率发生器（实质上是一个分频器），在波特率发生器中进行分频，分频后得到一个低频时钟，这个时钟是供给发送器和接收器使用的。

串口通信中的时钟通过寄存器来设置。首先是设置时钟源，为串口控制器选择源时钟，一般选择 PCLK_PSYS，也可以是 SCLK_UART。其次是设置波特率发生器的两个寄存器（UBRDIVn 和 UDIVSLOTn），其中 UBRDIVn 是主要的设置波特率的寄存器，UDIVSLOTn 是辅助设置的寄存器（用来校准波特率）。

7.5 S5PV210 串口通信编程实战

本节将介绍串口通信的程序，首先重点分析串口控制器的几个主要寄存器的配置值，然后编写相关串口通信程序，并且修改 Start.S 文件和 Makefile，完成代码编写。

（1）串口控制器初始化需要如下两个步骤。

第 1 步：初始化串口的 Tx 和 Rx 引脚所对应的 GPIO。

通过查核心板原理图，可知 UART0 的 RXD0 和 TXD0 分别对应 GPA0_0 和 GPA0_1，如图 7-13 所示。

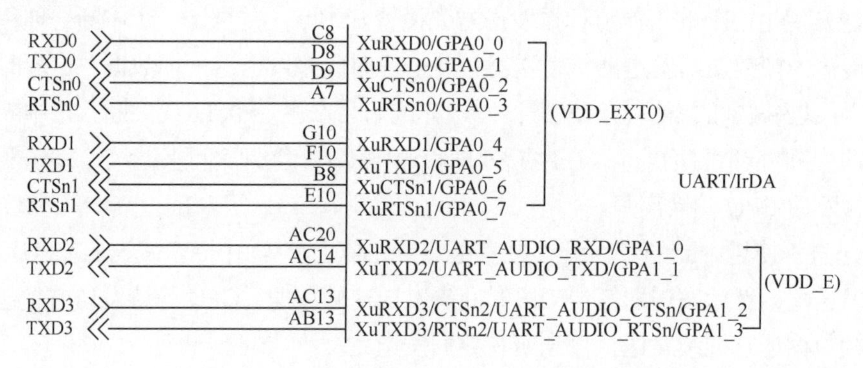

■ 图 7-13

在 S5PV210 数据手册的 section 02_system 目录下，可以找到 GPA0 引脚的控制寄存器 GPA0CON，如表 7-2 所示。GPA0CON 寄存器的地址为 0xE0200000，我们要将 GPA0_0 和 GPA0_1 引脚用于串口通信，应该设置 GPA0CON 寄存器为 bit[3:0] = 0b0010，bit[7:4] = 0b0010。

表 7-2

GPA0CON	bit	描述	初始值
GPA0CON [7]	[31:28]	0000=Input 0001=Output 0010=UART_1_RTSn 0011～1110=Reserved 1111=GPA0_INT [7]	0000
GPA0CON [6]	[27:24]	0000=Input 0001=Output 0010=UART_1_CTSn 0011～1110=Reserved 1111=GPA0_INT [6]	0000
GPA0CON [5]	[23:20]	0000=Input 0001=Output 0010=UART_1_TXD 0011～1110=Reserved 1111=GPA0_INT [5]	0000

续表

GPA0CON	bit	描述	初始值
GPA0CON [4]	[19:16]	0000=Input 0001=Output 0010=UART_1_RXD 0011～1110=Reserved 1111=GPA0_INT [4]	0000
GPA0CON [3]	[15:12]	0000=Input 0001=Output 0010=UART_0_RTSn 0011～1110=Reserved 1111=GPA0_INT [3]	0000
GPA0CON [2]	[11:8]	0000=Input 0001=Output 0010=UART_0_CTSn 0011～1110=Reserved 1111=GPA0_INT [2]	0000
GPA0CON [1]	[7:4]	0000=Input 0001=Output 0010=UART_0_TXD 0011～1110=Reserved 1111=GPA0_INT [1]	0000
GPA0CON [0]	[3:0]	0000=Input 0001=Output 0010=UART_0_RXD 0011～1110=Reserved 1111=GPA0_INT [0]	0000

第 2 步：初始化控制串口的相关寄存器。

在 S5PV210 数据手册 section 08_connectivity_storage 目录下的 REGISTER MAP（寄存器映射总表）部分中，可以查询到 UART0 的所有有关寄存器，共 15 个，如表 7-3 所示。ULCON0、UCON0、UFCON0、UMCON0、UBRDIV0、UDIVSLOT0 是 6 个关键寄存器，在串口初始化时需要对其进行设置。另外，UTRSTAT0、UTXH0 和 URXH0 这 3 个寄存器也很重要，在向缓冲区写入和读取数据时需要用到。

表 7-3

寄存器	地址	读/写 (R/W)	描述	复位值
ULCON0	0xE290_0000	R/W	Specifies the UART Channel 0 Line Control Register	0x00000000
UCON0	0xE290_0004	R/W	Specifies the UART Channel 0 Control Register	0x00000000
UFCON0	0xE290_0008	R/W	Specifies the UART Channel 0 FIFO Control Register	0x00000000
UMCON0	0xE290_000C	R/W	Specifies the UART Channel 0 Modem Control Register	0x00000000
UTRSTAT0	0xE290_0010	R	Specifies the UART Channel 0 Tx/Rx Status Register	0x00000006
UERSTAT0	0xE290_0014	R	Specifies the UART Channel 0 Rx Error Status Register	0x00000000
UFSTAT0	0xE290_0018	R	Specifies the UART Channel 0 FIFO Status Register	0x00000000
UMSTAT0	0xE290_001C	R	Specifies the UART Channel 0 Modem Status Register	0x00000000
UTXH0	0xE290_0020	W	Specifies the UART Channel 0 Transmit Buffer Register	—
URXH0	0xE290_0024	R	Specifies the UART Channel 0 Receive Buffer Register	0x00000000

续表

寄存器	地址	读/写 (R/W)	描述	复位值
UBRDIV0	0xE290_0028	R/W	Specifies the UART Channel 0 Baud Rate Divisor Register	0x00000000
UDIVSLOT0	0xE290_002C	R/W	Specifies the UART Channel 0 Dividing Slot Register	0x00000000
UINTP0	0xE290_0030	R/W	Specifies the UART Channel 0 Interrupt Pending Register	0x00000000
UINTSP0	0xE290_0034	R/W	Specifies the UART Channel 0 Interrupt Source Pending Register	0x00000000
UINTM0	0xE290_0038	R/W	Specifies the UART Channel 0 Interrupt Mask Register	0x00000000

查找数据手册上 ULCON0、UCON0、UFCON0、UMCON0、UBRDIV0、UDIVSLOT0 6 个关键寄存器的详细内容，进一步研究它们各个位的定义，设置它们的值来实现串口初始化。

ULCON0 寄存器的说明如表 7-4 所示。ULCON0 寄存器地址为 0xE2900000（表 7-4 中按数据手册的写法，记为 0xE290_000）。ULCON0 寄存器的 bit[31:7] 没有用到。ULCON0 寄存器的 bit[6] 设置为 0，不选用 IrDA 模式。ULCON0 寄存器 bit[5:3] 设置为 000，没有校验位。ULCON0 寄存器 bit[2] 设置为 0，1 位停止位。ULCON0 寄存器 bit[1:0] 设置为 11，设置数据长度为 8 位。ULCON0 寄存器设置为 0x3 即可。

表 7-4

- ULCON0, R/W, Address=0xE290_0000
- ULCON1, R/W, Address=0xE290_0400
- ULCON2, R/W, Address=0xE290_0800
- ULCON3, R/W, Address=0xE290_0C00

There are four UART line control registers in the UART block, namely, ULCON0, ULCON1, ULCOn2, and ULCON3.

ULCONn	bit	描述	初始值
Reserved	[31:7]	Reserved	0
Infrared Mode	[6]	Determines whether to use the Infrared mode. 0=Normal mode operation 1=Infrared Tx/Rx mode	0
Parity Mode	[5:3]	Specifies the type of parity generation to be performed and checking during UART transmit and receive operation. 0xx=No parity 100=Odd parity 101=Even parity 110=Parity forced/checked as 1 111=Parity forced/checked as 0	000
Number of Stop Bit	[2]	Specifies how many stop bits are used to signal end-of-frame signal. 0=One stop bit per frame 1=Two stop bit per frame	0
Word Length	[1:0]	Indicates the number of data bits to be transmitted or received per frame. 00=5-bit 01=6-bit 10=7-bit 11=8-bit	00

UCON0 寄存器的说明如表 7-5 所示。UCON0 寄存器地址为 0xE2900004（表 7-5 中按数据手册的写法，记为 0xE290_0004）。UCON0 寄存器 bit[10] 设置为 0，选用 PCLK 时钟作为波特率发生的时钟源。UCON0 寄存器 bit[3:2] 设置为 01，设置向发送缓冲区写入发送数据的方式为中断请求或轮询方式。UCON0 寄存器 bit[1:0] 设置为 01，设置向接收缓冲区读取数据的方式为中断请求或轮询方式。剩下的其他位都设置为 0。UCON0 寄存器设置为 0x5 即可。

UFCON0 寄存器配置 FIFO 模式下的各种状态，因为本次编程不涉及 FIFO 的功能，所以 UFCON0 寄存器设置为 0x0 即可。UFCON0 寄存器地址为 0xE2900008。

表 7-5

- UCON0, R/W, Address=0xE290_0004
- UCON1, R/W, Address=0xE290_0404
- UCON2, R/W, Address=0xE290_0804
- UCON3, R/W, Address=0xE290_0C04

There are four UART control registers in the UART block，namely, UCON0, UCON1, UCON2 and UCON3.

UCONn	bit	描述	初始值
Reserved	[31:21]	Reserved	000
Tx DMA Burst Size	[20]	Tx DMA Burst Size 0=1 byte (Single) 1=4 bytes	0
Reserved	[19:17]	Reserved	000
Rx DMA Burst Size	[16]	Tx DMA Burst Size 0=1 byte (Single) 1=4 bytes	0
Reserved	[15:11]	Reserved	0000
Clock Selection	[10]	Selects PCLK or SCLK_UART (from Clock Controller) clock for the UART baudrate. 0=PCLK：DIV_VAL1 =(PCLK/(bps×16))−1 1=SCLK_UART：DIV_VAL1=(SCLK_UART/(bps×16))−1	00
Tx Interrupt Type	[9]	Interrupt request type 0=Pulse (Interrupt is requested when the Tx buffer is empty in the Non-FIFO mode or when it reaches Tx FIFO Trigger Level in the FIFO mode.) 1=Level (Interrupt is requested when Tx buffer is empty in the Non-FIFO mode or when it reaches Tx FIFO Trigger Level in the FIFO mode.)	0
Rx Interrupt Type	[8]	Interrupt request type 0=Pulse (Interrupt is requested when instant Rx buffer receives data in the Non-FIFO mode or when it reaches Rx FIFO Trigger Level in the FIFO mode.) 1=Level (Interrupt is requested when Rx buffer is receiving data in the Non-FIFO mode or when it reaches Rx FIFO Trigger Level in the FIFO mode.)	0
Rx Time Out Enable	[7]	Enables/Disables Rx time-out interrupts if UART FIFO is enabled. The interrupt is a receive interrupt. 0=Disables 1=Enables	0
Rx Error Status Interrupt Enable	[6]	Enables the UART to generate an interrupt upon an exception, such as a break, frame error, parity error, or overrun error during a receive operation. 0=Does not generate receive error status interrupt 1=Generates receive error status inerrupt	0

续表

UCONn	bit	描述	初始值
Loop-back Mode	[5]	Setting loop-back bit to 1 trigger the UART to enter the loop-back mode. This mode is provided for test purposes only. 0=Normal operation 1=Loop-back mode	0
Send Break Signal	[4]	Setting this bit trigger the UART to send a break during 1 frame time.This bit is automatically cleared after sending the break signal. 0=Normal transmit 1=Sends the break signal	0
Transmit Mode	[3:2]	Determines which function is able to write Tx data to the UART transmit buffer register. 00=Disables 01=Interrupt request or polling mode 10=DMA mode 11=Reserved	00
Receive Mode	[1:0]	Determines which function is able to read Tx data from UART receive buffer register. 00=Disables 01=Interrupt request or polling mode 10=DMA mode 11=Reserved	00

NOTE:
1. DIV_VAL=UBRDIVn+(num of 1's in UDIVSLOTn)/16.Refer to 1.6.1.11 UART Channel Baud Rate Division Register anc 1.6.1.12 UART Channel Dividing Slot Register.
2. S5PV210 use a level-triggered interrupt controller. Therefore, these bits must be set to 1 for every transfer.
3. If the UART does not reach the FIFO trigger level and does not receive data during 3 word time in DMA receive mode with FIFO, the Rx interrupt is generated (receive time out). You must check the FIFO status and read out the rest.

UMCON0 寄存器配置 APC、Modem 模式下的各种状态，因为本次编程不涉及 APC、Modem，所以 UMCON0 寄存器设置为 0x0 即可。UMCON0 寄存器地址为 0xE290000C。

UBRDIV0 寄存器的说明如表 7-6 所示。UBRDIV0 寄存器地址为 0xE2900028（表 7-6 中按数据手册的写法，记为 0xE290_0028）。UBRDIV0 寄存器设置为 0x34。

表 7-6

- UBRDIV0, R/W, Address=0xE290_0028
- UBRDIV1, R/W, Address=0xE290_0428
- UBRDIV2, R/W, Address=0xE290_0828
- UBRDIV3, R/W, Address=0xE290_0C28

UBRDIVn	bit	描述	初始值
Reserved	[31:16]	Reserved	0
UBRDIVn	[15:0]	Baudrate division value (When UART clock source is PCLK, UBRDIVn must be more than 0 (UBRDIVn＞0))	0x0000

NOTE: If UBRDIV value is 0，UART baudrate is not affected by UDIVSLOT value.

UDIVSLOT0 寄存器的说明如表 7-7 所示。UDIVSLOT0 寄存器地址为 0xE290002C（表 7-7 中按数据手册的写法，记为 0xE290_002C）。UDIVSLOT0 寄存器设置为 0xDFDD。

其中，关于波特率的计算和设置请按下述步骤进行。

表 7-7

- UDIVSLOT0, R/W, Address=0xE290_002C
- UDIVSLOT1, R/W, Address=0xE290_042C
- UDIVSLOT2, R/W, Address=0xE290_082C
- UDIVSLOT3, R/W, Address=0xE290_0C2C

UDIVSLOTn	bit	描述	初始值
Reserved	[31:16]	Reserved	0
UDIVSLOTn	[15:0]	Select the slot where clock generator divide clock source	0x0000

NOTE: UART baud rate Configuration

There are four UART baudrate divisor registers in the UART block, namely, UBRDIV0, UBRDIV1, UBRDIV2 and UBRDIV3.

The value stored in the baudrate divisor register (UBRDIVn) and divding slot register (UDIVSLOTn) is used to determine the serial Tx/Rx clock rate (baud rate) as follows:

DIV_VAL=UBRDIVn+ (num of 1's in UDIVSLOTn)/16
DIV_VAN=[PCLK/(bps×16)]−1
or
DIV_VAL=[SCLK_UART/(bps×16)]−1

Where, the divisor should be from 1 to (216−1).

Using UDIVSLOT, you can generate the baudrate more accurately.

For example, if the baudrate is 115200 bps and SCLK_UART is 40MHz, UBRDIV and UDIVSLOT are:

DIV_VAL=(40000000/(115200×16))−1
=21.7−1
=20.7

UBRDIVn=20 (integer part of DIV_VAL)
(num of 1's in UDIVSLOTn)/16=0.7
then, (num of 1's in UDIVSLOTn)=11
so, UDIVSLOTn can be 16'b1110_1110_1110_1010 or 16 b0111_0111_0111_0101, etc.

第 1 步：用 PCLK_PSYS 和目标波特率计算 DIV_VAL。查数据手册上的计算公式为 DIV_VAL =[PCLK / (bps×16)] –1（bps 指波特率）。由第 6 章的内容我们知道，ARM 推荐的时钟和我们设置的是一致的，因此 PCLK_PSYS(数据手册的计算公式中简写为 PCLK) 的频率为 66MHz；选择串口通信的波特率为 115200baud/s；按上述公式计算得 DIV_VAL ≈ 34.8，整数部分为 34，小数部分为 0.8。

第 2 步：向 UBRDIV0 寄存器写入 DIV_VAL 的整数部分 34。

第 3 步：用小数部分乘 16 得到 1 的个数，查数据手册表得到 BDIVSLOT0 寄存器的设置值。

0.8×16=12.8≈13，查表知 BDIVSLOT0 寄存器应该设置为 0xDFDD。

经过对寄存器内容的学习，我们对 UART0 的寄存器有了一定的了解，现在可以开始定义各访问寄存器的宏了，这部分代码需要在之后的 uart.c 文件中实现。代码如下。

```
#define GPA0CON     (0xE0200000)
#define ULCON0      (0xE2900000)
#define UCON0       (0xE2900004)
#define UMCON0      (0xE2900008)
```

```
#define UFCON0       (0xE290000C)
#define UTRSTAT0     (0xE2900010)
#define UBRDIV0      (0xE2900028)
#define UDIVSLOT0    (0xE290002C)
#define UTXH0        (0xE2900020)
#define URXH0        (0xE2900024)

//宏定义各寄存器地址，方便访问
#define rGPA0CON     (*(volatile unsigned int *)GPA0CON)
#define rULCON0      (*(volatile unsigned int *)ULCON0)
#define rUCON0       (*(volatile unsigned int *)UCON0)
#define rUMCON0      (*(volatile unsigned int *)UMCON0)
#define rUFCON0      (*(volatile unsigned int *)UFCON0)
#define rUTRSTAT0    (*(volatile unsigned int *)UTRSTAT0)
#define rUBRDIV0     (*(volatile unsigned int *)UBRDIV0)
#define rUDIVSLOT0   (*(volatile unsigned int *)UDIVSLOT0)
#define rUTXH0       (*(volatile unsigned int *)UTXH0)
#define rURXH0       (*(volatile unsigned int *)URXH0)
//宏定义各寄存器存储单元，方便访问
```

（2）编写程序。

分析完串口需要用到的寄存器后，我们就可以开始编程了，主要内容包括 Tx、Rx 对应的 GPIO 的初始化，波特率的计算和设置，串口发送和接收程序的编写等。最终实现 X210 通过串口向外部发送信息。

我们仍然基于前面的文件来编写程序。在此，我们选择了第 6 章编程实战中初始化时钟的程序文件夹“2.clock_init_c”，以此为基础开始我们的编程。希望读者在编程时也按这样的方式来做，以训练自己实际项目开发的能力。其具体步骤如下。

① 用 C 语言编写主函数 main.c 程序文件和 uart.c 程序文件。

② 从以前的裸机编程 2.clock_init_c 项目中复制文件，对 start.S 和 Makefile 进行相应修改，将步骤①中获得的两个 C 程序文件添加进项目，供本项目使用。

③ 将以上准备好的文件复制到虚拟机共享文件目录 winshare 下的一个文件夹中（用户可自定义存放位置），其相应文件如图 7-14 所示。

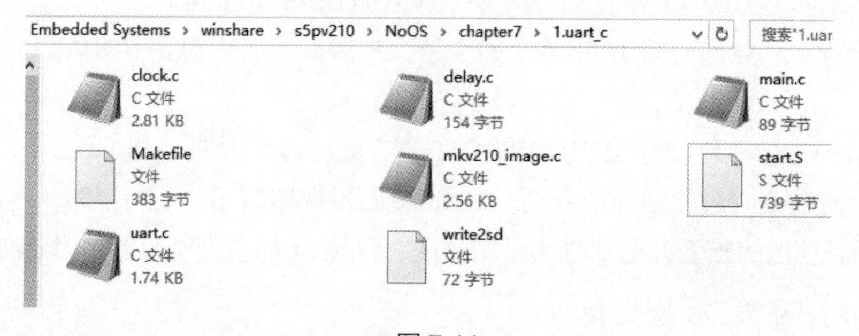

■ 图 7-14

main.c 和 uart.c 为步骤①新编写的两个 C 程序文件。

delay.c 为延时程序文件，因删除复制来的一个 C 源程序文件（led.c）而需重新编写。又因程序较简单，在此就不给出示例程序了，请读者自己完成，读者也可参考本书配套的相关程序文件。

start.S、Makefile 为步骤②修改好的文件。

clock.c、mkv210_image.c、write2sd 这 3 个程序文件从 2.clock_init_c 项目中移植而来，不需要做任何变动，可实现时钟初始化、在 Linux 环境下编译程序并发送 2 个值至 2 个扩展名为 bin 的烧录文件和脚本等功能。

④ 开启虚拟机，进入 Linux 系统开发界面，获取 root（Linux 系统超级管理员用户账户）权限。

⑤ 在 Linux 系统下更改当前目录至存放以上文件的目录下。

⑥ 输入 ls 命令，查看文件是否齐全，检查程序目录，如图 7-15 所示。

```
root@ubuntu:/mnt/hgfs/winshare/s5pv210/noos/chapter7/1.uart_c# ls
clock.c  main.c    mkv210_image.c  uart.c
delay.c  Makefile  start.S         write2sd
```

■ 图 7-15

⑦ 输入 make 命令，编译程序，如图 7-16 所示，将获得 uart.bin（USB 串口调试用）和 210.bin（SD 卡烧录用）两个程序文件，这是我们下载或烧录时要用到的程序。

```
root@ubuntu:/mnt/hgfs/winshare/s5pv210/noos/chapter7/1.uart_c# make
arm-linux-gcc -o start.o start.S -c -nostdlib
arm-linux-gcc -o clock.o clock.c -c -nostdlib
arm-linux-gcc -o delay.o delay.c -c -nostdlib
arm-linux-gcc -o uart.o uart.c -c -nostdlib
arm-linux-gcc -o main.o main.c -c -nostdlib
arm-linux-ld -Ttext 0x0 -o uart.elf start.o clock.o delay.o uart.o main.o
arm-linux-objcopy -O binary uart.elf uart.bin
arm-linux-objdump -D uart.elf > uart_elf.dis
gcc mkv210_image.c -o mkx210
./mkx210 uart.bin 210.bin
root@ubuntu:/mnt/hgfs/winshare/s5pv210/noos/chapter7/1.uart_c#
```

■ 图 7-16

⑧ 将开发板连接到计算机，连上 USB 串口，开启 dnw 软件并设置好配置信息，打开 SecureCRT 串口监视窗口，并连接上串口。

⑨ 将程序下载到开发板并运行，在 SecureCRT 串口监视窗口会一直有字符 a 输出，如图 7-17 所示。

■ 图 7-17

⑩ 在 Linux 系统下输入 make clean 命令，清除编译链接获得的所有文件。

⑪ 修改 C 语言子函数的 uart.c 程序文件中的串口初始化程序子函数 uart_init 的源码，更改波特率的目标值，重新计算步骤③设置波特率的两个寄存器 UBRDIV0 和 UDIVSLOT0 的值并设定，观察效果。请读者自己练习。注意在程序中修改了波特率后，SecureCRT 也要修改，不然接收不到输出信息。

下面对步骤①、②进行详细解说。对于其他的程序文件，请读者结合上文的相关内容自己独立完成。

在步骤①的程序文件中代码编写如下。

main.c 程序文件为串口通信主函数，这个函数将被 start.S 汇编程序调用。代码如下。

```
void main(void)
{
uart_init();                  //调用子函数，初始化串口
while(1)
{
    uart_putc('a');           //调用子函数，发送一个字符 a
    delay();                  //为便于观察，我们延时一段时间，反复发送这个字符
 }
}
```

整个串口通信相关程序包含 3 个部分，将其写在一个程序文件 uart.c 中，它包括 3 个子函数，它们的功能分别为，uart_init 负责初始化串口，uart_putc 负责发送 1B 数据，uart_getc 负责从串口获取 1B 数据。uart.c 程序文件中的代码如下。

```
#define GPA0CON     (0xE0200000)
#define ULCON0      (0xE2900000)
#define UCON0       (0xE2900004)
#define UMCON0      (0xE2900008)
#define UFCON0      (0xE290000C)
#define UTRSTAT0    (0xE2900010)
#define UBRDIV0     (0xE2900028)
#define UDIVSLOT0   (0xE290002C)
#define UTXH0       (0xE2900020)
#define URXH0       (0xE2900024)        //宏定义各寄存器地址，方便访问
#define rGPA0CON    (*(volatile unsigned int *)GPA0CON)
#define rULCON0     (*(volatile unsigned int *)ULCON0)
#define rUCON0      (*(volatile unsigned int *)UCON0)
#define rUMCON0     (*(volatile unsigned int *)UMCON0)
#define rUFCON0     (*(volatile unsigned int *)UFCON0)
#define rUTRSTAT0   (*(volatile unsigned int *)UTRSTAT0)
#define rUBRDIV0    (*(volatile unsigned int *)UBRDIV0)
#define rUDIVSLOT0  (*(volatile unsigned int *)UDIVSLOT0)
#define rUTXH0      (*(volatile unsigned int *)UTXH0)
#define rURXH0      (*(volatile unsigned int *)URXH0)//宏定义各寄存器存储单
                                                     //元，方便访问
```

```
void uart_init(void)                          // 串口初始化程序
{
 // 第 1 步: 初始化 Tx Rx 对应的 GPIO 引脚
 rGPA0CON &= ~(0xFF<<0);                      // 把寄存器的 bit0 ~ bit7 全部清零
 rGPA0CON |= 0x00000022;                      // 0b0010, Rx Tx

 // 第 2 步: 设置几个关键寄存器
 rULCON0 = 0x3;
 rUCON0  = 0x5;
 rUMCON0 = 0;
 rUFCON0 = 0;

 // 第 3 步: 计算并设置波特率, 数据手册中的计算公式为 DIV_VAL = (PCLK / (bps×16))-1
(bps 指波特率)
 rUBRDIV0    = 34;  //PCLK_PSYS(公式中简写为 PCLK) 的频率为 66MHz、波特率为 115200baud/s,
DIV_VAL 约为 34.8, 整数 34 写入
 rUDIVSLOT0 = 0xDFDD;                         //0.8×16=12.8≈13, 查表得
}

void uart_putc(char c)                        // 串口发送程序, 发送 1B 数据
{
 while (!(rUTRSTAT0 & (1<<1)));               // 确认串口控制器当前发送缓冲区是空的
 rUTXH0 = c;                                  // 发送一个字符
}

char uart_getc(void)                          // 串口接收程序, 轮询方式, 接收 1B 数据
{
 while (!(rUTRSTAT0 & (1<<0)));               // 确认串口控制器当前接收缓冲区是空的
 return (rURXH0 & 0x0f);                      // 接收一个字符
}
```

步骤②的程序文件 start.S、Makefile 需要修改代码。

start.S 程序文件只需修改最后的调用函数，代码如下。

```
#define WTCON        0xE2700000
#define SVC_STACK    0xD0037D80

.global _start      // 把 _start 链接属性改为外部, 这样其他文件就可以看见 _start 了
_start:
 // 第 1 步: 关看门狗 (向 WTCON 的 bit5 写入 0 即可)
 ldr r0, =WTCON
 ldr r1, =0x0
 str r1, [r0]

 // 第 2 步: 初始化时钟
 bl clock_init

 // 第 3 步: 设置 SVC 栈
 ldr sp, =SVC_STACK
```

```
// 第 4 步：开 / 关 iCache
mrc p15,0,r0,c1,c0,0;                       // 读出 cp15 的 c1 到 r0 中
orr r0, r0, #(1<<12)                        // bit12 置 1，开 iCache
mcr p15,0,r0,c1,c0,0;

bl main                                     // 调用 C 语言主函数

b .                                         // 汇编最后的这个死循环不能丢
```

Makefile 需要修改的内容较多。首先需要修改目标文件为本实战项目名称 uart.bin；其次在第 1 行的依赖项的内容中，需要添加 delay.o、uart.o、main.o，并且删除 led.o；然后将第 2 ~ 4 行中的 led 全部修改为 uart。代码如下。

```
uart.bin: start.o clock.o delay.o uart.o main.o
 arm-linux-ld -Ttext 0x0 -o uart.elf $^
 arm-linux-objcopy -O binary uart.elf uart.bin
 arm-linux-objdump -D uart.elf > uart_elf.dis
 gcc mkv210_image.c -o mkx210
 ./mkx210 uart.bin 210.bin

%.o : %.S
 arm-linux-gcc -o $@ $< -c -nostdlib

%.o : %.c
 arm-linux-gcc -o $@ $< -c -nostdlib

clean:
 rm *.o *.elf *.bin *.dis mkx210 -f
```

7.6 uart stdio 的移植介绍

在用 C 语言编程时，我们经常在函数开头写 #include <stdio.h>，其中的 stdio（standard input output）为标准输入输出。标准输入输出就是操作系统定义的默认的输入和输出通道。一般在 PC 中，标准输入指键盘，标准输出指屏幕。printf 函数和 scanf 函数可以和底层输入输出函数绑定，然后这两个函数可以和 stdio 绑定起来。也就是说，我们直接调用 printf 函数输出，内容就会从标准输出通道输出到屏幕。在本章中，标准输出不是屏幕而是串口发送，标准输入不是键盘而是串口接收。

printf 函数工作时内部实际调用了两个关键函数：一个是 vsprintf 函数，主要功能是格式化输出信息，最终得到纯字符串格式的输出信息等待输出；另一个是真正的输出函数 putc，操控标准输出的硬件，将信息发送出去。

我们希望在开发板上使用 printf 函数进行（串口）输出，使用 scanf 函数进行（串口）

输入，就像在 PC 上用键盘和屏幕进行输入输出一样。我们不希望自己完全从零开始编写输入输出函数，而是想尽量借用已有的成熟代码，因此，我们需要移植 printf 函数和 scanf 函数。

一般移植 printf 函数可以有以下 3 种方法。

第 1 种：printf 函数的实现源码。最原始的来源就是 Linux 系统内核中的 printk 函数。这种方法难度较大、麻烦。

第 2 种：稍微简单些的方法是从 U-Boot 中移植 printf 函数。

第 3 种：更简单的方法就是直接使用前辈们移植好的函数。

我们在本项目中使用第 3 种方法。移植好的 printf 函数来自友善之臂的 Tiny210 的裸机教程。移植文件在附赠资源的 lib 和 include 两个文件夹里。

在 lib 文件夹下有 11 个文件，如图 7-18 所示；在 include 文件夹下有 7 个头文件，如图 7-19 所示。这些文件我们不需要修改，但需要了解这些文件中的代码，以便编写程序。在 lib 文件夹下的 printf.c、vsprintf.c 是比较重要的。建议读者在裸机学习中，不必过分深究这两个程序文件，因为在讲授 C 语言的高级课程中会介绍。

ctype.c	2012/5/24 星期...	C 文件	2 KB
div64.h	2012/5/24 星期...	H 文件	2 KB
div64.S	2012/5/24 星期...	S 文件	4 KB
lib1funcs.S	2012/5/24 星期...	S 文件	8 KB
Makefile	2012/5/24 星期...	文件	1 KB
muldi3.c	2012/5/24 星期...	C 文件	3 KB
printf.c	2012/12/4 星期...	C 文件	1 KB
printf.h	2012/5/24 星期...	H 文件	1 KB
string.c	2012/5/24 星期...	C 文件	11 KB
vsprintf.c	2012/5/24 星期...	C 文件	19 KB
vsprintf.h	2012/5/24 星期...	H 文件	2 KB

■ 图 7-18

ctype.h	2012/5/24 星期...	H 文件	2 KB
gcclib.h	2012/5/24 星期...	H 文件	1 KB
kernel.h	2012/5/24 星期...	H 文件	1 KB
stdio.h	2012/5/24 星期...	H 文件	1 KB
string.h	2012/5/24 星期...	H 文件	2 KB
system.h	2012/5/24 星期...	H 文件	10 KB
types.h	2012/5/24 星期...	H 文件	1 KB

■ 图 7-19

printf.c 程序文件源码如下。

```
#include "vsprintf.h"
#include "string.h"
#include "printf.h"                              // 头文件包含

extern void putc(unsigned char c);
extern unsigned char getc(void);
```

```
#define OUTBUFSIZE   1024
#define INBUFSIZE    1024
static char g_pcOutBuf[OUTBUFSIZE];  // 自己定义了两个全局变量数组，分别作为
                                      // 发送 / 接收缓冲区
static char g_pcInBuf[INBUFSIZE];

int printf(const char *fmt, ...)
{
 int i;
 int len;
 va_list args;

 va_start(args, fmt);
 len = vsprintf(g_pcOutBuf,fmt,args); // vsprintf 函数格式化输出信息
 va_end(args);
 for (i = 0; i < strlen(g_pcOutBuf); i++)
 {
     putc(g_pcOutBuf[i]);                   // 调用在 uart.c 中编
                                            // 写的子函数：putc 函数
 }
 return len;
}

int scanf(const char * fmt, ...)// 以下为标准输入函数——scanf 函数，大家了解即可
{
 int i = 0;
 unsigned char c;
 va_list args;
 while(1)
 {
     c = getc(); // 调用在 uart.c 中编写的子函数：putc 函数
     putc(c);
     if((c == 0x0D) || (c == 0x0A))
     {
          g_pcInBuf[i] = '\0';
          break;
     }
     else
     {
          g_pcInBuf[i++] = c;
     }
 }

 va_start(args,fmt);
 i = vsscanf(g_pcInBuf,fmt,args);
 va_end(args);

 return i;
}
```

在 printf.c 程序文件中，首先定义了两个全局变量数组，分别用作发送 / 接收缓冲区。串口发送信息时，先将要发送的信息格式化送入发送缓冲区，putc 函数直接从发送缓冲区取数据发送出去，然后调用 va_start、va_end 将用户输入的可变参数（“...”）“搞定”。其间通过调用 vsprintf 函数，格式化输出信息，最终得到纯字符串格式的输出信息，以便 putc 函数输出。从以上过程可知，要想让 putc 函数真正和输出设备绑定，我们需要自己动手，这是移植的关键。对于 scanf 函数，大家知道即可，它不是本章的重点。

对于上述 printf 函数，读者可能对其 gcc 可变参数及 va_arg 的概念比较模糊，在这里，读者知道 va_start、va_arg、va_end 是 C 语言的可变参数即可。

vsprintf 函数的嵌套调用结构为 printf → vsprintf → vsnprintf → number，真正完成格式化工作是在 vsnprintf 函数中。vsprintf 函数的作用是按照 printf 函数传入的格式化标本对变参（可变参数）进行处理，然后将之格式化后缓存在一个事先分配好的缓冲区中。printf 函数后半段调用 putc 函数，将缓冲区中格式化好的字符串直接输出到标准输出环境。

分析完前辈们移植好的 printf 函数源码，现在重点讲解如何修改 Makefile 来使用 printf 函数源码。

对于本编程实战程序，我们仍然基于 7.5 节编程实战源码的文件来开发。具体步骤如下。

① 将 1.uart_c 项目源码复制一份，我们可以将这个文件夹重命名为 2.uart_c_printf。

② 将上文提到的与移植 printf 函数文件相关的两个文件夹 lib 和 include 复制到步骤①文件夹中。

③ 修改 Makefile 进行 printf 函数移植，这是我们本次编程实战最重要的工作，具体内容稍后介绍。

④ 在移植后的项目中添加 link.lds 链接脚本，指定链接地址为 0xD0020010。这样可以避免影响移植文件中所包含的位置相关代码的正常链接。我们可以从第 5 章 SDRAM 和重定位编程实战文件夹 6.relocate_sram 中复制一个 link.lds 链接脚本，然后修改链接地址。

⑤ 我们用 printf 函数输出的本实战调用的函数名称，与 7.5 节使用的 uart_putc 函数名称不一致。所以 main.c 文件中的函数和 uart.c 文件中的几个函数的名称需要修改，具体内容稍后介绍。

⑥ 将以上准备好的文件复制到虚拟机共享文件目录 winshare 下的一个文件夹（用户可自定义存放位置）中，其相应文件如图 7-20 所示。

include、lib 这两个文件夹包含了一些头文件和库；main.c 和 uart.c 为步骤⑤修改的两个 C 程序文件；Makefile 是在步骤③修改好的，以适应当前的项目；link.lds 文件是在步骤④修改好的，以适应当前的项目；start.S、clock.c、delay.c、mkv210_image.c、write2sd 这 5 个程序文件，从 1.uart_c 串口实战项目中移植而来，不需要做任何变动，可实现启动裸机、时钟初始化、延时、Linux 环境下编译发送 2 个值至 2 个扩展名为 bin 的烧录文件和脚本等功能。

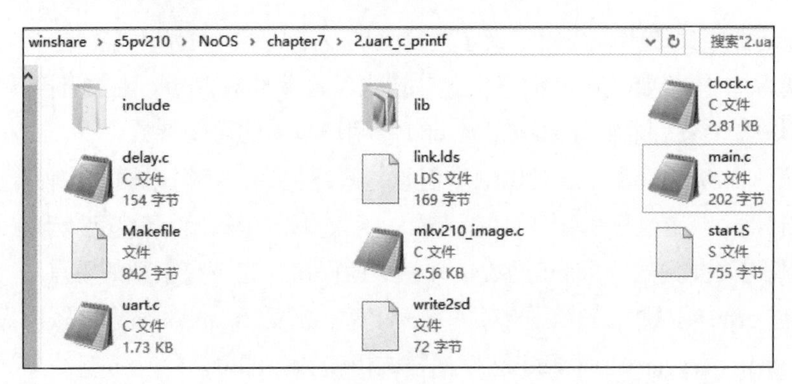

■ 图 7-20

⑦ 开启虚拟机，进入 Linux 系统的开发界面，获取 root 权限。

⑧ 在 Linux 系统下更改当前目录至存放以上文件的目录下。

⑨ 输入 ls 命令，查看文件是否齐全，检查程序目录，如图 7-21 所示。

```
root@ubuntu:/mnt/hgfs/winshare/s5pv210/noos/chapter7/2.uart_c_printf# ls
clock.c  include  link.lds  Makefile        start.S  write2sd
delay.c  lib      main.c    mkv210_image.c  uart.c
```

■ 图 7-21

⑩ 输入 make 命令，编译程序，如图 7-22 所示，将获得 uart.bin（USB 串口调试用）和 210.bin（SD 卡烧录用）程序文件，这是我们下载或烧录时要用到的程序。

```
arm-linux-objcopy -O binary uart.elf uart.bin
arm-linux-objdump -D uart.elf > uart_elf.dis
gcc mkv210_image.c -o mkx210
./mkx210 uart.bin 210.bin
root@ubuntu:/mnt/hgfs/winshare/s5pv210/noos/chapter7/2.uart_c_printf#
```

■ 图 7-22

⑪ 制作 SD 卡，将 210.bin 的烧录文件写入 SD 卡，插入开发板 SD2 插槽进行升级，或者使用 USB 串口升级，在第 3 章对此有详细讲解，在此不赘述。

⑫ 如果使用 SD 卡升级的方式，将 OM 切换至 SD 卡启动模式，按启动按钮运行程序，可以在 SecureCRT 串口监视窗口中看到图 7-23 所示的输出信息。第 1 行的 abc 为调用 putc 函数直接输出的 3 个字符，后面是调用 printf 函数输出的信息。

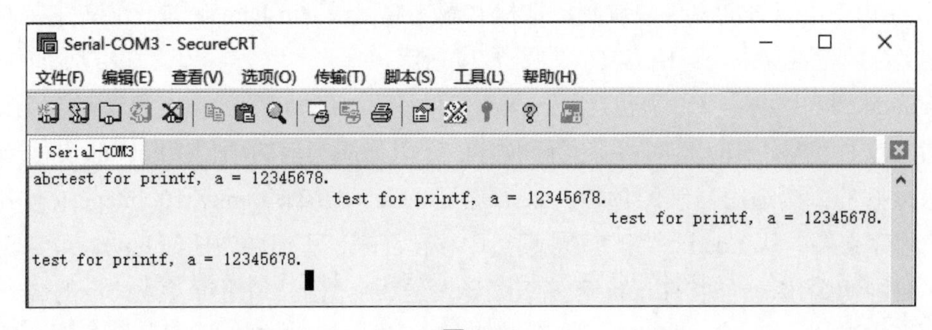

■ 图 7-23

以上步骤是移植的所有步骤。下面对步骤③、⑤进行详细说明，其他的步骤请读者结合上文的相关内容自己独立完成。

步骤③中修改 Makefile 的方法如下。

在 lib 文件夹中有一个 Makefile（子 Makefile），在我们复制的 7.5 节编程实战源码的文件中也有一个 Makefile（父 Makefile）。这两个 Makefile 是必须建立联系的，以便编写的程序与移植来的程序协调工作。在完成此部分工作时，我们还需要进一步学习 Makefile 的修改技巧。请读者对照相应的示例程序理解如下技巧。

① 如 C 语言中的一样，在 Makefile 中也可巧用宏定义。将编译、链接、生成 .bin 文件等交叉编译工具链命令定义为宏的形式，如程序第 1 ~ 5 行所示；我们也将当前目录定义成宏的形式等，如程序第 6 行所示，在第 8 行使用了这个宏；将预处理器和编译器的 flag 定义为宏的形式，如程序第 7 ~ 10 行所示，在第 28、31 行使用了这个宏；灵活运用这些宏，可以使程序更简洁。

② 定义好宏后，需要将变量导出到全局，以便其他文件夹中的子 Makefile 使用，如程序第 12 行所示。

③ 用宏定义调用 Makefile 中的依赖，如程序第 14 行所示；在第 17 行，直接输入宏即可表示这些依赖。

④ 关联子 Makefile 和父 Makefile，并在 make 和 make clean 命令下调用子 Makefile，如程序第 15、24、25、35 行所示。

⑤ 注意要在第 18 行指定链接脚本。

```
1     CC         := arm-linux-gcc
2     LD         := arm-linux-ld
3     OBJCOPY    := arm-linux-objcopy
4     OBJDUMP    := arm-linux-objdump
5     AR         := arm-linux-ar
6     INCDIR     := $(shell pwd)
7     # C 预处理器的 flag，flag 就是编译器可选的选项
8     CPPFLAGS   := -nostdlib -nostdinc -I$(INCDIR)/include
9     # C 编译器的 flag
10    CFLAGS     := -Wall -O2 -fno-builtin
11
12    export CC LD OBJCOPY OBJDUMP AR CPPFLAGS CFLAGS
13
14    objs := start.o clock.o delay.o uart.o main.o
15    objs += lib/libc.a
16
17    uart.bin: $(objs)
18        $(LD) -Tlink.lds -o uart.elf $^
19        $(OBJCOPY) -O binary uart.elf uart.bin
20        $(OBJDUMP) -D uart.elf > uart_elf.dis
21        gcc mkv210_image.c -o mkx210
```

```
22          ./mkx210 uart.bin 210.bin
23
24    lib/libc.a :
25          cd lib; make; cd ..
26
27    %.o : %.S
28          $(CC) $(CPPFLAGS) $(CFLAGS) -o $@ $< -c
29
30    %.o : %.c
31          $(CC) $(CPPFLAGS) $(CFLAGS) -o $@ $< -c
32
33    clean:
34          rm *.o *.elf *.bin *.dis mkx210 -f
35          cd lib; make clean; cd ..
```

步骤⑤中修改内容介绍如下。

- 修改 main.c 文件。

本节编程实战的目标是利用 printf 函数经串口输出信息，可以编写以下代码来实现，其中 while 循环中就是调用移植来的 printf 函数的指令。代码的第 1 行需要以 stdio.h 的形式包含移植来的标准输入输出头文件。另外，为了让 SecureCRT 串口监视窗口的显示便于观察，我们在循环体内调用了一个延时函数。代码如下。

```
#include "stdio.h"                    // 在此包含移植来的标准输入输出头文件

int main(void)
{
 int a = 12345678;
 uart_init();
 putc('a');
 putc('b');
 putc('c');                           //3 次调用 putc 函数，发送字符 abc
 while(1)
 {
     printf("test for printf, a = %d.\n",a);        // 循环调用 printf 函数，
                                                    // 发送测试信息
     delay();                         // 为便于观察，我们有必要延时一段时间
 }
 return 0;
}
```

- 修改 C 语言子函数 uart.c。

因为在移植的程序文件 printf.c 中调用字符输出输入函数时，用的函数名是“putc()”“getc()”，所以我们在 uart.c 程序文件中定义子函数时，将 7.5 节的函数名进行修改，使其与移植文件一致，即将 void uart_putc(char c) 函数的名称修改为 void putc(char c)，将 void uart_getc(char c) 函数的名称修改为 char getc(void)。代码如下。

```
#define GPA0CON     0xE0200000
#define UCON0       0xE2900004
#define ULCON0      0xE2900000
#define UMCON0      0xE290000C
#define UFCON0      0xE2900008
#define UBRDIV0     0xE2900028
#define UDIVSLOT0   0xE290002C
#define UTRSTAT0    0xE2900010
#define UTXH0       0xE2900020
#define URXH0       0xE2900024

#define rGPA0CON    (*(volatile unsigned int *)GPA0CON)
#define rUCON0      (*(volatile unsigned int *)UCON0)
#define rULCON0     (*(volatile unsigned int *)ULCON0)
#define rUMCON0     (*(volatile unsigned int *)UMCON0)
#define rUFCON0     (*(volatile unsigned int *)UFCON0)
#define rUBRDIV0    (*(volatile unsigned int *)UBRDIV0)
#define rUDIVSLOT0  (*(volatile unsigned int *)UDIVSLOT0)
#define rUTRSTAT0   (*(volatile unsigned int *)UTRSTAT0)
#define rUTXH0      (*(volatile unsigned int *)UTXH0)
#define rURXH0      (*(volatile unsigned int *)URXH0)
// 串口初始化程序
void uart_init(void)
{
 // 初始化 Tx Rx 对应的 GPIO 引脚
 rGPA0CON &= ~(0xFF<<0);          // 把寄存器的 bit0 ~ bit7 全部清零
 rGPA0CON |= 0x00000022;          // 0b0010, Rx Tx

 // 设置几个关键寄存器
 rULCON0 = 0x3;
 rUCON0 = 0x5;
 rUMCON0 = 0;
 rUFCON0 = 0;

 // 波特率设置，计算公式为 DIV_VAL = [PCLK /(bps×16)]-1
 // PCLK_PSYS 的频率为 66MHz，小数部分为 0.8
 rUBRDIV0 = 34;
 rUDIVSLOT0 = 0xDFDD;

 // PCLK_PSYS 的频率为 66.7MHz，小数部分为 0.18
 // DIV_VAL = [66700000/(115200×16)]-1 ≈ 35.18
 rUBRDIV0 = 35;
 // rUDIVSLOT 中的 1 的个数 /16= 上一步计算的小数部分 =0.18
 // rUDIVSLOT 中的 1 的个数 = 16×0.18= 2.88 ≈ 3
 rUDIVSLOT0 = 0x0888;             // 3 个 1，查官方推荐表得到这个数字
}
// 串口发送程序，发送 1B 数据
void putc(char c)
{
```

```
 // 串口发送一个字符，其实就是把 1B 数据丢到发送缓冲区中去
 // 因为串口控制器发送 1B 数据的速度远远低于 CPU 的处理速度，所以 CPU 发送 1B 数据前必须
 // 确认串口控制器的当前缓冲区是空的（意思就是串口控制器已经发完了 1B 数据）
 // 如果缓冲区非空，则位为 0，此时应该循环，直到位为 1
 while (!(rUTRSTAT0 & (1<<1)));
 rUTXH0 = c;
}
// 串口接收程序，轮询方式，接收 1B 数据
char getc(void)
{
 while (!(rUTRSTAT0 & (1<<0)));
 return (rURXH0 & 0x0F);
}
```

7.7 习题

1. RS232 电平和 TTL 电平的区别是什么？
2. 为什么常采用异步串行通信？
3. 为什么采用串行通信而不是并行通信？

第 8 章　按键和 CPU 中断系统

在单片机中，按键属于常用的输入设备。本章将详细讲解按键，并从对按键的讲解中引出中断功能。

8.1　按键

按键是我们常用的单片机输入设备，用来向 SoC 传送开通和关断两种信号。按键的物理结构如图 8-1 所示。按键的弹柱下有一个弹簧，弹簧边上有用于上下接触的金属弹片，当按下弹柱后，弹片上下两部分的金属弹片接触导通形成回路，接通电路；弹柱弹起时，断开电路。一般按键有 4 个引脚，分为 2 对，其中一对为常开触点（按下接通，弹起断开），另一对为常闭触点（按下断开，弹起闭合）。

按键接到开发板上，电路图如图 8-2 所示。通过按下和弹起按键可改变 GPIO 电平情况。SoC 内部可以自动检测 GPIO 电平情况来判断按键是否被按下，这个判断出的电平结果可作为 SoC 的输入信号。本电路图中，当按键按下时，电路接通，对应引脚（EINT2、EINT3、KP_COL0、KP_COL1、KP_COL2、KP_COL3）的电平被拉低；按键弹起时，电路断开，引脚恢复高电平。在其他电路中也可以设计为按键按下的时候对应引脚电平为高电平，所以写程序之前一定要确认好按键的设计方法。处理按键功能用到的就是我们之前学到的 GPIO 引脚：在 LED 编程项目中我们用到的是 GPIO 的输出功能，在按键编程项目中我们用到的是 GPIO 的输入功能，但 GPIO 初始化配置是类似的。

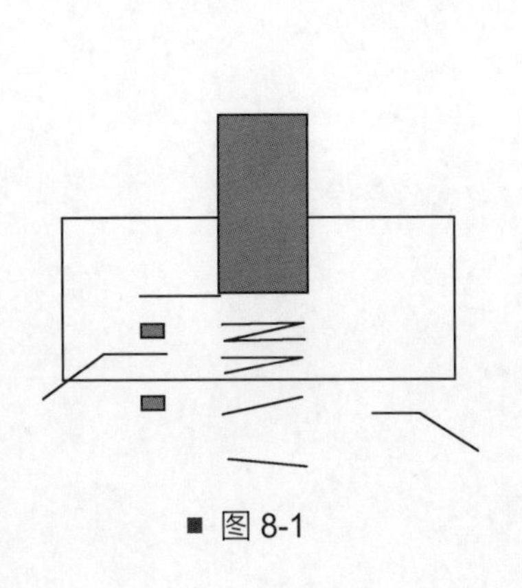

■ 图 8-1

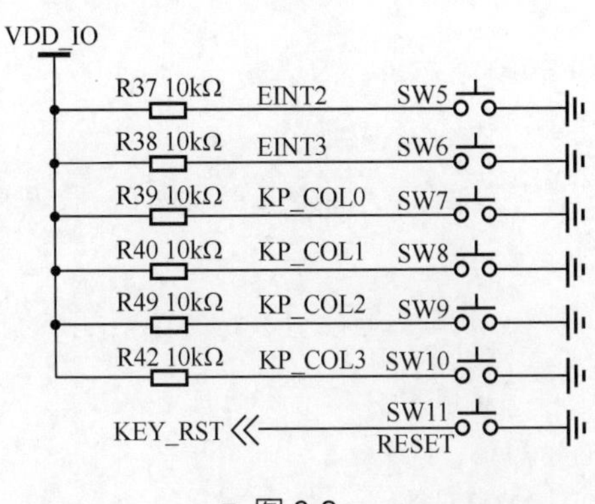

■ 图 8-2

SoC 采集按键信号有两种常用的方式：轮询方式和中断方式。

轮询方式就是 SoC 在固定的周期内去读取按键对应的 GPIO 的电平信息，以此获得按键信息，这种方式需要 CPU 不断地进行按键检测，会浪费 CPU 资源。中断方式是 SoC 事先设定好的、由 GPIO 触发的中断所对应的中断服务例程（Interrupt Service Routines，ISR）来实现的，当外部按键导致 GPIO 的电平发生变化时，按键的 ISR 运行，从而自动处理按键的信息，这时候 CPU 才会检测按键。按键是否按下的状态对应按键电路的高低电平，SoC 从相应引脚读取高低电平并对应到内部寄存器的 0、1 状态。

确定了按键的硬件电路之后，我们便可以查询数据手册中对应接口的寄存器信息，包括寄存器 GPH0CON（0xE0200C00）、GPH0DAT（0xE0200C04）、GPH2CON（0xE0200C40）、GPH2DAT（0xE0200C44）。在 CON 寄存器中设置 GPIO 模式，用 DAT 寄存器读取引脚信号信息。例如我们将 GPH0CON 寄存器设置为输入模式，即可从 GPH0DAT 寄存器中获取相应的信号（1 表示引脚处为高电平，0 表示引脚处为低电平）。

确定好按键的硬件电路和寄存器信息，我们便可以着手编写按键功能的代码。代码实现的功能是，当按键按下后在串口输出信息中输出我们设置的信息。需要依次定义 key_init(void) 初始化按键函数、key_polling(void) 按键轮询函数、main(void) 主函数。其中，在初始化按键函数中，我们需要设置 GPIO 引脚的输入模式；在按键轮询函数中，我们依次读出 GPIO 的值。另外我们还需要编写按键消抖处理的代码。代码如下。

```
#define        GPH0CON       (*(volatile unsigned int*)0xE0200C00)
#define        GPH0DAT       (*(volatile unsigned int*)0xE0200C04)
#define        GPH2CON       (*(volatile unsigned int*)0xE0200C40)
#define        GPH2DAT       (*(volatile unsigned int*)0xE0200C44)
//宏定义寄存器地址
void key_init(void)//按键对应接口初始化
{
 GPH0CON &= ~(0xFF << 8);
 GPH2CON &= ~(0xFFFF << 0);
}

void key_polling(void)//按键轮询查询
{
 if (GPH0DAT & (1 << 2));
    else
     {
    //执行到这里说明按键已经被按下，接下来进行按键定义的操作
     }
}

void main(void)
{
 Key_init();
 Key_polling();
}
```

以上代码能实现按键的检测，按键检测后没有进行其他操作。

上述代码增加了基于串口标准输出的按键调试功能，功能介绍如下。

当用轮询方式处理按键后，我们知道 SoC 是真的接收到了引脚的信号，这时就需要使用串口输出来帮助调试代码。而我们要做的只是检测到按键输入后，在 key_polling(void) 函数中使用 printf 函数输出字符。这样就可以在串口调试时看到 SoC 接收到引脚信号的现象了。将前文代码中的 key_polling 函数修改如下。

```
else
{
 printf("SoC 检测到键盘输入 "); // 消抖功能
}
```

上述代码增加了按键消抖功能，功能介绍如下。

按键是一种物理器件。在理想的情况下，按键在按下或弹起时无干扰信号，但现实并不是这样的，现实中按键在按下和弹起瞬间，会因为物理特性而产生一系列的抖动信号，即电平在变化时会经历一段时间的不稳定。

消抖就是用硬件或者软件的方法来减小抖动信号对获取到的信号的影响。消抖的常见方法有 3 种：第 1 种为软件消抖，一般是通过软件延时函数多次获取电平信息，确认后再进行操作；第 2 种为硬件消抖，一般添加电容等元器件，减少抖动信号存在的时间；第 3 种为软硬件结合消抖，即前面 2 种方法结合使用。

在编程时，我们会首先定义一个延时函数。此处先定义一个延时 20ms 的函数 delay20ms(void)，然后在检测到按键信息并延时 20ms 后再次对该引脚进行扫描，确定是否有按键动作发生。结合之前的代码中的 key_polling 函数，得到新的 key_polling 函数。代码如下。

```
void key_polling(void)
{
 if (GPH0DAT & (1 << 2));
else
{
 Delay20ms();                          // 消抖功能
 if(!(GPH0DAT & (1 << 2)))
     printf("SoC 检测到键盘输入 ");      // 串口输出功能
 }
 }
```

8.2 S5PV210 的中断体系介绍

我们一般将异常处理过程分为两个阶段理解。第一个阶段为异常向量表的跳转；第二个阶段为跳转后进入异常处理程序，即进入 IRQ_handler。

第一个阶段的运行依靠 SoC 硬件设计的异常向量表机制，通过异常向量表进行跳转；第二个阶段主要为识别中断源，跳转至对应中断的 ISR。第一个阶段比较容易，此处不赘述，我们主要讲第二个阶段的处理过程。

第二个阶段的处理过程如下。

为了更好地理解 S5PV210 第二个阶段的处理过程，我们先了解一下 S3C2440 第二个阶段的处理过程，因为 S3C2440 的中断过程与 S5PV210 相比较简单。

S3C2440 的中断控制器中有一个 32 位的寄存器，寄存器的每一位对应一个中断源，或者代表一类中断源，而这类中断源又会有相应的子中断源寄存器去对应具体的中断源。在中断发生时，对应的中断源寄存器相应位发生变化，我们就可以得知具体的中断源。当我们得知具体的中断源之后，就要去寻找这个中断源所对应的 ISR。在这里我们知道 S3C2440 给每个中断源都做了编号，确定了具体的中断源也就确定了对应的中断源的编号。查询 ISR 数组（软件编写）即可获得编号对应的 ISR 首地址，如表 8-1 所示。

表 8-1

中断源编号	对应的 ISR 首地址
1	ISR1 首地址
2	ISR2 首地址
⋮	⋮
38	ISR38 首地址
39	ISR39 首地址
⋮	⋮

S5PV210 第二个阶段的处理过程如下。

S5PV210 中没有子中断源寄存器，但有 4 个 32 位中断源寄存器。在寻找具体中断源时，依次寻找 4 个寄存器以确定具体中断源。在 S5PV210 中，我们不需要查找 ISR，S5PV210 会自己将对应的 ISR 推入一个特定的寄存器，我们直接调用即可。

在第一个阶段的处理过程中，两种 SoC 基本相同，它们的主要差别在第二个阶段。S3C2440 支持的中断源比较少，中断用到了子中断源寄存器和中断源编号，影响了整个中断处理的实时性；而 S5PV210 很好地修正了这些缺陷，并提供了更简单的方法去寻找对应的 ISR。

8.3 异常向量表的编程处理

通过之前的介绍，我们知道异常向量表是软件和硬件的一种“约定”。在写代码的时候把相应的 ISR 放置到对应的异常向量表位置，当发生中断的时候，硬件会自动跳转到对应的异常向量表位置，读取并运行相应的中断处理函数。

8.3.1 访问异常向量表

异常向量表的地址可以通过软件改变，用来适应操作系统的转换（CP15 协处理器中的 C12 寄存器可以用来设置异常向量表的基地址。注意，只有 ARM11 和 Cortex-A 系列可以任意修改异常向量表的基地址。ARM7、ARM9、ARM10 只能设置为在 0 地址或 0xFFFF0000 地址）。访问异常向量表和访问内存地址几乎一样，只是在系统刚刚启动时，DRAM 尚未初始化，代码都在 SRAM 中运行。S5PV210 在 iRAM 中设置了异常向量表，供用户暂时使用。

查询 S5PV210 的数据手册可知，异常向量表的起始地址为 0xD0037400。通过这种方式我们可以对应地址长度得知每个中断要对应的中断处理函数首地址的存放地址。接下来我们来定义这些地址，代码如下。

```
#define Exc_vector_base  0xD0037400
#define Exc_reset       (*(vilatileunsigned int*)(Exc_vector_base + 0x00))
#define Exc_undef       (*(vilatileunsigned int*)(Exc_vector_base + 0x04))
#define Exc_soft        (*(vilatileunsigned int*)(Exc_vector_base + 0x08))
#define Exc_perfe       (*(vilatileunsigned int*)(Exc_vector_base + 0x0C))
#define Exc_data        (*(vilatileunsigned int*)(Exc_vector_base + 0x10))
#define Exc_irq         (*(vilatileunsigned int*)(Exc_vector_base + 0x18))
```

接下来存放对应中断处理函数的首地址，代码如下。

```
Exc_reset = (unsigned int)reset_exception;
```

这里我们给地址赋值了函数名。此函数名的实际意义就是该函数（reset_exception）的首地址。编译器在编译的时候会把函数体对应的代码段和该函数的名称对应起来，当我们在使用这个函数名时，编译器会将这个函数体与函数名进行替换，即函数名实际上对应这个代码段的首地址。我们也可以认为函数名就是这个函数的函数指针。为了避免地址的数据类型对赋值产生干扰，我们在给函数命名之前对它进行强制类型转换。通过这种方式，我们便可以对应中断向量表和中断函数。

8.3.2 中断处理过程中汇编代码的使用

在中断处理过程中，有两个非常重要的环节，即保护现场和现场恢复。

S5PV210 有 6 种异常模式，1 种正常模式，在这些模式之间有很多公用的寄存器，最典型的莫过于 r0 ~ r12 寄存器了。在进入异常模式后，系统还是可以操作这些公用寄存器，而这些公用寄存器内还保存着正常模式下的数据，这就对原来的数据产生了威胁，所以有必要将这些公用寄存器的数据都保存起来，这就叫作“保护现场”。

从异常模式转换为正常模式的时候，将保护现场时的寄存器数据返还给原来的寄存器的过程就叫作“现场恢复”。

保护现场操作具体包括设置 IRQ（Interrupt Request，中断请求）栈、保存 LR（链接寄存器，程序调用返回地址）、保存 r0 ~ r12 等。我们用 C 语言是很难完成这些操作的，但是用汇编语言就很好实现。于是我们用汇编语言来处理这些较为复杂的操作，用 C 语言来实现实际的中断操作（不包含保护现场和现场恢复的操作），这样一来工作就相对轻松了一些。

用汇编语言实现保护现场和现场恢复，具体操作如下。

在原来的 start.s 文件中进行修改，代码如下。

```
#define IRQ_STACK              0xD0037F80
IRQ_handle:
ldr sp,=IRQ_STACK              //进入异常模式，设置该模式对应的栈
sub lr,lr,#4                   //将 lr 指针中存放的地址值减 4B 保存，具体原因下文给出
stmfd sp!,  {r0-r12,lr}        //将 r0 ~ r12、lr 写入栈保存
bl irq_handler                 //跳转进入 C 语言中实际的中断操作
ldmfd sp!,  {r0-r12,pc}^       //将保存的 r0 ~ r12、lr 的值返还
```

在上面的实例中，为什么要将 LR（上述代码中为小写 lr）指针中存放的地址值减 4B 保存？这就与 S5PV210 的流水线有关了。我们都知道 S5PV210 是 4 级流水线，LR 指针用于在切换异常模式时保存 PC 指针的值。如图 8-3 所示，假设代码在执行 code1 的时候进入了异常模式，而此时 SoC 由于流水线的影响早已经将 PC 指针指向了 code5，那么 LR 指针指向的也是 code5，如果地址值不进行减 4B 保存，我们进行完中断程序现场恢复，继续向下执行就跳过 code2、code3、code4 了。所以让它指向 code1，才能使现场恢复后 PC 指针真正指向中断前执行的代码。

code1 （实际执行代码）	code2	code3	code4	code5 （中断前 PC 指针指向代码地址）

■ 图 8-3

8.4 S5PV210 中断处理的主要寄存器

S5PV210 中断处理的主要寄存器如表 8-2 所示。

VICnINTENABLE 寄存器为 32 位寄存器，负责相应的中断使能；当我们想启用某个中断时，只要在这个中断对应的位写 1 即可。这个寄存器只允许写 1 操作，写 0 是没有任何作用的。如果要对第二位写 1，只需要对寄存器直接赋值 2，不用担心它会对第一位产生影响。

表 8-2

寄存器	作用
VICnINTENABLE 寄存器	中断使能
VICnINTENCLEAR 寄存器	禁止中断使能
VICnINTSELECT 寄存器	选择 IRQ（中断请求）或者 FIQ（快速中断请求）模式
VICnIRQSTATUS 寄存器	IRQ 中断状态寄存器（只读）
VICnFIQSTATUS 寄存器	FIQ 中断状态寄存器（只读）
VICnVECTADDR 寄存器	对应着每个中断源
VICnVECTPRIORITY 寄存器	设置中断优先级
VICnADDR 寄存器	读取发生中断的中断源的 ISR 地址

VICnINTENCLEAR 寄存器为 32 位寄存器，负责相应的中断禁止；当我们想禁止某个寄存器的时候，只需要在中断对应的位写 1。它和 VICnINTENABLE 寄存器相对应，但这个寄存器只允许写 1 操作，写 0 无效。

我们一般都用一个寄存器的一位来表示使能开 / 关，而 S5PV210 用两个寄存器来控制，这样的设计可以避免在处理中断的时候产生误操作。

VICnINTENABLE 寄存器在数据手册中的解释如表 8-3 所示。

表 8-3

VICnINTENABLE	bit	描述	初始值
IntEnable	[31:0]	Enables the interrupt request lines, which allows the interrupts to reach the processor. Read： 0=Disables Interrupt 1=Enables Interrupt Use this register to enable interrupt. The VICnINTENCLEAR Register must be used to disable the interrupt enable. Write： 0=No effect 1=Enables Interrupt On reset, all interrupts are disabled. There is one bit of the register for each interrupt source	0x00000000

VICnINTSELECT 寄存器用来设置对应位的中断为 IRQ 或 FIQ（常用 IRQ）。

IRQ 为普通中断请求，FIQ 为快速中断请求。FIQ 提供一种更快的中断处理通道，用于对实时性要求很高的中断源。在设置 FIQ 的时候，硬件会给予一些快速支持条件，使 FIQ 能被快速响应，保证实时性要求，而这些有利条件只能给予一个中断源，也就是说在一个 SoC 中只允许一个 FIQ，所以一般不会使用 FIQ。

FIQ 的硬件快速支持条件包括两点：第一，设置为 FIQ 时 r8 ~ r12 寄存器是专用的，进行现场保护和恢复时就会少操作这 5 个寄存器；第二，FIQ 为中断异常向量表最后一个地址，我们可以将整个异常处理代码写至此处，不需要和其他模式一样跳转。

VICnIRQSTATUS 寄存器为 IRQ 中断状态寄存器（只读）。当发生中断时，硬件会自动将该寄存器的对应位置设为 1，用于使用软件查询发生中断的中断源。

VICnFIQSTATUS 寄存器为 FIQ 中断状态寄存器（只读）。

VICnVECTADDR 寄存器对应着每个中断源。每个中断源都有一个 VICnVECTADDR 寄存器，用来存放对应 ISR 的地址（VICnVECTADDR0 ~ VICnVECTADDR31）。

VICnVECTPRIORITY 寄存器用来设置中断优先级。一般高优先级的中断可以打断低优先级的中断，每个中断源对应一个寄存器（VICnVECTPRIORITY0 ~ VICnVECTPRIORITY31）。

VICnADDR 寄存器用于读取发生中断的中断源的 ISR 地址，这个 ISR 地址是由硬件自动推入的，即在中断发生前，我们在 VICnVECTADDR 寄存器内设置好对应的 ISR 地址，中断发生时，硬件自动将发生中断的中断源 ISR 地址推入 VICnADDR 寄存器，方便用户直接调用，省去了查找中断源编号和对应 ISR 的时间。这就是先前提到的 S5PV210 具有的寻找 ISR 的更简单方法的原理。

8.5 中断处理的代码实现步骤

要操作中断处理，需要进行如下几个步骤。

第 1 步：中断控制器初始化。

在这个阶段中，主要进行相应寄存器的初始化设置。具体代码包括定义各个异常向量表的地址和寄存器，设置其功能和中断。这里需要先禁止所有中断，目的是防止中断还没设置完成时发生中断，从而引起程序跑飞的情况产生。代码如下。

```
VIC0INTENCLEAR = 0xFFFFFFFF;     //禁止所有中断
VIC1INTENCLEAR = 0xFFFFFFFF;
VIC2INTENCLEAR = 0xFFFFFFFF;
VIC3INTENCLEAR = 0xFFFFFFFF;
VIC0INTSELECT = 0x0;             //选择为 IRQ 类型
VIC1INTSELECT = 0x0;
VIC2INTSELECT = 0x0;
VIC3INTSELECT = 0x0;
VIC0ADDR = 0;                    //清除需要处理的中断的中断处理函数的地址
VIC1ADDR = 0;
VIC2ADDR = 0;
VIC3ADDR = 0;
```

第 2 步：绑定 ISR 到相应的寄存器。

这一步中主要进行 ISR 绑定操作。代码如下。

```
Exc_reset     = (unsigned int)reset_exception;
Exc_undef     = (unsigned int)undef_exception;
Exc_soft      = (unsigned int)soft_int_exception;
Exc_perfe     = (unsigned int)prefetch_exception;
Exc_data      = (unsigned int)data_exception;
```

```
Exc_irq        = (unsigned int)IRQ_handle;
Exc_fiq        = (unsigned int)IRQ_handle;
```

第3步：需要中断的所有条件使能。

这一步中我们就要打开要使用的中断使能了。由于每个中断都有很多的寄存器要进行设置，我们不妨把它们整理成函数的形式，在使用时直接调用，这样比较高效。

```
void intc_enable(unsigned long intnum)    //中断打开函数，intnum为中断源编号
{
unsigned long temp;       // 确定intnum在哪个寄存器的哪一位
//intnum<32就是0 ~ 31，必然在VIC0
    if(intnum<32)
    {
        temp = VIC0INTENABLE;
        temp |= (1<<intnum);
        VIC0INTENABLE = temp;
    }
    else if(intnum<64)
    {
        temp = VIC1INTENABLE;
        temp |= (1<<(intnum-32));
        VIC1INTENABLE = temp;
    }
    else if(intnum<96)
    {
        temp = VIC2INTENABLE;
        temp |= (1<<(intnum-64));
        VIC2INTENABLE = temp;
    }
    else if(intnum<NUM_ALL)
    {
        temp = VIC3INTENABLE;
        temp |= (1<<(intnum-96));
        VIC3INTENABLE = temp;
    }
    else
    {
        VIC0INTENABLE = 0xFFFFFFFF;
        VIC1INTENABLE = 0xFFFFFFFF;
        VIC2INTENABLE = 0xFFFFFFFF;
        VIC3INTENABLE = 0xFFFFFFFF;
    }
}

void intc_disable(unsigned long intnum)      //中断关闭函数
{
    unsigned long temp;
    if(intnum<32)
```

```
    {
        temp = VIC0INTENCLEAR;
        temp |= (1<<intnum);
        VIC0INTENCLEAR = temp;
    }
    else if(intnum<64)
    {
        temp = VIC1INTENCLEAR;
        temp |= (1<<(intnum-32));
        VIC1INTENCLEAR = temp;
    }
    else if(intnum<96)
    {
        temp = VIC2INTENCLEAR;
        temp |= (1<<(intnum-64));
        VIC2INTENCLEAR = temp;
    }
    else if(intnum<NUM_ALL)
    {
        temp = VIC3INTENCLEAR;
        temp |= (1<<(intnum-96));
        VIC3INTENCLEAR = temp;
    }
    else
    {
        VIC0INTENCLEAR = 0xFFFFFFFF;
        VIC1INTENCLEAR = 0xFFFFFFFF;
        VIC2INTENCLEAR = 0xFFFFFFFF;
        VIC3INTENCLEAR = 0xFFFFFFFF;
    }
}
```

第 4 步：设置真正的 ISR 的入口。

设置真正的 ISR 的入口，即在 IRQ_handle 中加入跳转至真正 ISR 的命令。代码如下。

```
bl irq_handler
```

第 5 步：进入 ISR 前的现场保护。

代码如下。

```
IRQ_handle:
 ldr sp,=IRQ_STACK
 sub lr,lr,#4
 stmfd sp!, {r0-r12,lr}
```

第 6 步：读取并执行 ISR。

读取并执行 ISR 就是执行 irq_handler 的过程。

第 7 步：恢复现场。

代码如下。

```
ldmfd sp!, {r0-r12,pc}^
```

8.6 按键与外部中断

S5PV210 支持很多中断，其中有一类是外部中断。内部中断就是指中断源来自 SoC 内部（一般为内部外设），如串口、定时器等器件；外部中断是 SoC 外部的设备，通过 GPIO 引脚产生中断。

按键的中断方式由外部中断实现。将按键电路连接在外部中断对应的 GPIO 上，把 GPIO 设置为外部中断模式。此时通过按键改变引脚电平，就可以触发外部中断，由 SoC 进行处理。

外部中断的触发模式有两种，一种为电平触发，另一种为边沿触发。电平触发就是对应引脚的电平满足条件就会一直触发中断，分为低电平触发和高电平触发。高电平触发如图 8-4 所示。

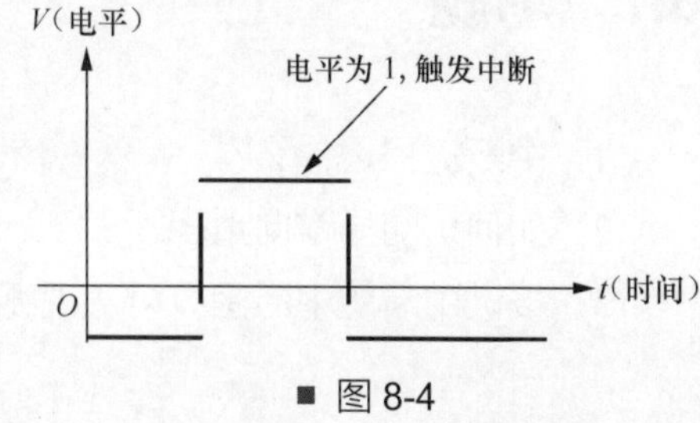

■ 图 8-4

边沿触发分为上升沿触发、下降沿触发和双边沿触发。边沿触发不关心电平本身，只关心电平变化情况。当原本为低电平的引脚的电平变为高电平，为上升沿；同理，当原本为高电平的引脚的电平变为低电平，为下降沿。这里的按键使用边沿触发的模式。

8.6.1 外部中断寄存器配置

EXT_CON 寄存器，用于配置外部中断的触发方式，即高或低电平触发、上升沿或下降沿触发。

EXT_PEND 寄存器，为中断挂起寄存器。当中断发生后，硬件会自动将这个寄存器的对应位置设为 1。在处理完中断后，要将该位手动置 0。也就是说没有处理中断时，中断一直被挂起。

EXT_MASK 寄存器，用于控制外部中断使能或禁止。

8.6.2 外部中断实现按键

前面我们讲过了用轮询方式实现按键的方法，现在就来讲一讲用外部中断实现按键的方法。

要用外部中断实现按键，首先需要设定好外部中断，包括中断控制器初始化、绑定

ISR 到相应的寄存器、需要中断的所有条件使能、设置真正的 ISR 的入口、进入 ISR 前的现场保护、读取 ISR 执行、恢复现场。当要实现按键功能时只需要把按键功能加入真正的 ISR 即可。

真正的 ISR 中应该包括两个部分：中断处理代码和中断挂起位清零。代码如下。

```
void isr_handler(void)
{
 intc_clearvectaddr();                    //清除中断寄存器
 rEXT_INT_0_PEND |= (1<<3);               //清除中断挂起位

 printf( "eint3 key down.\n" );           //执行中断处理代码
}
```

8.7 习题

1. 中断流程是什么？
2. 如何访问异常向量表？
3. 按键中断的中断函数可实现哪些内容？

第 9 章　定时器、看门狗和实时时钟等

在现实生活中，我们需要计划很多事情，然后按照计划完成。CPU 处理事件也是这样，所以我们需要设置闹钟来提醒。在 CPU 中可通过定时器来实现这个功能。本章首先将讲述定时器等概念及其基本工作原理，让大家明白定时器到底是什么，为什么需要定时器；然后介绍定时器和看门狗、实时时钟、蜂鸣器之间的关系，以加深读者对相关知识的理解。

9.1　定时器

定时器是 SoC 中的常见外设，它可以在 SoC 执行主程序的同时实现计时功能。计时结束后，定时器会产生中断信号，以此来提醒 CPU 去处理中断并执行定时器中断的 ISR，从而执行预先设定好的任务。

定时器计时通过计数器来实现。定时器内部有计数器，它根据时钟周期工作。时钟周期来自 ARM 的 APB，可经时钟模块内部的分频器分频得到。

定时器内部有一个定时器控制（TCNT）寄存器。计时开始时我们会把一个总的计数值（如 300）放入 TCNT 寄存器，每隔一个时钟周期（假设为 1ms），其中的值会自动减 1（硬件自动完成，不需要软件的干预），直到 TCNT 寄存器中的值减为 0，就会触发定时器中断。

由以上分析可知，定时时间由两个因素共同决定：一个是 TCNT 寄存器中的计数值，另一个是时钟周期。上文中，定时周期为 300×1ms=300ms。

本节将以 S5PV210 数据手册为纲，讲述其中的 4 类定时器件，主要目的是让大家初步了解定时器件之间的区别和各自的特点，形成一个知识框架。在 S5PV210 内部，一共有 4 类定时器件，分别为 PWM 定时器、系统定时器、看门狗定时器和实时时钟。这 4 类定时器件的功能、特征各不相同。

PWM（Pulse Width Modulation，脉冲宽度调制）定时器是最常用的一类定时器。我们通常所说的定时器指的就是这类，简单的单片机（如 51 单片机）中的定时器也是这类。一般，SoC 依靠这类定时器来产生 PWM 信号。

系统定时器（System Timer，ST）。这里所说的系统指的是操作系统，系统定时器用

来产生固定时间间隔的信号，它也称为 systick 定时器，可给操作系统提供 tick（系统的相对时间单位，一次中断表示一个 tick）信号，作为操作系统的时间片（time slice）。一般在做操作系统移植的时候，原厂提供的基础移植部分就已经包含了它，所以在这里我们不做更深入的讲解。

看门狗定时器（Watch-Dog Timer，WDT）简称看门狗。关于看门狗，我们在 5.1 节曾经做过介绍。看门狗本质上也是一个定时器，和上述定时器没有任何本质区别，可以把它看成定时器的一种应用。看门狗可以设置在规定时间内产生中断，也可以选择发出复位信号，复位 CPU。看门狗在实战中应用得很多，尤其是在环境复杂、干扰多的工业领域，因为机器容易出问题，而且出问题后导致的后果一般比较严重，此时一般都会用看门狗来进行系统复位。本章会用两节的内容来对 S5PV210 中的看门狗进行讲解和实战编程。

实时时钟（Real Time Clock，RTC）。我们首先需要区分时间段和时间点。时间段是相对的，通常两个时间点相减就会得到一个时间段；而时间点是绝对的，是独一无二的。

定时器关注的是时间段，而不是时间点，定时器计时从开启定时器的那一刻开始，到所定的时间段结束，然后产生中断；实时时钟工作时用的是时间点（×××× 年 ×× 月 ×× 日 ×× 时 ×× 分 ×× 秒，星期 ×）。实时时钟和定时器的区别相当于钟表和闹钟的区别，二者并无本质不同。

9.2　S5PV210 中的 PWM 定时器介绍

S5PV210 有 5 个 32 位的 PWM 定时器，这些定时器可以触发 SoC 内部中断。其中，Timer0、Timer1、Timer2 和 Timer3 共 4 个定时器各自对应一个外部 GPIO，可以通过这些对应的 GPIO 产生 PWM 波形信号并输出；定时器 Timer0 还内置了一个死区生成器，可以驱动能产生较大电流的装置；Timer4 没有对应的外部 GPIO，因此不是为了生成 PWM 波形信号，而是为了产生内部定时器中断。

S5PV210 的 5 个 PWM 定时器最主要的时钟源来自 PCLK_PSYS 低频时钟，Timer0 和 Timer1 共同使用一个预分频器，Timer2、Timer3 和 Timer4 共同使用另一个预分频器，这两个预分频器都是 8 位的，且可编程控制；每个定时器有一个专用的独立的分频器；预分频器和分频器构成了二级分频系统，将 PCLK_PSYS 二级分频后生成的时钟供给定时器模块作为时钟周期。另外，每个定时器可以通过选择 SCLK_PWM 而不经过分频系统，直接从时钟管理单元（Clock Management Unit，CMU）获得时钟源。

每个定时器都单独拥有一个由定时器时钟周期来驱动的 32 位 TCNT 寄存器，每一个时钟周期实现一次减 1 操作。TCNT 寄存器中的初值由定时器缓存（TCNTB）寄存器来控制加载，当它减至 0 时，定时器向 CPU 发出中断请求，定时器的一个工作循环结束。如果在 TCNT 寄存器中的数减至 0，TCNTB 寄存器的值自动重新加载进入 TCNT 寄存器，这样就开始了一个新的循环；但当 TCNT 寄存器中的数减至 0 时，在定时器工作模式下，将 TCON 寄存器置 0，TCNTB 寄存器中的值将不会重新加载，定时器结束工作。

在生成 PWM 波形时，我们要用到定时器比较缓存（TCMPB）寄存器中的值，我们可以通过编程设置。当 TCNT 寄存器中的值和 TCMPB 寄存器中的值相等时，定时器逻辑控制模块会改变输出电平。因此，TCMPB 寄存器中的值可决定 PWM 波形信号高低电平的接通时间。

TCNTB 和 TCMPB 具有双缓存功能，在定时器的一个工作循环内，允许对其中的数据进行更新，而且这种实时的更新操作不会对本循环的定时任务造成影响，在下一个工作循环中才会生效。

9.2.1 S5PV210 的 PWM 定时器原理图简介

三星 S5PV210 数据手册中的 PWM 定时器原理图如图 9-1 所示。从左往右看，我们可以了解每一个定时器的大致工作原理：从时钟源获取的时钟信号，经二级分频系统和逻辑控制模块处理，最后到定时器输出这一完整过程。从上往下看，我们可以了解到共有 5 个定时器，定时器 1 中内置了死区生成器，定时器 4 无 TCMPB 寄存器和输出 GPIO 等。最后，我们可以将整张原理图综合起来看，并结合数据手册上对于各元器件介绍的相关内容，了解各分频器在定时器间的共用情况、定时器的时钟周期的生成情况、定时器 PWM 波形的产生情况等更深入的内容。请大家结合前文对 PWM 定时器的介绍来更深刻地理解这张图，关键把握以下概念。

① 时钟源：有两路 PCLK_PSYS 和 SCLK_PWM。PCLK_PSYS 是低频时钟，频率是 66MHz；SCLK_PWM 时钟采样自 PCLK_PSYS，专用于调制 PWM 波形，但它与 PCLK_PSYS 是异步的，使用时推荐的工作频率一般在 1MHz 以下，以尽可能地降低输出占空比的出错概率。

② 预分频器：又称时钟预分频器，有两个，分别是 PRESCALER0、PRESCALER1，都是 8 位的可编程预分频器。

③ 分频器：准确地讲是时钟分频器，有两个，图 9-1 中虚线框内为其中一个分频器。

④ 逻辑控制模块（Control Logic0 ~ Control Logic4）：除 Timer4 外，每个定时器都由 PLC、TCMPB 寄存器、TCNTB 寄存器和翻转器构成；Timer4 不包括 TCMPB 寄存器。

⑤ 死区生成器（DeadZone Generator）：内置在 Timer0，Timer0 和 Timer1 共使。

⑥ ~ ⑩ 定时器输出：图 9-1 中 X_{pwm}TOUT 为各定时器的输出引脚，其中 Timer4 无输出引脚（No pin）。

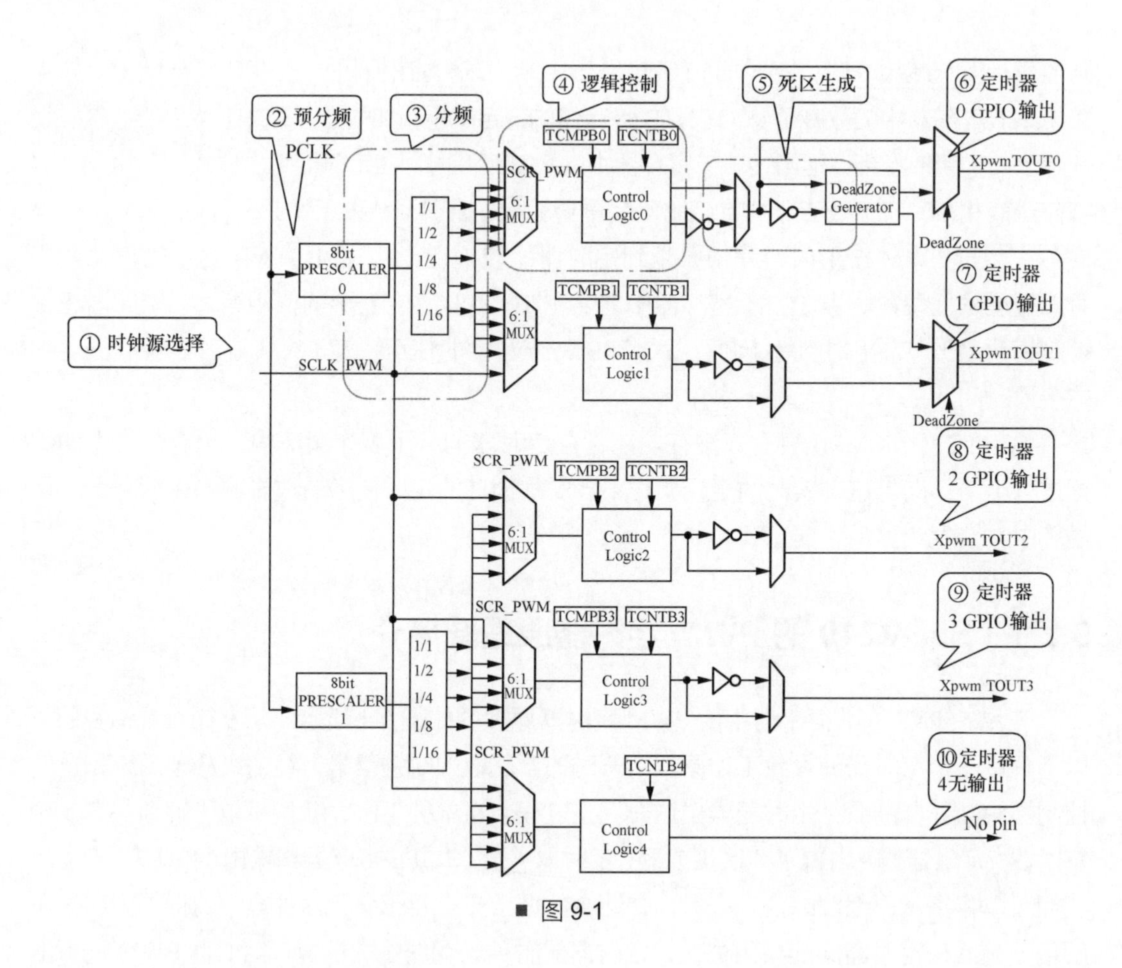

■ 图 9-1

9.2.2 预分频器与分频器

通过前面内容的学习，我们对预分频器与分频器已不再陌生了。回过头去看图 9-1，我们能知道定时器的二级分频是串联（级联）的，所以最终的分频系数应该由预分频器与分频器中的分频数相乘得到，二级分频的分频系数分别在 TCFG0 和 TCFG1 寄存器中进行设置。

可通过下述公式来计算定时器的时钟频率，结果如表 9-1 所示。

定时器时钟频率 =[时钟源频率 /(prescaler value+1)]× 分频系数

定时器时钟周期 =1/ 定时器时钟频率

表 9-1

分频器分频系数	最小值（prescaler value=1）	最大值(prescaler value=255)	最大定时时间(TCNTBn 的值为 4294967296)
1/1(PCLK_PSYS 为 66MHz)	0.030μs(33.0MHz)	3.879μs(257.8kHz)	16659.27s
1/2 (PCLK_PSYS 为 66MHz)	0.061μs(16.5MHz)	7.758μs(128.9kHz)	33318.53s
1/4 (PCLK_PSYS 为 66MHz)	0.121μs(8.25MHz)	15.515μs(64.5kHz)	66637.07s

续表

分频器分频系数	最小值（prescaler value=1）	最大值(prescaler value=255)	最大定时时间(TCNTBn 的值为 4294967296)
1/8 (PCLK_PSYS 为 66MHz)	0.242μs(4.13MHz)	31.03μs(32.2kHz)	133274.14s
1/16 (PCLK_PSYS 为 66MHz)	0.485μs(2.06MHz)	62.061μs(16.1kHz)	266548.27s

计算时需注意以下几点。

① 预分频器有两个，PRESCALER0 被 Timer0 和 Timer1 共用；PRESCALER1 被 Timer2 ~ Timer4 共用；两个预分频器都是 8 位的。因此通过 TCFG0 寄存器进行配置，预分频设定值（prescaler value）范围为 0 ~ 255，预分频器的分频值范围为 1 ~ 256。

② 分频器实质上是一个 MUX（多路复用器），选择开或关以决定走哪个分频系数路线，通过配置 TCFG1 寄存器来实现。可以选择的分频系数有 1/1、1/2、1/4、1/8、1/16 等。

③ 计算一下，二级分频下来，分频系数最小为 1/1（也可能是 1/2），分频系数最大为 1/(256×16)。

④ PCLK_PSYS 的默认时钟设置就是 66MHz，此时二级分频后的时钟周期范围为 0.030 ~ 62.061μs；再结合 TCNTB 寄存器的值的设置（范围为 1 ~ 2^{32}），可知能定出来的时间最长为 266548.27s，即超过 74h，足够用了。

9.2.3 TCNT、TCNTB、TCON 和 TCNTO 寄存器功能介绍

实现 PWM 波形的 18 个特殊功能寄存器如表 9-2 所示。

表 9-2

名称	地址	读 / 写（R/W）	描述	初始值
TCFG0	0xE2500000	R/W	定时器配置寄存器 0，对 2 个 8 位的预分频器的分频系数和死区时长进行配置	0x00000101
TCFG1	0xE2500004	R/W	定时器配置寄存器 1，对分频器内的多路复用器的分频系数进行配置	0x00000000
TCON	0xE2500008	R/W	定时器控制寄存器，通过位操作控制各个定时器的启停、数据更新、电平翻转、自动重载、死区生成等的开启和关闭	0x00000000
TCNTB0	0xE250000C	R/W	Timer0 定时器缓存寄存器，配置我们想要的计数周期数，并对 TCNT 寄存器内的数进行更新	0x00000000
TCMPB0	0xE2500010	R/W	Timer0 定时器比较缓存寄存器，配置 PWM 波形占空比，并对 TCMP 寄存器内的数进行更新	0x00000000
TCNTO0	0xE2500014	R	Timer0 定时器监视寄存器，通过它可以读取 TCNT 寄存器中的计数值	0x00000000
TCNTB1	0xE2500018	R/W	Timer1 定时器缓存寄存器，配置我们想要的计数周期数，并对 TCNT 寄存器内的数进行更新	0x00000000

续表

名称	地址	读 / 写（R/W）	描述	初始值
TCMPB1	0xE250001C	R/W	Timer1 定时器比较缓存寄存器，配置 PWM 波形占空比，并对 TCMP 寄存器内的数进行更新	0x00000000
TCNTO1	0xE2500020	R	Timer1 定时器监视寄存器，通过它可以读取 TCNT 寄存器中的计数值	0x00000000
TCNTB2	0xE2500024	R/W	Timer2 定时器缓存寄存器，配置我们想要的计数周期数，并对 TCNT 寄存器内的数进行更新	0x00000000
TCMPB2	0xE2500028	R/W	Timer2 定时器比较缓存寄存器，配置 PWM 波形占空比，并对 TCMP 寄存器内的数进行更新	0x00000000
TCNTO2	0xE250002C	R	Timer2 定时器监视寄存器，通过它可以读取 TCNT 寄存器中的计数值	0x00000000
TCNTB3	0xE2500030	R/W	Timer3 定时器缓存寄存器，配置我们想要的计数周期数，并对 TCNT 寄存器内的数进行更新	0x00000000
TCMPB3	0xE2500034	R/W	Timer3 定时器比较缓存寄存器，配置 PWM 波形占空比，并对 TCMP 寄存器内的数进行更新	0x00000000
TCNTO3	0xE2500038	R	Timer3 定时器监视寄存器，通过它可以读取 TCNT 寄存器中的计数值	0x00000000
TCNTB4	0xE250003C	R/W	Timer4 定时器缓存寄存器，配置我们想要的计数周期数，并对 TCNT 寄存器内的数进行更新	0x00000000
TCNTO4	0xE2500040	R	Timer4 定时器监视寄存器，通过它可以读取 TCNT 寄存器中的计数值	0x00000000
TINT_CSTAT	0xE2500044	R/W	定时器中断控制与状态寄存器，配置各个定时器的中断开启和关闭，通过写 1 清除中断状态位	0x00000000

TCNT 寄存器和 TCNTB 寄存器是相对应的，TCNTB 寄存器是有地址的寄存器，供软件工程师操作；TCNT 寄存器在内部和 TCNTB 寄存器相对应，它没有寄存器地址，软件工程师不能编程访问这个寄存器。TCNT 寄存器实质上就是一个递减计数器，用来自动减 1，不能直接对其进行读 / 写操作；我们向 TCNT 寄存器写入数据，要通过 TCNTB 寄存器写入；而从 TCNT 寄存器中读出数据，要通过 TCNTO 寄存器读取。

定时器具体的工作流程如下。

① 计算。我们根据需要配置 TCFG0 和 TCFG1，计算好 TCNT 寄存器中开始减的那个数（如 300）。

② 写入。将计算得来的数写入 TCNTB 寄存器。

③ 刷入。在启动定时器前，配置 TCNT 寄存器的 Manual Update 位，将 TCNTB 寄存器中的值刷到 TCNT 寄存器。

④ 启动。数据刷过去后，配置 TCNT 寄存器的 Start/Stop 位，就可以启动定时器开始计时了；在计时过程中如果想知道 TCNT 寄存器中的值减到多少，可以读取相应的 TCNTO 寄存器。

⑤ 中断。TCON 中的数减至 0 时，触发中断请求，执行 ISR 中的任务。

⑥ 结束或进入下一个循环。通过配置 TCNT 寄存器的 Auto Reload on/off（自动重载开 / 关）位，可进行模式设置，决定定时器是停止工作，还是继续执行下一个循环。

定时功能只需要 TCNT、TCNTB 两个寄存器的功能即可。TCON 寄存器用来控制，使寄存器协调工作；TCNTO 寄存器用来做一些捕获计时。

9.2.4 自动重载和双缓冲

PWM 定时器具有自动重载和双缓冲（auto-reload and double buffering）特性，可以在不停止定时器的情况下，加载下一个工作循环的 TCNT 寄存器中的值。

定时器工作的时候，一次定时为一个工作循环。定时器默认单个循环工作，也就是说定时一次，计时一次，到期中断一次。下次如果再定时中断，需要另外设置。但是实际使用定时器时，它往往是循环工作的，最简单的方法就是写代码反复重置定时器寄存器的值（在每次中断处理的 ISR 中再次给 TCNTB 寄存器赋值，再次刷到 TCNT 寄存器中的启动定时器），早期的单片机定时器就是这样的。但是现在的高级 SoC 中的定时器已经默认内置了这种循环定时工作模式，叫自动重载（auto-reload）机制。

自动重载机制就是当定时器初始化好开始计时后，我们就再也不用管了，一个周期后它会自动从 TCNTB 寄存器中装载计数值到 TCNT 寄存器，再次启动定时器开始下一个工作循环。

9.3 PWM 波形介绍

本节将继续讲解 S5PV210 的 PWM 定时器，主要讲述 PWM 波形的生成原理、输出电平翻转器和死区生成器等相关概念与应用方法。

9.3.1 什么是 PWM

脉冲宽度调制（Pulse Width Modulation，PWM）技术可通过对一系列脉冲的宽度进行调制来等效地获得所需要的波形（含形状和幅值）。PWM 波形是一个周期性波形，周期为 T，在每个周期内波形是完全相同的，每个周期由一个高电平和一个低电平组成，如图 9-2 所示。

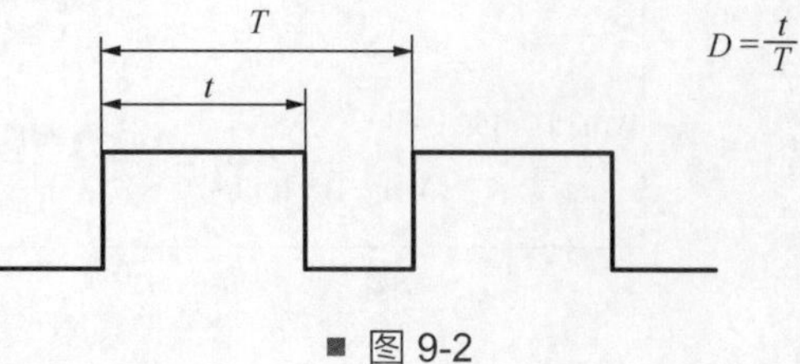

■ 图 9-2

PWM 波形有两个重要参数：一个是周期（T），另一个是占空比（Duty Cycle，常用符号 D 表示），占空比就是一个周期内高电平的时间除以周期得到的值，如图 9-2 所示的波形，$D = t/T$。对于一个 PWM 波形，知道了周期 T 和占空比 D，就可以算出这个波形的相关参数。如高电平时间为 $T\times D$，低电平时间为 $T\times(1-D)$。

PWM 波形有很多用处，例如：在通信领域，通过 PWM 波形对基波进行载波调制；在 LED 照明领域，可以用 PWM 波形调制电流的方式进行调光；还可用 PWM 波形驱动蜂鸣器等器件。

9.3.2 PWM 波形的生成原理

PWM 波形的生成原理实质上讲的就是时间与高低电平输出的关系，所以需要用定时器来实现 PWM 波形的输出。

早期单片机（如 51 单片机）里是没有专用的 PWM 定时器的，我们需要将 GPIO 接口和定时器配合起来产生 PWM 波形。先将 GPIO 引脚电平主动拉高，同时启动定时器设置 $T\times D$ 时间，待该段时间结束在 ISR 中将电平拉低，定时 $T\times(1-D)$ 后再次启动定时器，然后在该段时间结束后在 ISR 中将电平拉高，再定时 $T\times D$ 时间，再次启动定时器……如此循环即可得到周期为 T、占空比为 D 的 PWM 波形。

由于 PWM 波形通过定时器产生，以及单片机功能和制造工艺的提升，所以在之后的 SoC 设计中直接把定时器和一个 GPIO 引脚从内部绑定，这样就在定时器内部设置了 PWM 波形产生的机制，使我们可以更方便地利用定时器产生 PWM 波形。通过 PWM 定时器来产生 PWM 波形的好处是不需要使用中断；坏处是 GPIO 引脚是固定的，不能随便更换。

在 S5PV210 中，生成 PWM 波形时，有两个寄存器很关键：一个是 TCNTB 寄存器，另一个是 TCMPB 寄存器。TCNTB 寄存器决定了 PWM 波形的周期，TCMPB 寄存器决定了 PWM 波形的占空比，如图 9-3 所示。

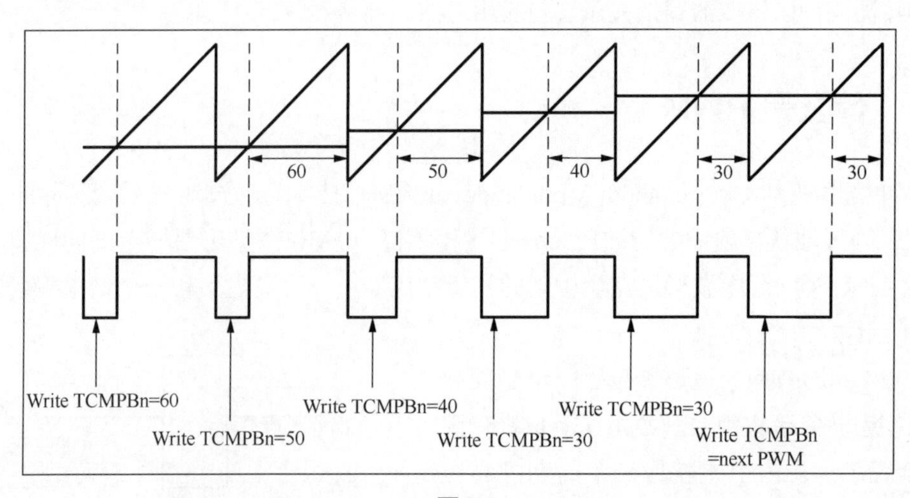

■ 图 9-3

最终生成的 PWM 波形的周期计算公式为：TCNTB 的值 × 时钟周期（PCLK_PSYS 经过二级分频后得到的时钟周期）。注意这个周期是 PWM 波形中高电平 + 低电平的总时间，不是其中之一。

最终生成的 PWM 波形的占空比计算公式：*D*=TCMPB 寄存器的值 /TCNTB 寄存器的值。

9.3.3 输出电平翻转器

PWM 定时器可以设置为，当 TCNT 寄存器的值 >TCMPB 寄存器的值时为高电平，反之为低电平；也可以设置为，当 TCNT 寄存器的值 >TCMPB 寄存器的值时为低电平，反之为高电平。在这两种设置下，通过计算，TCMPB 寄存器的值会有所变化。当占空比从 30% 变到 70% 时，TCMPB 寄存器中的值就要修改（如果 TCNTB 寄存器的值是 300，TCMPB 寄存器的值就要从 90 变化到 210）。这样的改变可以满足需要，但是计算量增加了。S5PV210 中的 PWM 定时器电平翻转器功能可使计算更简便。

在电路上，电平翻转器实质上就是一个电平取反的器件，在编程上反映为一个寄存器位，如图 9-4 所示。写 0 代表关闭输出电平翻转，写 1 代表开启输出电平翻转。开启后和开启前，输出电平刚好高低翻转。根据前面的问题，在输出电平发生翻转时，占空比从 30% 变成 70% 了。

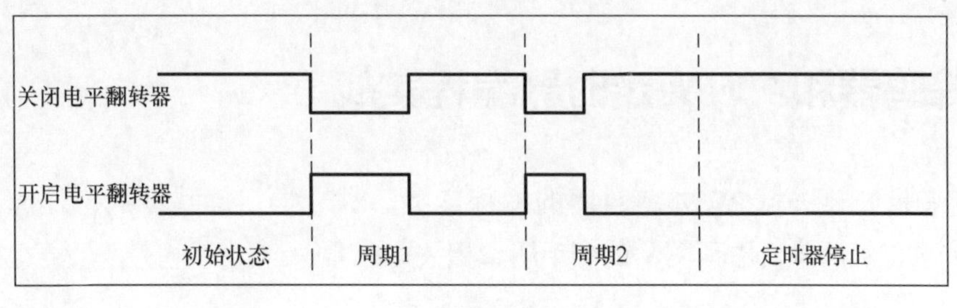

■ 图 9-4

实际编写代码时，如要确定 TCNT 寄存器和 TCMPB 寄存器谁的值大，可使 PWM 的输出为高电平，一般不用理论分析，只需用示波器观看输出的波形就知道占空比了；如果波形是相反的，直接开启电平翻转器即可。

9.3.4 死区生成器

PWM 波形可应用在功率电路，作为功率开关管的驱动波形对交流电压进行整流。整流时两路驱动电路分别在 PWM 驱动波形的正电平和负电平时导通工作，不能同时导通，因为同时导通会直接短路，导致电路烧毁。大功率的开关电源、逆变器等设备广泛使用了整流技术。

上述整流方法是不理想的，比较安全的做法是预留死区时间。死区时间需要设置，但是应适当。死区时间少了可能导致电路短路；死区时间多了会降低控制精度，不利于产品性能的提升。在实际使用中需要根据需求设置死区时间。

S5PV210 提供了自带的死区生成器，只要开启死区生成器，生成的 PWM 波形就有死区时间控制功能，用户不用再去操心死区问题，如图 9-5 所示。

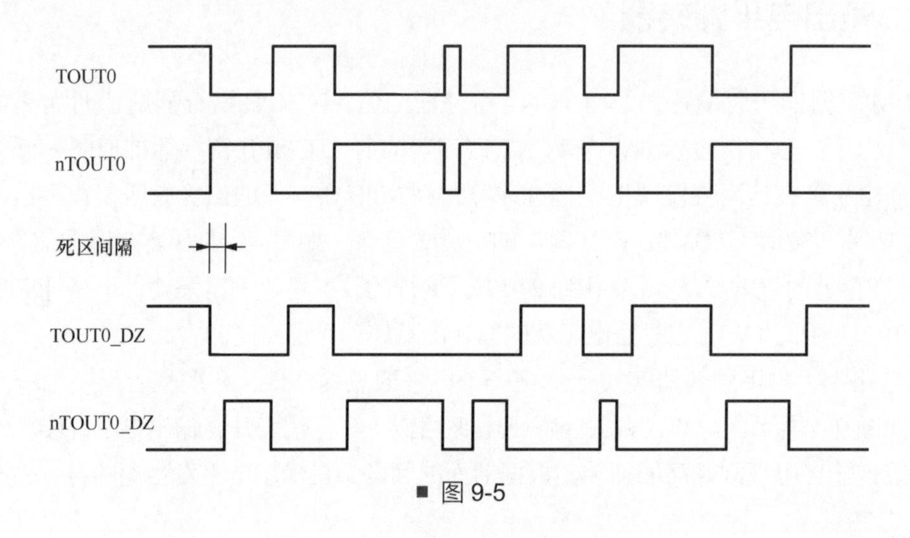

■ 图 9-5

9.4 蜂鸣器和 PWM 定时器编程实战

接下来我们要进行 PWM 定时器的编程实战。本节学习蜂鸣器的工作原理及其与 PWM 的关系，然后分析原理图、数据手册、相关寄存器等。

9.4.1 蜂鸣器的工作原理

蜂鸣器［见图 9-6（a）］里面有两个金属片，离得很近。没电的时候两个金属片在弹簧本身张力的作用下分开且彼此平行；有电的时候两边分别充电，在异性电荷的引力作用下两个金属片接触。我们只要以高频率给蜂鸣器的正负极供电、断电即可使它工作或不工作。进行这样的循环，蜂鸣器的两个金属片就会接触—分开—接触—分开形成“敲击”，发出声音。蜂鸣器电路图如图 9-6（b）所示。

因为人能听见的声音频率有限（20 ~ 20000Hz），我们做电路实验时一般设置 2kHz 的频率，大部分人都能听到。频率高低会影响声音的音调，一般是频率越低的声音听起来越低沉，频率越高的声音听起来越尖锐。

■ 图 9-6

根据以上的分析可以看出，只要用 PWM 波形的电压信号来驱动蜂鸣器，把 PWM 波形的周期 *T* 设置为发声信号频率的倒数即可；PWM 波形的占空比确保能驱动蜂鸣器即可。另外，由于 GPIO 的驱动能力一般都不够，所以驱动蜂鸣器时，会额外用晶体管放大电流来供电，如图 9-6（b）所示。

9.4.2 原理图和硬件信息

我们首先需要查阅底板 x210_base 的原理图，如图 9-6（b）所示。核心板 X210CV3 原理图如图 9-7 所示，应明确各元器件间的接线。

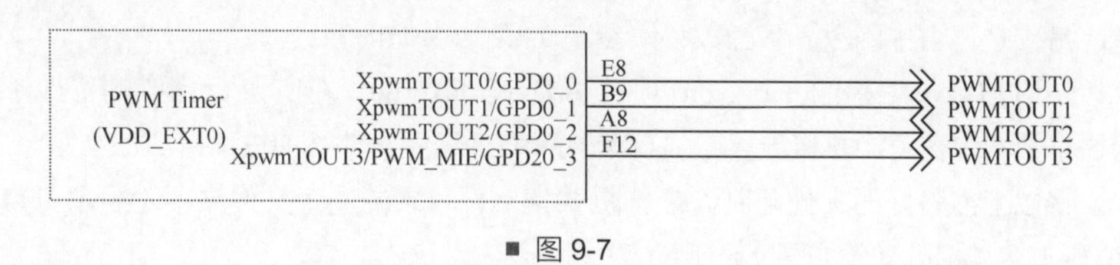

■ 图 9-7

对原理图进行分析可以发现，开发板底板上的蜂鸣器通过 GPD0_2（XpwmTOUT2）引脚连接在 SoC 上，GPD0_2 引脚通过限流电阻接在晶体管基极上。引脚通电，晶体管导通，蜂鸣器就会有电；引脚断电，晶体管不导通，蜂鸣器就会断电。其他元器件的相关问题，软件工程师可以不用管，软件工程师只要写程序控制 GPD0_2 引脚的电平，从而产生 PWM 波形即可。

查询 S5PV210 数据手册，根据 GPD0_2 引脚找到 GPD0CON（0xE02000A0）引脚控制寄存器，由寄存器配置要求可知，把 bit8 ~ bit11 的值设置为 0b0010，功能选择为 TOUT_2，就是把这个引脚设置为 PWM 输出功能；进一步反推出使用的是 Timer2 这个定时器。查询 S5PV210 数据手册，找到与 Timer2 相关的寄存器，分别有 GPD0CON、TCFG0、TCFG1、TCON、TCNTB2、TCMPB2。对所有相关的寄存器进行整理，如表 9-3 所示。

表 9-3

寄存器	地址	bit	说明
GPD0CON	0xE02000A0	bit8 ~ bit11	GPD0_2 设置为 TOUT_2 输出模式，值为 0b0010
TCFG0	0xE2500000	bit8 ~ bit15	设置预分频器 1 的分频系数
TCFG1	0xE2500004	bit8 ~ bit11	设置预分频器 2 的分频系数
TCON	0xE2500008	bit15	控制定时器自动重载：1 = 自动重载；0 = 关闭自动重载
		bit14	控制定时器的电平翻转：1 = 翻转；0 = 不翻转
		bit13	控制定时器的手动装载： 1 = 由 TCNTB、TCMPB 寄存器手动装载；0 = 不手动装载
		bit12	控制定时器的启动 / 停止：1 = 启动；0 = 停止
TCNTB2	0xE2500024	bit0 ~ bit31	定时器装载初值
TCMPB2	0xE2500028	bit0 ~ bit31	设置高低电平切换的计数值

9.4.3 驱动蜂鸣器的 PWM 定时器代码编写

本小节将带领大家从零开始写代码驱动 Timer2，通过不同的 PWM 波形驱动蜂鸣器发出不同频率的声音。

本项目基于第 7 章 uart_stdio 项目源码，对其进行修改，来进行 PWM 定时器驱动蜂鸣器操作，编程步骤如下。

① 编写 C 语言主函数、子函数，请参考 9.4.4 小节的内容。

② 从以前裸机编程的 uart_stdio 项目中复制 Makefile，对其进行相应的修改（请参考 9.4.5 小节的内容），并将步骤①中获得的两个 C 程序文件添加进项目。

③ 将以上准备好的文件复制到虚拟机共享文件目录的一个文件夹下（用户可自定义存放位置），其相应文件如图 9-8 所示。

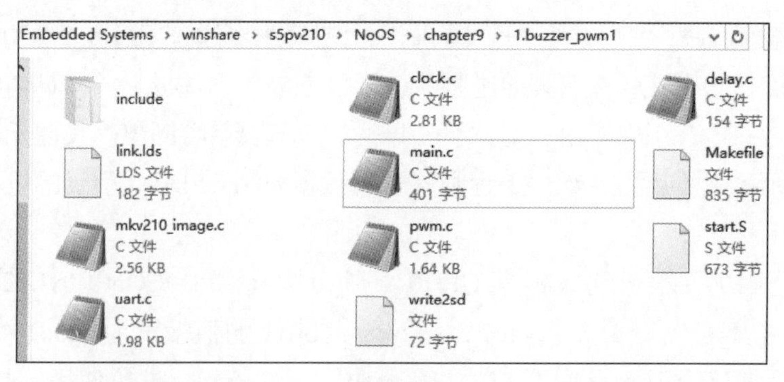

■ 图 9-8

main.c 和 pwm.c 为步骤①新编写的两个 C 程序文件。

delay.c 为延时程序文件，程序较简单，就不给出示例了，请读者自己编写完成。

start.S、clock.c、uart.c、mkv210_image.c、link.lds、write2sd 这 6 个程序文件从 uart

串口实战项目中移植而来，不需要做任何变动，可实现启动裸机、时钟初始化、串口通信、在 Linux 系统环境下编译程序并发送 2 个值至 2 个扩展名为 bin 的烧录文件和脚本等功能。

④ 开启虚拟机，进入 Linux 系统的开发界面，获取 root 权限。

⑤ 在 Linux 系统下更改当前目录至存放以上文件的目录下。

⑥ 输入 ls 命令，查看文件是否齐全，检查程序目录，如图 9-9 所示。

■ 图 9-9

⑦ 输入 make 命令，编译程序，如图 9-10 所示，将获得 pwm.bin（USB 串口调试用）和 210.bin（SD 卡烧录用）程序文件，这将是下载或烧录时要用到的程序。

```
root@ubuntu:/mnt/hgfs/winshare/s5pv210/noos/chapter9/1.buzzer_pwm1# make
arm-linux-gcc -nostdlib -nostdinc -I/mnt/hgfs/winshare/s5pv210/noos/chapter9/1.buzzer_
pwm1/include -Wall -O2 -fno-builtin -o start.o start.S -c
arm-linux-gcc -nostdlib -nostdinc -I/mnt/hgfs/winshare/s5pv210/noos/chapter9/1.buzzer_
pwm1/include -Wall -O2 -fno-builtin -o clock.o clock.c -c
arm-linux-gcc -nostdlib -nostdinc -I/mnt/hgfs/winshare/s5pv210/noos/chapter9/1.buzzer_
pwm1/include -Wall -O2 -fno-builtin -o uart.o uart.c -c
arm-linux-gcc -nostdlib -nostdinc -I/mnt/hgfs/winshare/s5pv210/noos/chapter9/1.buzzer_
pwm1/include -Wall -O2 -fno-builtin -o delay.o delay.c -c
arm-linux-gcc -nostdlib -nostdinc -I/mnt/hgfs/winshare/s5pv210/noos/chapter9/1.buzzer_
pwm1/include -Wall -O2 -fno-builtin -o main.o main.c -c
arm-linux-gcc -nostdlib -nostdinc -I/mnt/hgfs/winshare/s5pv210/noos/chapter9/1.buzzer_
pwm1/include -Wall -O2 -fno-builtin -o pwm.o pwm.c -c
arm-linux-ld -Tlink.lds -o pwm.elf start.o clock.o uart.o delay.o main.o pwm.o
arm-linux-objcopy -O binary pwm.elf pwm.bin
arm-linux-objdump -D pwm.elf > pwm_elf.dis
gcc mkv210_image.c -o mkx210
./mkx210 pwm.bin 210.bin
root@ubuntu:/mnt/hgfs/winshare/s5pv210/noos/chapter9/1.buzzer_pwm1#
```

■ 图 9-10

⑧ 将开发板连接到计算机，连上 USB 串口，开启 dnw 软件并设置好配置信息，打开 SecureCRT 串口监视窗口，并连接上串口。

⑨ 将程序下载到开发板，运行程序后，将听到以 2kHz 的频率驱动的蜂鸣器的声音，同时 SecureCRT 串口监视窗口也会一直有字符 a 输出，如图 9-11 所示。

■ 图 9-11

⑩ 在 Linux 系统下输入 make clean 命令，清除编译链接获得的所有文件。

⑪ 修改用 C 语言写的 timer2_pwm_init 函数源码，将倒数第 6 行与第 7 行的值进行修改，代码如下。

```
rTCNTB2 = 50;       // 0.1ms/2μs = 100μs/2μs =50
rTCMPB2 = 25;       // 占空比为 50%
```

⑫ 在 Linux 系统下输入 make 命令重新编译下载，将听到不一样的蜂鸣器声音，此时为以 10kHz 的频率驱动的蜂鸣器的声音。

关于以上步骤，9.4.4 小节和 9.4.5 小节将对步骤①、②进行详细解说，其他的请读者结合上文的相关内容自己独立完成。

9.4.4 编写 C 语言主函数、子函数

在 9.4.3 小节编程理论的基础上，我们可以开始进行蜂鸣器和 PWM 定时器的编程了，主要是编写 C 语言的主函数与子函数。主函数 main 实现对函数的调用；子函数 timer2_pwm_init 实现 PWM 波形的生成，以驱动蜂鸣器。

编写 C 语言主函数：main 函数。代码如下。

```
#include "stdio.h"                  // 需要包括头文件 stdio.h，以便串口输出时调用

void uart_init(void);               // 对串口初始化程序的声明
void timer2_pwm_init(void);         // 对 PWM 定时器驱动蜂鸣器子函数的声明
void delay(void);                   // 对延时程序的声明

int main(void)
{
 uart_init();                       // 调用子函数进行串口初始化

 timer2_pwm_init();                 // 调用子函数，驱动蜂鸣器

 while(1)
 {
     putc('a');                     // 以下为串口输出
     delay();
 }

 return 0;
}
```

编写 C 语言子函数：timer2_pwm_init 函数。首先创建一个 pwm.c 文件，结合表 9-3，编写子函数。代码如下。

```
#define        GPD0CON        (0xE02000A0)
#define        TCFG0          (0xE2500000)
#define        TCFG1          (0xE2500004)
#define        TCON           (0xE2500008)
#define        TCNTB2         (0xE2500024)
#define        TCMPB2         (0xE2500028)        // 宏定义各寄存器地址，以方便访问
```

```
#define      rGPD0CON      (*(volatile unsigned int *)GPD0CON)
#define      rTCFG0        (*(volatile unsigned int *)TCFG0)
#define      rTCFG1        (*(volatile unsigned int *)TCFG1)
#define      rTCON         (*(volatile unsigned int *)TCON)
#define      rTCNTB2       (*(volatile unsigned int *)TCNTB2)
#define      rTCMPB2       (*(volatile unsigned int *)TCMPB2)
// 宏定义各寄存器存储单元，以方便访问

// 初始化 PWM timer2，使其输出 PWM 波形：频率是 2kHz、占空比为 50%
void timer2_pwm_init(void)
{
   // 设置 GPD0_2 引脚，将其配置为 XpwmTOUT_2
   rGPD0CON &= ~(0xF<<8);
   rGPD0CON |= (2<<8);

   // 设置 PWM 定时器的相关寄存器，使其工作
   rTCFG0 &= ~(0xFF<<8);
   rTCFG0 |= (65<<8);      // 预分频器 1 为 65，预分频后频率为 1MHz

   rTCFG1 &= ~(0x0F<<8);
   rTCFG1 |= (1<<8);       // MUX2 设置为 1/2，分频后时钟频率为 500kHz
   // 时钟设置好，时钟频率是 500kHz，对应的时钟周期是2μs，也就是说每隔2μs
   // 计一次数。如果要定的时间是 x，则 TCNTB 寄存器中应该写入 x/2

   rTCON |= (1<<15);       // 使能自动重载，反复定时才能发出 PWM 波形
   rTCNTB2 = 250;          // 0.5ms/2μs=500μs/2μs=250
   rTCMPB2 = 125;          // 占空比为 50%

   // 第一次需要手动将 TCNTB 寄存器中的值刷新到 TCNT 寄存器中去，以后就可以自动重载了
   rTCON |= (1<<13);       // 打开自动刷新功能，将 TCNTB 寄存器值 250 刷入 TCNT 寄存器
   rTCON &= ~(1<<13); // 关闭自动刷新功能，值装入后就可以关闭，TCNTB 寄存器中的值不会变化

   rTCON |= (1<<12);       // 开 timer2 定时器。要先把其他都设置好才能开定时器
}
```

写好 timer2_pwm_init 子函数后，还需在主函数中进行声明。

我们可以通过改变 TCNTB2 和 TCMPB2 寄存器中的值，来改变 PWM 波形输出频率。编译后测试，可以让蜂鸣器发出不同的声音。频率越高，声音越尖锐；反之，声音越低沉。

9.4.5 修改 Makefile

这里基于第 7 章 uart_stdio 项目源码对其中的部分文件进行修改，以适应本项目的要求，需要修改的主要是 Makefile。代码如下。

```
1   CC       = arm-linux-gcc
2   LD       = arm-linux-ld
3   OBJCOPY  = arm-linux-objcopy
4   OBJDUMP  = arm-linux-objdump
5   AR       = arm-linux-ar
6
7   INCDIR   := $(shell pwd)
8   # C 预处理器的 flag，flag 就是编译器可选的选项
9   CPPFLAGS := -nostdlib -nostdinc -I$(INCDIR)/include
10  # C 编译器的 flag
11  CFLAGS   := -Wall -O2 -fno-builtin
12
13  # 导出这些变量到全局，其实就是给子文件夹下面的 Makefile 使用
14  export CC LD OBJCOPY OBJDUMP AR CPPFLAGS CFLAGS
15
16  objs := start.o clock.o uart.o delay.o main.o pwm.o
17
18  pwm.bin: $(objs)
19   $(LD) -Tlink.lds -o pwm.elf $^
20   $(OBJCOPY) -O binary pwm.elf pwm.bin
21   $(OBJDUMP) -D pwm.elf > pwm_elf.dis
22   gcc mkv210_image.c -o mkx210
23   ./mkx210 pwm.bin 210.bin
24
25  %.o : %.S
26   $(CC) $(CPPFLAGS) $(CFLAGS) -o $@ $< -c
27
28  %.o : %.c
29   $(CC) $(CPPFLAGS) $(CFLAGS) -o $@ $< -c
30
31  clean:
32   rm *.o *.elf *.bin *.dis mkx210 -f
```

第 16 行之前不需要修改，从第 16 行开始到最后，多处需要修改，部分修改的内容如下。

在第 16 行，将原目标文件列表内的 led.o 删除，添加 delay.o 和 pwm.o 两个目标文件。

在第 18 ~ 23 行，将 Makefile 的原目标文件名改为当前项目名 pwm.bin，后面都要相应地改为 pwm。

其余此项目中多余的代码请读者对照上述示例程序删除，在此不一一列出。

9.5 看门狗

本节将详细讲解看门狗定时器（简称看门狗）的概念、原理及实战应用场景，并结合数据手册分析 S5PV210 内置的看门狗的原理图、寄存器等。

9.5.1 什么是看门狗及看门狗的作用

看门狗和普通的定时器并无本质区别。可以给看门狗设定一个时间，到这个时间结束之前该定时器不断计时，时间到的时候该定时器复位并重启系统。

系统正常工作的时候当然不希望被重启，但是在系统受到干扰或在极端环境中等情况下，系统可能产生异常或者不工作，这种状态可能会造成不良影响，此时解决方案就是重启系统。普通设备重启不是问题，但是有些设备人工重启可能存在困难，并且不能实时响应。这时候我们希望系统能够自己检验自己是否已经“跑飞”，并且在意识到自己“跑飞”的时候，可以很快地（在几毫秒或者更短的时间内）自动重启。这个功能就靠看门狗来实现。

典型的应用情景是，我们在应用程序中打开看门狗，给它初始化一个时间，然后应用程序使用一个线程来“喂狗”，这个线程的执行时间短于看门狗的复位时间。当系统（或者应用程序）异常，“喂狗”线程不执行了，看门狗就会复位。

注意：在实战中，有时候为了获得绝对的可靠性，我们并不会用 SoC 中自带的看门狗，而是使用专门的外置的看门狗芯片来实现看门狗的功能。

9.5.2 S5PV210 看门狗的结构原理图

PCLK_PSYS 经过二级分频后生成看门狗的时钟信号，然后把要设置的时间写到 WTCNT 寄存器中，不断地在 WTCNT 寄存器中减 1（递减计数，Down Counter），减到 0 时（定时时间到）产生复位（Reset）信号或中断（Interrupt）信号，如图 9-12 所示。典型应用中，我们将看门狗配置为产生复位信号，在 WTCNT 寄存器减到 0 之前给 WTDAT 寄存器重新写值进行“喂狗”操作。

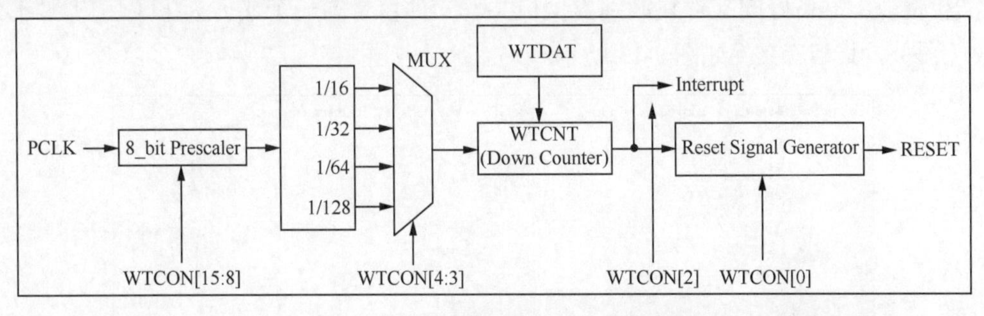

■ 图 9-12

其中，看门狗的时钟周期的计算方法与 PWM 定时器的时钟周期的计算方法一样，请读者参考之前的相关内容。

9.5.3 看门狗的主要寄存器

与看门狗相关的寄存器有 4 个，分别为 WTCON、WTDAT、WTCNT 和 WTCLRINT，

其主要信息如表 9-4 所示。

表 9-4

寄存器名称	地址	读 / 写（R/W）	描述	初始值
WTCON	0xE2700000	R/W	看门狗控制寄存器，用于设置预分频器、分频器设定值，设置是否产生中断和复位信号，控制看门狗的启用与禁用	0x00008021
WTDAT	0xE2700004	R/W	装载看门狗计数值	0x00008000
WTCNT	0xE2700008	R/W	实现自动减 1，减到 0 时触发中断或复位	0x00008000
WTCLRINT	0xE270000C	W	写任意值以清除中断	—

9.6 看门狗的编程实战

本节进行看门狗的编程实战，我们将从零开始写代码来操作看门狗，以中断和复位两种工作方式演示看门狗的用法。

9.6.1 看门狗产生中断信号功能代码编写

本项目基于第 8 章中断实战项目源码，进行看门狗触发中断的实战，编程实战的步骤如下。

① 按 9.5 节讲述的理论编写 C 语言主函数、子函数，具体参见下文的 main 函数相关内容。

② 从之前裸机编程的第 8 章中断项目中复制文件，对 Makefile 进行相应修改，并将步骤①中获得的两个 C 程序文件添加进项目，还需在头文件 main.h 中对其进行声明。

③ 将以上准备好的文件复制到虚拟机共享文件目录的一个文件夹下（用户可自定义存放位置），其相应文件如图 9-13 所示。

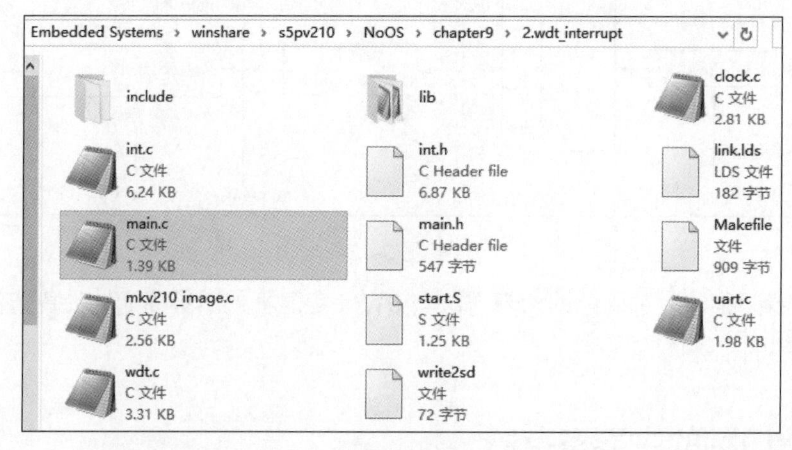

■ 图 9-13

main.c 和 wdt.c 为步骤①新编写的两个 C 程序文件。

main.h 头文件中需要包含 wdt.c 程序文件中的各子函数的声明。代码如下。

```
void wdt_init_interrupt(void);
void isr_wdt(void);
```

Makefile 这个文件需要修改，以适应当前的项目。

start.S、clock.c、uart.c、mkv210_image.c、link.lds、write2sd、int.h 这 7 个程序文件从 uart.c 串口实践项目中移植而来，不需要做任何变动，实现启动裸机、时钟初始化、串口通信、在 Linux 系统环境下编译程序并发送 2 个值至 2 个扩展名为 bin 的烧录文件和脚本等功能；include、lib 这 2 个文件夹内的数据也不需要动，其中包含了头文件信息和串口输出等功能文件。

④ 开启虚拟机，进入 Linux 系统开发界面，获取 root 权限。

⑤ 在 Linux 系统下更改当前目录至存放以上文件的目录。

⑥ 输入 ls 命令，查看文件是否齐全，检查程序目录，如图 9-14 所示。

■ 图 9-14

⑦ 输入 make 命令，编译程序，如图 9-15 所示，将生成 pwm.bin（USB 串口调试用）和 210.bin（SD 卡烧录用）两个程序文件，这将是下载或烧录时要用到的程序。

```
arm-linux-objcopy -O binary uart.elf uart.bin
arm-linux-objdump -D uart.elf > uart_elf.dis
gcc mkv210_image.c -o mkx210
./mkx210 uart.bin 210.bin
root@ubuntu:/mnt/hgfs/winshare/s5pv210/noos/chapter9/2.wdt_interrupt#
```

■ 图 9-15

⑧ 制作 SD 启动卡，将 210.bin 的烧录文件写入 SD 卡，插入开发板中的 SD2 插槽，我们在第 3 章有详细讲解，在此不赘述；然后将开发板连接至计算机，打开 SecureCRT 串口监视窗口，并连接上串口线。注意此处不使用 USB 下载，而采用 SD 卡烧录启动的方式（因为串口输出的值会有略微不同，读者可以自己去尝试）。

⑨ 将 OM 切换至用 SD 卡启动模式，按启动按钮，程序运行，可以在 SecureCRT 串口监视窗口中看到图 9-16 所示的输出信息，其中第 1 行为主函数的输出，后面所有数据为 ISR 的输出。

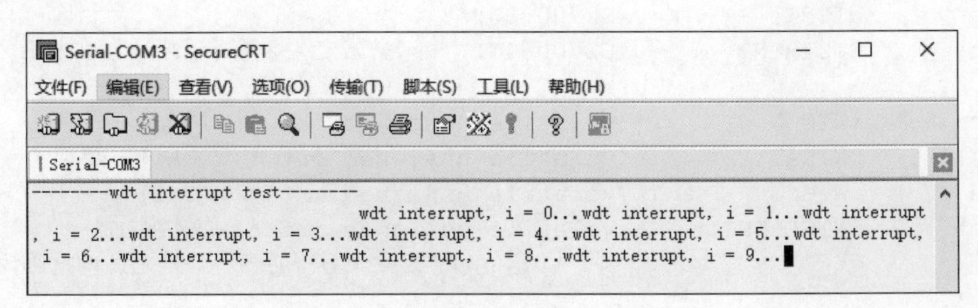

■ 图 9-16

⑩ 在 Linux 系统下输入 make clean 命令，清除编译链接获得的所有文件。

⑪ 修改用 C 语言编写的 timer2_pwm_init 函数的源码，将倒数第 25 行、第 26 行的值改为如下代码。

```
rWTDAT = 1000;      // 定时 0.128s
rWTCNT = 10000;     // 定时 1.28s，假如这句不写，第 1 次中断的时间将是默认值
```

⑫ 在 Linux 系统下输入 make 命令重新编译，并烧录 SD 卡，启动后将发现图 9-16 内每段数据输出的速度明显加快了。

下面对步骤①、②进行详细解说，其他的请读者结合前文的相关内容自己独立完成。

编写主函数：main 函数。代码如下。

```
#include "stdio.h"                    //包含输入输出函数头文件
#include "int.h"                      //包含中断初始化头文件
#include "main.h"                     //包含头文件 main.h，包含对子函数的声明

void uart_init(void);                 //声明串口初始化程序

int main(void)
{
 uart_init();
 wdt_init_interrupt();                //调用看门狗触发中断子函数
 system_init_exception();             // 如果程序中要使用中断，就要调用中断初始化程序
//初步初始化中断控制器
 printf("--------wdt interrupt test--------\n");
                                      //输出至 SecureCRT 串口监视窗口
 intc_setvectaddr(NUM_WDT, isr_wdt);  // 绑定 ISR 到中断控制器硬件
 intc_enable(NUM_WDT);                // 使能中断
 while (1);
 return 0;
}
```

编写 C 语言子函数：wdt_init_interrupt 函数。首先创建一个 wdt.c 程序文件，用 Notepad 软件打开，结合表 9-4 编写子函数。代码如下。

```
#define     WTCON       (0xE2700000)
#define     WTDAT       (0xE2700004)
#define     WTCNT       (0xE2700008)
#define     WTCLRINT    (0xE270000C)     //宏定义各寄存器地址，以方便访问

#define     rWTCON      (*(volatile unsigned int *)WTCON)
#define     rWTDAT      (*(volatile unsigned int *)WTDAT)
#define     rWTCNT      (*(volatile unsigned int *)WTCNT)
#define     rWTCLRINT   (*(volatile unsigned int *)WTCLRINT)
                                         //宏定义各寄存器存储单元，以方便访问

void wdt_init_interrupt(void)          // 初始化使之可以产生中断
```

```
{
 // 第 1 步：设置好预分频器和分频器，得到时钟周期是 128μs
 rWTCON &= ~(0xff<<8);
 rWTCON |= (65<<8);          // 预分频，1MHz

 rWTCON &= ~(3<<3);
 rWTCON |= (3<<3);           // 1/128MHz，时钟周期为 128μs

 // 第 2 步：设置中断和复位信号的使能或禁止
 rWTCON |= (1<<2);           // 使能看门狗中断
 rWTCON &= ~(1<<0);          // 禁止看门狗复位

 // 第 3 步：设置定时时间：看门狗定时计数个数，最终定时时间 = 这里的值 × 时钟周期
 rWTDAT = 10000;             // 定时 1.28s
 rWTCNT = 10000;             // 定时 1.28s，假如这句不写，第 1 次中断的时间将是默认值

 // 第 4 步：先把所有寄存器都设置好，再去开看门狗
 rWTCON |= (1<<5);           // 使能看门狗
}

void isr_wdt(void)           // 定义看门狗的中断处理程序
{
 static int i = 0;
 printf("wdt interrupt, i = %d...", i++);    // 看门狗设置的时间到了之后
                                             // 应该做的有意义的事情：改变 i 值


 intc_clearvectaddr();       // 清中断
 rWTCLRINT = 1;              // 看门狗内清中断，等式右边的 1 可以输入任意其他的数
}
```

为什么要写“rWTCNT = 10000;”这句代码呢?

其实 WTDAT 中的值不会自动刷新到 WTCNT 中，如果不设置 WTCON 中的值，它的第 1 次的计数值就是默认值 0x8000，按程序中最终分频得到的时间周期，可知定时时间为 4.194s。我们在 SecureCRT 串口监视窗口中会看到第 1 行输出结束后，等待 4.194s，它才会按我们设定在 WTDAT 中的值产生中断。所以需要对其进行“显示化”，这样 WTCNT 和 WTDAT 设置了一样的值，则第 1 次的定时值就和后面的一样了。

修改 Makefile 时，基于对第 8 章中断项目源码中的部分文件的需要进行修改，以适应本项目的要求。在 Makefile 中，修改第 15 行 Makefile 的目标文件，改为当前项目名 wdt.bin，删除 led.o、kdy.o 即可。代码如下。

```
CC          = arm-linux-gcc
LD          = arm-linux-ld
OBJCOPY     = arm-linux-objcopy
OBJDUMP     = arm-linux-objdump
AR          = arm-linux-ar
INCDIR      := $(shell pwd)
```

```
# C 预处理器的 flag，flag 就是编译器可选的选项
CPPFLAGS      := -nostdlib -nostdinc -I$(INCDIR)/include
# C 编译器的 flag
CFLAGS        := -Wall -O2 -fno-builtin

# 将这些变量导出到全局，其实就是给子文件夹下面的 Makefile 使用
export CC LD OBJCOPY OBJDUMP AR CPPFLAGS CFLAGS

objs := start.o clock.o uart.o main.o int.o wdt.o
objs += lib/libc.a

uart.bin: $(objs)
 $(LD) -Tlink.lds -o uart.elf $^
 $(OBJCOPY) -O binary uart.elf uart.bin
 $(OBJDUMP) -D uart.elf > uart_elf.dis
 gcc mkv210_image.c -o mkx210
 ./mkx210 uart.bin 210.bin

lib/libc.a:
 cd lib;     make; cd ..

%.o : %.S
 $(CC) $(CPPFLAGS) $(CFLAGS) -o $@ $< -c

%.o : %.c
 $(CC) $(CPPFLAGS) $(CFLAGS) -o $@ $< -c

clean:
 rm *.o *.elf *.bin *.dis mkx210 -f
 cd lib; make clean; cd ..
```

9.6.2 看门狗产生复位信号功能代码编写

本小节讲利用看门狗产生复位信号功能代码的编写，可在 9.6.1 小节程序的基础上做相应修改来完成。修改的基本思路是：去掉关于中断的所有代码，将看门狗设置在使能重启模式、禁止中断模式。下面给出 main 和 wdt_int_restart 函数的示例代码。请读者按照 9.6.1 小节介绍的方法在 main.h 头文件中更改新定义的 wdt_int_restart 函数声明，以便主函数调用。

编写 main 主函数时，将 9.6.1 小节中与中断相关的代码全删除即可。另外，为了判断复位的效果，定义一个局部静态变量，输出 i 的值至 SecureCRT 串口监视窗口。代码如下。

```
#include "stdio.h"                    //包含输入输出函数头文件
#include "int.h"                      //包含中断初始化头文件
#include "main.h"                     //包含头文件 main.h，包含对子函数的声明
```

```
void uart_init(void);                    // 声明串口初始化程序

int main(void)                           // 看门狗定时触发复位主函数
{
 static int i = 0;
uart_init();
wdt_init_restart();                                    // 调用看门狗产生复位信号子程序
 printf("---wdt restart rtest---%d\n",i++); // 输出i的值至SecureCRT串口监
                                                       // 视窗口
 while (1);
 return 0;
```

编写子函数：wdt_init_interrupt函数。首先创建一个wdt.c程序文件，用Notepad软件打开，结合表9-4编写子函数。代码如下。

```
#define        WTCON          (0xE2700000)
#define        WTDAT          (0xE2700004)
#define        WTCNT          (0xE2700008)
#define        WTCLRINT       (0xE270000C)        // 宏定义各寄存器地址，以方便访问

#define        rWTCON         (*(volatile unsigned int *)WTCON)
#define        rWTDAT         (*(volatile unsigned int *)WTDAT)
#define        rWTCNT         (*(volatile unsigned int *)WTCNT)
#define        rWTCLRINT      (*(volatile unsigned int *)WTCLRINT)
                                         // 宏定义各寄存器存储单元，以方便访问

void wdt_init_restart(void)     // 初始化看门狗，使之可以产生复位信号
{
 // 第1步：设置好预分频器和分频器，得到时钟周期是128μs
 rWTCON &= ~(0xFF<<8);
 rWTCON |= (65<<8);                      // 预分频，1MHz

 rWTCON &= ~(3<<3);
 rWTCON |= (3<<3);                       // 1/128MHz，时钟周期为128μs

 // 第2步：设置中断和复位信号的使能或禁止，此处开启复位
 rWTCON &= ~(1<<2);                      // 禁止看门狗中断
 rWTCON |= (1<<0);                       // 使能看门狗复位

 // 第3步：设置定时时间：看门狗定时计数个数，最终定时时间 = 这里的值 × 时钟周期
 rWTDAT = 10000;                         // 定时1.28s
 rWTCNT = 10000;                         // 定时1.28s，假如这句不写，第1次中断的时间将
                                         // 是默认值

 // 第4步：先把所有寄存器都设置好之后，再去开看门狗
 rWTCON |= (1<<5);                       // 使能看门狗
}
```

输出结果如图 9-17 所示，SecureCRT 串口监视窗口中一直在输出“---wdt restart test---0”。为什么 i 的值一直是 0 而不递增呢？

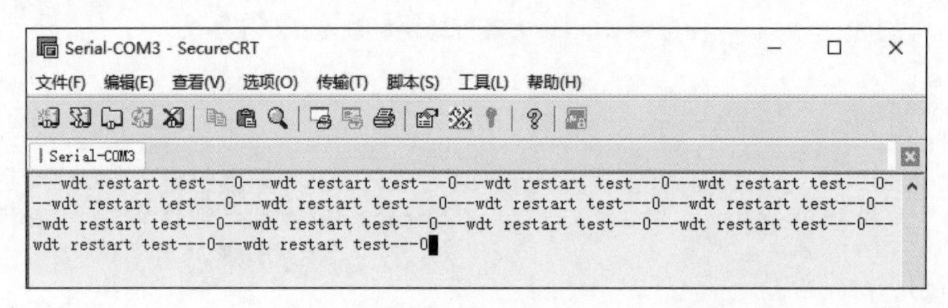

■ 图 9-17

其实就是因为看门狗在定时 1.28s 后就重启一次，虽然 i 为静态局部变量，却因重启在内存中丢失了，所以在看门狗复位信号来临之前，main 主函数只执行一次。

9.7 实时时钟介绍

实时时钟（Real Time Clock，RTC）指真实时间，即 ×××× 年 ×× 月 ×× 日 ×× 时 ×× 分 ×× 秒，星期 ×。RTC 是 SoC 中的一个内部外设，它有自己独立的晶振用来提供 RTC 时钟（32.768kHz），内部有寄存器用来记录时间。一般情况下，为了在系统关机时继续计时，我们会利用纽扣电池来给 RTC 供电。

9.7.1 S5PV210 实时时钟的结构框图

RTC 有时间寄存器、闹钟发生器、闰年发生器等（共 7 个），如图 9-18 所示。

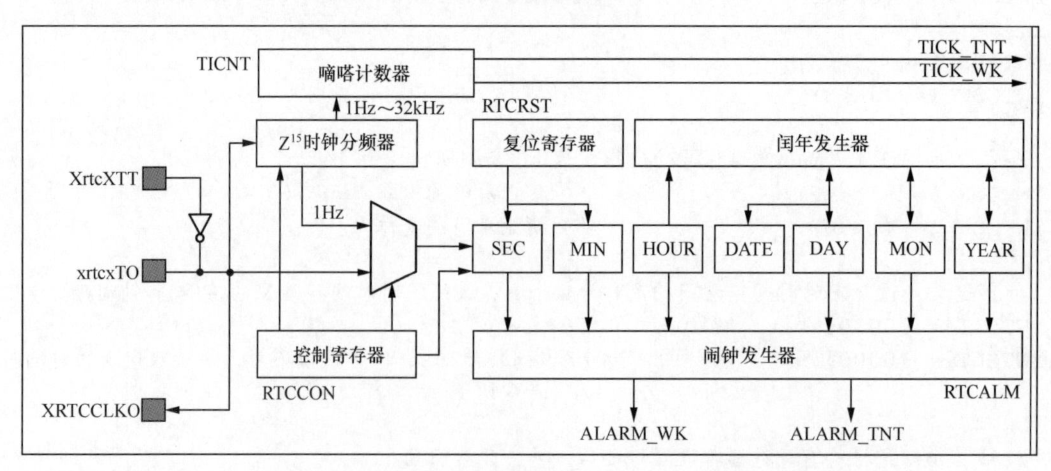

■ 图 9-18

闹钟发生器可以用来设置闹钟时间，时间一到会产生 RTC 闹钟中断，通知系统闹钟所定的时间到了。闹钟定时是定的时间点，而定时器定时是定的时间段。

9.7.2 S5PV210 RTC 的主要寄存器

S5PV210 RTC 的主要寄存器有 INTP（中断挂起）寄存器、RTCCONRTC 控制寄存器、RTCALM ALM××× 与闹钟功能有关的寄存器、BCD××× 时间寄存器。

9.7.3 BCD 码介绍

RTC 中的所有时间（年、月、日、时、分、秒、星期，包括闹钟时间）都是用 BCD（Binary-Coded Decimal，二进制编码的十进制）码编码的。

BCD 码本质上是针对数字的一种编码，用来解决以下问题，比如由 56 得到 0x56（或者反过来），也就是说我们希望十进制的 56 可以被编码成 56。这里的后一个 56 不是十进制数 56，而是两个数字，即 5 和 6。BCD 码的作用在于可以将十进制数拆成组成这个十进制数的各个数字的编码，变成编码后就没有位数的限制了。如我有一个很大的数 123456789123456789，如果这个数写入代码中肯定超出了整型数的范围，计算机无法直接处理。要想让计算机处理这个数，首先应能“表达”这个数，表达的方式就是先把这个数转换成对应的 BCD 码（123456789123456789）。

BCD 码在计算机中可以用十六进制的形式来表示，也就是说十进制的 56 转成 BCD 码后是 56，在计算机中用 0x56 来表达（暂时存储与运算）。这就需要写两个函数，一个用来将 BCD 码转换成十进制数，一个用来将十进制数转换成 BCD 码。当我们要设置时间时，例如要设置为 23 分，需要将这个 23 转成 0x23，然后赋值给相应的寄存器 BCDMIN；当我们从寄存器 BCDMIN 中读取一个时间时（如读取到的是 0x59），需要将之当作 BCD 码，转换成十进制数再去显示（0x59 当作 BCD 码就是 59，转换成十进制数就是 59，所以显示的就是 59 分）。

9.8 RTC 编程实战

本节将进行 RTC 的编码实战，在 9.7 节讲解 RTC 寄存器的基础上，编程实现 RTC 时间的设置、读取、显示，以及闹钟功能的演示。这些都是 RTC 最常用的功能。

9.8.1 编程注意事项

① 为了安全，默认情况下 RTC 读/写是禁止的，此时读/写 RTC 的时间是不被允许的；

当我们要更改 RTC 时间时，应该先打开 RTC 的读 / 写开关，然后进行读 / 写操作，操作完后立即关闭读 / 写开关。

② 读 / 写 RTC 寄存器时，一定要注意 BCD 码和十进制数之间的转换。

③ 年的问题。S5PV210 中做了个设定，BCDYEAR 寄存器存的并不是完整的年数，而是基于 2000 年的偏移量来记录的，例如，2015 年实际存的就是 15（2015–2000=15）。还有些 RTC 芯片是基于 1970 年的偏移量来记录的。

9.8.2 实战步骤详解

本项目基于本章看门狗触发中断实战项目的源码，修改它来进行 RTC 时间写入、读出及触发闹钟中断的操作。编程实战的步骤如下。

① 按前文讲述的理论编写 C 语言主函数、子函数。

② 从本章裸机编程看门狗触发中断实战项目中复制文件，对 Makefile 进行相应的修改，供本项目使用，并将步骤①中获得的两个 C 程序文件添加进项目，还需在头文件 main.h 中对其进行声明。

③ 将以上准备好的文件复制到虚拟机共享文件目录的一个文件夹下（用户可自定义存放位置），其相应文件如图 9-19 所示。

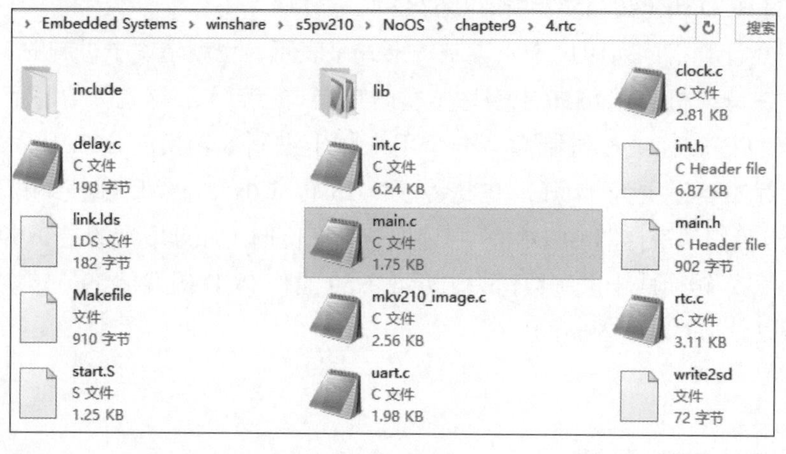

■ 图 9-19

main.c 和 rtc.c 为步骤①中新编写的两个 C 程序文件。

main.h 头文件中需要包含 rtc.c 程序文件中的各子函数的声明、定义结构体变量。

delay.c 这个程序文件用于延时，在函数运行时多处要用到，因比较简单，此处不给出示例程序。

修改 Makefile，以适应当前的项目。

start.S、clock.c、uart.c、mkv210_image.c、link.lds、write2sd、int.c、int.h 这 8 个程序文件从 WDT 触发中断实战项目中移植而来，不需要做任何变动，实现启动裸机、时钟初

始化、串口通信、在 Linux 系统环境下编译程序并发送 2 个值至 2 个扩展名为 bin 的烧录文件、脚本、中断初始化等功能；include、lib 文件夹内的数据也不需要动，其中包含了头文件信息和串口输出等功能文件。

④ 开启虚拟机，进入 Linux 系统开发界面，获取 root 权限。

⑤ 在 Linux 系统下更改当前目录至存放以上文件的目录下。

⑥ 输入 ls 命令，查看文件是否齐全，检查程序目录，如图 9-20 所示。

```
root@ubuntu:/mnt/hgfs/winshare/s5pv210/noos/chapter9/4.rtc# ls
clock.c  include  int.h  link.lds  main.h    mkv210_image.c  start.S  write2sd
delay.c  int.c    lib    main.c    Makefile  rtc.c           uart.c
```

■ 图 9-20

⑦ 输入 make 命令，编译程序，如图 9-21 所示，将获得 rtc.bin（USB 串口调试用）和 210.bin（SD 卡烧录用）两个程序文件，这将是下载或烧录时要用到的程序。

```
arm-linux-ar: creating libc.a
make[1]: Leaving directory `/mnt/hgfs/winshare/s5pv210/noos/chapter9/4.rtc/lib'
arm-linux-ld -Tlink.lds -o rtc.elf start.o clock.o uart.o delay.o main.o int.o rtc
.o lib/libc.a
arm-linux-objcopy -O binary rtc.elf rtc.bin
arm-linux-objdump -D rtc.elf > rtc_elf.dis
gcc mkv210_image.c -o mkx210
./mkx210 rtc.bin 210.bin
root@ubuntu:/mnt/hgfs/winshare/s5pv210/noos/chapter9/4.rtc# 
```

■ 图 9-21

⑧ 制作 SD 启动卡，将 210.bin 的烧录文件写入 SD 卡，插入开发板 SD2 插槽，对此我们在第 3 章有详细讲解，在此不赘述；然后将开发板连接到计算机，打开 SecureCRT 串口监视窗口，并连接上串口。注意此处不使用 USB 下载，而采用 SD 卡烧录启动的方式（串口输出的值会有略微不同，读者可以自己去尝试）。

⑨ 将 OM 切换至 SD 卡启动模式，按启动按钮，程序运行，可以在 SecureCRT 串口监视窗口中看到图 9-22 所示的输出信息，其中第 1 行为向 RTC 写入时间、读出刚写入时间的输出，后面的所有数据为 RTC 触发闹钟中断操作的输出。

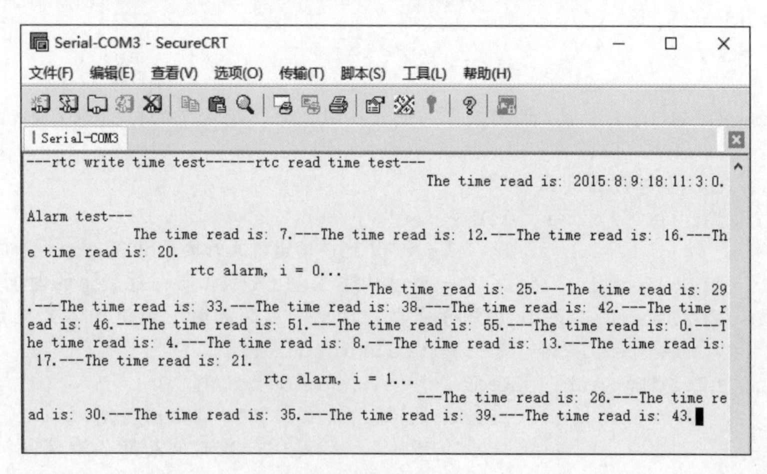

■ 图 9-22

⑩ 在 Linux 系统下输入 make clean 命令，清除编译链接获得的所有文件。

⑪ 修改用 C 语言编写的 main 主函数的源码，将函数中的时间值进行更改。

⑫ 在 Linux 系统下输入 make 命令重新编译，并烧录 SD 卡，启动后将发现图 9-22 内第 2 行显示的数据输出已经变成了更改后的时间。

9.8.3 示例程序详解

下面对步骤①、②所涉及的程序进行详细解说，其他的请读者结合上文的相关内容自己独立完成。

编写主函数——main 函数，使之向 RTC 写入时间，从 RTC 中读出时间，时间到时触发闹钟中断。代码如下。

```
#include "stdio.h"                    //包含输入输出函数头文件
#include "int.h"                      //包含中断初始化头文件
#include "main.h"                     //包含头文件 main.h，包含对子函数的声明

int main(void)
{
 uart_init();

 //第 1 步：向 RTC 各寄存器写入时间
 printf("---rtc write time test---");
                                      //输出 RTC 写入时间的提示至 SecureCRT 串口监视窗口
 struct rtc_time tWrite =             //定义时间结构体变量 tWrite，并向各项输入时间数据
 {                                    //2020 年 8 月 9 日 18 时 11 分 3 秒星期日
      .year = 2020,
      .month = 8,
      .date = 9,
      .hour = 18,
      .minute = 11,
      .second = 3,
      .day = 0,
 };
 rtc_set_time(&tWrite); //调用设置时间子函数，写入刚定义的结构体变量 tWrite

 //第 2 步：从 RTC 各寄存器读出时间
 printf("---rtc read time test---\n");
                                      //输出 RTC 读出时间的提示至 SecureCRT 串口监视窗口
 struct rtc_time tRead;  //定义一个结构体变量 tRead 来存放读出的时间
 rtc_get_time(&tRead);   //调用子函数，读出刚定义的时间至结构体变量 tRead
 printf( "The time read is: %d:%d:%d:%d:%d:%d:%d.\n",
 tRead.year, tRead.month, tRead.date, tRead.hour,
 tRead.minute, tRead.second, tRead.day);//输出 RTC 读出的时间
 delay();                             // 延时一段时间后开始测试闹钟触发中断
```

```
//第 3 步：RTC 触发闹钟实验
printf("Alarm test---\n");                   //闹钟实验
system_init_exception();                     //中断初始化
rtc_set_alarm();                             //调用触发闹钟中断子函数

intc_setvectaddr(NUM_RTC_ALARM, isr_rtc_alarm);
                                             //绑定 ISR 到中断控制器硬件
intc_enable(NUM_RTC_ALARM);                  //使能中断
while (1)
{
    rtc_get_time(&tRead);                    //再从 RTC 读出时间
    printf("The time read is: %d.", tRead.second); //只输出秒数
    delay();                                 //调用延时函数，延时一段时间再输出
    printf("---");
}
return 0;
}
```

编写子函数，完成十进制数与 BCD 码的转换，设置 RTC，读出 RTC，设置闹钟，闹钟时间到后调用 ISR。首先创建 rtc.c 程序文件，编写子函数。代码如下。

```
#include "main.h"                            //用到头文件中定义的结构，输出函数
#define  RTC_BASE   (0xE2800000)
#define  rINTP      (*((volatile unsigned long *)(RTC_BASE + 0x30)))
#define  rRTCCON    (*((volatile unsigned long *)(RTC_BASE + 0x40)))
#define  rTICCNT    (*((volatile unsigned long *)(RTC_BASE + 0x44)))
#define  rRTCALM    (*((volatile unsigned long *)(RTC_BASE + 0x50)))
#define  rALMSEC    (*((volatile unsigned long *)(RTC_BASE + 0x54)))
#define  rALMMIN    (*((volatile unsigned long *)(RTC_BASE + 0x58)))
#define  rALMHOUR   (*((volatile unsigned long *)(RTC_BASE + 0x5C)))
#define  rALMDATE   (*((volatile unsigned long *)(RTC_BASE + 0x60)))
#define  rALMMON    (*((volatile unsigned long *)(RTC_BASE + 0x64)))
#define  rALMYEAR   (*((volatile unsigned long *)(RTC_BASE + 0x68)))
#define  rRTCRST    (*((volatile unsigned long *)(RTC_BASE + 0x6C)))
#define  rBCDSEC    (*((volatile unsigned long *)(RTC_BASE + 0x70)))
#define  rBCDMIN    (*((volatile unsigned long *)(RTC_BASE + 0x74)))
#define  rBCDHOUR   (*((volatile unsigned long *)(RTC_BASE + 0x78)))
#define  rBCDDATE   (*((volatile unsigned long *)(RTC_BASE + 0x7C)))
#define  rBCDDAY    (*((volatile unsigned long *)(RTC_BASE + 0x80)))
#define  rBCDMON    (*((volatile unsigned long *)(RTC_BASE + 0x84)))
#define  rBCDYEAR   (*((volatile unsigned long *)(RTC_BASE + 0x88)))
#define  rCURTICCNT (*((volatile unsigned long *)(RTC_BASE + 0x90)))
#define  rRTCLVD    (*((volatile unsigned long *)(RTC_BASE + 0x94)))
//以上定义 RTC 相关寄存器

// 函数功能：把十进制 num 转换成 BCD 码，如把 56 转换成 0x56
static unsigned int num_2_bcd(unsigned int num)
{
 return (((num / 10)<<4) | (num % 10));        // 第 1 步：把 56 拆分成 5 和 6
```

```
                                                       // 第 2 步：把 5 和 6 组合成 0x56
}

// 函数功能：把 BCD 码表示的 bcd 转换成十进制，如把 0x56 转换成 56
static unsigned int bcd_2_num(unsigned int bcd)
{
 return (((bcd & 0xF0)>>4)*10 + (bcd & (0x0F))); // 第 1 步：把 0x56 拆分成 5 和 6
                                                       // 第 2 步：把 5 和 6 组合成 56
}

// 函数功能：设置 RTC 时间
void rtc_set_time(const struct rtc_time *p)
{
 rRTCCON |= (1<<0);                                    // 第 1 步：打开 RTC 读 / 写开关

 rBCDYEAR = num_2_bcd(p->year - 2000);                 // 第 2 步：写 RTC 时间寄存器
 rBCDMON = num_2_bcd(p->month);
 rBCDDATE = num_2_bcd(p->date);
 rBCDHOUR = num_2_bcd(p->hour);
 rBCDMIN = num_2_bcd(p->minute);
 rBCDSEC = num_2_bcd(p->second);
 rBCDDAY = num_2_bcd(p->day);

 rRTCCON &= ~(1<<0);                                   // 第 3 步：关上 RTC 读 / 写开关
}

// 函数功能：读出 RTC 时间
void rtc_get_time(struct rtc_time *p)
{
 rRTCCON |= (1<<0);                                    // 第 1 步：打开 RTC 读 / 写开关

 p->year = bcd_2_num(rBCDYEAR) + 2000;                 // 第 2 步：读 RTC 时间寄存器
 p->month = bcd_2_num(rBCDMON);
 p->date = bcd_2_num(rBCDDATE);
 p->hour = bcd_2_num(rBCDHOUR);
 p->minute = bcd_2_num(rBCDMIN);
 p->second = bcd_2_num(rBCDSEC);
 p->day = bcd_2_num(rBCDDAY);

 rRTCCON &= ~(1<<0);                                   // 第 3 步：关上 RTC 读 / 写开关
}

// 函数功能：设置闹钟时间
void rtc_set_alarm(void)
{
 rALMSEC = num_2_bcd(23);                              // 设置闹钟响铃时间为 23s
 rRTCALM |= 1<<0;                                      // 开启秒位响铃
 rRTCALM |= 1<<6;                                      // 开启闹钟总开关
}
```

```
// 函数功能：闹钟时间到后触发中断，执行 ISR
void isr_rtc_alarm(void)                             // 设置闹钟 ISR
{
 static int i = 0;
 printf("\n rtc alarm, i = %d...\n", i++);           // 有输出，表示闹钟 ISR 已执行

 intc_clearvectaddr();                               // 清中断
 rINTP |= (1<<1);                                    // 设置闹钟中断等待位
}
```

修改 Makefile。从本章裸机编程看门狗触发中断实战项目中复制文件，对 Makefile 进行相应修改，以适应本项目的要求。在 Makefile 中，修改第 15 行 Makefile 的目标文件，改为当前项目名 rtc.bin，在后面的依赖中增加 rtc.o、delay.o，删除 wdt.o。代码如下。

```
CC          = arm-linux-gcc
LD          = arm-linux-ld
OBJCOPY     = arm-linux-objcopy
OBJDUMP     = arm-linux-objdump
AR          = arm-linux-ar

INCDIR := $(shell pwd)
# C 预处理器的 flag，flag 就是编译器可选的选项
CPPFLAGS     := -nostdlib -nostdinc -I$(INCDIR)/include
# C 编译器的 flag
CFLAGS       := -Wall -O2 -fno-builtin

# 将这些变量导出到全局，其实就是给子文件夹下面的 Makefile 使用
export CC LD OBJCOPY OBJDUMP AR CPPFLAGS CFLAGS

objs := start.o clock.o uart.o delay.o main.o int.o rtc.o
objs += lib/libc.a

rtc.bin: $(objs)
 $(LD) -Tlink.lds -o rtc.elf $^
 $(OBJCOPY) -O binary rtc.elf rtc.bin
 $(OBJDUMP) -D rtc.elf > rtc_elf.dis
 gcc mkv210_image.c -o mkx210
 ./mkx210 rtc.bin 210.bin

lib/libc.a:
 cd lib;    make; cd ..

%.o : %.S
 $(CC) $(CPPFLAGS) $(CFLAGS) -o $@ $< -c

%.o : %.c
 $(CC) $(CPPFLAGS) $(CFLAGS) -o $@ $< -c
```

```
clean:
 rm *.o *.elf *.bin *.dis mkx210 -f
 cd lib; make clean; cd ..
```

在 RTC 实战项目中，我们编写了较多的子函数，还定义了一个结构体，这都需要在 main.h 头文件中进行声明，以便使用时直接将其置于函数最前面。代码如下。

```
#ifndef __MAIN_H__
#define __MAIN_H__

// main.h 就是用来存放各个外设的操作函数的声明的

void uart_init(void);                                // 声明串口初始化子函数

struct rtc_time                                      // 定义 RTC 结构体变量
{
 unsigned int year;
 unsigned int month;
 unsigned int date;                                  // 几号
 unsigned int hour;
 unsigned int minute;
 unsigned int second;
 unsigned int day;                                   // 星期几
};

void rtc_set_time(const struct rtc_time *p);         // 声明设置 RTC 子函数
void rtc_get_time(struct rtc_time *p);               // 声明读出 RTC 子函数
void isr_rtc_alarm(void);                            // 声明 RTC 触发闹钟 ISR
void rtc_set_alarm(void);                            // 声明闹钟设置子函数
void delay(void);                                    // 声明延时函数

#endif
```

9.9 习题

1．BCD 码的原理是什么？

2．简述 PWM 波形的占空比的计算方法。

3．看门狗的作用是（　　）。

A．看门　　B．定时器，用作闹钟

C．当宠物　　D．程序死机后重启程序

第 10 章　SD 卡启动

本章将介绍 SD 卡，并且详解从 SD 卡启动的过程。同时，本章也是学习 U-Boot 启动的基础。

10.1　SD 卡的特点和背景知识

内存和外存的相关知识已经在第 2 章中详细介绍过了，这里不赘述，接下来介绍涉及 SD 卡的内容。

SD 卡、MMC、MicroSD 卡、TF 卡，这些卡内部都是 Flash 存储颗粒，相比 NAND Flash 而言多了统一的外部封装和接口，即这些卡有了统一的标准。如 SD 卡都要遵照 SD 卡的技术规范来发布，这些规范规定了 SD 卡的读 / 写速度、读 / 写接口时序、读 / 写命令集、卡的尺寸、引脚个数等。这些规范可以让不同厂家的 SD 卡通用。

目前存储器的发展趋势是往 iNAND、MoviNAND、eSSD 等方向发展，但是 SD 卡、MMC、MicroSD 卡、TF 卡这些卡目前还在开发板中被广泛使用，其中的重要原因是它们携带方便、使用简单、可以量产等。这几种卡的区别如下。

从外观尺寸上来看，MMC 和 SD 卡的长宽一样，SD 卡略厚。MMC 使用 MMC 标准，SD 卡使用 SD 标准。但由于 MMC 标准比 SD 标准制定得早，且 SD 标准兼容 MMC 标准，因此 MMC 可以被 SD 卡的读卡器读 / 写，而 SD 卡不可以被 MMC 的读卡器读 / 写。

MicroSD 卡原名为 TF 卡，2004 年正式更名为 MicroSD 卡，由闪迪（SanDisk）公司开发，传输原理与 SD 卡相同。它与 SD 卡的区别主要体现在用途方面：MicroSD 卡主要应用于移动电话、全球定位系统（Global Positioning System，GPS）设备、便携式音乐播放器和一些快闪存储器中；而 SD 卡被广泛用于便携式装置，例如数码相机、个人数码助理（Personal Digital Assistant，PDA）和多媒体播放器，是目前消费电子产品中应用最广泛的一种存储卡。MicroSD 卡尺寸较小，可以通过转接卡变成 SD 卡的尺寸。

10.2 SD 卡的编程接口

10.2.1 物理接口

SD 卡的物理结构如图 10-1 所示。

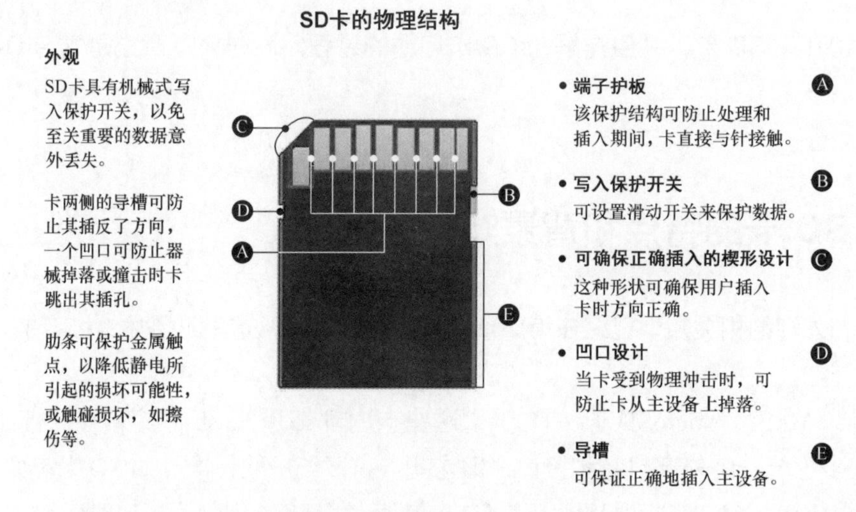

■ 图 10-1

从图 10-1 中我们可以看出，这个 SD 卡由 9 个引脚与外界进行物理连接。这 9 个引脚中，2 个接地，1 个接电源，其余 6 个接信号线。

10.2.2 SD 协议与 SPI 协议

SD 卡与 SRAM/DDR/SROM 之类的存储器不同，SRAM/DDR/SROM 之类的连接方式属于总线式连接，只要初始化好之后就可以由 SoC 直接以地址方式来访问；但是 SD 卡不能通过接口地址来访问，它的访问需要一定的接口协议（时序）。SD 卡虽然只有一种物理接口，但是它支持两种读/写协议，即 SD 协议和 SPI（Serial Peripheral Interface，串行外设接口）协议。

SPI 协议是在单片机中被广泛使用的一种通信协议，并不是为 SD 卡专门发明的，它相对 SD 协议来说，传输速度比较慢。SD 卡支持该协议，就是为了方便在单片机中使用。

SD 协议的特点是高速、接口时序复杂，适合有 SDIO 接口的 SoC。SD 协议是基于命令和数据的，开始于起始位，结束于结束位。命令和响应都是通过 CMD 线来传输的，数据是通过数据线来传输的。命令都是由主机发起的，响应都是由 SD 卡发出的。SD 协议就是一整套命令、响应和数据的规范，它是专门用来和 SD 卡通信的，它要求 SoC 中有 SoC 控制器，运行在高速率下，同时要求 SoC 主频不能太低。

S5PV210包含了SD/MMC控制器，参考S5PV210数据手册section 8.7部分，从数据手册中我们可以了解到SD卡内部除了有存储单元Flash之外，还有SD卡管理模块。当SoC和SD卡通信时，通过9个引脚以SD协议/SPI协议向SD卡管理模块发送命令、时序、数据等信息，然后从SD卡管理模块返回信息给SoC来交互。工作时每一个任务（如初始化SD卡，对一个块写、擦除等）都需要一定的时序来完成（所谓时序就是先向SD卡发送命令，然后SD卡回复命令，再重复这样的操作）。

10.3　S5PV210的SD卡启动详解

10.3.1　SoC为何要支持SD卡启动

SoC为何要支持SD卡启动？首先这涉及SoC的设计理念：SoC支持的启动方式越多，使用时就越方便，用户的可选择性就越大，SoC的适用面就越广。正是基于这样的理念，人们在开发板上设计了SD卡启动方式。除了这个设计理念之外，使用SD卡启动还有一些好处，如可以在不借用专用烧录工具（类似Jlink仿真器）的情况下对SD卡进行刷机，可以用SD卡启动进行量产刷机。

例如我们所使用的X210开发板。开发板硬件焊接好以后，内部iNAND是空的，此时开发板无法直接启动，开发板出厂前官方刷机时把事先做好的量产卡插入SD卡插槽，然后用iNAND方式启动实现量产。原理是iNAND为空第一启动失败，转为第二启动，这时就从外部SD2通道的SD卡启动。启动后会执行刷机操作对iNAND进行刷机，刷机完成后自动重启（这次重启时iNAND中已经不为空可以启动了）。刷机完成后拔掉SD卡，烧机48h，无死机现象即可装箱待发货。

10.3.2　SD卡启动的难点在哪里

前面提到SRAM、NOR Flash、DDR都采用总线式访问方式。SRAM和NOR Flash不需初始化即可直接使用，而DDR需要初始化后才能使用。总之CPU可以直接和这些存储器“打交道”；而SD卡/NAND Flash跟前面的不同，它们采用非总线式访问方式，CPU不能直接与之打交道，需要通过时序来访问，这就给启动带来了一个难题，即如何让它启动。

为了避免这种问题，以前使用NOR Flash作为启动介质，台式计算机的BIOS就是NOR Flash做的。后来三星为了支持SD卡/NAND Flash启动，在S3C 2440芯片中使用了启动基石（SteppingStone）技术，让SD卡/NAND Flash也可以作为启动介质。SteppingStone技术就是在SoC内置4KB的SRAM，开机时SoC根据OM判断用户设置的启动方式，如果是 NAND Flash 启动，则 SoC 的启动部分的硬件直接从外部 NAND Flash 中读取存储器开头地址的 4KB 程序到内部 SRAM 作为启动内容。

随着 SteppingStone 技术的进一步发展，其在 S3C 6410 芯片中得到完善，在 S5PV210 芯片中已经完全成熟，并且 SRAM 的容量已扩大为 96KB。其实，这个时候的 S5PV210 不仅是 SRAM 容量扩大了，而且有一段 iROM 代码直接在 iROM 中执行（作为 BL0）。BL0 执行过程中读取 BL1 到 SRAM 中执行（S5PV210 中的 BL0 做的事情在 S3C 2440 中也有，只不过那时候是硬件自动完成的，而且体系没有 S5PV210 中的这么详细）。

在分析 S5PV210 的启动之前，我们得明白，三星推荐的启动方式涉及 BL0、BL1、BL2，但是并不意味着必须按照这个方式去启动，X210 开发板就不是这样启动的。X210 开发板启动时首先执行内部的 iROM（也就是 BL0），BL0 会根据 OM 决定从哪个设备启动，如果启动设备是 SD 卡，则 BL0 会从 SD 卡读取前 16KB 到 SRAM 中去启动执行（这部分是 BL1，这就涉及 SteppingStone 技术），BL1 执行完之后，剩下的就是软件的事情了，SoC 就不用“操心”了。

10.3.3 SD 卡启动流程

SD 卡的启动流程分以下两种情况。

第一种情况：整个镜像文件的大小小于 16KB。这时候相当于整个镜像文件作为 BL1 被 SteppingStone 直接硬件加载执行了。

第二种情况：整个镜像文件的大小大于 16KB。这时候就要把整个镜像文件分为两部分，第一部分为 16KB，第二部分是剩下的大小。然后第一部分作为 BL1 被 SteppingStone 加载启动，负责去初始化 DRAM 并且将第二部分（实际就是整个 U-Boot）加载到 DRAM 中去执行（从 U-Boot 启动就有这样的步骤）。

SD 卡 /NAND Flash 是在哪里被初始化的呢？ iROM 究竟是怎样读取 SD 卡 /NAND Flash 的呢？通过查询数据手册的 S5PV210_iRom_ApplicationNote 部分了解到，三星在 iROM 中事先内置了一些可初始化 SD 卡 /NAND Flash 的代码，并且内置了读取各种 SD 卡 /NAND Flash 的代码。BL0 执行时就是通过执行里面的一些代码初始化 SD 卡，通过调用 block device copy function 来读取外部 SD 卡 /NAND Flash 中的 BL1。

10.3.4 SoC 支持 SD 卡启动的秘密

三星系列的 SoC 支持 SD 卡 /NAND Flash 启动，主要依靠 SteppingStone 技术。那么支持 SteppingStone 技术的代码又是什么呢？其实它就是内部的 iROM 代码。

iROM 中完成相关初始化和读 / 写最关键的步骤是使用变量 globalBlockSize、变量 globalSDHCInfoBit、变量 V210_SDMMC_BASE 和函数指针（Device Copy Function

中的 CopySDMMCtoMem 指针）。其中变量 globalBlockSize 是块的总数量；变量 globalSDHCInfoBit 是位模式，如 globalSDHCInfoBit[2] 就是 SD 卡；变量 V210_SDMMC_BASE 是指当前通道序号；CopySDMMCtoMem 指针是指把 SD 卡的内容读取到内存中去。

10.3.5 扇区和块的概念

在 iROM 内部代码中，许多地方涉及块的概念，本节将对与块相关的概念做简要讲解。早期的块设备就是软磁盘、硬磁盘这类磁存储设备，这类设备的存储单元不以字节（B）为单位，而以扇区为单位。磁存储设备读 / 写的最小单元就是扇区，不能只读或只写部分扇区。这个限制是磁存储设备本身物理方面的原因造成的，但成了我们编程时必须遵守的规则。一个扇区的容量很大（一般是 512B）。早期的磁盘扇区是 512B，实际上后来的磁盘扇区可以做得比较大（如 1024B、2048B、4096B 等），但是因为原来最早是 512B，很多的软件（包括操作系统和文件系统）已经默认了 512B，所以后来的硬件虽然从物理上讲可以支持更大的扇区，但是实际上一般还是更兼容 512B 的扇区。

一个扇区可以被看成是一个块（块就是指多个字节组成的一个共同的操作单元），所以就把这一类的设备称为块设备。常见的块设备有硬磁盘、DVD 和 Flash 设备（U 盘、SSD、SD 卡、NAND Flash、NOR Flash、eMMC、iNAND 等）。Linux 系统里的 MTD（Memory Technology Device，内存技术设备）驱动就是用来管理这类块设备的。磁盘和 Flash 以块为单位来读 / 写，这就决定了启动时 device copy function 只能以块为单位来读取 SD 卡。

10.3.6 用函数指针方式调用 device copy function

调用函数有很多种方式，以下两种方式都可以实现对函数的调用。

第一种方式：宏定义方式来调用。

#define CopySDMMCtoMem(z,a,b,c,e)(((bool(*)(int, unsigned int, unsigned short, unsigned int*, bool))(*((unsigned int *)0xD0037F98)))(z,a,b,c,e))，直接调用宏就可以了。好处是简单方便，坏处是编译器不能帮我们做参数的静态类型检查。数据手册提供的就是宏，但是我们在编写代码中通常使用第二种方式。

第二种方式：用函数指针方式来调用。

```
typedef unsigned int bool;
typedef bool(*pCopySDMMC2Mem)(int, unsigned int, unsigned short, unsigned
int*, bool);
pCopySDMMC2Mem p1 =(pCopySDMMC2Mem)(*(unsigned int*)0xD0037F98);
p1(x,x,x,x,x);// 或者 (*p1)(x,x,x,x,x);
```

这种方式可以有效弥补方式一的缺陷，但缺点是需要写的代码较多。

10.4 S5PV210 的 SD 卡启动实战

10.4.1 任务：大于 16KB 的 .bin 文件使用 SD 卡启动

我们借鉴 U-Boot 启动过程，将代码分为两部分。总体思路如下：第一部分 BL1 小于或等于 16KB，第二部分为任意大小，iROM 代码执行完成后从 SD 卡启动会自动读取 BL1 到 SRAM 中执行，BL1 执行时负责初始化 DDR，然后手动将 BL2 从 SD 卡复制到 DDR 中的正确位置，BL1 远跳转到 BL2 中并执行 BL2。在这个过程中，要注意以下几个细节。

细节 1：程序是如何安排的。整个程序被分为两个文件夹，即 BL1 和 BL2，各自管理各自的项目。

细节 2：BL1 中要完成的工作包括关看门狗、设置栈、开 iCache、初始化 DDR、从 SD 卡复制 BL2 到 DDR 中的特定位置，以及跳转执行 BL2。

细节 3：BL1 在 SD 卡中必须从 Block1 开始（Block0 不能用，这个是三星官方规定的），大小为 16KB 以内，我们暂定为 16KB（也就是 32 个 block）。理论上 BL1 可以从 33 扇区开始，但是实际上为了安全都会留一些空扇区作为隔离，如可以从 45 扇区开始，大小由用户自己定（根据 BL2 大小来分配，由于此处的 BL2 非常小，因此这里定义 BL2 的大小为 16KB，也就是 32 扇区）。

细节 4：DDR 初始化好之后，整个 DDR 就可以使用了，这时在其中选择一个大小足够存放 BL2 的 DDR 空间即可，这里选择的地址是 0x23E00000（因为在 BL1 中只初始化了 DDR1，其地址的范围是 0x20000000 ~ 0x2FFFFFFF）。

10.4.2 代码划分为两部分（BL1 和 BL2）编写

分析清楚了步骤与细节，下面把代码分为两部分，即 BL1 和 BL2，然后分别去完成相应的功能，步骤如下。

本代码源自第 5 章的 sdram_init 案例，以此案例作为模板进行修改。

① 编写最外层的 Makefile，目的是通过执行该 Makefile，让 BL1 和 BL2 里面的代码都得到执行。代码如下。

```
all:
 make -C ./BL1
 make -C ./BL2

clean:
 make clean -C ./BL1
 make clean -C ./BL2
```

② 建立 BL1、BL2 文件夹，将 sdram_init 案例复制到 BL1 文件夹中，并且修改 start.S（主要是修改第 5 步，让它跳转到 sd_relocate.c 中去执行）。修改后的代码如下。

```
#define WTCON       0xE2700000
#define SVC_STACK   0xD0037d80
.global _start
_start:
 // 第 1 步：关看门狗（向 WTCON 的 bit5 写入 0 即可）
 ldr r0,=WTCON
 ldr r1,=0x0
 str r1,[r0]

 // 第 2 步：设置 SVC 栈
 ldr sp,=SVC_STACK

 // 第 3 步：设置 iCache
 mrc p15,0,r0,c1,c0,0;
 bic r0,r0,#(1<<12)
 orr r0,r0,#(1<<12)
 mcr p15,0,r0,c1,c0,0;

 // 第 4 步：初始化 DDR
 bl sdram_asm_init

 // 第 5 步：重定位，从 SD 卡第 45 扇区开始，复制 32 个扇区的内容到 DDR 的 0x23E00000
 bl copy_bl2_2_ddr

 // 最后的这个死循环不能丢
 b .
```

③ 创建一个 sd_relocate.c 文件，目的是复制 BL1 到内存中执行，这部分代码在后面讲解。

④ 加入 sd_relocate.c 文件后对 BL1 文件夹中的 Makefile 进行修改（主要是添加 sd_relocate.o 和修改编译后的镜像文件的名字）。修改后的代码如下。

```
bootloader1.bin: start.o  sdram_init.o sd_relocate.o
 arm-linux-ld -Tlink.lds -o bootloader1.elf $^
 arm-linux-objcopy -O binary bootloader1.elf bootloader1.bin
 arm-linux-objdump -D bootloader1.elf > bootloader1_elf.dis
 gcc mkv210_image.c -o mkx210
 ./mkx210 bootloader1.bin BL1.bin

%.o : %.S
 arm-linux-gcc -o $@ $< -c -nostdlib

%.o : %.c
 arm-linux-gcc -o $@ $< -c -nostdlib

clean:
 rm *.o *.elf *.bin *.dis mkx210 -f
```

对 link.lds 文件也要进行修改。因为下载的地址就是 0xD0020010，所以我们把链接地址改为 0xD0020010。

⑤ 通过以上的修改，BL1 部分基本编写完了，接下来编写 BL2 部分的代码。将 led.c、link.lds、start.S、Makefile 复制到 BL2 文件夹，并且修改 BL2 文件夹的 Makefile（主要是去掉 16B 的头文件和修改镜像文件的名字）。修改后的代码如下。

```
BL2.bin: start.o led.o
 arm-linux-ld -Tlink.lds -o BL2.elf $^
 arm-linux-objcopy -O binary BL2.elf BL2.bin
 arm-linux-objdump -D BL2.elf > BL2_elf.dis

%.o : %.S
 arm-linux-gcc -o $@ $< -c -nostdlib

%.o : %.c
 arm-linux-gcc -o $@ $< -c -nostdlib

clean:
 rm *.o *.elf *.bin *.dis mkx210-f
```

同理，对 link.lds 文件的链接地址进行修改，修改为 0x23E00000（此时运行在此地址）。

⑥ 最后，在 BL1 和 BL2 文件夹下分别创建一个 write2sd 文件，该文件是一个脚本文件，目的是对 BL1、BL2 分别进行烧录。该文件的代码如下。

```
#!/bin/sh
sudo dd iflag=dsync oflag=dsync if=./BL1/BL1.bin of=/dev/sdb seek=1
sudo dd iflag=dsync oflag=dsync if=./BL2/BL2.bin of=/dev/sdb seek=45
```

10.4.3 BL1 中的重定位

在上面的 BL1 阶段，我们基本上完成了该做的工作，只是还没有编写建立的 sd_relocate.c 文件。从上面的分析中我们了解到，该文件主要完成的是复制 SD 卡的内容到内存中执行，即完成重定位。代码如下。

```
#define SD_START_BLOCK    45
#define SD_BLOCK_CNT      32
#define DDR_START_ADDR    0x23E00000

typedef unsigned int bool;

// 通道号：0 或者 2
// 开始扇区号：45
// 读取扇区个数：32
// 读取后放入内存地址：0x23E00000
// with_init：0
typedef bool(*pCopySDMMC2Mem)(int, unsigned int, unsigned short,
unsigned int*, bool);
```

```
typedef void (*pBL2Type)(void);

void copy_bl2_2_ddr(void)
{

 // 第 1 步：读取 SD 卡扇区到 DDR 中
 pCopySDMMC2Mem p1 = (pCopySDMMC2Mem)(*(unsigned int*)0xD0037F98);

 p1(2, SD_START_BLOCK, SD_BLOCK_CNT, (unsigned int *)DDR_START_ADDR, 
0);        // 读取 SD 卡到 DDR 中

}
```

10.4.4 BL2 远跳转

由于 BL1 和 BL2 是两个独立的程序，链接时也是独立分开链接的，所以不能像以前一样使用 ldr pc, =main 这种方式实现远跳转到 BL2 执行。我们的解决方案是使用地址进行强制跳转。由于我们知道 BL2 在内存地址 0x23E00000 处，所以直接去执行这个地址即可实现 BL2 代码。相关代码如下（这部分代码继续在 10.4.3 小节的 sd_relocate.c 中添加，形成第 2 步）。

```
// 第 2 步：跳转到 DDR 中的 BL2 去执行
 pBL2Type p2 = (pBL2Type)DDR_START_ADDR;
 p2();
```

通过 10.4.2 小节、10.4.3 小节和本小节的上述操作，整个 SD 卡启动的代码就编写完了。接下来可以进行烧录，如果效果与我们预期的相同（LED 实现闪烁），那么代码编写成功，否则失败。

在 Linux 系统下执行烧录脚本，然后将 SD 卡插入开发板，发现没有任何反应。这个时候可以利用 LED 的效果进行排查，最后发现 pCopySDMMC2Mem p1 = (pCopySDMMC2Mem) 0xD0037F98 这句代码出现了问题。究其原因，发现在 0xD0037F98 地址中不能执行转换为函数指针的程序。因为该地址并不是一个函数的首地址，只是存放着一个函数的首地址，所以要进行如下转换，pCopySDMMC2Mem p1 = (pCopySDMMC2Mem)(*(unsigned int*)0xD0037F98)。代码修改成功后显示正确。

10.5 区别于将代码分为两部分的另一种启动方式

10.5.1 代码分为两部分启动的缺陷

把代码分为两部分的技术叫分散加载。分散加载可以解决一部分问题，但是比较麻烦，而且有缺陷，具体体现在两个方面：一是代码完全分成两部分，各自完全独立，代码的编写和组织较复杂；二是无法让项目兼容 SD 卡启动、NAND Flash 启动、NOR Flash 启动等各种启动方式。

10.5.2 U-Boot 的 SD 卡启动

针对上面的缺陷，我们参考 U-Boot 启动过程，设计第二种启动过程：程序代码仍然包括 BL1 和 BL2 两部分，但是在组织形式上不分为两部分，而是作为一个整体，即 BL1 还是以前的 BL1，而 BL2 包括所有的代码。它的实现方式是，iROM 启动后从 SD 卡的扇区 1 开始读取 16KB 的 BL1 并执行 BL1，BL1 负责初始化 DDR，然后从 SD 卡中读取整个程序（BL2）到 DDR 中，最后从 DDR 中执行（利用 ldr pc, =main 这种方式实现远跳转：从 SRAM 中执行的 BL1 跳转到 DDR 中执行的 BL2）。

10.5.3 分析 U-Boot 的 SD 卡启动细节

U-Boot 编译好之后超过了 200KB，远远多于 16KB。U-Boot 的组织方式就是前面的 16KB 在 BL1，剩下的部分在 BL2。U-Boot 在烧录到 SD 卡的时候，先截取 U-Boot.bin 的前 16KB（实际脚本截取的是 8KB）烧录到 SD 卡的 block1 ~ block32，然后将整个 U-Boot 烧录到 SD 卡的某个扇区中（如 49 扇区）。

实际上 U-Boot 从 SD 卡启动时，iROM 先执行，根据 OM 判断出从 SD 卡启动，然后从 SD 卡的 block1 开始读取 16KB（脚本 8KB）到 SRAM 并执行 BL1，BL1 在执行时负责初始化 DDR，并且从 SD 卡的 49 扇区开始复制整个 U-Boot 到 DDR 中的指定位置（0x23E00000）备用，然后继续执行 BL1，直到 ldr pc, =main 时，BL1 跳转到 DDR 上的 BL2 中接着进行 U-Boot 的第二阶段。U-Boot 中的这种启动方式与 10.4.2 小节讲的分散加载相比，能够兼容各种启动方式，更灵活。

10.6 习题

1. SD 卡和 TF 卡的区别是什么？
2. 什么是 SD 协议？
3. 什么是 SteppingStone 技术？
4. SD 卡如何实现启动？
5. 在重定位代码 pCopySDMMC2Mem p1 = (pCopySDMMC2Mem)(*(unsigned int*) 0xD0037F98)；中，为什么要把 0xD0037F98 转换成 unsigned int* 类型？

第 11 章　外存芯片 NAND Flash 和 iNAND

本章将主要介绍两种外存芯片，即 NAND Flash 和 iNAND，其中 iNAND 是现在的主要趋势。

11.1　NAND Flash 的型号和命名

以 K9F2G08 的命名为例：K 表示此芯片为存储芯片，9 表示此芯片为 NAND Flash，F 表示次级分类为 SLC（Single-Level Cell，单层单元），2G 表示存储容量为 2Gbit（256MB），08 表示数据线有 8 根。其实实际使用的芯片型号名称必然比示例长，此处示例只是想说明芯片的型号名称中带有很多信息，有经验的工程师可以通过型号名称来获取很多有用的信息。

11.1.1　NAND Flash 的数据位

NAND Flash 的数据位有两种：一种为 8 位，即有 8 位数据线的并行接口；另一种为 16 位，即有 16 位数据线的并行接口。另外，数据线上传输的不一定是有效数据，也有可能是命令或者地址信息等。

11.1.2　NAND Flash 的功能框图

我们在看功能框图之前，需要了解一下 NAND Flash 的抽象原理图，如图 11-1 所示。

大家可以将 NAND Flash 抽象地看成一个箱子，每一个小块可以存储 1 位（bit），以矩阵的形式组成。NAND Flash 单次访问的最小单位为页（Page），如图 11-1 所示。K9F2G08 的 Page 大小为 2KB，也就是说，如果要访问本 Page 的任意内容，必须将本 Page 的内容全部读取出来。1Page 或若干 Page 组成 1 个块（Block），我们可以获得 K9F2G08 的一个由 64Page 组成的 Block。若 K9F2G08 有 2048Block，那么我们可以得到 K9F2G08 的容量为 2048×64×2KB = 256MB。这就是典型的块设备。

那么块设备为什么要分 Block、Page 呢？块设备不能完全按照字节（B）访问是由于物理特性上的限制。其中 Page 为读 / 写 NAND Flash 的最小单位，Block 是擦除 NAND

Flash 的最小单位。

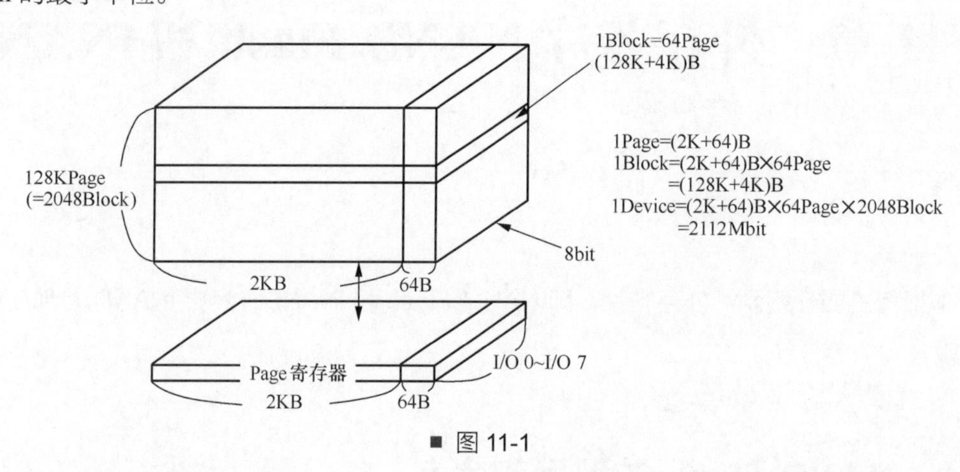

■ 图 11-1

接下来我们来看结构框图，如图 11-2 所示，从图中可以看到 NAND Flash 芯片内不仅有存储颗粒，还有管理接口电路。

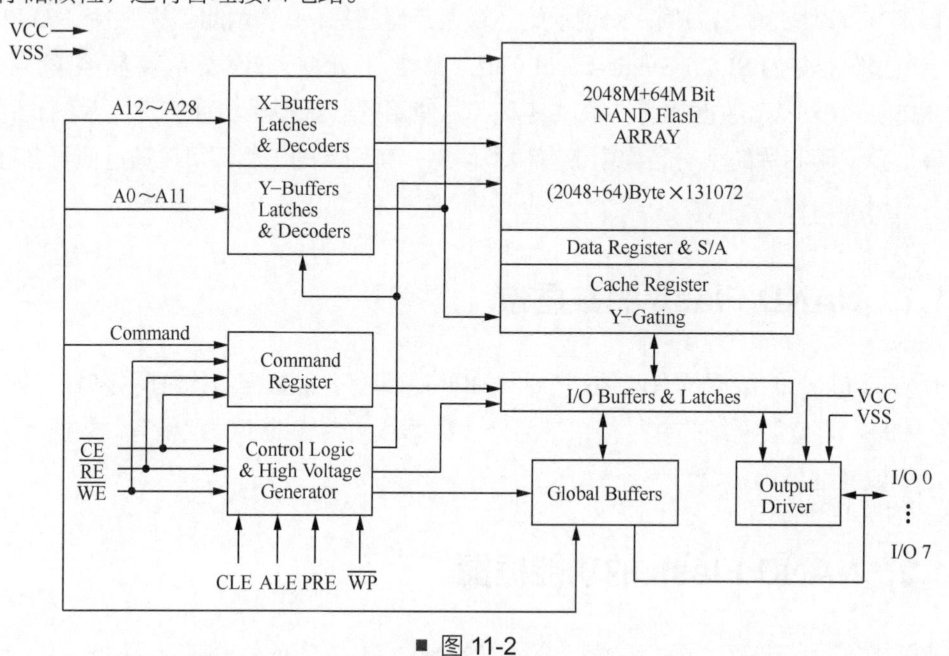

■ 图 11-2

X-Buffers（X 缓冲器）和 Y-Buffers（Y 缓冲器）电路负责管理访问的地址，通过 A0 ~ A28 位地址来确定，而接口电路中并没有地址总线，因为这些地址都是通过数据线来发送数据的。又因为数据线只有 8 根，所以地址就要分次通过 8 根数据线来传输。具体传输规则如表 11-1 所示。

表 11-1

周期	I/O 0	I/O 1	I/O 2	I/O 3	I/O 4	I/O 5	I/O 6	I/O 7	地址
第 1 个周期	A0	A1	A2	A3	A4	A5	A5	A7	列地址
第 2 个周期	A8	A9	A10	A11	*L	*L	*L	*L	列地址

续表

周期	I/O 0	I/O 1	I/O 2	I/O 3	I/O 4	I/O 5	I/O 6	I/O 7	地址
第 3 个周期	A12	A13	A14	A15	A16	A17	A18	A19	行地址
第 4 个周期	A20	A21	A22	A23	A24	A25	A26	A27	行地址
第 5 个周期	A28	*L	*L	*L	*L	*L	*L	*L	行地址

经过 5 个周期完成地址的传输。这种传输规则是为 8 位数据线的 NAND Flash 的统一接口制定的，也就是说这种传输规则是通用的。虽然这里的地址可以和每个单元对应，但是由于读 / 写的物理限制，通常在操作 NAND Flash 给予对应的地址时，都必须遵循 Page 对齐原则。有的芯片地址传输只使用 4 个周期，我们把这种芯片称为 4 Cycle NAND Flash。

图 11-2 所示结构框图中的其他电路部分我们只需要了解即可（一般 SoC 内部都有 NAND Flash 控制器来帮助控制），不必深究。

11.2 NAND Flash 的单元组织：Block 和 Page

不同的 NAND Flash，Page 的大小是不同的，有 512B、1024B、2048B、4096B 等。我们把 2048B 和 4096B 的 NAND Flash 称为大页 NAND Flash，把 512B 和 1024B 的称为小页 NAND Flash，这种称呼只是一种相对的称呼，没有固定的判断标准，只是为了启发读者，使自己有一个基础的判断。不仅 Page 的大小不同，各种 Block 的大小也不一定相同。所以 NAND Flash 一旦升级容量或者更换型号，要重新设计硬件，也要重新移植软件。

11.2.1 带内数据和带外数据

首先需要重新看一下 NAND Flash 的抽象原理图。在其中我们发现每一 Page 由两部分组成，一部分是固定的容量大小为 2KB 的空间，另一部分是 64B 的空间。2KB 部分用于带内数据，是我们真正用到的存储空间，平时计算容量时也只计算这一部分；64B 部分用于带外数据，它不能用来存储有效数据，只能用来存储差错校验（Error Checking and Correction，ECC）码数据、坏块标志等。

因为 NAND Flash 本身出错率高，所以我们对有效信息采用 ECC 算法处理，并将得到的 ECC 信息存储到带外数据区。等下次读取数据时，将有效数据进行 ECC 算法处理并与带外数据区的 ECC 信息进行比对，对比通过说明这段数据是有效的，对比失败则说明数据被损坏，可将数据丢弃。

在使用 NAND Flash 过程中会出现某些块无法读 / 写或擦除的情况，这时可称这个块为坏块。坏块的情况不能避免，所以 NAND Flash 在带外的固定位置存放这个块是否为坏块的标志。当使用 NAND Flash 时如果发现该标志位，读 / 写时将直接跳过该块。

11.2.2 NAND Flash 的地址时序和命令码

NAND Flash的地址有多位，可分4或5个周期通过数据线发送给NAND Flash进行寻址。

数据手册给出的 NAND Flash 接口命令如表 11-2 所示。SoC 要通过 NAND 控制器来控制 NAND Flash 就必须按照这些接口命令来发送命令、地址、数据等，NAND 控制器也通过这些接口命令与 SoC 进行通信。

表 11-2

Function（命令）	1st.Cycle（第1个循环）	2nd.Cycle（第2个循环）	Acceptable Command during Busy（忙时可接受的命令）
Read	00h	30h	
Read for Copy Back	00h	35h	
Read ID	90h	—	
Reset	FFh	—	○
Page Program	80h	10h	
Cache Program	80h	15h	
Copy Back Program	85h	10h	
Block Erase	60h	D0h	
Random Data Input	85h	—	
Random Data Output	05h	E0h	
Read Status	70h		○

11.3 NAND Flash 的坏块检查

检查坏块的具体流程可参考 K9F2G08 数据手册，一般流程如图 11-3 所示。

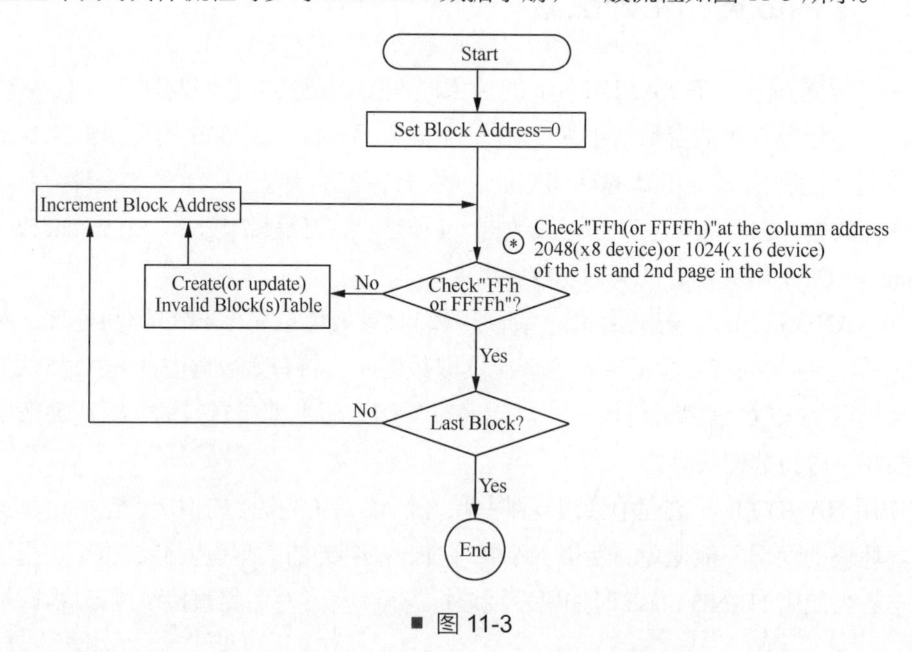

■ 图 11-3

首先，我们根据需要将块擦除（Flash 设备擦除后所有带内位都是 1），然后从 0 地址开始依次检查各字节是否为 FFh 或者 FFFFh（FFh 为 8 位，FFFFh 为 16 位），如果不是则表明该块是坏块。我们自己检测时，一般会将这个流程重复两次，用来排除读 / 写导致的假的坏块。

11.3.1 NAND Flash 的页写操作

页写操作流程如图 11-4 所示（在进行写操作时，应确保该页已经被擦除）。

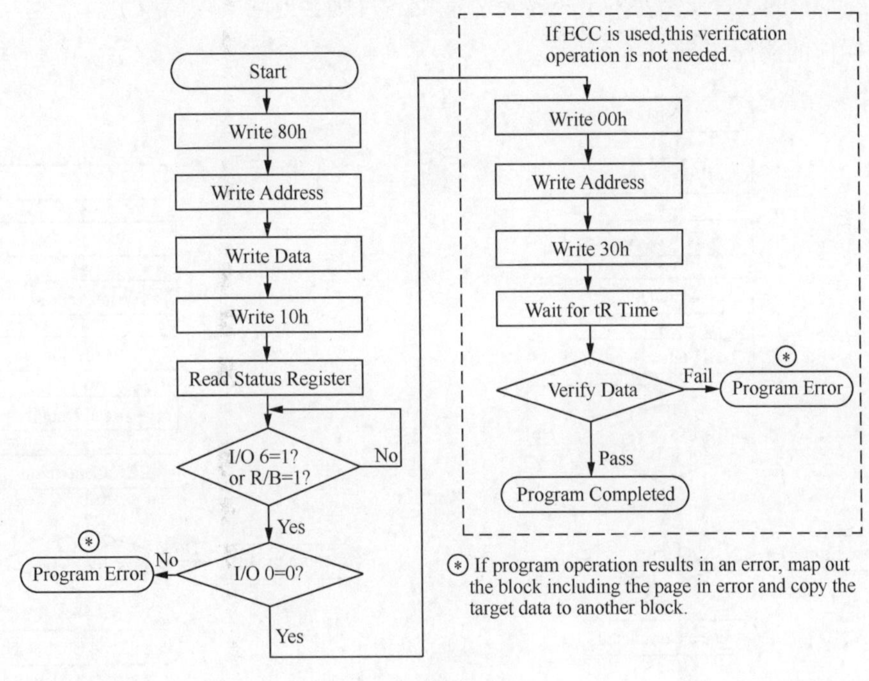

■ 图 11-4

SoC 通过自身的 NAND Flash 控制器与 NAND Flash 进行时序对接，然后按照时序要求将一页（1Page）数据发送给 NAND Flash 的接口电路。接口电路先接收数据到自己的缓冲区，再将数据集中写入 NAND Flash 的存储区域。因为写入需要时间，所以我们要根据状态寄存器的 bit6 或者 RnB（就绪 / 忙碌）线来读取忙碌状态，只有在接口电路空闲时才可以进行操作，也可以通过状态寄存器来判断上一条操作是否成功。写操作完成后，由于 NAND Flash 的读 / 写不稳定性，所以我们需要进行 ECC。

ECC 有两种，一种为硬件式校验，另一种为软件式校验。图 11-4 中右侧虚线框中的内容为软件式校验，它是将写入的数据读出并将其与写入的内容进行对比，若一致，则说明刚刚写入的正确。

SoC 的 NAND Flash 控制器可以提供硬件式校验。当我们操作 NAND Flash 时，只需要按照要求打开 ECC 生成开关。写入数据时，硬件会自动生成 ECC 数据并存放在相应的寄存器，我们只需要把这些数据存储在带外数据区即可。读取数据时，只要打开 ECC 开关就可以得到自动计算出的读取数据的 ECC 值，将该值与带外数据区的 ECC 数据进行校验，校验通过即成功。

11.3.2 NAND Flash 的擦除和页读操作

擦除操作的流程如图 11-5 所示。

需要注意的是，我们必须保证所给的地址块对齐。如果没有块对齐，将会出现结果不可知的情况（有的芯片支持不对齐的擦除，有的芯片则会返回失败信息）。

页读操作的流程如图 11-6 所示。

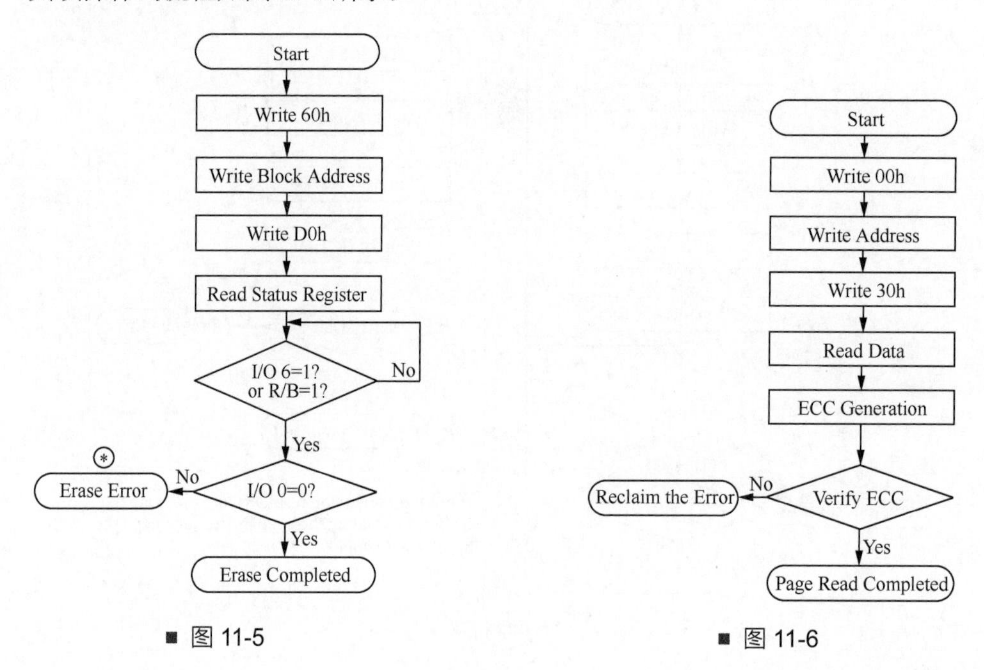

■ 图 11-5　　■ 图 11-6

11.4 SoC 的 NAND Flash 控制器

NAND Flash 接口电路和 SoC 通过接口时序来通信，如果使用纯软件实现是很麻烦的，所以我们在 SoC 内部集成了 NAND Flash 控制器，将接口时序的操作寄存器化。这样在软件编程时，我们就不需要去注意接口时序，只需要注意相关的寄存器就可以了。现在的技术趋势是几乎所有的外设都使用 SoC 内部对应的控制器与其通信。

NAND Flash 的结构框图如图 11-7 所示，其中特殊功能寄存器（SFR）、硬件接口（NAND Flash Interface）、ECC 生成器（ECC Gen.）需要我们留意，因为这些都和软件编程有关系。

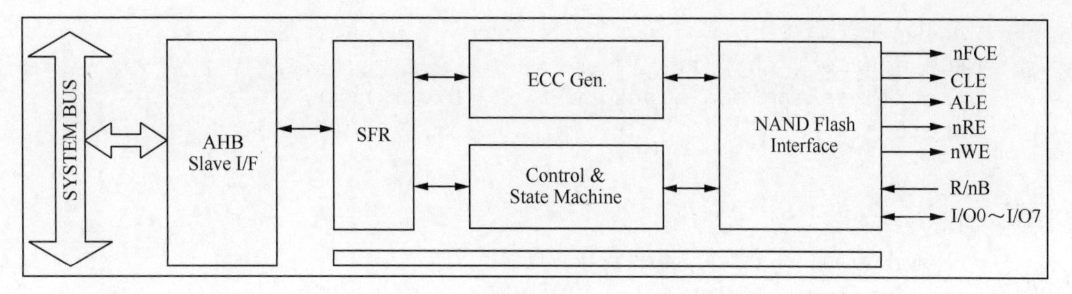

■ 图 11-7

S5PV210 NAND Flash 控制器的主要寄存器有 NFCONF、NFCONT、NFCMMD、NFADDR、NFDATA、NFMECCD0/NFMECCD1、NFSECCD、NFSTAT 等。

11.5 NAND Flash 操作代码解析

擦除函数代码如下。

```
int nand_block_erase(unsigned long block_num)
{
 unsigned long i = 0;
 // 获得行（row）地址，即页地址
 unsigned long row = block_num * NAND_BLOCK_SIZE;
 // 第 1 步：发出片选信号
 nand_select_chip();
 // 第 2 步：擦除，第 1 个周期发命令 0x60，第 2 个周期发块地址，第 3 个周期发命令 0xD0
 nand_send_cmd(NAND_CMD_BLOCK_ERASE_1st);
 for(i=0; i<10; i++);
 // 行地址 A12~A19
 rNFADDR = row & 0xFF;
 for(i=0; i<10; i++);
 // 行地址 A20~A27
 rNFADDR = (row >> 8) & 0xFF;
 for(i=0; i<10; i++);
 // 行地址 A28~A30
 rNFADDR = (row >> 16) & 0xFF;
 rNFSTAT |= (1<<4);                    // 清除 RnB
 nand_send_cmd(NAND_CMD_BLOCK_ERASE_2st);
 for(i=0; i<10; i++);
 // 第 3 步：等待就绪
 nand_wait_idle();
 // 第 4 步：读状态
 unsigned char status = nand_read_status();
 if (status & 1 )
 {
     // status[0] = 1，表示擦除失败，详见 NAND Flash 数据手册中 READ STATUS 部分的描述
```

```
        // 取消片选信号
        nand_deselect_chip();
        printf("masking bad block %d\r\n", block_num);
        return -1;
    }
    else
    {
        // status[0] = 0，表示擦除成功，返回 0
        nand_deselect_chip();
        return 0;
    }
```

上述代码第 2 步为发送擦除命令，采用的是 5 个周期发送的机制并只发送了行地址，所以只发送了 A12 ~ A30 的内容。在这里要注意将其和之前的知识结合起来理解。第 2 步最后还进行了一次标志的手动清除工作。其余的步骤基本和流程图上对应。

页读取函数具体实现代码如下。

```
int nand_page_read(unsigned int pgaddr, unsigned char *buf, unsigned
int length)
{
 int i = 0;
 // 第 1 步：发出片选信号
 nand_select_chip();
 // 第 2 步：写页读取命令 1st
 nand_send_cmd(NAND_CMD_READ_1st);
 // 第 3 步：写入页地址
 rNFADDR = 0;
 rNFADDR = 0;
 rNFADDR = pgaddr&0xFF;
 rNFADDR = (pgaddr>>8)&0xFF;
 rNFADDR = (pgaddr>>16)&0xFF;
 // 第 4 步：清除 RnB
 rNFSTAT |= (1<<4);
 // 第 5 步：写页读取命令 2st
 nand_send_cmd(NAND_CMD_READ_2st);
 // 第 6 步：等待空闲
 nand_wait_idle();
 // 第 7 步：连续读取 2KB 的带内数据（继续读取可读出 64B 的带外数据）
 for (i=0; (i<NAND_PAGE_SIZE) && (length!=0); i++,length--)
      *buf++ = nand_read8();
 // 第 8 步：读状态
 unsigned char status = nand_read_status();
 if (status & 1 )
 {
      // 读出错，取消片选信号，返回错误码 -1
      nand_deselect_chip();
      printf("nand random read fail\r\n");
      return -1;
```

```
    }
    else
    {
        // 读正确，取消片选，返回 0
        nand_deselect_chip();
        return 0;
    }
}
```

这里需要注意的是：写入页地址时，我们采用了 5 个周期的发送机制，但是并不能省略开始的 2 个周期地址的发送动作；同样，读取的时候，写入页地址也不能省略。而且我们还发现，读取 nand_read8 函数时一次只能读取 8 位，这是因为数据线只有 8 位。

页写入函数源码如下。

```
int nand_page_write(unsigned int pgaddr, const unsigned char *buf,
unsigned int length)
{
    int i = 0;
    // 第 1 步：发出片选信号
    nand_select_chip();
    // 第 2 步：write cmd 1st
    nand_send_cmd(NAND_CMD_WRITE_PAGE_1st);
    // 第 3 步：write page addr
    rNFADDR = 0;
    rNFADDR = 0;
    rNFADDR = pgaddr&0xff;
    rNFADDR = (pgaddr>>8)&0xFF;
    rNFADDR = (pgaddr>>16)&0xFF;
// 第 4 步：写入一页内容
    for(; i<NAND_PAGE_SIZE && length!=0; i++,length--)
        nand_write8(*buf++);
    // 第 5 步：清除 RnB
    rNFSTAT = (rNFSTAT)|(1<<4);
    // 第 6 步：写入 cmd 2
    nand_send_cmd(NAND_CMD_WRITE_PAGE_2st);
    // 第 7 步：等待空闲
    nand_wait_idle();
    // 第 8 步：读状态
    unsigned char status = nand_read_status();
    if (status & 1 )
    {
        // 取消片选信号
        nand_deselect_chip();
        printf("nand random write fail\r\n");
        return -1;
    }
    else
    {
```

```
    nand_deselect_chip();
    return 0;
}
```

之前提到过的细节，这里就不再重复了。这次我们需要注意，所有的函数里都有片选命令和取消片选命令，这个是我们经常遗忘的。

11.6 iNAND 介绍

之前我们已经讲过了 NAND Flash。NAND Flash 分为 SLC NAND Flash 和 MLC（Multi-Level Cell，多层单元）NAND Flash，SLC NAND Flash 更稳定，但是容量小、价格高；MLC NAND Flash 容易出错，但是容量大、价格低。现在我们来讲 iNAND、eMMC、SD 卡、MMC 之间的关联。

最早出现的是 MMC。与 NAND Flash 相比，MMC 有两个优势：第一是卡片化，便于拆装；第二是统一了协议接口，兼容性好。之后出现了 SD 卡，它兼容 MMC 协议，并在此之上进行了很多的改进，例如容量、读 / 写速度、写保护等。同时，SD 卡也有各种版本，都遵循 SD 协议。之后的发展又偏向于芯片化，这样就解决了 SD 卡的接触不良、受体积限制等问题。那么 eMMC 和 iNAND 的关系是什么？ eMMC 只是一种协议，而 iNAND 是闪迪公司推出的符合 eMMC 协议的一系列芯片。

NAND Flash 的结构框图和 iNAND 的结构框图基本相同，区别在于接口电路的功能。iNAND 的接口电路较为复杂，功能也相对完善，较 NAND Flash 有以下优势。

① 提供 eMMC 接口协议，能和 SoC 的 eMMC 接口控制器通信对接。

② 提供与 ECC 相关的块的逻辑，使 iNAND 本身可完成存储系统的 ECC 功能；SoC 使用 iNAND 时不用写代码来进行 ECC 相关操作，大大降低了 SoC 的编程难度。

③ iNAND 芯片内部使用 MLC NAND Flash 颗粒，所以性价比很高。

④ iNAND 接口电路还提供了缓存机制，所以 iNAND 的操作速度很快。

11.7 SD 卡 /iNAND 硬件接口

iNAND/eMMC 的物理接口和 SD 卡的物理接口相比，在开发板中的特点体现如下。S5PV210 本身支持 4 通道的 SD 卡 /MMC，在开发板中 S5PV210 在 SD 卡 /MMC0 通道接了 iNAND 芯片，在 SD 卡 /MMC2 通道接了 SD 卡。对比 iNAND 和 SD 卡的物理接口发现，两者只有数据线的差异，iNAND 和 SD 卡的操作相似。

SD 卡和 iNAND 都有 DATA、CLK、CMD 3 类接口。iNAND 的 DATA 线有 8 根，支持 1、

4、8 线传输模式；SD 卡的 DATA 线有 4 根，支持 1、4 线传输模式；CMD 线用来传输命令；CLK 线用来传输时钟信号。另外我们需要知道的是，SoC 通过 CLK 线将时钟信号发给芯片，也就是说 SD 卡和 iNAND 的工作速率是由主机控制的。从这里可以看出 iNAND 和 SD 卡的操作基本相似。

11.7.1 SD 卡命令相应的操作模式

如果读者需要详细了解 SD 卡的知识，可自行搜索具体资料（推荐搜索 SD 卡物理层规范简化版），这里由于篇幅有限，所以我们只讲一些关键的部分。

通过 CMD 线将命令发送给一张 SD 卡或多张 SD 卡，被寻址的 SD 卡通过 CMD 线将响应发送回主机，如图 11-8 所示。部分命令不存在响应，但大多数命令都存在响应。SD 协议是由一个或多个命令周期组合起来的，而一个命令和一个响应称为一个命令周期。

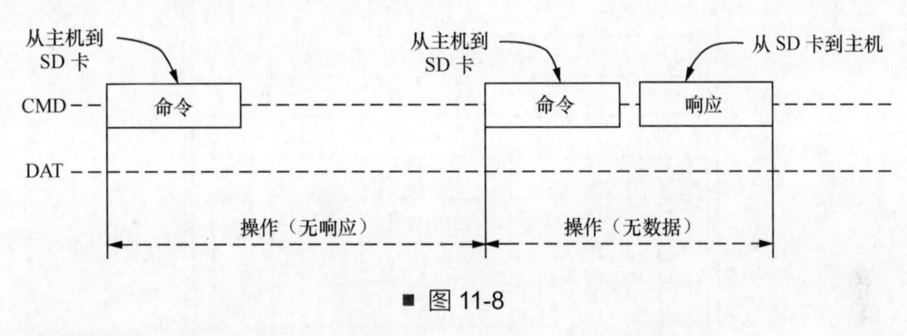

■ 图 11-8

多块读操作的示意图如图 11-9 所示。主机给 SD 卡发送读取命令，SD 卡进行响应，然后依次将读取的数据通过 DAT 线发出，直到主机发送停止命令，SD 卡进行响应，然后停止。有关此类命令的资料有很多，读者可自行查阅。

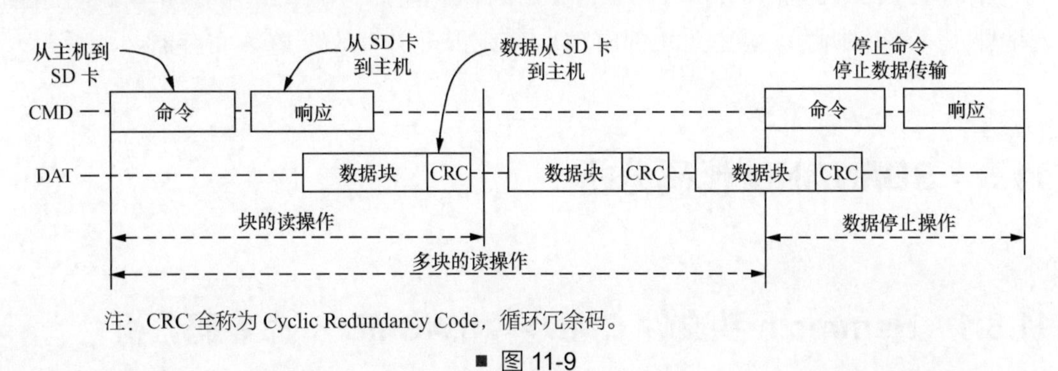

■ 图 11-9

11.7.2 SD 卡体系结构、内部寄存器

SD 卡内部有一个接口控制器。接口控制器负责接收并响应主机发送的命令码，当接

收到命令码时，接口控制器遵循 SD 协议对内部存储单元进行管理和读 / 写。如图 11-10 所示，SD 卡内有 OCR、CID、RCA、DSR、CSD、SCR 寄存器等。

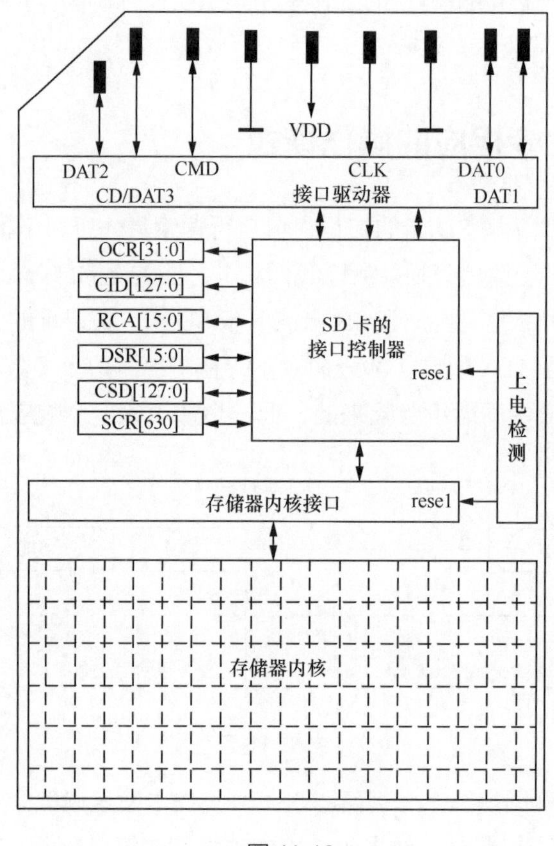

■ 图 11-10

相对地址寄存器（RCA 寄存器）：在访问 SD 卡时，卡内的每个存储单元都没有绝对地址，只有相对地址，这些地址都由 SD 卡自己决定并存放在 RCA 寄存器。

11.8 SD/iNAND 代码分析

11.8.1 Hsmmc.h 头文件 CMD× 和 ACMD× 命令码分析

我们拿出存储器内核中的一段驱动代码来看看，配套的代码可以在资料中查阅。在 Hsmmc.h 头文件中首先就可以看到很多宏定义，代码如下。

```
// SD 协议规定的命令码
#define        CMD0   0
```

```
#define       CMD1  1
#define       CMD2  2
#define       CMD3  3
#define       CMD6  6
#define       CMD7  7
#define       CMD8  8
#define       CMD9  9
#define       CMD13 13
#define       CMD16 16
#define       CMD17 17
#define       CMD18 18
#define       CMD23 23
#define       CMD24 24
#define       CMD25 25
#define       CMD32 32
#define       CMD33 33
#define       CMD38 38
#define       CMD41 41
#define       CMD51 51
#define       CMD55 55
```

第 1 个部分的宏定义就是 SD 协议规定的命令码。SD 协议的命令分为两种，一种是 CMD×，另一种是 ACMD×。ACMD× 是 CMD× 的扩充，在实际的命令中 ACMD× 由两条 CMD× 组成。

第 2 个部分的宏定义为卡类型的宏定义，代码如下。

```
//卡类型
#define UNUSABLE     0
#define SD_V1        1
#define SD_V2        2
#define SD_HC        3
#define MMC          4
```

MMC、SD、eMMC 这 3 个协议是互相演变而来的，所以 SoC 的控制器在工作时需要区别连接的芯片版本。

第 3 个部分的宏定义为卡状态，代码如下。

```
// 卡状态
#define CARD_IDLE        0                  // 空闲态
#define CARD_READY       1                  // 就绪态
#define CARD_IDENT       2
#define CARD_STBY        3
#define CARD_TRAN        4
#define CARD_DATA        5
#define CARD_RCV         6
#define CARD_PRG         7                  // 卡编程状态
#define CARD_DIS         8                  // 断开连接
```

SD 卡在任何情况下都会有一种状态（空闲、就绪、读 / 写、错误等），在每种状态下能够接收和执行的命令是不同的，接收并执行命令会使当前状态转化为其他状态，不符合规定的当前状态的命令不能被执行。

各种状态转化命令和转化过程如图 11-11 所示。

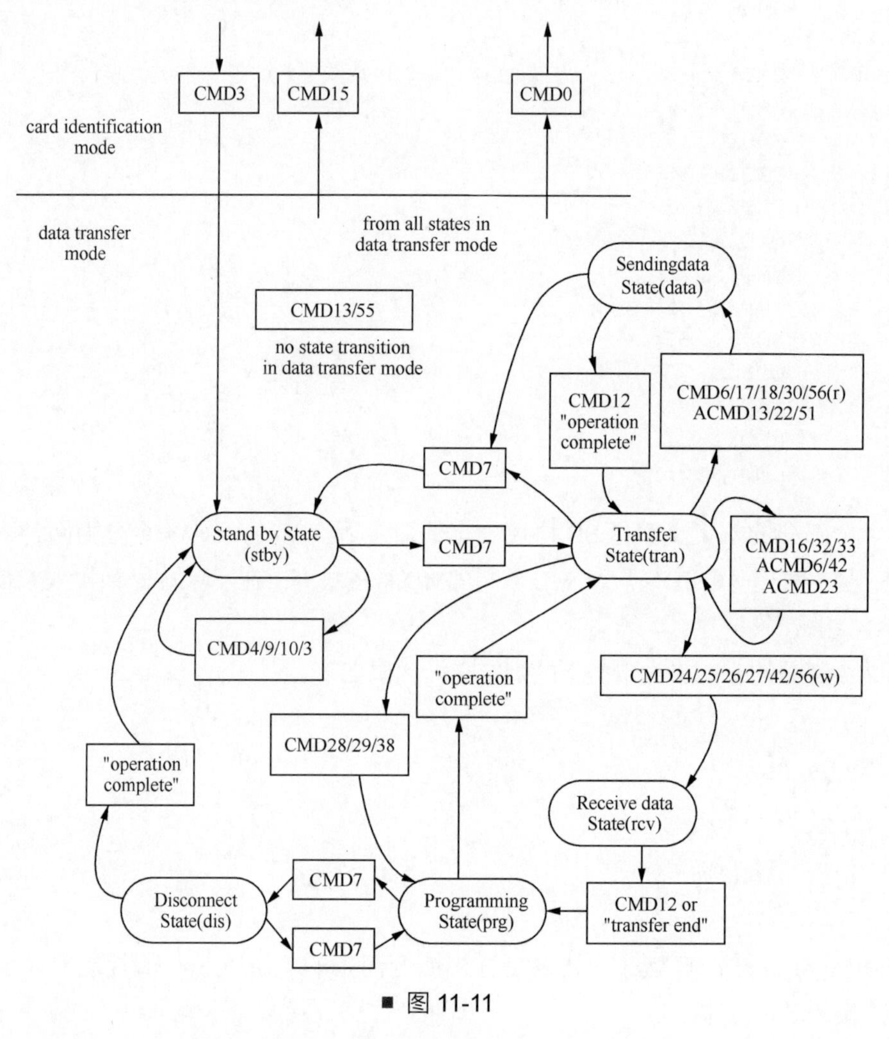

■ 图 11-11

第 4 个部分的宏定义为卡回复类型，代码如下。

```
// 卡回复类型
#define CMD_RESP_NONE      0                    // 无回复
#define CMD_RESP_R1        1
#define CMD_RESP_R2        2
#define CMD_RESP_R3        3
#define CMD_RESP_R4        4
#define CMD_RESP_R5        5
#define CMD_RESP_R6        6
#define CMD_RESP_R7        7
#define CMD_RESP_R1B       8
```

在之前讲解的时候说过，若主机发送命令，SD 卡的控制器就会响应，而它的响应就是对这些命令进行回复。具体响应哪些命令，需要查阅响应文档获知。

11.8.2 Hsmmc.c 文件分析

Linux 内核风格寄存器定义。首先打开 Hsmmc.c 文件，起始位置依旧是我们的“老朋友”宏定义。但是它的格式风格却和传统的裸机风格不同。它的思路是定义一个基地址，然后在基地址上进行偏移，找到要访问的寄存器地址。HSMMC_NUM 是开发板上 iNAND 芯片连接的通道的编号，代码如下。

```
#if (HSMMC_NUM == 0)
#define HSMMC_BASE  (0xEB000000)
#elif (HSMMC_NUM == 1)
#define HSMMC_BASE  (0xEB100000)
#elif (HSMMC_NUM == 2)
#define HSMMC_BASE  (0xEB200000)
#elif (HSMMC_NUM == 3)
#define HSMMC_BASE  (0xEB300000)
#else
#error "Configure HSMMC: HSMMC0 ~ HSMMC3(0 ~ 3)"
#endif
```

GPIO 初始化。进入 Hsmmc_init 初始化函数，代码如下。

```
 // 进行 HSMMC 的接口引脚配置
#if (HSMMC_NUM == 0)
 // channel 0,GPG0[0:6] = CLK, CMD, CDn, DAT[0:3]
 GPG0CON_REG = 0x2222222;
 // pull up enable
 GPG0PUD_REG = 0x2AAA;
 GPG0DRV_REG = 0x3FFF;
 // channel 0 clock src = SCLKEPLL = 96MHz
 CLK_SRC4_REG = (CLK_SRC4_REG & (~(0xF<<0))) | (0x7<<0);
 // channel 0 clock = SCLKEPLL/2 = 48MHz
 CLK_DIV4_REG = (CLK_DIV4_REG & (~(0xF<<0))) | (0x1<<0);
```

根据以上代码所描述的通道号可以对应了解到相应的 GPIO 初始化代码。这些代码是最基本的引脚配置代码，如果读者在阅读此段代码时产生疑问，则需要复习上文巩固基础。

接下来进行主机 SoC 控制器复位。__REGb 为一个宏，当它为“左值”时，我们可以将数据写入指定的地址内；当它为“右值”时，可以从指定的地址取出数据。代码如下。

```
// software reset for all 复位主机 SoC 控制器，而不是复位 SD 卡
 __REGb(HSMMC_BASE+SWRST_OFFSET) = 0x1;
 Timeout = 1000; // 最长等待 10ms
 while (__REGb(HSMMC_BASE+SWRST_OFFSET) & (1<<0)) {
```

```
        if (Timeout == 0) {
            return -1; // reset timeout
        }
        Timeout--;
        Delay_us(10);
    }
```

SD卡/iNAND时钟设置。进行完SoC控制器复位之后，接下来进行SD卡时钟的设置，这和上文设置的SoC SD卡控制器不同。由于SD卡各个版本之间读/写速率不同，根据向下兼容的原则，我们首先设置为400kHz，当完成卡版本识别后，再调节至合适的时钟频率。代码如下。

```
static void Hsmmc_SetClock(uint32_t Clock)
{
 uint32_t Temp;
 uint32_t Timeout;
 uint32_t i;
 Hsmmc_ClockOn(0); // 关闭时钟
 Temp = __REG(HSMMC_BASE+CONTROL2_OFFSET);
 // Set SCLK_MMC(48MHz) from SYSCON as a clock source
 Temp = (Temp & (~(3<<4))) | (2<<4);
 Temp |= (1u<<31) | (1u<<30) | (1<<8);
 if (Clock <= 500000) {
      Temp &= ~((1<<14) | (1<<15));
      __REG(HSMMC_BASE+CONTROL3_OFFSET) = 0;
 } else {
      Temp |= ((1<<14) | (1<<15));
      __REG(HSMMC_BASE+CONTROL3_OFFSET) = (1u<<31) | (1<<23);
 }
 __REG(HSMMC_BASE+CONTROL2_OFFSET) = Temp;

 for (i=0; i<=8; i++) {
      if (Clock >= (48000000/(1<<i))) {
           break;
      }
 }
 Temp = ((1<<i) / 2) << 8; // clock div
 Temp |= (1<<0); // Internal Clock Enable
 __REGw(HSMMC_BASE+CLKCON_OFFSET) = Temp;
 Timeout = 1000; // 最长等待10ms
 while (!(__REGw(HSMMC_BASE+CLKCON_OFFSET) & (1<<1))) {
      // 等待内部时钟振荡稳定
      if (Timeout == 0) {
           return;
      }
      Timeout--;
      Delay_us(10);
 }
```

```
 Hsmmc_ClockOn(1); // 使能时钟
}
```

经过上面的配置和初始化操作，接下来可以开始进行一些初步的通信和应答。

首先检查 CMD 线是否准备好发送命令，检查读取 PRNSTS 寄存器时获得的是否为当前状态，然后通过 PRNSTS 检查 DAT 线（检查的是一个寄存器，第 0 位标记 CMD 线状态，第 1 位标记 DAT 线状态），接着对相应的传参进行处理。其中 Cmd 为命令码，即我们在宏中和之前提过的 CMD0、CMD1 等；Arg 是命令的参数；Response 为响应类型。接着刚才的思路继续理解代码，Cmd<<8 代表 Cmd 左移 8 位，因为 SD 卡内的 Cmd 命令就在第 8 ~ 9 位，然后进行数据传输，传递 Response 进行响应设置。代码如下。

```
static int32_t Hsmmc_IssueCommand(uint8_t Cmd, uint32_t Arg, uint8_t
Data, uint8_t Response)
{
 uint32_t i;
 uint32_t Value;
 uint32_t ErrorState;
 // 检查 CMD 线是否准备好发送命令
 for (i=0; i<0x1000000; i++) {
      if (!(__REG(HSMMC_BASE+PRNSTS_OFFSET) & (1<<0))) {
           break;
      }
 }
 if (i == 0x1000000) {
      Debug("CMD line time out, PRNSTS: %04x\r\n", __REG(HSMMC_BASE+
PRNSTS_OFFSET));
      return -1; // 命令执行超时
 }

 // 检查 DAT 线是否准备好
 if (Response == CMD_RESP_R1B) { // R1B 通过 DAT0 反馈忙信号
      for (i=0; i<0x10000000; i++) {
           if (!(__REG(HSMMC_BASE+PRNSTS_OFFSET) & (1<<1))) {
                break;
           }
      }
      if (i == 0x10000000) {
           Debug("Data line time out, PRNSTS: %04x\r\n", __REG(HSMMC_BASE+
PRNSTS_OFFSET));
           return -2;
      }
 }

 __REG(HSMMC_BASE+ARGUMENT_OFFSET) = Arg; // 写入命令参数

 Value = (Cmd << 8); // 命令索引
```

```
    // CMD12 可终止传输
    if (Cmd == 0x12) {
        Value |= (0x3 << 6); // 命令类型
    }
    if (Data) {
        Value |= (1 << 5); // 需使用 DAT 线进行传输等
    }

    switch (Response) {
    case CMD_RESP_NONE:
        Value |= (0<<4) | (0<<3) | 0x0; // 没有回复，不检查命令及 CRC（循环冗余码）
        break;
    case CMD_RESP_R1:
    case CMD_RESP_R5:
    case CMD_RESP_R6:
    case CMD_RESP_R7:
        Value |= (1<<4) | (1<<3) | 0x2; // 检查回复中的命令，CRC
        break;
    case CMD_RESP_R2:
        Value |= (0<<4) | (1<<3) | 0x1; // 回复长度为 136 位，包含 CRC
        break;
    case CMD_RESP_R3:
    case CMD_RESP_R4:
        Value |= (0<<4) | (0<<3) | 0x2; // 回复长度为 48 位，不包含命令及 CRC
        break;
    case CMD_RESP_R1B:
        Value |= (1<<4) | (1<<3) | 0x3; // 回复带忙信号，会占用 Data[0] 线
        break;
    default:
        break;
    }

    __REGw(HSMMC_BASE+CMDREG_OFFSET) = Value;

    ErrorState = Hsmmc_WaitForCommandDone();
    if (ErrorState) {
        Debug("Command = %d\r\n", Cmd);
    }
    return ErrorState; // 命令发送出错
}
```

上文介绍了如何用 SD 卡命令传递 Hsmmc_IssueCommand 函数，我们在初始化函数中使用它将 CMD0 发送给了 SD 卡。

```
// 从这里开始和 SD 卡通信，通信其实就是发命令然后收响应
Hsmmc_IssueCommand(CMD0, 0, 0, CMD_RESP_NONE); // 复位所有卡到空闲状态
```

这里并不只是让卡恢复到正常状态，还要对应卡的识别流程图进行卡版本的识别，再根据卡版本进行 CLK 速率的设置，这一操作要和我们之前的描述对应。代码如下。

```
CardType = UNUSABLE; // 卡类型初始化不可用
 if (Hsmmc_IssueCommand(CMD8, 0x1AA, 0, CMD_RESP_R7)) { // 没有回复,MMC/
                                                    // SD v1.x卡，或无卡
         for (i=0; i<100; i++) {
              // CMD55 + CMD41 = ACMD41
              Hsmmc_IssueCommand(CMD55, 0, 0, CMD_RESP_R1);
              if (!Hsmmc_IssueCommand(CMD41, 0, 0, CMD_RESP_R3)) {
// CMD41 有回复，说明为 SD 卡
                   OCR = __REG(HSMMC_BASE+RSPREG0_OFFSET); // 获得回复
                                                 // 的 OCR（操作条件寄存器）值
                   if (OCR & 0x80000000) { // 卡上电是否完成上电流程，是否忙
                        CardType = SD_V1; // 正确识别出 SD v1.x 卡
                        Debug("SD card version 1.x is detected\r\n");
                        break;
                   }
              } else {
                   // MMC 识别
                   Debug("MMC card is not supported\r\n");
                   return -1;
              }
              Delay_us(1000);
         }
 } else { // SD v2.0 卡
     Temp = __REG(HSMMC_BASE+RSPREG0_OFFSET);
    if (((Temp&0xFF) == 0xAA) && (((Temp>>8)&0xF) == 0x1)) { // 判断卡是
                                                 //否支持 2.7 ~ 3.3V 电压
         OCR = 0;
         for (i=0; i<100; i++) {
              OCR |= (1<<30);
              Hsmmc_IssueCommand(CMD55, 0, 0, CMD_RESP_R1);
              Hsmmc_IssueCommand(CMD41, OCR, 0, CMD_RESP_R3); // 就绪状态
              OCR = __REG(HSMMC_BASE+RSPREG0_OFFSET);
              if (OCR & 0x80000000) { // 卡上电是否完成上电流程，是否忙
                   if (OCR & (1<<30)) { // 判断卡为标准卡还是高容量卡
                        CardType = SD_HC; // 高容量卡
                        Debug("SDHC card is detected\r\n");
                   } else {
                        CardType = SD_V2; // 标准卡
                        Debug("SD version 2.0 standard card is detected\
r\n");
                   }
                   break;
              }
              Delay_us(1000);
         }
     }
 }
```

至此，SD 卡就进入了正常的模式，可以对其进行正常的读 / 写操作。

第 12 章　I2C 通信

I2C（也写作 I^2C）通信协议是我们经常使用的协议，用于连接微控制器及其外设。电擦除可编程只读存储器（Electrically-Erasable Programmable Read-Only Memory，EEPROM）等设备使用的就是 I2C 通信协议。本章将详细讲解 I2C 通信的相关知识。

12.1　I2C 通信介绍

内部集成电路（Inter-Integrated Circuit，I2C）总线（一般简称为 I2C）是用于内部 IC 连接的一种简单、双向、二线制、同步串行总线。I2C 通信是如今 SoC 和外设常用的通信方式。很多外设，典型的如 EEPROM、电容触摸 IC、各种传感器等，都是通过 I2C 来通信的。

I2C 的特点为，用两根线就可以进行非常复杂的通信。其中，一根是串行时钟线（SCL 线），另一根是串行数据线（SDA 线）。SCL 线负责传输时钟信号（CLK 信号），一般由 I2C 主设备向从设备提供时钟信号。SDA 线负责传输通信数据。

I2C 的 4 个通信特征如下。

• 通过 I2C 进行同步通信。同步通信就是通信双方在同一个时钟信号下工作，一般是通信的 A 方通过 SCL 线传输自己的时钟信号给 B，使 B 在 A 传输的时钟信号下工作。所以同步通信的显著特征就是，SCL 线中有 CLK 信号。

• 通过 I2C 进行串行通信。所有的数据以位为单位，在 SDA 线上串行传输；数据在 I2C 上发出的时候，首先拆成一位一位的，然后每次发一位，跟串口通信类似。

• 通过 I2C 进行非差分信号通信。差分信号可以抗干扰，所以可以提升通信速率，例如 USB 就是使用差分信号通信。I2C 属于低速通信，通信速率不高，而且通信双方距离很近，所以使用非差分信号通信。

• 通过 I2C 进行低速通信。一般用于内部两个 IC 的通信，而且传输的数据量不大，所以本身通信速率很低（不同 I2C 的通信速率可能不同，具体在编程的时候要看自己所使用的设备允许的 I2C 通信最高速率）。

I2C 在通信的时候，通信双方地位是不对等的，分为主设备和从设备。通信由主设备发起、主导，从设备只是按照 I2C 通信协议被动地接受，并及时响应。在通信的时候谁是主设备、谁是从设备是由通信双方来定的（I2C 协议并无规定），一般来说一个芯片可以只当主设备，也可以只当从设备，还可以既当主设备又当从设备（通过软件配置）。

可通过 I2C 进行“一对一”（一个主设备对一个从设备）通信，也可进行“一对多”（一个主设备对多个从设备）通信。主设备负责调度总线，决定某一时间和哪个从设备通信。同一时间内，I2C 只能传输一对设备的通信信息，所以同一时间只能有一个从设备和主设备通信，其他从设备处于“休眠”状态。

在通信中，每一个 I2C 从设备都有一个 I2C 从设备地址，这个从设备地址是从设备固有的，通信时主设备需要知道自己将要通信的那个从设备的地址，然后从设备通过地址来甄别自己是不是要找的那个从设备。

12.2 I2C 通信的时序

时序就是时间顺序，实际上在通信中，时序就是通信线上按照时间顺序变化的电平信号。当发送方在某段时间内拉高（低）电平，I2C 就通过传输变化的电平信号来通信，这个变化是按照一定的时序进行的。

12.2.1 I2C 的空闲态 / 忙态、起始位 / 结束位

I2C 上有一个主设备，n（$n \geqslant 1$）个从设备。I2C 上有两种状态，即空闲态（所有从设备都未与主设备通信，此时总线空闲）和忙态（其中一个从设备在和主设备通信，此时总线被这一对设备占用，其他从设备若要与主设备通信则必须等待）。

整个通信过程是按周期进行的。每一个通信周期由一个起始位开始，一个结束位结束，起始位和结束位之间就是在本周期内通信的数据。

起始位并不是一个时间点，而是一个时间段，在这段时间内总线状态的变化情况是，SCL 线维持高电平，同时 SDA 线产生一个从高到低的下降沿。与起始位相似，结束位也是一个时间段。在这段时间内总线的状态变化情况是，SCL 线维持高电平，同时 SDA 线产生一个从低到高的上升沿。起始位和结束位的时序如图 12-1 所示。

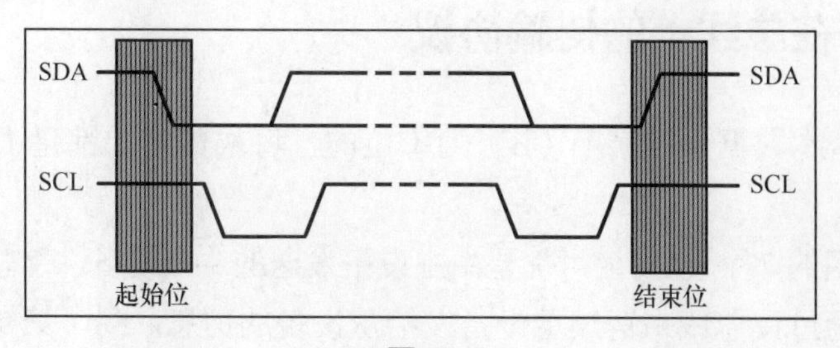

■ 图 12-1

12.2.2 I2C 数据传输格式（数据位和 ACK）

一个通信周期的发起和结束都是由主设备来进行的，从设备只是被动地响应主设备，不能自发地去做任何事情。

主设备在每个通信周期内会先发 8 位的从设备地址（其实 8 位中只有 7 位表示从设备地址，还有 1 位表示主设备要进行写入还是读出操作）到总线（主设备是以“广播”的形式发送的，只要是总线上，所有从设备都能收到这个信息）。每个从设备收到这个地址后，将收到的地址和自己的地址比较，判断二者是否相等。如果相等，说明主设备本次与该从设备通信；如果不相等，说明本次不与该从设备通信。

发送方发送一段数据后，接收方需要回复一个 ACK（确认）信号，如图 12-2 所示。这个响应本身只有 1 位的数据，不能携带有效信息，只能表示 2 个意义：要么表示收到数据，即有效响应；要么表示未收到数据，即无效响应。

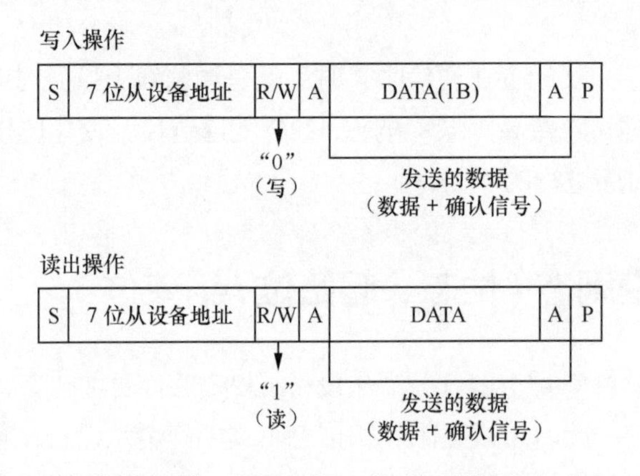

■ 图 12-2

在某一个通信时刻，主设备和从设备只能有一个发（占用总线，也就是向总线写），而另一个收（从总线读）。如果在某个时间，主设备和从设备都试图向总线写，就会发生未知的异常。

12.2.3 数据在总线上的传输协议

I2C 通信的基本数据是以字节（B）为单位的，每次传输的都是 1B（8 位）的有效数据。

起始位及其后的 7 个 CLK 信号都是由主设备发送的（主设备掌控总线），此时从设备只能读总线，通过读总线来得知主设备发给从设备的信息。到了第 9 个周期，按照协议规定，从设备需要发送 ACK 信号给主设备，所以此时主设备必须释放总线（主设备把总线置为高电平并保持，其实类似于总线空闲状态），同时从设备试图拉低总线电平发出 ACK 信号。如果从设备拉低总线电平失败，或者从设备根本没有拉低总线电平，主设备看到的现象就是总线在第 9 个周期一直保持高电平。对主设备来说，这意味着自己没收到 ACK 信号，主设备就认为刚才给从设备发送的 8B 不对（接收失败）。I2C 时序如图 12-3 所示。

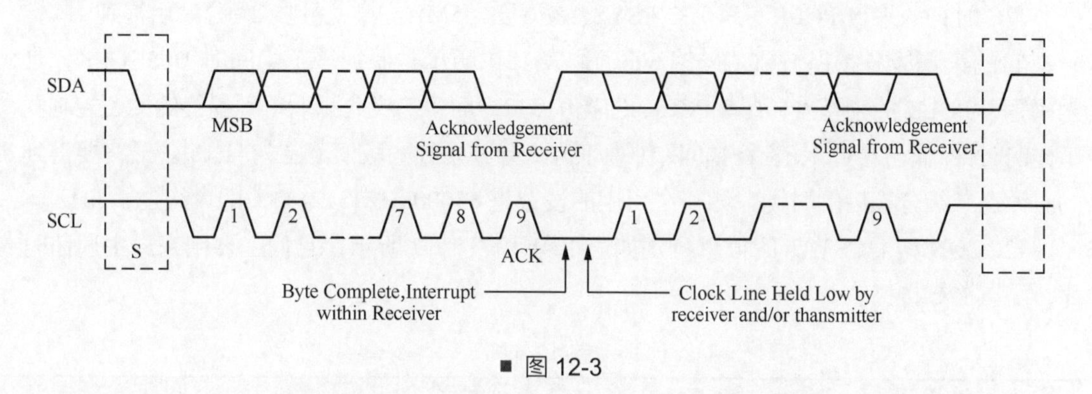

■ 图 12-3

12.3 S5PV210 的 I2C 控制器

I2C 通信中，双方本质上通过时序工作，但有时，时序比较复杂，不利于 SoC 软件执行，所以 SoC 内置了硬件的控制器来产生专用的通信时序。这样我们写软件时只需要向控制器的寄存器写入配置值，控制器就会产生适当的时序和对方通信。S5PV210 的 I2C 控制器的结构框图如图 12-4 所示。

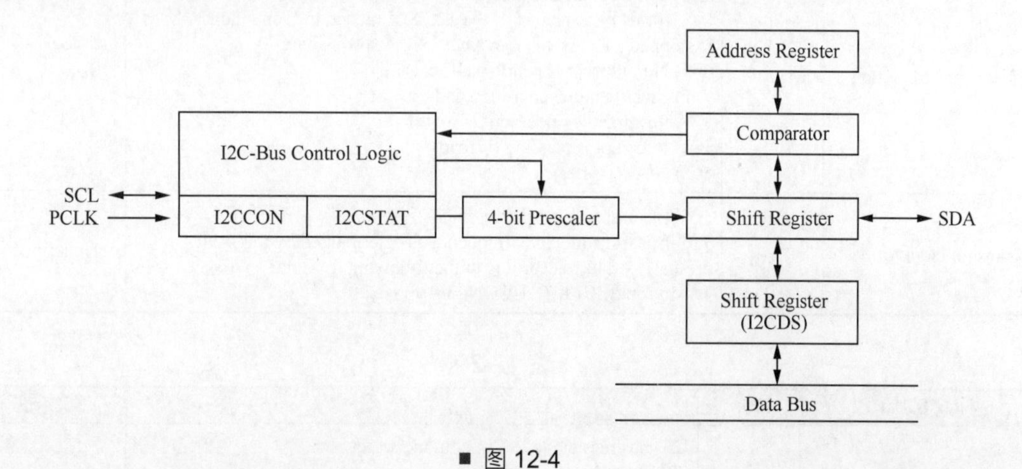

■ 图 12-4

I2C 控制器的时钟源是 PCLK_PSYS（PCLK），经过内部分频最终得到 I2C 控制器的 CLK 信号，通信中，这个 CLK 信号会通过 SCL 线发送给从设备。控制 I2C 是通过编程修改 I2CCON、I2CSTAT 这两个寄存器来完成的，I2C 主要负责产生 I2C 通信时序。实际编程中的发送起始位 / 停止位、接收 ACK 等，都是通过这两个寄存器实现的。最后用移位寄存器，将代码中要发送的数据一位一位地传给 SDA 线。

地址寄存器 + 比较器（Address Register + Comparator）。本 I2C 控制器做从设备的时候用。

I2C 时钟源来自 PCLK（PCLK_PSYS，频率为 65MHz），经过二级分频后得到。

它的第一级分频是 I2CCON 的 bit6，如表 12-1 所示，得到一个中间时钟 I2CCLK，其频率等于 PCLK 的频率 /16 或者 PCLK 的频率 /512，而第二级分频后得到最终的 I2C 控制器工作的时钟。以 I2CCLK 这个中间时钟为来源，分频系数的取值范围为 [1,16]。最终要得到的时钟是二级分频后的时钟，如一个可用的设置是 65000kHz/(512×4)，即大约是 31kHz。

I2CCON 和 I2CSTAT 的信息分别如表 12-1 和表 12-2 所示，它们主要用来产生通信时序、配置 I2C 接口。

表 12-1

I2CCON	bit	描述	初始值
Acknowledge generation	[7]	I²C-bus acknowledge enable bit. 0=Disables 1=Enables In Tx mode, the I2CSDA is free in the ACK time In Rx mode, the I2CSDA is L in the ACK time	0
Tx clock source selection	[6]	Source clock of I2C-bus transmit clock prescaler selection bit. 0=I2C CLK=fPCLK/16 1=I2C CLK=fPCLK/512	0
Tx/Rx Interrupt	[5]	I2C-Bus Tx/Rx interrupt enable/disable bit. 0=Disables 1=Enables	0
Interruptpending flag	[4]	I2C-bus Tx/Rx interrupt pending flag. This bit cannot be written to 1. If this bit is read as 1, the I2C SCL is tied to L and the I2C is stopped . To resume the operation, clear this bit as 0. 0=1) No interrupt is pending (If read) 2) Clear pending condition and Resume the operation (If write) 1=1) Interrupt is pending (If read) 2) N/A (If write)	0
Transmit clock value	[3:0]	I2C-Bus transmit clock prescaler. I2C-Bus transmit clock frequency is determained by this 4-bit prescaler value，according to the following formula： Tx clock=I2CCLK/(I2CCON [3:0]+1)	Undefined

表 12-2

I2CSTAT	bit	描述	初始值
Mode selection	[7:6]	I2C-bus master/slave Tx/Rx mode select bits. 00=Slave receive mode 01=Slave transmit mode 10=Master receive mode 11=Master transmit mode	00

续表

I2CSTAT	bit	描述	初始值
Busy signal status/ START STOP condition	[5]	I2C-Bus busy signal status bit. 0=read) Not busy (If read) write) STOP signal generation 1=read) Busy (If read) write) START signal generation The data in I2C DS is transferred automatically just after the start signal	0
Serial output	[4]	I2C-bus data output enable/disable bit. 0=Disables Rx/Tx 1=Enables Rx/Tx	0
Arbitration status flag	[3]	I2C-bus arbitration procedure status flag bit. 0=Bus arbitration successful 1=Bus arbitration failed during serial I/O	0
Address-as-slave status flag	[2]	I2C-bus address-as-slave status flag bit. 0=Cleared when START/STOP condition was detected 1=Received slave address matches the address value in the I2CADD	0
Address zero status flag	[1]	I2C-bus address zero status flag bit. 0=Cleared if START/STOP condition is detected 1=Received slave address is 00000000b	0
Last-received bit status flag	[0]	I2C-bus last-received bit status flag bit. 0=Last-received bit is 0 (ACK was received) 1=Last-received bit is 1 (ACK was not received)	0

I2CADD 的信息如表 12-3 所示，它用来写自己的从设备地址。

表 12-3

I2CADD	bit	描述	初始值
Slave address	[7:0]	7-bit slave address, latched from the I2C-bus. If serial output enable=0 in the I2CSTAT, I2CADD is write-enabled. The I2CADD value is read any time, regardless of the current serial output enable bit (I2CSTAT) setting. Slave address：[7:1] Not mapped：[0]	Undefined

I2CDS 的信息如表 12-4 所示，在通信中发送和接收的数据都放在这里。

表 12-4

I2CDS	bit	描述	初始值
Data shift	[7:0]	8-bit data shift register for I2C-bus Tx/Rx operation. If serial output enable=1 in the I2CSTAT, I2CDS is write-enabled. The I2CDS value is read any time, regardless of the current serial output enable bit (I2C STAT) setting	Undefined

12.4 X210 开发板的板载重力传感器介绍

12.4.1 原理图

重力传感器（G-Sensor）在 X210 开发板上的电路原理图如图 12-5 所示。重力传感器的供电由 PWMTOUT3 引脚控制。当 PWMTOUT3 输出低电平时，重力传感器不工作；当它输出高电平时，重力传感器工作。并且重力传感器的 SDA 引脚和 SCL 引脚接的是 S5PV210 的 I2C 端口 0，编程时要在 gsensor_init 函数中初始化相关的 GPIO，为相应的 GPIO 设置正确的模式和输入输出值。

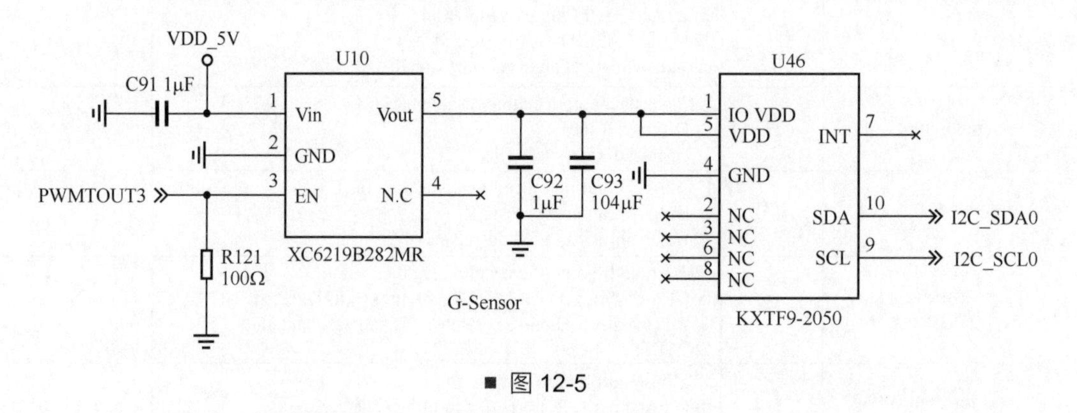

■ 图 12-5

12.4.2 重力传感器简介

重力传感器常用在智能手机、平板计算机、智能手表等设备上，用来感受人手的移动等，获取一些运动的方向性信息，以为系统提供输入参数。它可以用来设计智能手表的计步器功能。

重力传感器、地磁传感器、陀螺仪传感器等是用来感知运动的速度、方位等信息的。最新推出的 9 轴传感器就是把三者结合起来而构成的，并且用一定的算法得出结论，目的是使结论更加准确。

一般传感器的接口有两种，即模拟接口和数字接口。模拟接口是以接口电平变化作为输出的，如模拟接口的压力传感器，在压力不同时输出电压在 0 ~ 3.3V 变化，每一个电压值对应一个压力值。SoC 需要用 A/D 转换器接口来对接这种传感器，并对它输出的数据进行 A/D 转换，得到以数字表示的电压值，再校准该电压值得到相应的压力值。数字接口是后来发展出来的，数字接口的传感器在模拟接口的传感器基础上，内部集成了 A/D 转换器，可直接通过一定的总线接口协议输出一个数字值的参数，这样，SoC 直接通过总线接口初始化、读取传感器输出的参数即可，如重力传感器、电容触摸屏。

12.4.3 I2C 从设备地址

KXTE9 的 I2C 地址固定为 0b0001111（0x0F）。I2C 从设备的地址本身是 7 位的，但是在 I2C 通信中发送的 I2C 从设备地址实际是 8 位地址，这 8 位中高 7 位 bit7 ~ bit1 对应 I2C 从设备的 7 位地址，剩下的最低一位 LSB（Least Significant Bit，最低有效位）存放的是读 / 写信息。主设备写、从设备读，LSB 对应为 0；主设备读、从设备写，LSB 对应为 1。

对于 KXTE9 来说，SoC 主设备给重力传感器发送信息，从设备地址应该是 0b00011110（0x1E）；如果是主设备读取重力传感器信息，从设备地址应该是 0b00011111（0x1F）。

12.4.4　I2C 从设备的通信速率

I2C 通信协议属于低速通信协议，实际上通信的主设备和从设备本身都有通信速率限制，不同的芯片有不同的参数，实际编程时最终使用的通信速率只要小于两个芯片的限制即可。

12.5　I2C 的通信流程

12.5.1　I2C 的通信流程寄存器分析

S5PV210 的 I2C 通信有 4 种操作模式，即主发送、主接收、从发送、从接收模式。从发送、从接收模式与主发送、主接收模式类似，接下来着重讲解主发送与主接收模式。

S5PV210 的主发送模式的流程如图 12-6 所示。

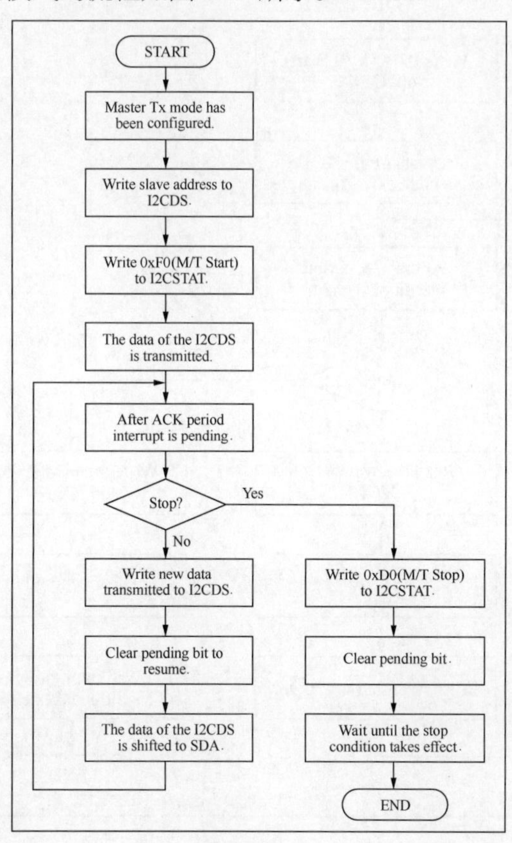

■ 图 12-6

S5PV210 的主发送模式的流程如下。

① 配置主发送模式。

② 将从地址写入 I2CDS 寄存器。

③ 发送 0xF0。

④ 启动标志发出后，开始传输数据。

⑤ 判断 ACK 信号回复情况。

⑥ 如果 ACK 回复的是不停止，则还有数据要传输，循环写入新的地址到 I2CDS 寄存器；如果 ACK 回复的是停止，就向 I2CSTAT 寄存器写入 0xD0，发出结束信号，结束 I2C 主发送模式。

S5PV210 的主接收模式的流程如图 12-7 所示。

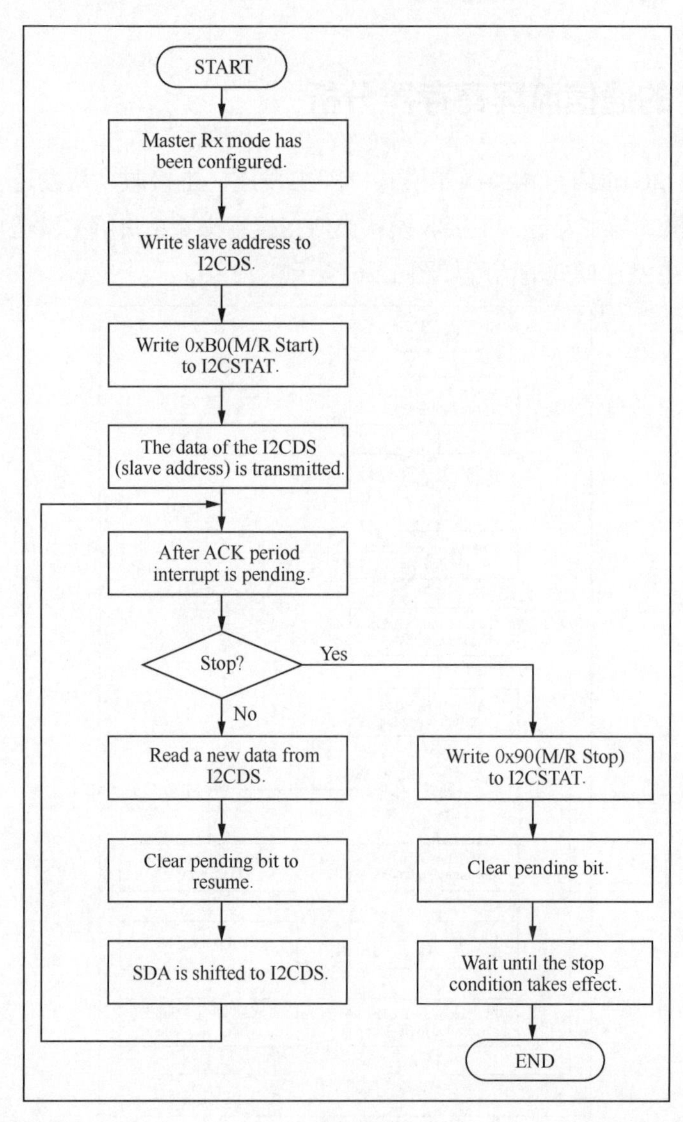

■ 图 12-7

S5PV210 的主接收模式的流程如下。

① 配置主接收模式。

② 将地址写入 I2CDS 寄存器。

③ 发送 0xB0。

④ 启动标志发出后，开始传输数据。

⑤ 判断 ACK 信号回复情况。

⑥ 如果 ACK 回复的是不停止，就循环接收新的地址到 I2CDS 寄存器；如果 ACK 回复的是停止，就向 I2CSTAT 寄存器写入 0x90，发出结束信号，结束 I2C 主接收模式。

12.5.2 重力传感器读 / 写寄存器流程分析

重力传感器的写 I2C 寄存器的流程如图 12-8 所示。

主设备	S	SAD+W		RA		DATA		P
从设备			ACK		ACK		ACK	

■ 图 12-8

图 12-8 中，从左到右是一个时间段，S 是起始位，下一个周期即 SAD+W 读寄存器，传输 1B 数据后从设备回复一个 ACK 信号。接下来配置重力传感器的寄存器地址，即 RA，收到 ACK 信号后开始传输数据。

通过 S5PV210 主接收模式的流程图我们可知，如果有多字节数据，是可以循环这个接收过程的。重力传感器的寄存器也支持这种情况。多字节时的重力传感器写 I2C 寄存器流程如图 12-9 所示。

主设备	S	SAD+W		RA		DATA		DATA		P
从设备			ACK		ACK		ACK		ACK	

■ 图 12-9

在这里需要注意，多字节的数据并不是全部在 RA 这个地址，重力传感器会自动增加地址，即视 RA 为起始地址。

重力传感器读 I2C 寄存器的流程如图 12-10 所示。

主设备	S	SAD+W		RA		Sr	SAD+R			NACK	P
从设备			ACK		ACK			ACK	DATA		

■ 图 12-10

将读寄存器流程与写寄存器流程进行对比，我们可以发现读 / 写寄存器的流程是很相近的。这里容易搞混的是 SAD+W 这一步。如果要设置为读的指令，需要先写才行，Sr 就是读。ACK 之后的下一个周期就开始放入数据，接着读。

多字节数据也是如此，但是这里需要注意 NACK，通过 NACK 之后才有 P，而不是直接就可以结束，如图 12-11 所示。

主设备	S	SAD+W		RA		Sr	SAD+R			ACK		NACK	P
从设备			ACK		ACK			ACK	DATA		DATA		

■ 图 12-11

12.6 I2C 通信代码分析

进行 I2C 通信需要做的事情有初始化 GPIO、设置 IRQEN 和 ACKEN、初始化 I2C 时钟等。初始化函数 s3c24xx_i2c_init 的代码如下。

```
static int s3c24xx_i2c_init(struct s3c24xx_i2c *i2c)
{
 unsigned long iicon = S3C2410_IICCON_IRQEN | S3C2410_IICCON_ACKEN;
 struct s3c2410_platform_i2c *pdata;
 unsigned int freq;

 /* get the platform data */

 pdata = i2c->dev->platform_data;

 /* initialise the gpio */

 if (pdata->cfg_gpio)
      pdata->cfg_gpio(to_platform_device(i2c->dev));

 /* write slave address */

 writeb(pdata->slave_addr, i2c->regs + S3C2410_IICADD);

 dev_info(i2c->dev, "slave address 0x%02x\n", pdata->slave_addr);

 writel(iicon, i2c->regs + S3C2410_IICCON);

 /* we need to work out the divisors for the clock... */

 if (s3c24xx_i2c_clockrate(i2c, &freq) != 0) {
      writel(0, i2c->regs + S3C2410_IICCON);
      dev_err(i2c->dev, "cannot meet bus frequency required\n");
      return -EINVAL;
 }

 /* todo - check that the i2c lines aren't being dragged anywhere */

 dev_info(i2c->dev, "bus frequency set to %d KHz\n", freq);
```

```
 dev_dbg(i2c->dev, "S3C2410_IICCON=0x%02lx\n", iicon);

 return 0;
}
```

I2C 控制器主模式开始一次读 / 写 s3c24xx_i2c_message_start 的代码如下。

```
static void s3c24xx_i2c_message_start(struct s3c24xx_i2c *i2c,
                      struct i2c_msg *msg)
{
 unsigned int addr = (msg->addr & 0x7F) << 1;
 unsigned long stat;
 unsigned long iiccon;

 stat = 0;
 stat |=  S3C2410_IICSTAT_TXRXEN;

 if (msg->flags & I2C_M_RD) {
     stat |= S3C2410_IICSTAT_MASTER_RX;
     addr |= 1;
 } else
     stat |= S3C2410_IICSTAT_MASTER_TX;

 if (msg->flags & I2C_M_REV_DIR_ADDR)
     addr ^= 1;

 /* todo - check for whether ack wanted or not */
 s3c24xx_i2c_enable_ack(i2c);

 iiccon = readl(i2c->regs + S3C2410_IICCON);
 writel(stat, i2c->regs + S3C2410_IICSTAT);

 dev_dbg(i2c->dev, "START: %08lx to IICSTAT, %02x to DS\n", stat, addr);
 writeb(addr, i2c->regs + S3C2410_IICDS);

 /* delay here to ensure the data byte has gotten onto the bus
  * before the transaction is started */

 ndelay(i2c->tx_setup);

 dev_dbg(i2c->dev, "iiccon, %08lx\n", iiccon);
 writel(iiccon, i2c->regs + S3C2410_IICCON);

 stat |= S3C2410_IICSTAT_START;
 writel(stat, i2c->regs + S3C2410_IICSTAT);
}
```

I2C 控制器主模式结束一次读 / 写 s3c24xx_i2c_stop 的代码如下。

```
static inline void s3c24xx_i2c_stop(struct s3c24xx_i2c *i2c, int ret)
{
 unsigned long iicstat = readl(i2c->regs + S3C2410_IICSTAT);

 dev_dbg(i2c->dev, "STOP\n");

 /* stop the transfer */
 iicstat &= ~S3C2410_IICSTAT_START;
 writel(iicstat, i2c->regs + S3C2410_IICSTAT);

 i2c->state = STATE_STOP;

 s3c24xx_i2c_master_complete(i2c, ret);
 s3c24xx_i2c_disable_irq(i2c);
}
```

我们的最终目的是通过读 / 写重力传感器的内部寄存器来得到信息。为了达到这个目的，我们需要能够读 / 写重力传感器的寄存器。根据重力传感器的规定按照一定的操作流程来读 / 写重力传感器的内部寄存器，这是一个层次，可以叫作协议层、应用层。要按照操作流程去读 / 写寄存器，就需要考虑 I2C 通信协议，这就是所谓的物理层，其本质是那些时序。此时 SoC 有控制器时要考虑控制器的寄存器，没控制器时我们要自己用软件模拟时序。协议层的代码主要取决于重力传感器，物理层的代码主要取决于 SoC。

12.7 习题

1. I2C 通信的机制是什么？
2. I2C 通信一般用在哪些地方？
3. I2C 通信机制中的起始位和结束位如何定义？

第 13 章　A/D 转换器

电子电路在发展初期是模拟电路，模拟电路中的信号存在不便保存与分析的问题，后来发展出了数字电路。数字电路将模拟电路的信号离散化后可方便地进行保存和分析。这个过程中最重要的就是模数转换，实现这个功能的器件就是模数转换器（Analog to Digital Converter，ADC，又称 A/D 转换器）。现在涉及模拟量输入的电子设备都离不开这个转换器。

13.1　A/D 转换器的引入

13.1.1　模拟量和数字量

模拟量就是在一定范围内连续变化的、可以任意取值的量，可以无限小地划分。通俗地讲，模拟量就是类似现实生活中的时间、电压、高度等连续不间断的物理量，如图 13-1 所示。模拟量反映在数学上就是无限小数位（0 到 1 之间有无数个数）。

数字量是离散的、不连续变化的量。模拟量经过数字化（也叫离散化）后，被按照一定精度进行取点（采样），变成有限多个不连续分布的数字值（在坐标中表现为点，叫数字量）。数字化实际上是从数学角度对现实中的模拟量进行的一种有限精度的描述。取出多个类似 A、B、C 的点组成的点集来代表模拟量，即模拟量的数字化，如图 13-2 所示。我们通常把数字量用 0 和 1 来表示。

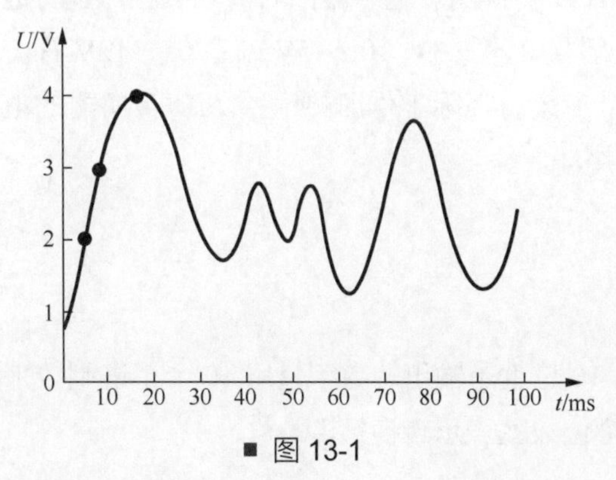

■ 图 13-1

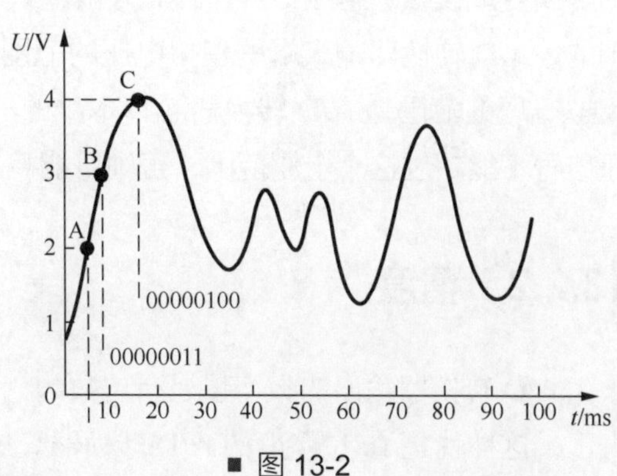

■ 图 13-2

模拟量转换为数字量对于数据的保存和处理有很大的意义。通过学习上文我们知道，CPU 只能识别 0 和 1 这两个数字，所以 CPU 处理数据的时候需要数字化的值来参与运算。如果系统输入量中有模拟量，就需要通过某种方式将模拟量转成数字量再给 CPU 处理。而我们生活中的各种变量（如压力、温度、加速度等）都是模拟量，所以需要用 CPU 来处理这些外部的模拟量的时候就需要对其进行转换。数字化的意义在于可以用（离散）数学语言来简要描述模拟量，这是计算机技术的基础。

13.1.2 什么是 A/D 转换器

A/D 转换器的作用是将模拟信号转换为数字信号。上一章向大家介绍的板载的重力传感器就用到了 A/D 转换器。

13.1.3 有 A/D 转换器自然就有 D/A 转换器

D/A 转换器（Digital to Analog Converter，DAC）的作用是将数字信号转换成模拟信号。CPU 处理完数据后，通常用其控制实际的元器件。很多元器件是需要模拟量来控制的，如有很多芯片和电动机都是靠模拟信号来驱动的，我们可以用 D/A 转换器做一个波形发生器，用来提供我们需要的模拟波形。

13.2 A/D 转换器的主要相关概念

13.2.1 量程

A/D 转换器是电子器件，它只能输入电压信号。其他种类的模拟信号要先经过传感器的转换变成模拟的电压信号，然后才能输入给 A/D 转换器。电子器件的输入电压都是有范围的，A/D 转换器输入端的模拟电压的范围一般是 0 ~ 3.3V、0 ~ 5V 或者 0 ~ 12V 等。模拟电压的范围是 A/D 转换器芯片本身的一个参数。实际工作时传输给 A/D 转换器的电压信号不能超过这个电压范围，否则可能将其烧坏。

13.2.2 精度

A/D 转换器输出的数字量是有位数的，如 10 位就是输出的数字量用 10 个二进制数来表示，这种就是 10 位精度的 A/D 转换器。这个位数就表示转换精度。

10 位 A/D 转换器就相当于把整个输入电压范围分成了 1024 个格子，相邻两个格子的间隔就是电压的表示精度。假如 A/D 转换器的输入电压范围是 0 ～ 3.3V，则每个格子代表的电压值是 3.3V/1024 ≈ 0.00322266V。如果此时通过 A/D 转换后得到的数字量是 447，则这个数字量代表的模拟值是 447×0.00322266V ≈ 1.44V。A/D 转换器输出的位数越多，在输入电压范围固定的情况下，每个格子表示的电压值越小，算出来的模拟电压值就越精确。

13.2.3 转换速率

通过 A/D 转换器进行 A/D 转换是需要消耗时间的。不同芯片的这个时间是不一样的，即使是同一个芯片，在配置不一样的情况下，转换时间也不一样。如果我们需要知道准确的转换时间，如我们的产品对实时性的要求比较高，A/D 转换速率对产品性能有影响时，可以参考数据手册来确定这个时间。一般数据手册中描述转换速率用的单位是 MSPS。其中：字母 M 表示兆；S 是 Sample，也就是采样；PS 是 Per Second（每秒）的缩写。这个单位的意思就是每秒采样百万次，即每秒转换出多少兆个数字值。AD80066 芯片的数据手册的一部分如图 13-3 所示。其中 FEATURES 下面的第一行介绍了这个 A/D 转换器的转换速率为 24MSPS。

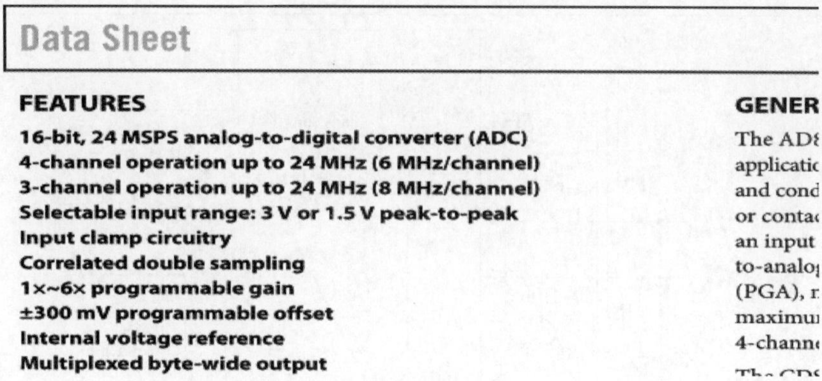

Data Sheet

FEATURES

16-bit, 24 MSPS analog-to-digital converter (ADC)
4-channel operation up to 24 MHz (6 MHz/channel)
3-channel operation up to 24 MHz (8 MHz/channel)
Selectable input range: 3 V or 1.5 V peak-to-peak
Input clamp circuitry
Correlated double sampling
1×~6× programmable gain
±300 mV programmable offset
Internal voltage reference
Multiplexed byte-wide output

GENER

The AD
applicatio
and cond
or conta
an input
to-analo
(PGA), n
maximu
4-chann

■ 图 13-3

A/D 转换器工作时都需要一个时钟，这个时钟有一个适用范围，配置时不要超出这个范围就可以。A/D 转换是在这个时钟下进行的，时钟的频率可控制 A/D 转换的速率。时钟频率和转换速率不是一个概念，但是这两个量成正比。如 S5PV210 中的 A/D 转换器，转换速率 = 时钟频率 /5。

13.2.4 A/D 转换器的工作时钟框图

S5PV210 的 A/D 转换器工作时钟框图如图 13-4 所示，图中的 ADCCLK 就是 A/D 转换器工作的时钟。从时钟框图可以看出，ADCCLK 是由 PCLK 经过一次分频得到的。

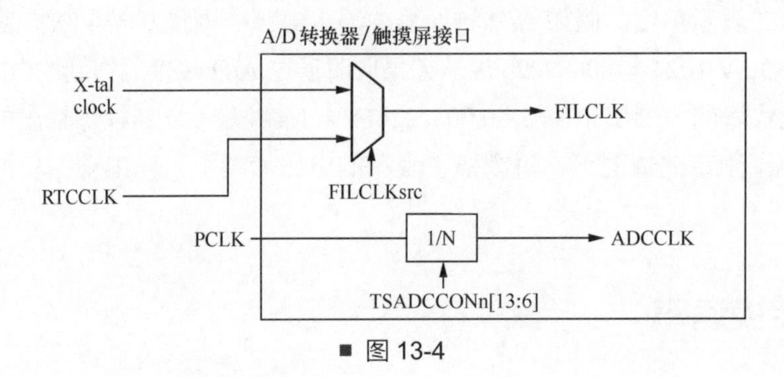

■ 图 13-4

13.2.5 A/D 转换器的通道数

A/D 转换器有多少路模拟输入通道，代表了将来可以同时进行多少路模拟信号的输入。S5PV210 支持 10 个 A/D 转换器通道，分别为 AIN[0] ~ AIN[9]，理论上可以同时进行 10 路 A/D 转换。但是由于开发板出厂时，部分通道相应的引脚已经被其他硬件使用，所以实际可以使用的通道并没有 10 个。S5PV210 的 A/D 转换器模块如图 13-5 所示，实际上通道 2 ~ 9 已经被触摸屏占用，我们可以用的只有通道 0 和通道 1。

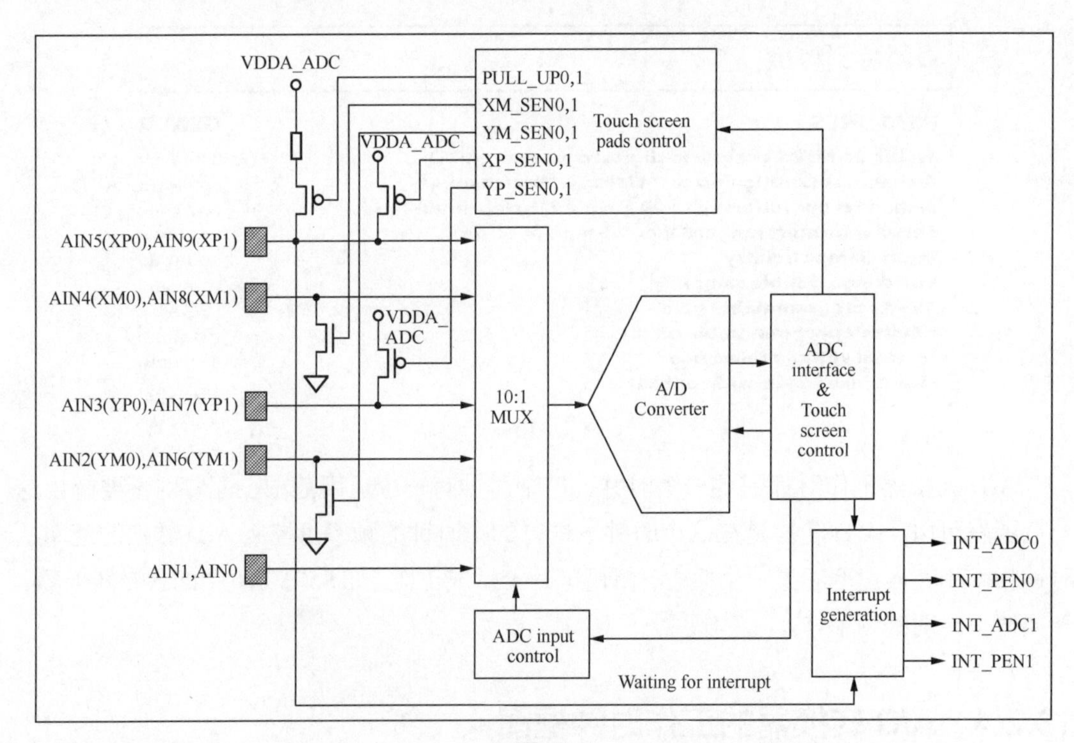

■ 图 13-5

SoC 的引脚至少分为两种：数字引脚和模拟引脚。我们在上文接触的 GPIO 属于数字引脚（可输入输出数字信号），而这里的 A/D 转换器通道引脚属于模拟引脚（可输入输出模拟信号）。因为 A/D 转换器的作用就是把模拟信号转换为数字信号，所以输入的是模拟信号。

13.2.6 A/D 转换器和电阻式触摸屏的关系

有关 A/D 转换器的内容在 S5PV210 数据手册（S5PV210_UM_REV1.1）的 section 10.7 中有介绍。看了这部分的读者可能有疑问，为什么这部分还介绍了触摸屏接口呢？这是因为 A/D 转换器和电阻式触摸屏有很大关系，电阻式触摸屏工作时依赖 A/D 转换器，所以在 S5PV210 的 SoC 中，电阻式触摸屏接口和 A/D 转换器接口是合二为一的，或者说电阻式触摸屏接口复用了 A/D 转换器的接口。图 13-5 简单地向我们展示了电阻式触摸屏与 A/D 转换器的连接关系。有关电阻式触摸屏的具体内容，本书将在第 15 章进行讲解，现在读者只需要简单了解 A/D 转换器和电阻式触摸屏的关系即可。

13.3 S5PV210 的 A/D 转换控制器

A/D 转换器的通道引脚是模拟引脚，我们无法直接写程序去操控它，但是 S5PV210 提供了 A/D 转换控制器，通过配置此控制器的相应寄存器，就能够实现我们想要实现的 A/D 转换。下面就来分析一下 S5PV210 中与 A/D 转换控制器有关的几个主要寄存器。

TSADCCON0 寄存器和 TSADCCON1 寄存器这两个寄存器最大的不同点在于第 17 位，S5PV210 是支持接入两组触摸屏的，该位用于区分触摸屏，第 17 位为 0 为触摸屏 0，第 17 位为 1 则为触摸屏 1。TSADCCONn 寄存器的信息如表 13-1 所示。

TSADCCONn 寄存器的第 16 位是用来选择 A/D 转换精度的，0 代表 10 位转换精度，1 代表 12 位转换精度。如果选 10 位转换精度，虽然 A/D 转换精度不高，但是转换速率会高一些。如果选 12 位转换精度，虽然 A/D 转换精度高，但是转换速率会低一些。所以要根据具体需要选择转换精度。

TSADCCONn 寄存器的第 15 位可判断 A/D 转换是否结束，这一位是只读位。第 15 位为 0 时表示 A/D 转换还没有完成，为 1 时表示 A/D 转换已经完成。等待 A/D 转换完毕的方式有两种，第一种是检查标志位，第二种是中断。在第一种方式下我们先开启一次转换，然后循环检查标志位，直到标志位为 1，此时表明已经转换完可以去读了。在第二种方式下可设置好中断，写好中断服务例程（ISR）来读取 A/D 转换的数据，然后开启中断后 CPU 就不用管了，等 A/D 转换完成后会生成一个中断信号给 CPU，进入中断处理流程。第一种方式是同步的，第二种方式是异步的。一般采用第一种方式进行判断。

表 13-1

TSADCCONn	bit	描述	初始值
TSSEL	[17]	Touch screen selection 0=Touch screen 0 (AIN2～AIN5) 1=Touch screen 1 (AIN6～AIN9) This bit exists only in TSADCCON0. Note：An access to TSADCCON1 bits is prohibited when TSSEL bit is 0，and an access to TSADCCON0 bits except TSSEL is prohibited when TSSEL bit is 1. An access to TSSEL bit is always permitted.	0
RES	[16]	ADC output resolution selection 0=10bit A/D conversion 1=12bit A/D conversion	0
ECFLG	[15]	End of conversion flag (Read only) 0=A/D conversion in process 1=End of A/D conversion	0
PRSCEN	[14]	A/D converter prescaler enable 0=Disable 1=Enable	0
PRSCVL	[13:6]	A/D converter prescaler value Data value：5～255 The division factor is (N+1) when the prescaler value is N. For example, ADC frequency is 3.3MHz if PCLK is 66MHz and the prescaler value is 19. Note：This A/D converter is designed to operate at maximum 5MHz clock，so the prescaler value should be set such that the resulting clock does not exceed 5MHz	0xFF
Reserved	[5:3]	Reserved	0
STANDBY	[2]	Standby mode select 0=Normal operation mode 1=Standby mode Note：In standby mode，prescaler should be disabled to reduce more leakage power consumption.	1
READ_START	[1]	A/D conversion start by read 0=Disables start by read operation 1=Enables start by read operation	0
ENABLE_START	[0]	A/D conversion starts by enable If READ_START is enabled, this value is not valid. 0=No operation 1=A/D conversion starts and this bit is automatically cleared after the start-up	0

TSADCCONn 寄存器的第 14 位是分频器的开关位。0 代表关闭分频器，1 代表开启分频器。A/D 转换器的分频器是一定要开启的，从 TSADCCONn 寄存器的第 6 ~ 13 位就可以看出 A/D 转换器正常工作的时钟频率是不能超过 5MHz 的，所以必须开启分频器进行分频。

TSADCCONn 寄存器的第 6 ~ 13 位是用来存放分频器的分频系数的。表 13-1 中的 Data value:5 ~ 255 是不准确的，实际采用的分频系数必须大于 13。这是为了保证 A/D 转换器正常工作的时钟频率不超过 5MHz。

TSADCCONn 寄存器的第2位是禁用或使用 A/D 转换器位。0代表 A/D 转换器被正常使用，1代表 A/D 转换器被禁用。禁用后如果有模拟量从 A/D 转换器的通道输入，它会直接穿过 A/D 转换器进入下一个模块，不会被转换，此时分频器应关闭。

TSADCCONn 寄存器的第1位表示进行第一次转换后是否通过读来开启下一次转换，0为关闭，1为开启。A/D 转换都是需要反复进行的，转换完一次一般要立即进行下一次转换，所以需要有一个能够在一次转换完后自动开启下一次的机制。这个机制叫通过读来开启（start by read），其工作方法是，当我们读取完本次 A/D 转换的值后，硬件自动开启下一次 A/D 转换。

TSADCCONn 寄存器的第0位表示进行第一次转换后是否手动开启下一次转换，也就是说，进行第一次转换之后，如果开启此模式，则每转换一次，0位会被置0，而0位要重新被置1后才能开启下一次转换。

TSCON 寄存器的大部分位和触摸屏有关，只有第2位和 A/D 转换器有关。第2位是选择 A/D 转换器工作模式的，为0表示选择普通 A/D 转换器模式，为1表示选择触摸屏模式。

TSDATXn 寄存器和 TSDATYn 是用来存储 A/D 转换器的一些信息的，是只读的。其中我们主要用到第14位和第0 ~ 11位，读取第14位可以得到当前 A/D 转换器处于什么工作模式的信息，读取第0 ~ 11位可以得到 A/D 转换后的值。这两个寄存器主要是电阻式触摸屏用的，进行 A/D 转换时，实际上只用到 TSDATXn 寄存器。

CLRINTADCn 寄存器是用来清中断的，当我们选择“判断 A/D 转换是否结束的方法”为前面提到的第二种方式时，要清中断。寄存器的信息如表13-2所示。

表13-2

CLRINTADCn	bit	描述	初始值
INTADCCLR	[0]	INT_ADCn interrupt clear, cleared if any value is written	—

ADCMUX 寄存器可用来选择我们需要的 A/D 转换器通道，分别为 AIN0 通道和 AIN1 通道。寄存器的信息如表13-3所示。

表13-3

ADCMUX	bit	描述	初始值
SEL_MUX	[3:0]	Analog input channel select 0000=AIN 0 0001=AIN 0 0001=AIN 1 0010=AIN 2 (YM0) 0011=AIN 3 (YP0) 0100=AIN 4 (XM0) 0101=AIN 5 (XP0) 0110=AIN 6 (YM1) 0111=AIN 7 (YP1) 1000=AIN 8 (XM1) 1001=AIN 9 (XP1)	0

13.4 硬件设计分析

X210 开发板的 A/D 转换器模块电路图如图 13-6 所示，此处选用了通道 0，并且和一个滑动变阻器连接，所以我们可以通过调节滑动变阻器的阻值来得到不同的 A/D 转换值，然后通过读取 TSDATXn 寄存器，并用串口输出来查看具体的数值。这个滑动变阻器在开发板网口的旁边，有蓝色外壳，可以用小螺丝刀调上面的旋钮来改变阻值。

开发板核心板的 A/D 转换器模块电路图如图 13-7 所示。从图中可以看出，通道 2 ~ 9 都是供触摸屏使用的，左边和“TS”有关的通道都是和触摸屏有关的，所以我们只能选通道 0 和 1，这里我们选择通道 0。

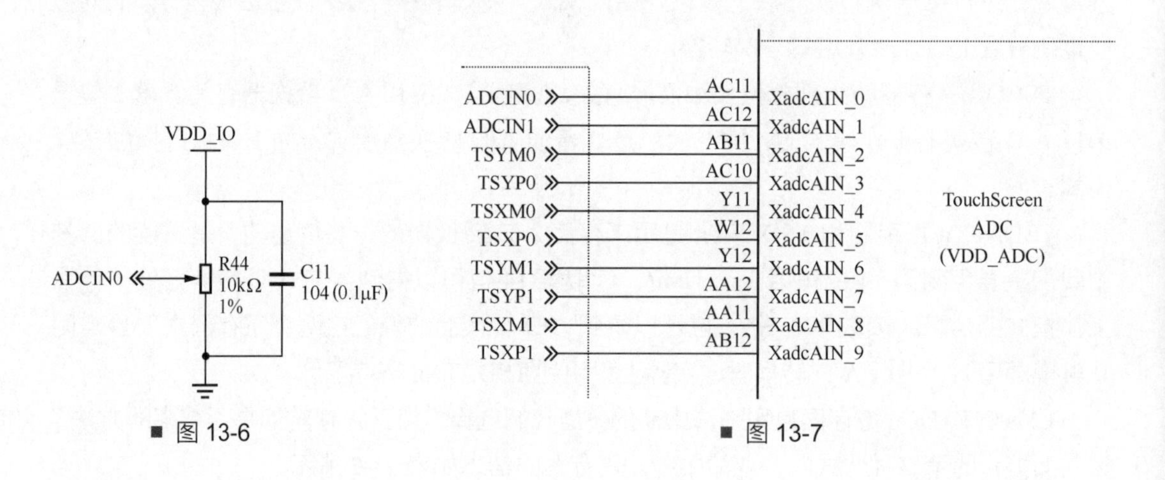

■ 图 13-6　　　　■ 图 13-7

13.5 软件设计

我们参考第 9 章看门狗的代码来进行修改。把和本项目无关的文件删除，如 key.c、wdt.c。添加一个文件 adc.c，然后在 Makefile 里面添加 adc.o，删除 key.o 和 wdt.o，在 main.c 中把 wdt.c 和 key.c 相关的函数代码删除，再把 printf 函数的输出内容改为 adc test。其他的文件都不用修改。下面就可以正式编写本节的代码了。打开 adc.c，编写其中的代码，分如下几个步骤。

① 用头文件定义上面讲到的寄存器，代码如下。

```
#include "main.h"
#define TSADCCON0          0xE1700000
#define TSDATX0            0xE170000C
#define TSDATY0            0xE1700010
#define ADCMUX             0xE170001C
#define rTSADCCON0         (*(volatile unsigned int *)TSADCCON0)
#define rTSDATX0           (*(volatile unsigned int *)TSDATX0)
```

```
#define rTSDATY0            (*(volatile unsigned int *)TSDATY0)
#define rADCMUX             (*(volatile unsigned int *)ADCMUX)
```

② 写一个初始化 A/D 转换控制器的函数，代码如下。

```
static void adc_init(void)
{
 rTSADCCON0  |= (1<<16);        // 采样分辨率设置为 12 位
 rTSADCCON0  |= (1<<14);        // 使能分频
 rTSADCCON0  &= ~(0xFF<<6);     //全部清零
 rTSADCCON0  |= (65<<6);        // A/D 转换器时钟频率为 66MHz/66=1MHz
 rTSADCCON0  &= ~(1<<2);        // 正常模式
 rTSADCCON0  &= ~(1<<1);        // 禁用读开启模式
 rADCMUX     &= ~(0x0F<<0);     // MUX 选择 ADCIN0
}
```

上述代码中，static 的作用是限制函数 void adc_init 只在本文件中调用。这个函数的主要作用是通过配置 TSADCCON0 寄存器和 ADCMUX 寄存器来初始化 A/D 转换控制器。大家可以通过代码来对比验证我们在上文讲解寄存器时说到的一些关键点。

③ 写一个测试 A/D 转换器的函数和一个延时函数，其功能就是循环检测 A/D 转换器，并从 TSDATY0 寄存器得到 A/D 转换数字值输出。代码如下。

```
void adc_test(void)
{
 unsigned int val = 0;                                  // 用来存储 A/D 转换器读出的值

 adc_init();

 while (1)
 {
      // 第 1 步：手动开启 A/D 转换
      rTSADCCON0   |= (1<<0);
      // 第 2 步：等待 A/D 转换完毕
      while (!(rTSADCCON0 & (1<<15)));               // 转换完成的标志是 15
// 为 1，所以为了跳出循环，要进行位取反操作
      // 第 3 步：读取 A/D 转换器的数字值并显示
      val = rTSDATX0;
      printf("x: bit14 = %d.\n", (val & (1<<14)));   // 输出此时 A/D 转换器的模式
      printf("x: adc value = %d.\n",(val & (0xFFF<<0)));// 输出 A/D 转换后的值
// 转换的数据，该寄存器的 0 ~ 11 位是 A/D 转换数据
      val = rTSDATY0;
      printf("y: bit14 = %d.\n", (val & (1<<14)));
      printf("y: adc value = %d.\n", (val & (0xFFF<<0)));

      // 第 4 步：延时
      delay();
```

```
 }

}

static void delay(void)
{
 volatile unsigned int i, j;

 for (i=0; i<4000; i++) //延时时间可以根据自己的需要修改
      for (j=0; j<1000; j++);
}
```

延时时间必须合适，可以在延时函数中的计数变量前加 volatile。这里加 static 是为了不和其他延时函数冲突。

④ 编写 main 函数，代码如下。

```
#include "stdio.h"
#include "int.h"
#include "main.h"

void uart_init(void);

int main(void)
{
 uart_init();
printf("-------------adc test--------------\n");
 adc_test();

while (1);

 return 0;
}
```

完成以上步骤，代码就编写好了，最后把 adc.c 里需要声明的函数在 main.h 中进行声明，然后烧录到开发板中进行调试即可。

13.6 程序烧录与调试

程序烧录过程中可能会出现 USB 下载失败的问题，解决方法是换用 SD 卡下载。

烧录程序后，打开 SecureCRT 终端（指串口监视终端软件）连接开发板，打开开发板开关。我们可以看到图 13-8 所示的输出信息。

从图 13-8 中可以看出，y 值一直都为 0，验证了之前我们所说的 A/D 转换的数据被存储在 TSDATX0 寄存器中。通过烧录与调试我们发现代码还有缺陷。第一个缺陷是我们需要一只手按住开发板，另一只手去调滑动变阻器，这造成了极大的不方便。此时使用开发板上的上电自锁功能即可解决，所以我们把第 10 章介绍的开发板自锁代码（3 种方法自选 1 种）添加到本项目的 start.S 文件。代码如下。

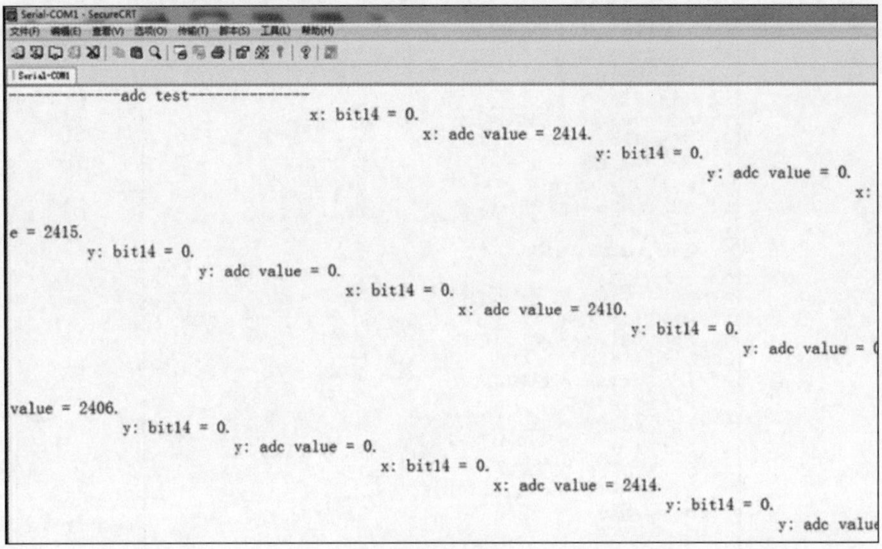

■ 图 13-8

```
// 第 1 步：开发板自锁
 ldr r0, =0xE010E81C
 ldr r1, =0x301
 str r1, [r0]
```

第二个缺陷是串口输出信息错位，不够整齐，不太方便读数和观察。这个问题的根源在于和串口相关的 uart.c 文件中的函数。uart.c 文件中的 putc 串口发送函数中缺少“回车”代码。Windows 和 Linux 系统中的“回车换行”是不一样的。在 Linux 系统中，如果输入的是 '\n'，则只能换行，不能回车。回车就是回到每一行的起点处，在 Linux 系统中需要加入 '\r''\r''\n' 才能实现回车换行。修改代码如下。

```
void putc(char c)
{
 if (c == '\n')
 {
     while (!(rUTRSTAT0 & (1<<1)));
     rUTXH0 = '\r';
 }

 while (!(rUTRSTAT0 & (1<<1)));
 rUTXH0 = c;
}
```

解决了上面的两个缺陷之后再次编译，烧录程序并运行，结果如图 13-9 所示。从图 13-9 的输出信息中我们可以看到，串口输出信息错位的问题已经被解决了。

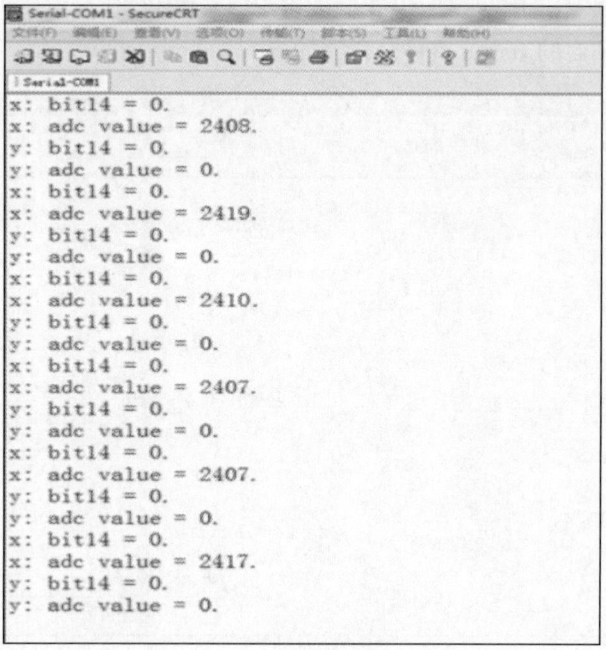
Serial-COM1 - SecureCRT
Serial-COM1
x: bit14 = 0.
x: adc value = 2408.
y: bit14 = 0.
y: adc value = 0.
x: bit14 = 0.
x: adc value = 2419.
y: bit14 = 0.
y: adc value = 0.
x: bit14 = 0.
x: adc value = 2410.
y: bit14 = 0.
y: adc value = 0.
x: bit14 = 0.
x: adc value = 2407.
y: bit14 = 0.
y: adc value = 0.
x: bit14 = 0.
x: adc value = 2407.
y: bit14 = 0.
y: adc value = 0.
x: bit14 = 0.
x: adc value = 2417.
y: bit14 = 0.
y: adc value = 0.

■ 图 13-9

13.7 习题

1. A/D 转换精度是如何定义的?
2. A/D 转换器的作用是什么?
3. S5PV210 中有多少路 A/D 转换器通道可以使用?

第 14 章 LCD 屏

显示屏在日常生活中处处可见，我们使用的手机、电视机、计算机等都有显示屏。现在市面上主流的显示屏是 LCD 屏，当然，还有其他类型的显示屏，如 CRT（Cathode Ray Tube，阴极射线管）、LED、OLED（Organic LED，有机发光二极管）显示屏等。作为一个重要的输出设备，它可以向我们展示丰富的色彩，让我们更加方便地使用各种设备，那么这么神奇的显示屏是如何工作的呢？如何把那么多精彩的画面显示在屏幕上让我们看到？带着这些疑问，我们开始本章的讲解。

14.1 LCD 简介

14.1.1 什么是 LCD

LCD（Liquid Crystal Display，液晶显示）屏的构造是在两片平行的玻璃当中放置液态的晶体，两片玻璃中间有许多垂直和水平的细小导线，通过其通电与否来控制杆状晶体分子改变方向，将光线折射出来产生画面。

很多人会经常搞混 LCD 和 LED 的概念。在第 4 章的时候我们已经介绍了 LED 是发光二极管。那么 LED 显示屏和 LCD 屏又分别是什么呢？为更好地区分它们，我们可以先了解一下主动发光和被动发光。主动发光即本身就会发光，如 LED 显示屏、CRT 显示屏。被动发光即本身不会发光，需要背光源的协助才能看起来是发光的，如 LCD 屏。

LCD 屏和 LED 显示屏的成像原理有很大的不同，所以应用在不同的场合中，这个可稍后进一步了解。LED 可以作为 LCD 屏的背光源，这就是它们之间的联系。

14.1.2 LCD 的显示原理和特点

LCD 的显示原理可划分为 3 个部分的内容，即背光源、液晶分子透光、滤光。背光源使用的是白光，白光由不同颜色（表现为不同波长）的光混合而成。白光通过不同的电信号让液晶分子进行选择性透光加滤光后，我们在 LCD 屏前看到的就是不同的颜色。因此背光源在 LCD 屏中占有举足轻重的地位，在设置 LCD 屏的相关寄存器时，关键的一步就是打开背光源。LCD 屏主要用作电视机显示屏、计算机显示屏、手机显示屏等。LCD 屏的结构模型如图 14-1 所示。

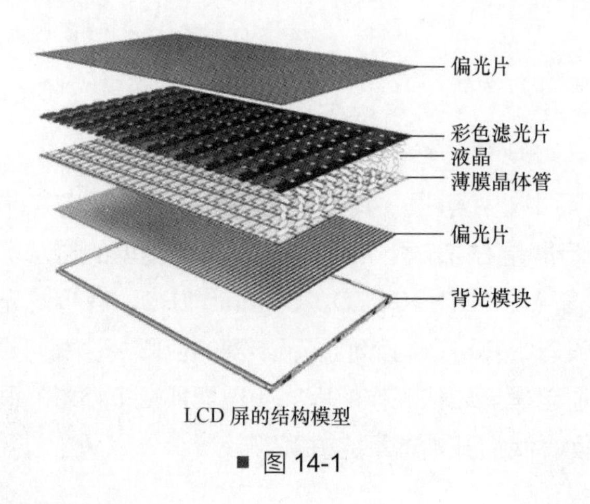

■ 图 14-1

14.1.3 LCD 屏的种类

常见的 LCD 屏按物理结构分为如下 4 种。

- 扭曲向列型（Twisted Nematic，TN）。
- 超扭曲向列型（Super Twisted Nematic，STN）。
- 双层超扭曲向列型（Dual Scan Tortuosity Nomograph，DSTN）。
- 薄膜晶体管型（Thin Film Transistor，TFT）。

TN LCD 屏是较早出现的 LCD 屏，当色彩变化过快时，其显示响应性不够强，会出现拖尾现象。

STN 与 DSTN LCD 屏是 TN LCD 屏的加强版，拖尾现象明显改善。

TFT LCD 屏有出色的色彩饱和度、还原能力和较高的对比度，而且可以做得很薄；缺点是比较耗电，成本比较高。

14.1.4 其他类型的显示屏

了解了 LCD 屏的显示原理和种类后，我们再来看看还有哪些主流的显示屏。

CRT 显示屏：阴极射线管显示屏，是一种使用阴极射线管（Cathode Ray Tube，CRT）的显示屏；其工作原理可简单概括为高能电子轰击荧光粉使其发光；很多老旧的电视机就使用了 CRT 显示屏，如图 14-2 所示。

PDP（Plasma Display Panel，等离子体显示屏）：采用了高速发展的等离子体平面屏幕技术的新一代显示设备，是继 CRT 显示屏、LCD 屏后的最新一代显示屏；其特点是厚度极薄，分辨率高，但并没有成为主流。

OLED 显示屏：使用 OLED 制成的显示屏，由于同时具备 OLED，不需要背光源；其最大的特点是具有柔性，可以做成曲面，且防水。

LED 显示屏：一种通过控制 LED 的发光情况来显示的自主发光显示屏，亮度可以大于自然光，因此可以用作户外大型广告屏等，如图 14-3 所示。

■ 图 14-2

■ 图 14-3

14.2 LCD 设备的接口技术

各种设备进行通信都需要接口，接口本身各有不同，有简单的、有复杂的，主要取决于需要传输的数据量或者距离。例如，常见的串口较简单，本身不适合传输大数据信息，如图片、音乐等，这些大数据信息通常使用复杂的 USB 接口或者网络接口等高速率接口进行传输。而 LCD 设备的接口更加复杂，因为 LCD 设备不仅传输数据量大，而且传输距离不确定，综合各种不同的因素，因此有不同的接口。

14.2.1 LCD 设备通信接口中的电平转换

我们通常把使用 TTL（Transistor-Transistor Logic，晶体管 - 晶体管逻辑）电平的接口称为 TTL 接口。那么什么是 TTL 电平？简单来说，+5V 等价于逻辑 1，0V 等价于逻辑 0，这就是 TTL 电平。

我们使用的 SoC 的 LCD 控制器的硬件接口是 TTL 接口，LCD 设备的硬件接口也是 TTL 接口。理论上，两者是可以直接对接的，例如手机、平板计算机、开发板都是通过软排线把两者对接起来。但是在很多实际的应用中，受限于 TTL 电平信号的传输距离，如果传输距离在 1m 以上，则需要进行电平信号转换，否则 TTL 电平会受到极大的干扰。一般先把 TTL 电平信号转换为 VGA（Video Graphics Array，视频图形阵列）电平信号或者 HDMI（High Definition Multimedia Interface，高清多媒体接口）等其他传输距离远、抗干扰性能强的电平信号，再转换回 TTL 电平信号。大概过程为主机 SoC（TTL）→ VGA/HDMI → LCD 屏（TTL）。

14.2.2 RGB 接口详解

RGB 色彩模式是一种颜色标准。我们通过对红（R）、绿（G）、蓝（B）3 个颜色（称三原色）通道的变化和它们相互之间的叠加来得到各种各样的颜色，RGB 即代表红、绿、蓝 3 个通道的颜色。这个标准几乎包括了人类视力所能感知的所有颜色，是目前应用最广的颜色标准之一。所以 RGB 接口就是三原色输入的视频接口。LCD 屏的 RGB 接口时序如图 14-4 所示。

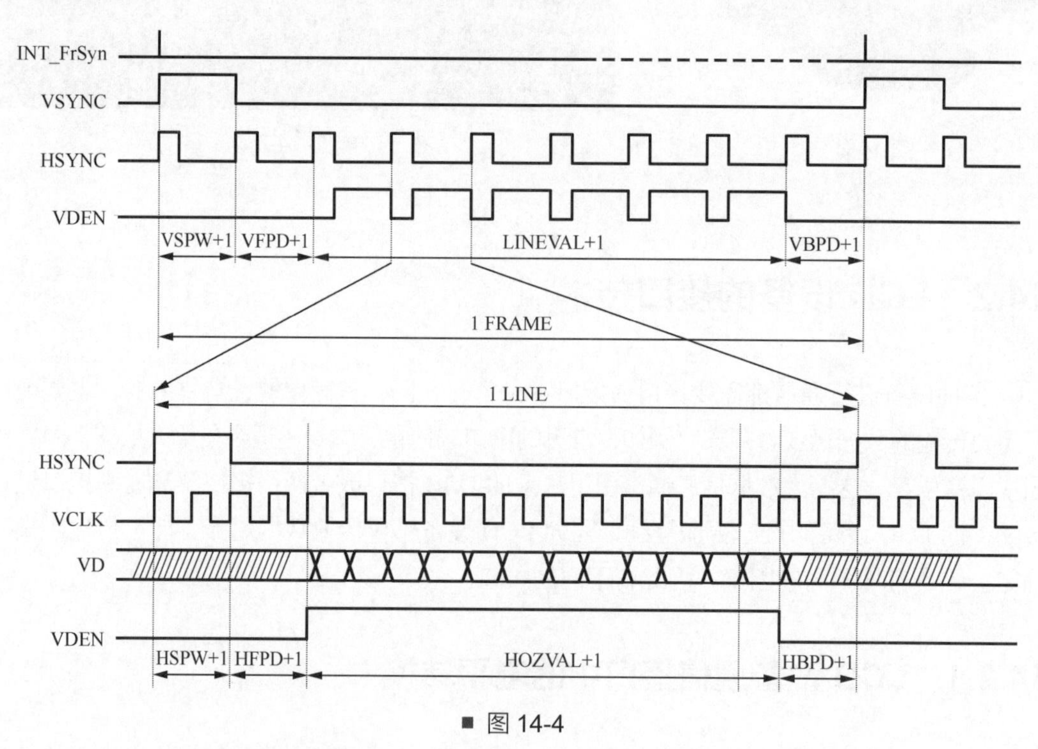

■ 图 14-4

时序图中主要信号的说明如下。

VD[23:0]：Video Data（视频数据），采用 24 根数据线传输图像信息，可见 LCD 设备是并行接口，速率高。

VSYNC：垂直同步信号，时序信号线。

HSYNC：水平同步信号，时序信号线。

VCLK：像素时钟，LCD 设备工作时需要主板控制器给 LCD 模组发送一个工作时钟信号，即 VCLK。

VDEN（数据有效标志）：时序信号，和 HSYNC、VSYNC 结合使用。

14.3 LCD 的显像原理和相关概念

14.3.1 像素及相关概念

有关 LCD 的最基础的概念就是像素。像素就是组成图像最基本的元素，或者显示中可以被控制的最小单元。像素可以“发出”各种颜色的光，整个图像就是由若干个像素组成的，通常每个像素由红、绿、蓝 3 个基本颜色组成。屏幕的分辨率与像素相关，分辨率可以分为显示分辨率和图像分辨率。

显示分辨率即屏幕分辨率，是屏幕图像的精密度，指显示屏所能显示的像素有多少。由于屏幕上的点、线和面都是由像素组成的，所以一定区域内显示屏可显示的像素越多，画面就越精细，能显示的信息也越多，所以显示分辨率是个非常重要的性能指标。例如 X210 开发板的屏幕的显示分辨率是 800 像素 ×480 像素（像素也可用 px 表示），即每行的像素数为 800 个，每列的像素数为 480 个。屏幕尺寸和显示分辨率无关，例如开发板的屏幕尺寸是 7in（英寸，1in ≈ 2.54cm），它指的是纯屏幕的对角线尺寸。屏幕尺寸、显示分辨率和像素间距三者之间是有关联的，可影响屏幕显示的图像的清晰度。

图像分辨率是单位英寸（in）中所包含的像素点数，其定义更趋近于分辨率本身的定义。

分辨率用每行含有的像素 × 每列含有的像素表示。例如一张分辨率为 640 像素 ×480 像素的图像，那它的分辨率就达到了 307200 像素，也就是我们常说的 30 万像素；而一张分辨率为 1600 像素 ×1200 像素的图像，它的分辨率就是 200 万像素。对于 LCD 设备和传统的 CRT 显示器，分辨率都是重要的参数。传统的 CRT 显示器所支持的分辨率较有“弹性”，而 LCD 设备的像素间距已经固定，所以支持的显示模式不像 CRT 显示器的那么多。LCD 设备的最佳分辨率，也叫最大分辨率，在该分辨率下，LCD 设备才能显现表现最佳的影像。

每个像素都是独立的，可以被单独控制。只能控制亮或不亮的屏幕叫单色屏；能控制亮度百分比的屏幕，叫灰度屏；能控制像素的颜色变化的屏幕叫彩色显示屏，也就是现在常见的显示屏。

由像素可引出像素间距的概念，每个像素都存在一个像素中心，两个像素中心之间的距离就是像素间距，如图 14-5 所示。像素的横向与纵向的间距可以相同，也可以不同。像素间距会影响屏幕的最佳观看距离：像素间距越大，越适合远距离观看；像素间距越小，越适合近距离观看。

清晰度是一个主观概念，是人眼对显示效果的一个主观判断。一般来说，屏幕尺寸固定时，分辨率越高越清晰；分辨率固定时，屏幕尺寸越小越清晰。但除了上述因素外，清晰度还由其他很多因素共同决定。

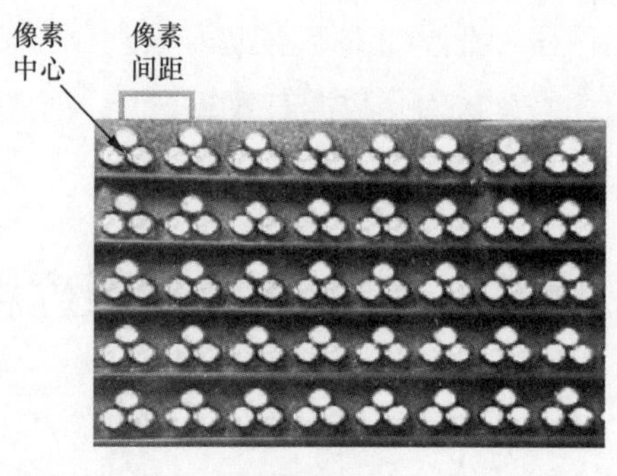

■ 图 14-5

像素深度是指存储每个像素所用的位数。计算机中用二进制数来表示一个像素的数据，如果用来表示的位数越多，则像素颜色越丰富。一般来说，像素深度有 1 位、8 位、16 位、24 位、32 位。如果用 1 位来表示，则只能表示亮和灭两种状态。

帧。视频其实由很多图像构成，而一张图像称为一帧。视频通常以每秒连续播放 24 张图像的速度播放，所以在我们看来视频是连续的，而有些视频里的慢动作就是把帧速率降低，所以在我们看来这段视频是“缓慢”的。

帧内数据是由若干字符组成的数据块。一帧数据被分为多行，每行包括多个像素，因此一帧图像可看作是由多个像素组成的矩阵。整个视频由多个帧组成，最终播放视频时逐个播放各个图像即可。

显示像素。LCD 屏显示一帧图像的过程也就是我们在编程时对像素所进行的一系列操作。首先把帧分成行，再把每行分成一个个像素，然后让像素逐个显示，这就是显示像素。实际上在 LCD 设备内部 LCD 驱动器按照接收到的 LCD 控制器给的显示数据，驱动一个个像素的液晶分子旋转，让这些像素显示出相应的颜色。

LCD 控制器和驱动器之间一次只能传输一个像素的数据，所以一帧图像在屏幕上其实是以串行的方式依次被显示出来的，不是同一时间显示出来的。理解这个概念很关键，因为它能帮助我们理解后面讲解的 6 个时序参数。通过这几个参数我们就能明白显示数据传输的过程。

14.3.2 扫描

要想在屏幕上显示一张图像，需要把一张图像中所有像素对应的颜色数值依次放入屏幕上对应的像素，该动作称为扫描。“扫描”一词最早出现在 CRT 显示屏流行的年代，如今虽然它在 LCD 屏中已经失去意义，不过因其形象地描述了一张图像的显示原理，也就被保留了下来。扫描从左到右、从上到下依次进行。

模拟一张 8 像素 ×8 像素的显示屏，如图 14-6 所示，则像素从左上角到右下角依次显示。

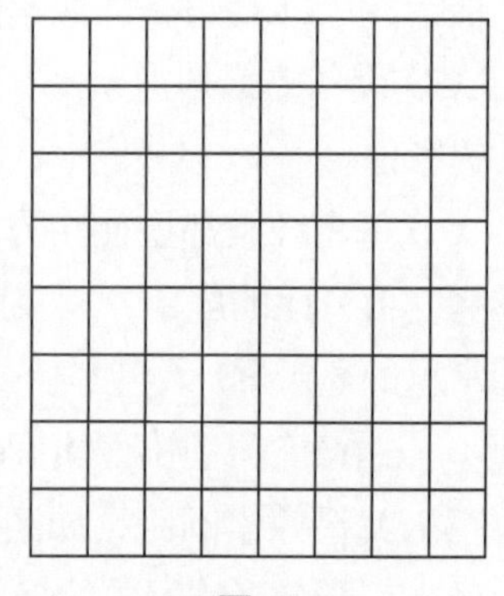
■ 图 14-6

扫描显示原理依赖于人眼的暂留效应，只要显示屏的扫描频率大于人眼的发现频率，人看到的图像就是恒定的。如果扫描频率偏小于人眼的发现频率，人就会看到“闪动”。扫描频率也叫刷新频率。

14.3.3 驱动器和控制器

SoC 和 LCD 设备是不能直接相连的，SoC 内部集成了一个控制器。LCD 面板与 LCD 驱动器集成在一起。控制器与驱动器使用总线连接，采用数字接口。

LCD 面板负责液晶分子旋转透光，需要模拟信号来控制液晶分子。LCD 驱动器芯片负责给 LCD 面板提供控制液晶分子的模拟信号，而驱动器的控制信号来自自己的数字接口，这个接口就是 LCD 屏的外部接口，也就是 14.2.2 小节提到过的 RGB 接口。

LCD 控制器负责通过数字接口向远端的 LCD 驱动器提供控制像素显示的数字信号。LCD 控制器的关键在于时序，它必须按照一定的时序和 LCD 驱动器通信。LCD 控制器受 SoC 控制，SoC 从内存中读取像素数据给 LCD 控制器，并最终传送给 LCD 驱动器。

14.3.4 显示内存（显存）

LCD 屏的显示过程分为两个阶段。第一个阶段为建立显示体系，目的是使 CPU 初始化 LCD 控制器，使其和显存联系起来构成映射。第二个阶段在映射建立之后，此阶段的主要任务是将要显示的图像放到显存中。

SoC 在内存中设置满足其访问条件的任意地址作为显存，通过配置使 LCD 控制器和显存建立连接，构成一个映射关系。一旦该关系建立，LCD 控制器就能自动从显存中读取像素数据并传输给 LCD 驱动器。

整个流程可以简述为 SoC 从 Flash 中读取一张 .jpg 图像的数据，读取完成后对图像进行解码并将其搬移到显存中。LCD 控制器从显存中读取数据，然后发送给 LCD 驱动器，LCD 驱动器再把数据显示在 LCD 面板上。图像显示的流程如图 14-7 所示。

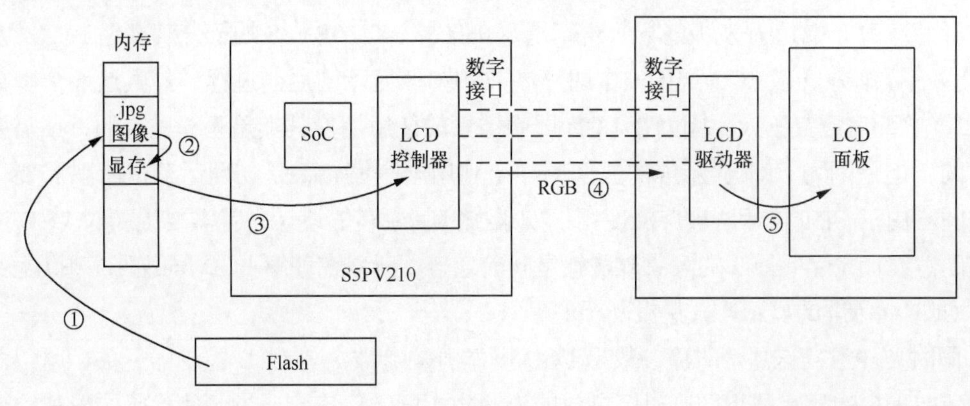

■ 图 14-7

14.3.5 LCD 屏的 6 个主要时序参数

LCD 屏的这 6 个参数是为了与之前的 CRT 显示屏兼容而设计的。

① 水平同步信号脉宽（Horizontal Sync Pulse Width，HSPW）。

② 水平同步信号前肩（Horizontal Front Porch，HFPD）。

③ 水平同步信号后肩（Horizontal Back Porch，HBPD）。

④ 垂直同步信号脉宽（Vertical Sync Pulse Width，VSPW）。

⑤ 垂直同步信号前肩（Vertical Front Porch，VFPD）。

⑥ 垂直同步信号后肩（Vertical Back Porch，VBPD）。

如果驱动一个像素的显示时间为 t，理论上显示一帧图像的时间为 $t\times$ 行数 $\times$ 列数。但是实际应用中在一行的像素间切换几乎不需要时间，但是行之间的切换需要从每行的最末尾像素切换到下一行的首端像素，这个过程需要一定的时间。这时候在每行的首端和末端都会各自设置一个缓冲时间 t_1 和 t_2，对应的参数就是 HFPD 和 HBPD。

一行像素显示的通信过程是这样的：先发送一个 HSYNC 高电平脉冲信号，脉冲宽度为 HSPW，该脉冲通知 LCD 驱动器有一行像素的有效信号要开始显示了，然后开始这一行显示数据信息的传送。其中 HFPD 和 HBPD 都属于时序信息，不同的 LCD 屏的 HFPD 和 HBPD 不同，显示数据信息就是横向分辨率。所以我们可以认为一行包含 4 个部分：HSPW、HFPD、行有效信号、HBPD。

一帧图像可以看成一列，一列再由多行组成，每行都是上面所讲的时序。一帧图像信号分为 4 个部分：VSPW、VFPD、帧有效信号、VBPD。VSPW 也指帧同步信号宽度，通知 LCD 驱动器一帧图像要开始显示了。VFPD 和 VBPD 分别是垂直同步信号的前、后肩，也就是一帧信号开始的缓冲时间和一帧信号结束后要从本帧的最后一行最后一个像素切换到下一帧的第一行第一个像素的缓冲时间。一帧图像显示的通信过程和一行像素显示的通信过程类似。时序信息如图 14-8 所示。

这张图在 14.2.2 小节出现过，但当时只是简单介绍了各名称的含义，本小节将进一步讲解。该图上半部分为一帧图像的传输时序，下半部分为一行信息的传输时序。HOZVAL+1 对应行分辨率，X210 开发板的行分辨率是 800 像素，X210BV3S 的行分辨率是 1024 像素。

以上详细分析了 LCD 屏的 6 个时序参数和图像显示的通信过程，其实这 6 个参数对于 LCD 屏而言意义不大。因为在 LCD 屏中像素的任意切换其实是无缝进行的，不需要缓冲时间，但是因为 CRT 显示屏的显像原理是利用电子偏转，是物理运动，所以需要一定的时间。由于 CRT 显示屏被广泛使用，如果抛弃其原有的设计，就需要重新对 LCD 屏进行软硬件设计，因此最好的解决方法就是向前兼容。所以在理解 LCD 屏的时序和编程时，参考 CRT 显示屏的显示方式是没问题的。

同时要注意，这几个时序参数是 LCD 屏本身的参数，与 LCD 控制器无关，所以同一个主板如果接的显示屏不同则时序参数的设置也不同。厂家会通过示例代码的形式给出这些参数，读者也可查阅数据手册的 LCD 屏部分。

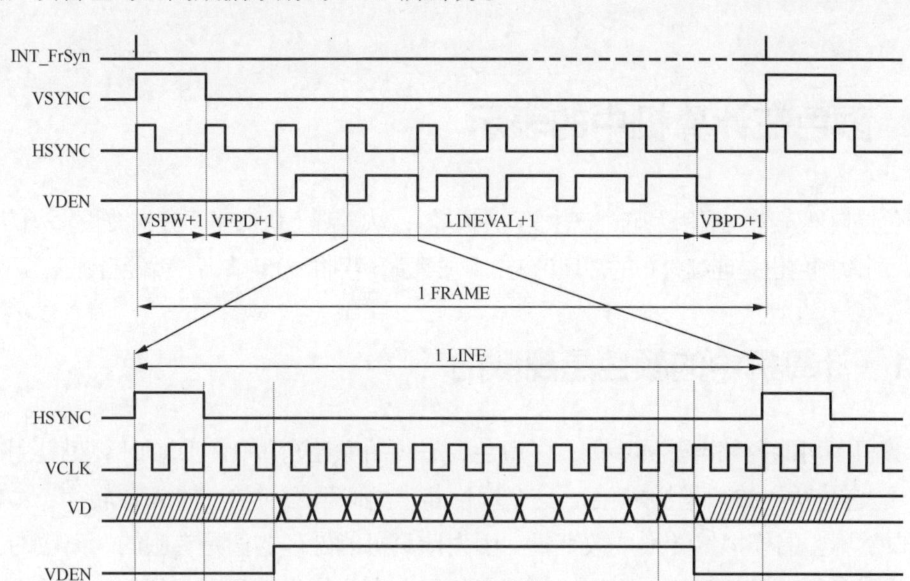

■ 图 14-8

用 X210 开发板获取 LCD 屏参数的第一种方式是查看九鼎创展的 210 裸机教程（x210v3 裸机开发教程 \src\template-framebuffer-font\source\hardware\s5pv210-fb.c 从第 774 行开始的内容），可得到如下参数。

```
.h_fp              = 210,      // 160-210-354
.h_bp              = 38,       // 46
.h_sw              = 10,       // 1-40
.v_fp              = 22,       // 7-22-147
.v_fpe             = 1,
.v_bp              = 18,       // 23
.v_bpe             = 1,
.v_sw              = 7,        // 1-20
```

第二种方式是查看 LCD 屏数据手册 X210 附赠资料 AT070TN92.pdf，AT070TN92 部分参数的设置值如表 14-1 所示（其中：Item，条目；Symbol，符号；Value，设置值；Min.，最小值；Typ.：典型值；Max.，最大值；Unit，单位；Remark，备注；后文类似表各项含义相同）。

表 14-1

Item	Symbol	Values			Unit	Remark
		Min.	Typ.	Max.		
Horizontal Display Area	thd	—	800	—	DCLK	
DCLK Frequency	fclk	26.4	33.3	46.8	MHz	
One Horizontal Line	th	862	1056	1200	DCLK	
HS pulse width	thpw	1	—	40	DCLK	
HS Blanking	thb	46	46	46	DCLK	
HS Front Porch	thfp	16	210	354	DCLK	

其中 HS pulse width、HS Blanking、HS Front Porch 分别对应 HSPH、HBPD、HFPD。

14.4 颜色在计算机中的表示

颜色是自然光在人眼和大脑中产生的一种映像，从客观上讲决定于光的波长。光的波长是连续的，所以颜色也是连续分布的。理论上，只要眼睛辨别能力足够高，就能看到无数种颜色。

14.4.1 计算机中的颜色是离散的

计算机不可能存储自然界中的众多颜色，必须将颜色有限化，所以计算机就用有限种颜色来代表自然界中的无限种颜色，这个理论非常类似于之前学过的 A/D 转换，A/D 转换就是将自然界中的模拟量转换成数字量。因为计算机能处理的值是有限的、离散的，而自然界中的很多信息是无限的、连续的，如声信号、光电信号，所以必须将后者转换成计算机可以处理的数据。颜色也是如此，但是它不需要经过 A/D 转换，只需要将颜色对应的数值存储在计算机中即可。

这样做是有缺陷的，当把连续无限的信息变成离散有限的信息，首先很多数据会丢失，其次这样的离散化方式表达出的颜色不够真实，这就是为什么计算机表达的颜色没有自然界中的那么丰富。

我们把颜色离散化时需要考虑一些问题：自然界中有无限种颜色，而计算机能表示的有限的颜色到底有多少种？如果一台计算机只能表达 10 种颜色，那么这台计算机失真就很严重。如果一台计算机能表达 10 万种或者更多的颜色，那么这台计算机的色彩就很丰富，画面看起来就较接近自然界中的真实颜色，这也是判断计算机性能时的一个考虑因素。计算机所能表达的颜色的数量叫像素深度，下面将详细讲解。

14.4.2 常见像素深度

1 位像素深度，就是用 1 位二进制数来表示一种颜色，它只有开和关两种状态，不能改变颜色和亮度。我们在生活中经常能看到饭店或者一些商铺门口都挂着一个 LED 显示屏，这种显示屏通常只显示红色一种颜色。

8 位像素深度，就是用 8 位二进制数来表示 256 种颜色，但是颜色还是不够丰富。通常用 8 位来表示的颜色实际上是不同深浅的同一种颜色，叫灰度显示，也就是没有彩色，纯白到纯黑分别对应 255 到 0，从 255 到 0 颜色逐渐加深。典型的例子就是黑白电视机。

16 位像素深度，就是用 16 位二进制数来表示 65536 种颜色，这时候颜色比较丰富，可以用来表示彩色，常用的是 RGB565 颜色表示方法。RGB565 颜色表示方法就是分别用

5 位二进制数表示红色和蓝色，用 6 位二进制数表示绿色。这样的颜色表示法是一种模拟自然界中所有颜色的表示方式。但是因为 RGB565 表示的二进制数位数不够多，所以颜色不够细腻。如 5 位二进制数只能表示 32 种颜色，远不能表示自然界中的大部分红色，所以失真现象严重，看到的显示效果不真实。

24 位像素深度，是用 24 位二进制数来表示颜色，此时能表示 16777216 种颜色，这种表示方法的原理和 16 位的是一样的，常用的颜色表示方法是 RGB888，能显示的颜色精度值更高，比 RGB565 的更加真实细腻。虽然说它能表示的颜色比自然界中的无数种颜色还是少了许多，不过由于人眼的视觉局限性，人眼几乎不能区分 1677 万种颜色和无数种颜色的区别，所以 24 位像素深度已经足够了。

32 位像素深度，是用 32 位二进制数来表示颜色，其中 24 位表示 RGB888，8 位表示透明度。这种显示方式就叫作 ARGB，其中 A 表示透明度。现在的计算机一般用 ARGB 显示颜色。

任何颜色都可由红色（R）、绿色（G）和蓝色（B）组合而成，所以红、绿、蓝也称 RGB，叫作三原色，也叫三基色。理解 RGB565 和 RGB888 的概念很重要，因为二者关乎后面我们进行编程时颜色的设定。不同的 LCD 设备还可以设置不同的颜色显示方式。因此，掌握这几个概念对于我们后面的学习是有很大帮助的。

14.5 S5PV210 的 LCD 控制器

虽然我们这里介绍的是 S5PV210 的 LCD 控制器，但是它对于大多数 SoC 都是通用的。SoC 为了兼容市面上大多数的 LCD 屏，LCD 控制器被设计成一样的。

S5PV210 的 LCD 控制器叫 FIMD，FIMD 是 S5PV210 内部与图像处理相关的器件，与摄像头和图像处理有关的部分都有关联。FIMD 结构框图如图 14-9 所示。

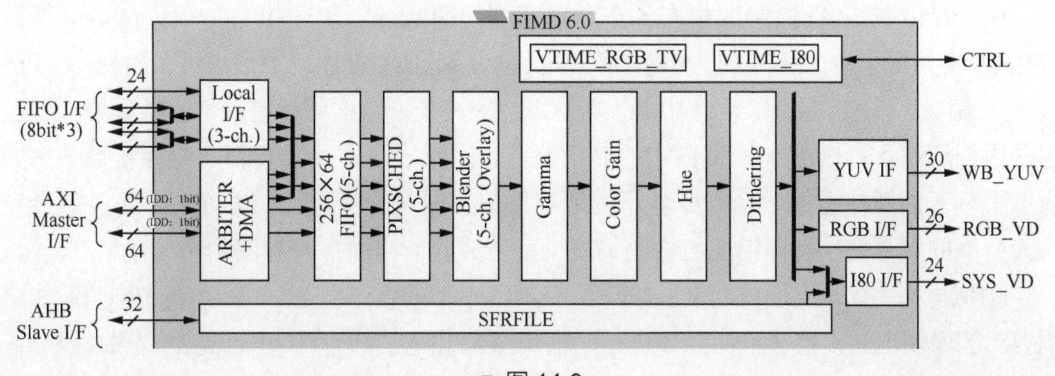

■ 图 14-9

FIMD 在内部与 AHB 等总线相连接，提供 RGB 接口、I80 接口、YUV 接口与外部连接。开发板中使用的是 RGB 接口。

14.5.1 虚拟屏幕叠加

虚拟屏幕是屏幕上显示出来的场景，是很多画面叠加在一起形式的效果。例如新闻节目，其主界面是一个新闻播放界面，右上角是一个台标，下方是一个滚动的字幕。但是新闻在一开始拍摄的时候只有主界面中的画面，台标和滚动字幕都是后来加上去的，这就形成了三重画面。S5PV210 数据手册的 datesheet 文件夹里解释了虚拟屏幕叠加的原理，如图 14-10 所示。

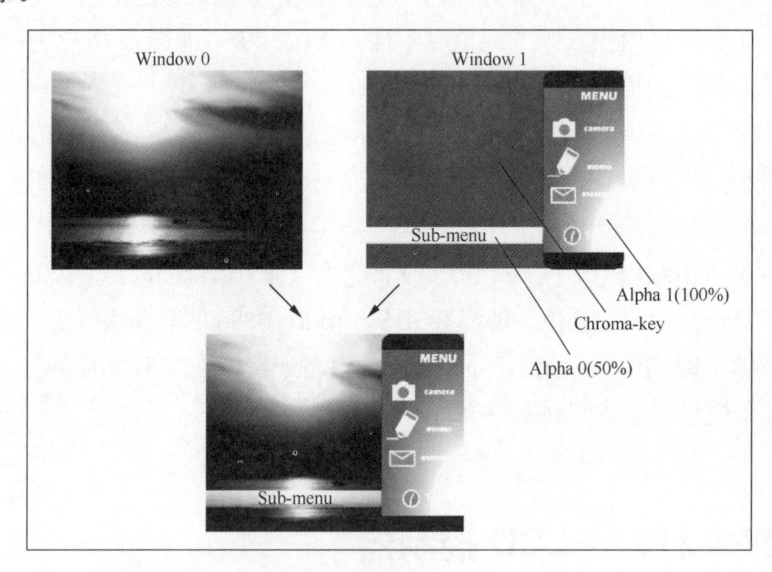

■ 图 14-10

我们把一张图片存储在 Window0 中，在 Window1 中单击“MENU”选项，蓝色背景为透明的。Window0 中的图片和 Window1 中的图片叠加后，实际看到的是最下方的那张图。同理，我们在电视上看到的新闻画面通常是三重画面，台标、新闻视频、滚动字幕依次叠加。

S5PV210 的 LCD 控制器中有 5 个虚拟屏幕，即 Window0 ~ Window4，虚拟屏幕只存在于内存中。之前讲解 LCD 的显像原理时，实际是把显存中的数值直接映射到 LCD 面板上，虚拟屏幕其实是一个内存中的显存区域，有几个显存区域就有几个虚拟屏幕，但是这些虚拟屏幕都被映射到一个真实的显示屏上，因此，我们最后看到的画面就是叠加的虚拟屏幕。需要注意的一个问题就是虚拟屏幕在叠加时的位置，如果处理不当，就会发生大画面的屏幕把小画面给遮盖住的情况，配置时我们可以在寄存器中修改。

虚拟屏幕的优点主要有两个。第一是不会“污染”原来的图像。例如我们拍照时如果需要对图像调出的设置选择保存，要是设置和图像出现在同一个 Window 上，那么保存下来的图像就被“污染”了，而利用虚拟屏幕就能有效避免这种问题。第二是可以降低屏幕刷新速率，提高显示效率，减少 CPU 的工作量。例如如果一张图像下方有滚动字幕，那么只需要对字幕进行刷新即可，不需要刷新整个画面。

14.5.2 虚拟显示

在早期，用手机浏览网页不是很方便，因为手机屏幕比网页小，打开网页的时候只能看到网页的一部分，如果把整个网页显示在手机屏幕上就无法看清内容。虽然现在手机已经优化很多了，但是在计算机上显示的内容和在手机上显示的大小是不一样的，需要对手机进行响应式处理。

早期的网页是如何显示的呢，也就是说在低分辨率的屏幕上如何显示高分辨率的图像呢？我们要在显示屏上看到不同图像，需要对显存进行刷新，即使我们只需要将屏幕中的内容移动一点点，整个屏幕对应的显存空间也需要重新刷新，工作量和完全刷新显示一张图是一样的，显然CPU刷新屏幕的工作量大、效率低。

更换虚拟显示的方法后，这个问题被很好地解决了，如图14-11所示。

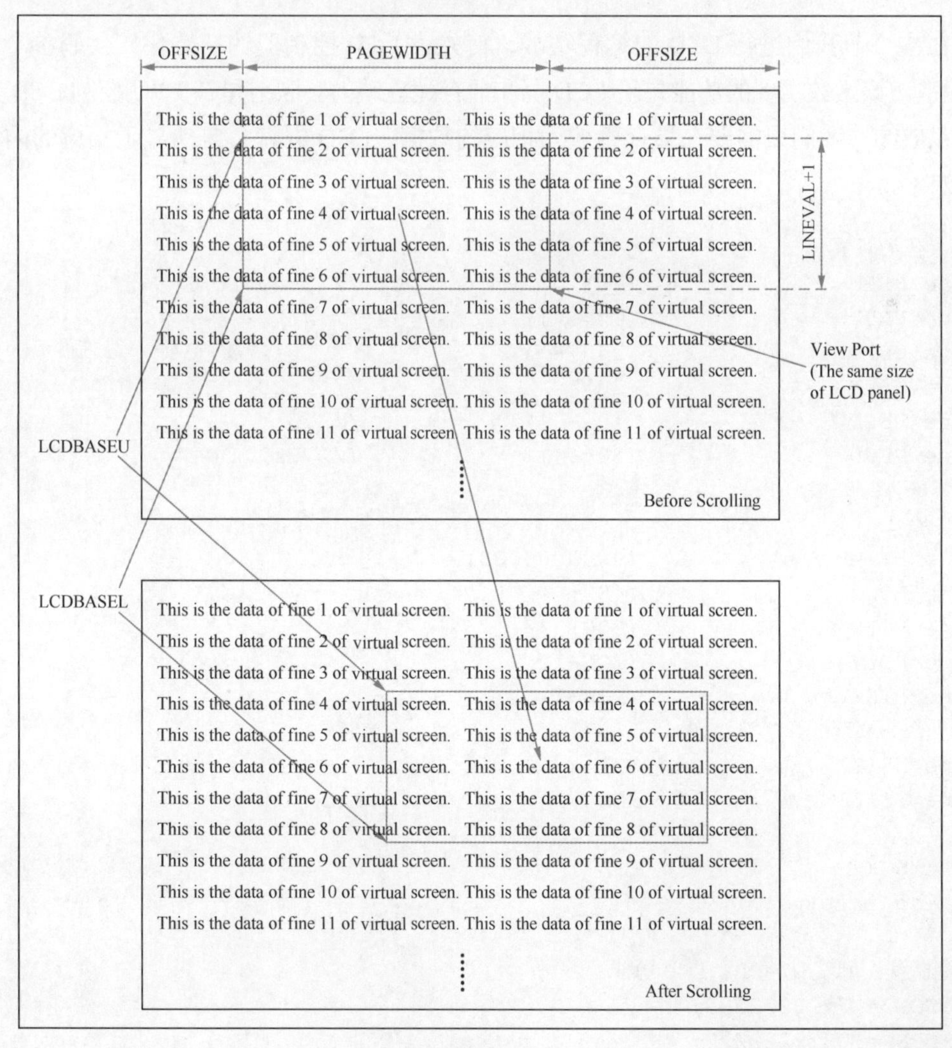

■ 图14-11

具体做法就是在内存中建立显示缓存区的时候建立一个很大的区域，然后让 LCD 去对应其中的一部分区域作为有效显示区域。将来要显示大图像时，直接将大图像一次性载入显示缓存区，然后移动有效显示区域就可以显示大图像的不同区域。

本节提及的虚拟屏幕叠加和虚拟显示等内容对接下来的编程有很大的帮助，希望读者深入理解。

14.6 LCD 编程实战

14.6.1 LCD 控制器初始化

在本小节我们进行 LCD 的编程实战，首先讲 LCD 控制器的初始化，代码参考 lcd_init 函数。该函数实现的功能是给 LCD 屏和显存建立映射。映射是在 CPU 控制 LCD 控制器时完成的，我们只需要在显存中放入相应的数据，LCD 屏就会自动显示相应的内容。代码如下。

```
//参数值的设置
#define HSPW                (40)                // 1~40 DCLK
#define HBPD                (10 - 1)            // 46
#define HFPD                (240 - 1)           // 16 210 354
#define VSPW                (20)                // 1~20 DCLK
#define VBPD                (10 - 1)            // 23
#define VFPD                (30 - 1)            // 7 22 147

// FB 地址
#define FB_ADDR             (0x23000000)
#define ROW                 (480)
#define COL                 (800)
#define HOZVAL              (COL-1)
#define LINEVAL             (ROW-1)

#define XSIZE               COL
#define YSIZE               ROW

// 初始化 LCD
void lcd_init(void)
{
 //第 1 步：配置引脚用于 LCD 功能
 GPF0CON = 0x22222222;
 GPF1CON = 0x22222222;
 GPF2CON = 0x22222222;
```

```
 GPF3CON = 0x22222222;

 //第2步：打开背光源GPD0_0（PWMTOUT0）
 GPD0CON &= ~(0xF<<0);
 GPD0CON |= (1<<0);                  // 设置为输出模式
 GPD0DAT &= ~(1<<0);                 // 输出0使能背光源
 //第3步：相关寄存器的设置
 // 10: RGB=FIMD I80=FIMD ITU=FIMD
//① DISPLAY_CONTROL寄存器的设置
 DISPLAY_CONTROL = 2<<0;

 // bit[26 ~ 28]：使用RGB接口
 // bit[18]:RGB并行
 // bit[2]：选择时钟源HCLK_DSYS的频率为166MHz
//② VIDCON0寄存器的设置
 VIDCON0 &= ~( (3<<26)|(1<<18)|(1<<2) );

 // bit[1]：使能LCD控制器
 // bit[0]：当前帧结束后使能LCD控制器
 VIDCON0 |= ( (1<<0)|(1<<1) );

 // bit[6]：选择需要的分频
 // bit[6~13]：分频系数为5，即VCLK的频率为166MHz/(4+1)≈33MHz
 VIDCON0 |= 4<<6 | 1<<4;

//③ VIDCON1寄存器的设置
 // H43-HSD043I9W1.pdf 时序图：VSYNC和HSYNC都是低电平
 // S5PV210数据手册时序图：VSYNC和HSYNC都是高电平有效，所以需要翻转
 VIDCON1 |= 1<<5 | 1<<6;
//④ VIDTCON寄存器的设置
 // 设置时序
 VIDTCON0 = VBPD<<16 | VFPD<<8 | VSPW<<0;
 VIDTCON1 = HBPD<<16 | HFPD<<8 | HSPW<<0;
 // 设置长宽（物理屏幕）
 VIDTCON2 = (LINEVAL << 11) | (HOZVAL << 0);
 // ⑤ 设置虚拟屏幕Window
 // 设置window0
 // bit[0]：使能
 // bit[2~5]:24位（RGB888）
 WINCON0 |= 1<<0;
 WINCON0 &= ~(0xF << 2);
 WINCON0 |= (0xB<<2) | (1<<15);
//⑥ 设置虚拟显示
#define LeftTopX      0
#define LeftTopY      0
#define RightBotX   799
#define RightBotY   479
```

```
 // 设置 window0 的上下左右
 // 设置的是显存空间的大小
 VIDOSD0A = (LeftTopX<<11) | (LeftTopY << 0);
 VIDOSD0B = (RightBotX<<11) | (RightBotY << 0);
 VIDOSD0C = (LINEVAL + 1) * (HOZVAL + 1);

 // 设置 FB 的地址
 VIDW00ADD0B0 = FB_ADDR;
 VIDW00ADD1B0 = (((HOZVAL + 1)*4 + 0) * (LINEVAL + 1)) & (0xFFFFFF);
//⑦ 使能 Window0
 // 使能 channel0 传输数据
 SHADOWCON = 0x1;
}
```

第 1 步：LCD 寄存器控制。控制对应的 LCD 寄存器，需要初始化相应的 GPIO，这就需要我们查阅原理图和 S5PV210 数据手册的 datesheet 文件夹，然后设置相应 GPIO 的值。原理图如图 14-12 所示。

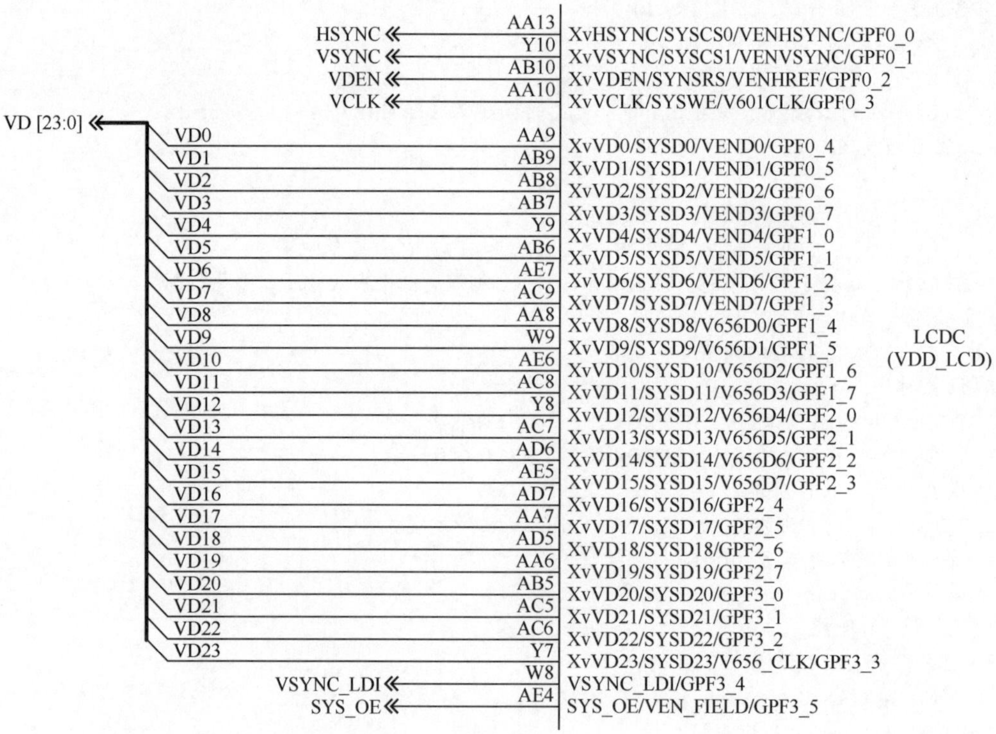

■ 图 14-12

由图 14-12 可知我们需要操作的 GPIO 有 GPF0、GPF1、GPF2、GPF3。打开 S5PV210 数据手册的 datesheet 文件夹，找到 GPF0、GPF1、GPF2、GPF3 的描述，如表 14-2 所示（此表以 GPF0 为例）。

表 14-2

GPF0CON	bit	描述	初始值
GPF0CON [7]	[31:28]	0000=Input 0001=Output 0010=LCD_VD [3] 0011=SYS_VD [3] 0100=VEN_DATA [3] 0101～1110=Reserved 1111=GPF0_INT [7]	0000
GPF0CON [6]	[27:24]	0000=Input 0001=Output 0010=LCD_VD [2] 0011=SYS_VD [2] 0100=VEN_DATA [2] 0101～1110=Reserved 1111=GPF0_INT [6]	0000
GPF0CON [5]	[23:20]	0000=Input 0001=Output 0010=LCD_VD [1] 0011=SYS_VD [1] 0100=VEN_DATA [1] 0101～1110=Reserved 1111=GPF0_INT [5]	0000
GPF0CON [4]	[19:16]	0000=Input 0001=Output 0010=LCD_VD [0] 0011=SYS_VD [0] 0100=VEN_DATA [0] 0101～1110=Reserved 1111=GPF0_INT [4]	0000
GPF0CON [3]	[15:12]	0000=Input 0001=Output 0010=LCD_VCLK 0011=SYS_WE 0100=V601_CLK 0101～1110=Reserved 1111=GPF0_INT [3]	0000
GPF0CON [2]	[11:8]	0000=Input 0001=Output 0010=LCD_VDEN 0011=SYS_RS 0100=VEN_HREF 0101～1110=Reserved 1111=GPF0_INT [2]	0000

由表 14-2 可知，与 LCD 相关的值都为 2，故这里的引脚 GPF0、GPF1、GPF2、GPF3 都设置为 0x22222222 即可。

设置完 LCD 控制器，现在需要考虑 LCD 驱动器的设置。LCD 驱动器原理图如图 14-13 所示。

第 2 步：打开背光源。我们需要 PWMTOUT0 对应的 GPIO，通过核心板可以找到对应的是 GPD0，如图 14-14 所示。

在 S5PV210 数据手册的 datesheet 文件夹里可找到 GPD0_0 的信息。GPD0CON 寄存器的信息如表 14-3 所示，GPD0DAT 寄存器的信息如表 14-4 所示。

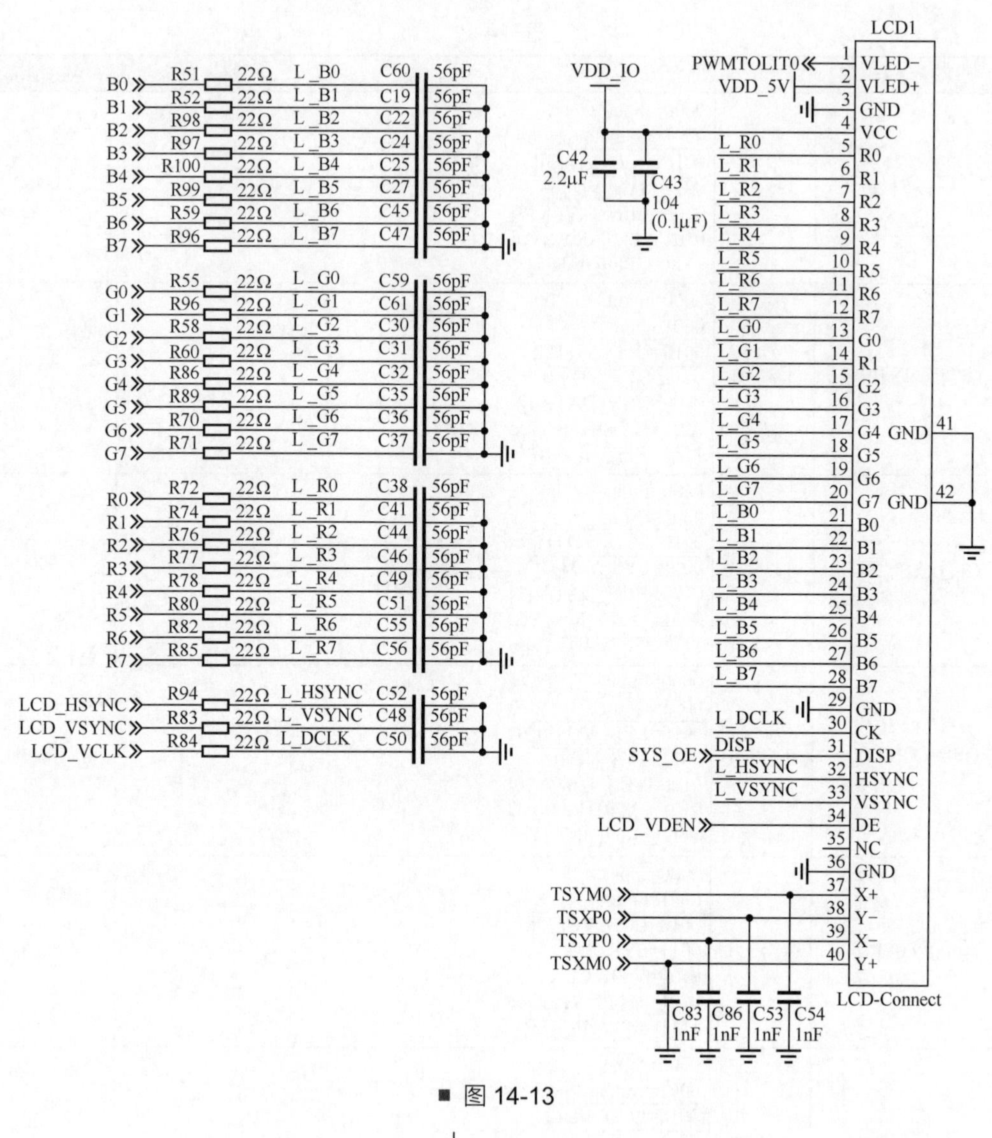

■ 图 14-13

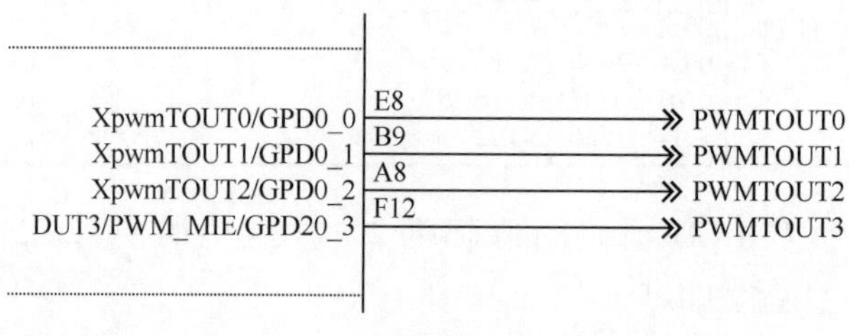

■ 图 14-14

表 14-3

GPD0CON	bit	描述	初始值
GPD0CON [0]	[3:0]	0000=Input 0001=Output 0010=TOUT_0 0011～1110=Reserved 1111=GPD0_INT [0]	0000

表 14-4

GPD0DAT	bit	描述	初始值
GPD0DAT [3:0]	[3:0]	When the port is configured as input port，the corresponding bit is the pin state. When the port is configured as output port，the pin state is the same as the corresponding bit. When the port is configured as functional pin，the undefined value will be read	0x00

将 GPD0CON 设置为 1output 模式，然后将 GPD0DAT 设置为 0 打开背光源。

第 3 步：相关寄存器的设置。

① DISPLAY_CONTROL 寄存器的信息如表 14-5 所示。

表 14-5

DISPLAY_CONTROL	bit	描述	初始值
Reserved	[31:2]	Reserved	0x0000_0000
DISPLAY_PATH_SEL	[1:0]	Display path selection	0
		00：RGB=---I80FIMD ITU=FIMD 01：RGB=---I80=---ITU=FIMD 10：RGB=FIMD I80=FIMD ITU=FIMD 11：RGB=FIMD I80=FIMD ITU=FIMD	

将 DISPLAY_CONTROL 寄存器设置为 2，DISPLAY_CONTROL = 2<<0。

② VIDCON0 寄存器的信息如表 14-6 所示。

表 14-6

VIDCON0	bit	描述	初始值
Reserved	[31]	Reserved (should be 0)	0
DSI_EN	[30]	Enables MIPI DSI. 0=Disables 1=Enables (i80 24bit data interface, SYS_ADD [1])	0
Reserved	[29]	Reserved (should be 0)	0
VIDOUT	[28:26]	Determines the output format of Video Controller. 000=RGB interface 001=Reserved 010=Indirect I80 interface for LDI0 011=Indirect I80 interface for LDI1 100=WB interface and RGB interface 101=Reserved 110=WB Interface and i80 interface for LDI0 111=WB Interface and i80 interface for LDI1	000
L1_DATA16	[25:23]	Selects output data format mode of indirect i80 interface (LDI1). (VIDOUT [1:0]==2'b11) 000=16-bit mode (16 bpp) 001=16+2-bit mode (18bpp) 010=9+9-bit mode (18bpp) 011=16+8-bit mode (24bpp) 100=18-bit mode (18bpp) 101=8+8-bit mode(16bpp)	000

续表

VIDCON0	bit	描述	初始值
L0_DATA16	[22:20]	Selects output data format mode of indirect i80 interface (LDI0). (VIDOUT [1:0]==2'b10) 000=16-bit mode (16 bpp) 001=16+2-bit mode (18bpp) 010=9+9-bit mode (18bpp) 011=16+8-bit mode (24bpp) 100=18-bit mode (18bpp) 101=8+8-bit mode(16bpp)	000
Reserved	[19]	Reserved (should be 0)	0
RGSPSEL	[18]	Selects display mode (VIDOUT [1:0]==2'b00). 0=RGB parallel format 1=RGB serial format Selects the display mode (VIDOUT [1:0]!=2'b00). 0=RGB parallel format	0
PNRMODE	[17]	Controls inverting RGB_ORDER (@VIDCON3). 0=Normal：RGBORDER [2] @VIDCON3 1=Invert：RGBORDER [2] @VIDCON3 Note：This bit is used for the previous version of FIMD. You do not have to use this bit if you use RGB_ORDER@VIDCON3 register	00
CLKVALUP	[16]	Selects CLKVAL_F update timing control. 0=Always 1=Start of a frame (only once per frame)	0
Reserved	[15:14]	Reserved	0
CLKVAL_F	[13:6]	Determines the rates of VCLK and CLKVAL [7:0]. VCLK=HCLK/(CLKVAL+1)，where CLKVAL>=1 Notes: 1.The maximum frequency of VCLK is 100MHz (pad:50pf). 2.CLKSEL_F register selects Video Clock Source	0
VCLKFREE	[5]	Controls VCLK Free Run (Only valid at RGB IF mode). 0=Normal mode (controls using ENVID) 1=Free-run mode	0
CLKDIR	[4]	Selects the clock source as direct or divide using CLKVAL_F register. 0=Direct clock (frequency of VCLK=frequency of Clock source) 1=Divided by CLKVAL_F	0x00
Reserved	[3]	Should be 0	0x0
CLKSEL_F	[2]	Selects the video clock source. 0=HCLK 1=SCLK_FIMD HCLK is the bus clock，whereas SCLK_FIMD is the special clock for display controller. For more information，refer to Chapter，“02.03 CLOCK CONTROLLER”	0
ENVID	[1]	Enables/disables video output and logic immediately. 0=Disables the video output and display control signal. 1=Enables the video output and display control signal	0
ENVID_F	[0]	Enables/disables video output and logic at current frame end. 0=Disables the video output and display control signal. 1=Enables the video output and display control signal. *if this bit is set to "on"and"off"，then "H"is read and video controller is enabled until the end of current frame	0

bit[18] 设置为 0 表示使用的是 RGB 并行接口（简称并口），因为在 LCD 屏中使用

的 RGB888 共 24 位，VD 刚好也是 24 根线，所以这里选择的是并行接口。

bit[2] 表示的是选择像素时钟源，这里有 2 根线可以选择，我们选择的是 HCLK，HCLK 在前面的时钟章节已经设置过了，并且使用的是 HCLK_DSYS，时钟频率是 166MHz。以上就是清零位，于是 VIDCON0 &= ~((3<<26)|(1<<18)|(1<<2))。

bit[0] 表示使能引脚输出，通过 bit[13:6] 设置时钟分频，为将 HCLK 分频作为像素时钟，我们设置分频系数为 5，即 VCLK 的频率为 166MHz/(4+1) ≈ 33MHz。这里的 VCLK 是有限制的，不能超过控制器所允许的最大值且不能低于最小值。在 LCD 屏 datesheet 文件夹里可以看到这个时钟参数，如表 14-7 所示。

表 14-7

Item	Symbol	Values			Unit	Remark
		Min.	Typ.	Max.		
Horizontal Display Area	thd	—	800	—	DCLK	
DCLK Frequency	fclk	26.4	33.3	46.8	MHz	
One Horizontal Line	th	862	1056	1200	DCLK	
HS pulse width	thpw	1	—	40	DCLK	
HS Blanking	thb	46	46	46	DCLK	
HS Front Porch	thfp	16	210	354	DCLK	

由表 14-7 框定的部分可知，这个时钟参数的典型值为 33.3MHz，最大值为 46.8MHz，最小值为 26.4MHz。因此我们这里设置分频系数为 5，计算后刚好为典型值。

③ VIDCON1 寄存器的信息如表 14-8 所示。

表 14-8

VIDCON1	bit	描述	初始值
LINECNT (read only)	[26:16]	Provides the status of the line counter (read only). Up count from 0 to LINEVAL	0
FSTATUS	[15]	Specifies the Field Status (read only). 0=ODD Field 1=EVEN Field	0
VSTATUS	[14:13]	Specifies the Vertical Status (read only). 00=VSYNC 01=BACK Porch 10=ACTIVE 11=FRONT Porch	0
Reserved	[12:11]	Reserved	0
FISVCLK	[10:9]	Specifies the VCLK hold scheme at data under-flow. 00=VCLK hold 01=VCLK running 11=VCLK running and VDEN disable	0
Reserved	[8]	Reserved	0
IVCLK	[7]	Controls the polarity of the VCLK active edge. 0=Video data is fetched at VCLK falling edge 1=Video data is fetched at VCLK rising edge	0
IHSYNC	[6]	Specifies the HSYNC pulse polarity. 0=Normal 1=Inverted	0

续表

VIDCON1	bit	描述	初始值
IVSYNC	[5]	Specifies the VSYNC pulse polarity. 0=Normal 1=Inverted	0
IVDEN	[4]	Specifies the VDEN signal polarity. 0=Normal 1=Inverted	0
Reserved	[3:0]	Reserved	0x0

这里首先设置 bit[5] 和 bit[6]，它们分别对应表 14-8 中的 1VSYNC 和 2HSYNC 的电平，设置 0 为正常，设置 1 为翻转。市面上大多数的 LCD 屏几乎相同，但是有一点不同，就是有些 LCD 屏是高电平有效，有些是低电平有效。而通常我们一开始并不知道 LCD 控制器是否能刚好与所接的 LCD 屏一致，所以就需要人为地进行判断并设置位。

S5PV210 数据手册 datesheet 文件夹中的 LCD 控制器的时序和 LCD 屏的时序，分别如图 14-15、图 14-16 所示。

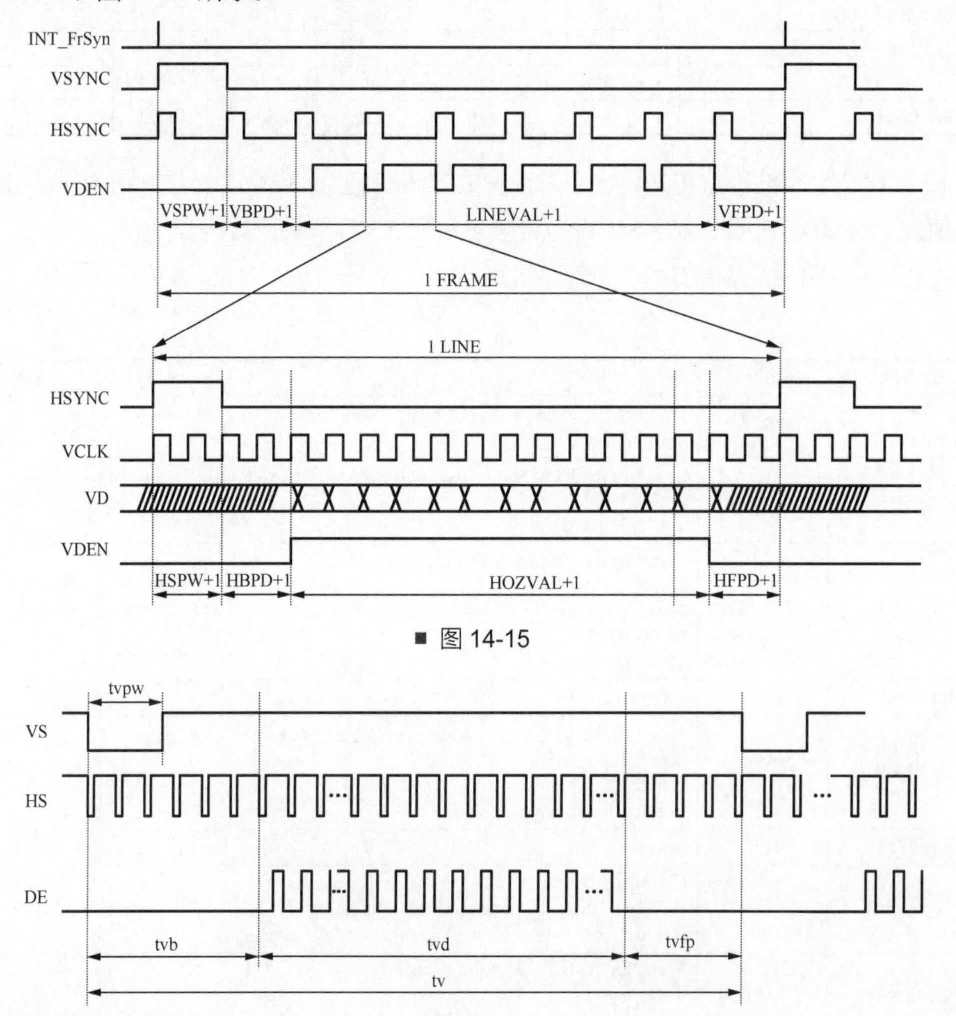

■ 图 14-15

■ 图 14-16

对比图 14-15 和图 14-16 可知，两图的有效电平刚好是相反的，LCD 控制器也就是图 14-15 的 VSYNC，是高电平有效，而图 14-16 对应的是低电平有效。同样，HSYNC 也相反，故这里的 bit[5] 和 bit[6] 都设置为 1，表示电平翻转。VIDCON1 |= 1<<5 | 1<<6。

④ VIDTCON 寄存器的设置。

VIDTCON 寄存器共有 3 个，分别是 VIDTCON0 寄存器、VIDTCON1 寄存器、VIDTCON2 寄存器，其中 VIDTCON0 寄存器、VIDTCON1 寄存器用于设置 LCD 控制器各个参数的值，如表 14-9 所示。

表 14-9

Item	Symbol	Values			Unit	Remark
		Min.	Typ.	Max.		
Horizontal Display Area	thd	—	800	—	DCLK	
DCLK Frequency	fclk	26.4	33.3	46.8	MHz	VCLK
One Horizontal Line	th	862	1056	1200	DCLK	
HS pulse width	thpw	1	—	40	DCLK	HSPW
HS Blanking	thb	46	46	46	DCLK	HBPD
HS Front Porch	thfp	16	210	354	DCLK	HFPD
Vertical Display Area	tvd	—	480	—	TH	
VS period time	tv	510	525	650	TH	
VS pulse width	tvpw	1	—	20	TH	VSPW
VS Blanking	tvb	23	23	23	TH	VBPD
VS Front Porch	tvfp	7	22	147	TH	VFPD

供参考的出厂代码与表 14-9 中的有些数值不对应，但是大多数数值都在这个区间内，我们只需要对应地查找并了解该部分的代码即可。

VIDTCON2 寄存器用来设置物理屏幕的大小，寄存器的信息如表 14-10 所示。

表 14-10

VIDTCON2	bit	描述	初始值
LINEVAL	[21:11]	Determines the vertical size of display. In the Interface mode. (LINEVAL+1) should be even	0
HOZVAL	[10:0]	Determines the horizontal size of display	0

例如 X210 开发板的 LCD 屏的分辨率是 800 像素 ×480 像素（新板子是 1024 像素 ×600 像素）。注意，这里的值放进去时要在实际上的值基础上减 1，即 LINEVAL 放入 479，HOZVAL 放入 799。

⑤ 设置 5 个虚拟屏幕 Window0 ~ Window4。

由于这里只是简单演示，所以只设置一个虚拟屏幕，即 Window0 就足够了，其余虚拟屏幕的设置原理相同。找到 Windows0 的相关寄存器 WINCON0，这里只给出几个有关的位，如表 14-11 所示。

bit[0] 设置为 1 使能 Window0；bit[5:2] 设置为 0xB，像素深度为 24 位；bit[15] 表示使用 RGB 还是 BGR，这里使用的是 SWAP 的设置，故设置为 1。

表 14-11

WINCON0	bit	描述	初始值
WSWP_F	[15]	Specifies the Word swap control bit. 0=Swap Disable 1=Swap Enable Note：It should be 0 when ENLOCAL is 1	0
BPPMODE_F	[5:2]	Selects the Bits Per Pixel (BPP) mode for Window image. 0000= 1bpp 0001=2bpp 0010=4bpp 0011=8bpp (palletized) 0100=8bpp (non-palletized，A:1-R:2-G:3-B:2) 0101=16bpp (non-palletized，R:5-G:6-B:5) 0110=16bpp (non-palletized，A:1-R:5-G:5-B:5) 0111=16bpp (non-palletized，A:1-R:5-G:5-B:5) 1000=Unpacked 18bpp (non-palletized，R:6-G:6-B:6) 1001=Unpacked 18bpp (non-palletized，A:1-R:6-G:6-B:5) 1010=Unpacked 19bpp (non-palletized，A:1-R:6-G:6-B:6) 1011=Unpacked 24bpp (non-palletized，R:8-G:8-B:8) 1100=Unpacked 24bpp (non-palletized，A:1-R:8-G:8-B:7) *1101=Unpacked 25bpp (non-palletized，A:1-R:8-G:8-B:8) *1110=Unpacked 13bpp (non-palletized，A:1-R:4-G:4-B:4) 1111=Unpacked 15bpp (non-palletized，R:5-G:5-B:5)	0
ENWIN_F	[0]	Enables/disables video output and logic immediately. 0=Disables the video output and video control signal. 1=Enables the video output and video control signal	0

⑥设置虚拟显示。

虚拟显示就是初始化一个很大的内存空间作为显存，这里我们设置显存大小与实际屏幕一致。这里有 3 个有关的寄存器，VIDOSD0A 寄存器的信息如表 14-12 所示，VIDOSD0B 寄存器的信息如表 14-13 所示，VIDOSD0C 寄存器的信息如表 14-14 所示。

表 14-12

VIDOSD0A	bit	描述	初始值
OSD_LeftTopX_F	[21:11]	Specifies the horizontal screen coordinate for left top pixel of OSD image	0
OSD_LeftTopY_F	[10:0]	Specifies the vertical screen coordinate for left top pixel of OSD image. (For interface TV output, this value must be set to half of the original screen y coordinate. The original screen y coordinate must be even)	0

表 14-13

VIDOSD0B	bit	描述	初始值
OSD_RightBotX_F	[21:11]	Specifies the horizontal screen coordinate for right bottom pixel if OSD image	0
OSD_RightBotY_F	[10:0]	Specifies the vertical screen coordinate for right bottom pixel if OSD image. (For interface TV output, this value must be set to half of the original screen y coordinate. The original screen y coordinate must be odd value)	0

表 14-14

VIDOSD0C	bit	描述	初始值
Reserved	[25:24]	Reserved (should be 0)	0
OSDSIZE	[23:0]	Specifies the Window Size. For example, Height*Width (Number of Word)	0

VIDOSD0A 寄存器的两个参数分别对应虚拟屏幕左上角的 X、Y，VIDOSD0B 的两个参数分别对应虚拟屏幕右下角的 X、Y。VIDOSD0C 表示设置虚拟屏幕的大小，这里我们设置为与物理屏幕一样大。设置这 3 个寄存器的代码如下。

```
VIDOSD0A = (LeftTopX<<11) | (LeftTopY << 0);// LeftTopX=0, LeftTopY=0
VIDOSD0B = (RightBotX<<11) | (RightBotY << 0);      // RightBotX=799,
                                                     // RightBotY=479
VIDOSD0C = (LINEVAL + 1) * (HOZVAL + 1);// LINEVAL=479, HOZVAL=799
```

下面设置显存的起始地址，这里我们设为 0x23000000，代码如下。

```
VIDW00ADD0B0 = FB_ADDR;// FB_ADDR=0x23000000
```

VIDW00ADD1B0 =(((HOZVAL + 1)*4 + 0) *(LINEVAL + 1)) &(0xFFFFFF)；用于计算显存的实际大小。为什么是 *4 而不是 *3？我们知道一个像素由 3 种颜色组合而成，这里使用 *4 是为了满足字对其访问的需求，虽然这样做会浪费一些内存空间，但这是无法避免的。

⑦ 使能 Window0。

通过以上步骤，LCD 控制器的初始化就完成了，读者第一次看到这些代码可能觉得很陌生，但是没有关系，我们的主要目的是能够理解和参考别人的代码，并不是要求我们自己能从头到尾来写。因此，在学习的过程中不需要纠结于一个点，顺其自然，能看懂就行了。接下来我们进行第二阶段的编程，也就是编写在 LCD 屏上显示图像的代码。

14.6.2 显示像素、刷背景、横线竖线和画圆功能的实现

上一小节我们完成了 LCD 控制器的初始化，接下来学习在屏幕上显示像素和刷背景等功能的实现方法。

1. 显示像素功能的实现

移植之前我们初始化了 DDR 的代码，在其基础上进行编程，主要代码如下。

```
// 常用颜色定义
#define BLUE          0x0000FF
#define RED           0xFF0000
#define GREEN         0x00FF00

// 在像素点 (x,y) 处填充颜色
```

```
unsigned int *pfb = (unsigned int*)FB_ADDR;
static inline void lcd_draw_pixel(u32 x, u32 y, u32 color)
{
 *(pfb + COL * y + x) = color;
}
```

以上代码是初始化一个指针 pfb 指向显存中的基地址 FB_ADDR，然后在 lcd_draw_pixel 函数中，利用基址寻址的方式，在想要显示的像素 (x,y) 上用 color 标识。

2. 刷背景功能的实现

代码如下。

```
// 把整个屏幕全部填充成一种颜色
static void lcd_draw_background(u32 color)
{
 u32 i, j;
 for (j=0; j<ROW; j++)
 {
      for (i=0; i<COL; i++)
      {
           lcd_draw_pixel(i, j, color);
      }
 }
}
```

在显示像素的基础上进行整个背景的填充，即把整个屏幕填充成某种颜色，只需要使用两个 for 循环语句即可实现。关于 color 的设置，我们可以利用 Windows 中自带的画图软件，如图 14-17 所示，设置出我们想要的颜色。例如黄色的值为 0xFFFF00，只要把红、绿、蓝的值转换成十六进制数即可。

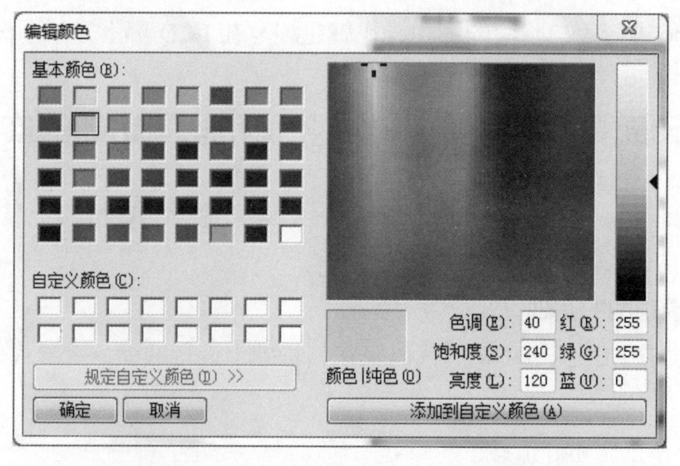

■ 图 14-17

3. 横线竖线功能的实现

画横线和竖线也是用 for 循环就可以完成，代码如下。

```
// 绘制横线，起始坐标为 (x1, y) 到 (x2, y)，颜色是 color
static void lcd_draw_hline(u32 x1, u32 x2, u32 y, u32 color)
{
 u32 x;

 for (x = x1; x<x2; x++)
 {
      lcd_draw_pixel(x, y, color);
 }
}

// 绘制竖线，起始坐标为 (x,y1) 到 (x,y2)，颜色是 color
static void lcd_draw_vline(u32 x, u32 y1, u32 y2, u32 color)
{
 u32 y;

 for (y = y1; y<y2; y++)
 {
      lcd_draw_pixel(x, y, color);
 }
}
```

函数编写完成后直接调用即可。

4. 画圆功能的实现

画圆功能的实现比较复杂，我们可以直接在网上找绘制圆的函数，代码如下。

```
//画圆函数，圆心坐标是 (centerX, centerY)，半径是 radius，圆的颜色是 color
void draw_circular(unsigned int centerX, unsigned int centerY, unsigned
int radius, unsigned int color)
{
 int x,y ;
 int tempX,tempY;
    int SquareOfR = radius*radius;

 for(y=0; y<XSIZE; y++)
 {
     for(x=0; x<YSIZE; x++)
     {
          if(y<=centerY && x<=centerX)
          {
               tempY=centerY-y;
               tempX=centerX-x;
          }
          else if(y<=centerY && x>=centerX)
          {
               tempY=centerY-y;
               tempX=x-centerX;
          }
```

```
            else if(y>=centerY && x<=centerX)
            {
                tempY=y-centerY;
                tempX=centerX-x;
            }
            else
            {
                tempY = y-centerY;
                tempX = x-centerX;
            }
            if ((tempY*tempY+tempX*tempX)<=SquareOfR)
                lcd_draw_pixel(x, y, color);
        }
    }
}
```

14.6.3 写英文和中文字符

14.6.2 小节我们主要介绍了刷背景、画线、画圆等的函数，本小节我们来实现写英文和中文字符。我们先来说说写英文是如何实现的。

将 800 像素 ×480 像素的屏幕划分成若干个 8 像素 ×16 像素的小格。要想显示一个字母 A，把字母 A 笔画对应的像素数据提取出来，点亮即可。把笔画对应的像素变成对应数值的过程叫作取模，如图 14-18 所示。这不需要我们自己完成，在之前已经有人帮我们完成了这些事情并形成了字库，如图 14-19 所示。当我们在使用各种软件时，可以选择不同的字体，这些字体的实现原理跟上述内容是一样的，只是取模的方式不同而已。

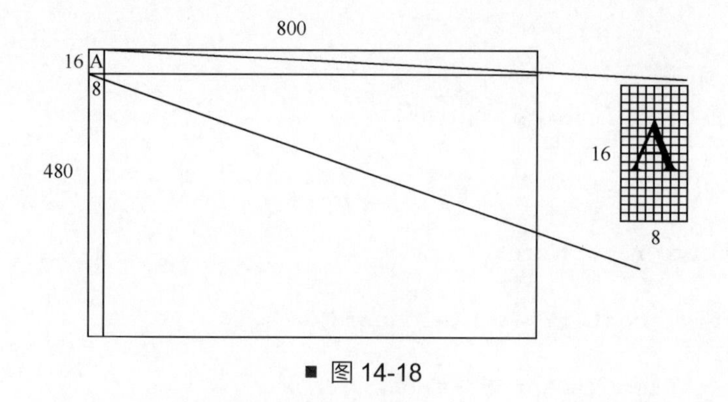

■ 图 14-18

```
const unsigned char ascii_8_16[95][16]=
{
{0x00,0x00,0x00,0x00,0x00,0x00,0x00,0x00,0x00,0x00,0x00,0x00,0x00,0x00,0x00,0x00},/*" ",0*/
{0x00,0x00,0x00,0x08,0x08,0x08,0x08,0x08,0x08,0x08,0x00,0x00,0x18,0x18,0x00,0x00},/*"!",1*/
{0x00,0x48,0x6C,0x24,0x12,0x00,0x00,0x00,0x00,0x00,0x00,0x00,0x00,0x00,0x00,0x00},/*""",2*/
{0x00,0x00,0x00,0x24,0x24,0x24,0x7F,0x12,0x12,0x12,0x7F,0x12,0x12,0x12,0x00,0x00},/*"#",3*/
{0x00,0x00,0x08,0x1C,0x2A,0x2A,0x0A,0x0C,0x18,0x28,0x28,0x2A,0x2A,0x1C,0x08,0x08},/*"{1}quot;,4*/
{0x00,0x00,0x00,0x22,0x25,0x15,0x15,0x15,0x2A,0x58,0x54,0x54,0x54,0x22,0x00,0x00},/*"%",5*/
{0x00,0x00,0x00,0x0C,0x12,0x12,0x12,0x0A,0x76,0x25,0x29,0x11,0x91,0x6E,0x00,0x00},/*"&",6*/
{0x00,0x06,0x06,0x04,0x03,0x00,0x00,0x00,0x00,0x00,0x00,0x00,0x00,0x00,0x00,0x00},/*"'",7*/
{0x00,0x40,0x20,0x10,0x10,0x08,0x08,0x08,0x08,0x08,0x08,0x10,0x10,0x20,0x40,0x00},/*"(",8*/
{0x00,0x02,0x04,0x08,0x08,0x10,0x10,0x10,0x10,0x10,0x10,0x08,0x08,0x04,0x02,0x00},/*")",9*/
{0x00,0x00,0x00,0x00,0x08,0x08,0x6B,0x1C,0x1C,0x6B,0x08,0x08,0x00,0x00,0x00,0x00},/*"*",10*/
{0x00,0x00,0x00,0x00,0x08,0x08,0x08,0x08,0x7F,0x08,0x08,0x08,0x08,0x00,0x00,0x00},/*"+",11*/
{0x00,0x00,0x00,0x00,0x00,0x00,0x00,0x00,0x00,0x00,0x00,0x00,0x06,0x06,0x04,0x03},/*",",12*/
{0x00,0x00,0x00,0x00,0x00,0x00,0x00,0x00,0xFE,0x00,0x00,0x00,0x00,0x00,0x00,0x00},/*"-",13*/
{0x00,0x00,0x00,0x00,0x00,0x00,0x00,0x00,0x00,0x00,0x00,0x00,0x06,0x06,0x00,0x00},/*".",14*/
{0x00,0x00,0x80,0x40,0x40,0x20,0x20,0x10,0x10,0x08,0x08,0x04,0x04,0x02,0x02,0x00},/*"/",15*/
{0x00,0x00,0x00,0x18,0x24,0x42,0x42,0x42,0x42,0x42,0x42,0x42,0x24,0x18,0x00,0x00},/*"0",16*/
{0x00,0x00,0x00,0x08,0x0E,0x08,0x08,0x08,0x08,0x08,0x08,0x08,0x08,0x3E,0x00,0x00},/*"1",17*/
{0x00,0x00,0x00,0x3C,0x42,0x42,0x42,0x20,0x20,0x10,0x08,0x04,0x42,0x7E,0x00,0x00},/*"2",18*/
{0x00,0x00,0x00,0x3C,0x42,0x42,0x20,0x18,0x20,0x40,0x40,0x42,0x22,0x1C,0x00,0x00},/*"3",19*/
{0x00,0x00,0x00,0x20,0x30,0x28,0x24,0x24,0x22,0x22,0x7E,0x20,0x20,0x78,0x00,0x00},/*"4",20*/
{0x00,0x00,0x00,0x7E,0x02,0x02,0x02,0x1A,0x26,0x40,0x40,0x42,0x22,0x1C,0x00,0x00},/*"5",21*/
{0x00,0x00,0x00,0x38,0x24,0x02,0x02,0x1A,0x26,0x42,0x42,0x42,0x24,0x18,0x00,0x00},/*"6",22*/
```

■ 图 14-19

图 14-19 中右侧注释里的第一个符号代表该值所对应的字符，第二个代表序号。接下来编写在屏幕上写字符的函数，代码如下。

```
// 写入字符
// 字符的左上角坐标是 (x, y)，字符的颜色是 color，字符的字模信息存储在 data 中
static void show_8_16(unsigned int x, unsigned int y, unsigned int
color, unsigned char *data)
{
// count 记录当前正在绘制的像素的次序
    int i, j, count = 0;

    for (j=y; j<(y+16); j++)
    {
        for (i=x; i<(x+8); i++)
        {
            if (i<XSIZE && j<YSIZE)
            {
    // 判断在坐标为 (i, j) 的这个像素处是 0 还是 1，如果是 1 写 color，如果是 0 直接跳过
                if (data[count/8] & (1<<(count%8)))
                    lcd_draw_pixel(i, j, color);
            }
            count++;
        }
}
```

基于上述写入字符的函数，我们还可以编写一个写入字符串的函数，代码如下。

```
// 写入字符串
// 字符串起始坐标左上角为 (x, y)，字符串文字颜色是 color，字符串内容为 str
#define XSIZE       800
void draw_ascii_ok(unsigned int x, unsigned int y, unsigned int color,
```

```
unsigned char *str)
{
 int i;
 unsigned char *ch;
    for (i=0; str[i]!=' \0' ; i++)
    {
      ch = (unsigned char *)ascii_8_16[(unsigned char)str[i]-0x20];
         show_8_16(x, y, color, ch);

         x += 8;
      if (x >= XSIZE)
      {
         x-=XSIZE;                         // 回车
         y+=16;                            // 换行
      }
    }
}
```

14.6.4 画图

在屏幕上显示图片跟之前的画线、画圆、显示文字有很大区别，图片是彩色的，而我们之前的操作，画的线、画的圆、写入的字符等都是单色的，所以在编写画图函数时我们不可能只给其传入一个颜色参数，而是要把各个像素的颜色数据传入。例如一张分辨率是 800 像素 ×480 像素、24 位的图片，实际上就是 800 像素 ×480 像素 × 3B 的数据。将来写代码将图片显示到 LCD 屏时，图片将会以 unsigned char pic_data [800×480×3] 的形式出现。

如何由一张图片得到对应的数组？这时候需要用到取模的工具。这里使用的是 Image2Lcd 软件，如图 14-20 所示。

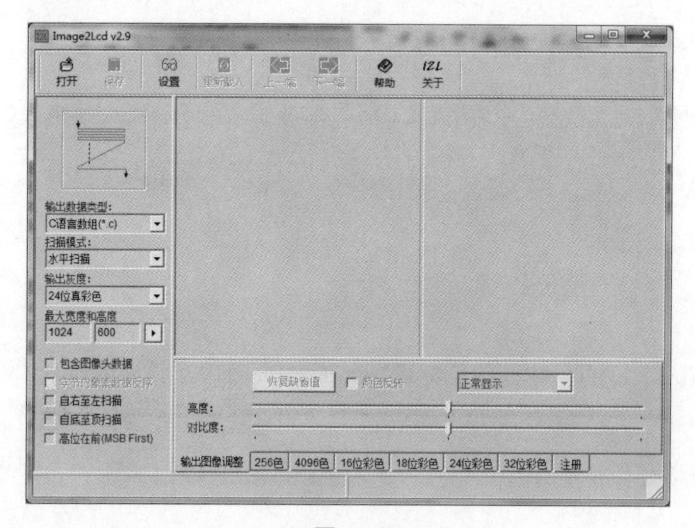

■ 图 14-20

打开一张图片，进行图 14-21 所示的设置。

■ 图 14-21

然后单击“保存”，得到一个图片数据的数组，如图 14-22 所示。

```
const unsigned char gImage_800480[1123200] = { /*
0X00, 0X18, 0X20, 0X03, 0XD4, 0X01, 0X00, 0X1B, */
0X2F, 0X8B, 0XD8, 0X2F, 0X8B, 0XD8, 0X2F, 0X8B, 0XD8, 0X2F, 0X8B, 0XD8, 0X2F, 0X8B, 0XD8, 0X2
F,
0X8B, 0XD8, 0X2E, 0X8A, 0XD7, 0X2E, 0X8A, 0XD7, 0X2E, 0X8A, 0XD7, 0X2E, 0X8A, 0XD7, 0X2E, 0X8
A,
0XD7, 0X2E, 0X8A, 0XD7, 0X2D, 0X89, 0XD6, 0X2D, 0X89, 0XD6, 0X2D, 0X89, 0XD6, 0X2D, 0X89, 0XD
6,
0X2D, 0X89, 0XD6, 0X2D, 0X89, 0XD6, 0X2D, 0X89, 0XD6, 0X2C, 0X88, 0XD5, 0X2D, 0X89, 0XD6, 0X2
D,
0X89, 0XD6, 0X2C, 0X88, 0XD5, 0X2B, 0X87, 0XD4, 0X2B, 0X87, 0XD4, 0X2B, 0X87, 0XD4, 0X2B, 0X8
7,
0XD4, 0X2B, 0X87, 0XD4, 0X2B, 0X87, 0XD4, 0X2B, 0X87, 0XD4, 0X2B, 0X87, 0XD4, 0X2B, 0X87, 0XD
4,
0X2B, 0X87, 0XD4, 0X2B, 0X87, 0XD4, 0X2C, 0X88, 0XD5, 0X2D, 0X89, 0XD6, 0X2D, 0X89, 0XD6, 0X2
D,
0X89, 0XD6, 0X2D, 0X89, 0XD6, 0X2D, 0X89, 0XD6, 0X2D, 0X89, 0XD6, 0X2D, 0X89, 0XD6, 0X2D, 0X8
9,
0XD6, 0X2D, 0X89, 0XD6, 0X2D, 0X89, 0XD6, 0X2D, 0X89, 0XD6, 0X2D, 0X89, 0XD6, 0X2D, 0X89, 0XD
6,
0X2D, 0X89, 0XD6, 0X2D, 0X89, 0XD6, 0X2D, 0X89, 0XD6, 0X2D, 0X89, 0XD6, 0X2E, 0X8A, 0XD7, 0X2
E,
0X8A, 0XD7, 0X2E, 0X8A, 0XD7, 0X2E, 0X8A, 0XD7, 0X2E, 0X8A, 0XD7, 0X2E, 0X8A, 0XD7, 0X2E, 0X8
A,
0XD7, 0X2F, 0X8B, 0XD8, 0X2F, 0X8B, 0XD8, 0X2F, 0X8B, 0XD8, 0X2F, 0X8B, 0XD8, 0X2E, 0X8A, 0XD
7,
0X2E, 0X8A, 0XD7, 0X2E, 0X8A, 0XD7, 0X2E, 0X8A, 0XD7, 0X2E, 0X8A, 0XD7, 0X2E, 0X8A, 0XD7, 0X2
E,
0X8A, 0XD7, 0X2E, 0X8A, 0XD7, 0X2E, 0X8A, 0XD7, 0X2E, 0X8A, 0XD7, 0X2E, 0X8A, 0XD7, 0X2E, 0X8
A,
0XD7, 0X30, 0X8C, 0XD9, 0X30, 0X8C, 0XD9, 0X30, 0X8C, 0XD9, 0X30, 0X8C, 0XD9, 0X30, 0X8C, 0XD
9,
0X30, 0X8C, 0XD9, 0X2F, 0X8B, 0XD8, 0X2F, 0X8B, 0XD8, 0X2F, 0X8B, 0XD8, 0X2F, 0X8B, 0XD8, 0X2
F,
```

■ 图 14-22

编程时，把得到的数组的值一一放入像素即可，代码如下。

```
// 画 800 像素 ×480 像素的图，图片数据存储在 pData 所指向的数组中
void lcd_draw_picture(const unsigned char *pData)
{
 u32 x, y, color, p = 0;

 for (y=0; y<480; y++)
```

```
    {
        for (x=0; x<800; x++)
        {
            // 在这里将坐标 (x, y) 处的那个像素填充上相应的颜色值即可
            color = ((pData[p+0] << 0) | (pData[p+1] << 8) | (pData[p+2] << 16));
            lcd_draw_pixel(x, y, color);
            p += 3;
        }
    }
}
```

其中 color =((pData[p+0] << 0) | (pData[p+1] << 8) | (pData[p+2] << 16)); 这条语句比较难理解，它的意思是以 3 个为一组，然后组合成一个 16 位的二进制数。

编译好后直接下载并通过开发板运行是无法成功的，因为该图片的数据远大于 16KB，这时候需要进行 SD 卡重定位，移植之前写好的 sd_relocate 的代码，同时注意 BL1 中的 sd_relocate.c 里 #define SD_BLOCK_CNT (2048*2)。

重新编译后烧录代码，注意这里需要在 Ubuntu 执行 ./write2sd，使代码烧录进 SD 卡，然后把 SD 卡插入开发板，开机并观察。

如果出现了红色和蓝色相反的问题，那么就需要进行 RGB 的顺序调整。解决方案有以下两种。

解决方案一：重新使用 Image2Lcd 来取模，取模时将 RGB 顺序对调，如图 14-23 所示。

■ 图 14-23

解决方案二：不重新取模，改代码。在颜色形成的时候调换 RGB 的顺序。修改后的代码如下。

```
color = ((pData[p+2] << 0) | (pData[p+1] << 8) | (pData[p+0] << 16));
```

重新编译并烧录即可正确显示。

14.7 习题

1．CRT 显示器或 LCD 的刷新频率越高，说明显示器（　　）。

A．画面稳定性越好　　B．画面亮度越高

C．画面颜色越丰富　　D．画面越清晰

2．像素深度为 6 位的单色图像中，不同亮度的像素数目最多为（　　）个。

A．64　　B．256

C．4096　　D．128

3．简述 LCD 屏和 LED 显示屏的区别。

4．简述像素深度、虚拟屏幕、虚拟显示的概念。

5．画出 LCD 屏的显像过程。

第 15 章　触摸屏

随着计算机技术的发展，出现了一种新的人机交互技术——触摸屏技术。使用者只要用手指触碰计算机显示屏上的图像或者文字等就能进行操作。随着时代的发展，触摸屏技术得到了广泛运用。触摸屏作为一种计算机输入设备，是目前较简单、方便、自然的一种人机交互设备。读者在学完本章之后，可以掌握有关触摸屏的知识。

15.1　输入设备简介及触摸屏介绍

输入输出（I/O）是计算机系统中的概念。计算机的主要功能就是从外部获取数据，然后进行加工得到输出数据并输出给外部（计算机可以看成数据处理器）。计算机和外部交互就是通过 I/O 接口。每一台计算机都有标准输入和标准输出，它们是计算机系统默认的输入输出。如计算机的标准输入设备是键盘和鼠标，标准输出设备是显示器。

常见的输入设备有键盘、鼠标、触摸屏、游戏摇杆。

15.1.1　触摸屏的特点

触摸屏和人类的生活、工作息息相关，触摸屏应用在许多消费电子产品上，如智能手机、平板计算机等，其他的典型应用包括收银机、工业领域等。

常见的触摸屏分为两种：电阻式触摸屏和电容式触摸屏。早期的触摸屏是电阻式触摸屏，后来有人发明了电容式触摸屏。这两种屏幕的特性不同、原理不同、接口不同、编程方法不同。

15.1.2　触摸屏和显示屏的联系与区别

触摸屏可用来响应人的触摸事件，显示屏是用来显示的，现在我们用的显示屏一般都是 LCD 屏。很多人会弄混这两个概念，主要是因为一般产品的触摸屏和显示屏是做在一起的。一般产品的外层是一层触摸屏，触摸屏是透明的并且很薄，触摸屏底下是显示屏，用来显示图像信息。我们平时看到的图像是由显示屏显示的，可透过触摸屏让人看到。触摸屏的好坏在于它的透光性，不同的材质透光性不同。透光性越好，显示屏显示的图像越清晰。触摸屏和显示屏的关系如图 15-1 所示。

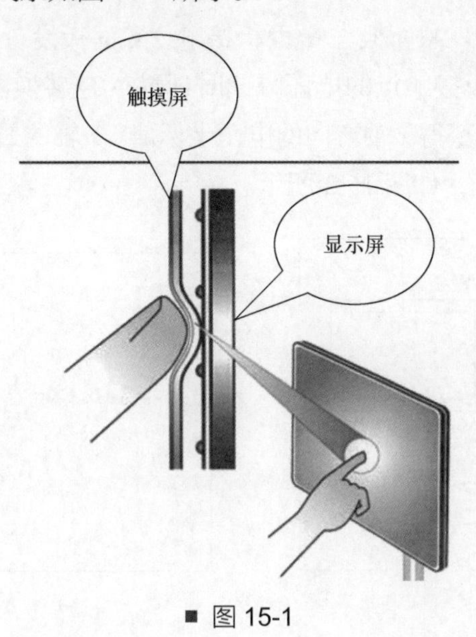

■ 图 15-1

15.2 电阻式触摸屏的原理

电阻式触摸屏由上层薄膜加下层玻璃组成，这两部分材料的特性是薄并且透明。上面板硬度稍弱，可以弯曲；后面板硬度很高，不会弯曲。上面板和下面板在平时没有接触，在外力作用下，上面板发生局部形变，上下面板接触。上下面板的薄膜和玻璃都是不导电的，需要在上下面板上分别涂抹 ITO（Indium Tin Oxide，氧化铟锡）涂料。ITO 涂料的特点是透明，导电，可以均匀涂抹，可以均匀压降。涂抹 ITO 涂料后的上下面板不仅可以导电，还可以保持原来的透明特性。

在上下面板上分别安装两个电极，由于面板可以导电，所以相当于在两个电极之间接上了电阻。我们以 4 线的触摸屏为例讲解如何获取按下位置的坐标值。

我们将上面板当作 X 层，X 层的左右分别安装电极 X− 和 X+，这两个电极用来确定 x 轴坐标；将下面板当作 Y 层，Y 层的上下分别安装电极 Y− 和 Y+，这两个电极用来确定 y 轴坐标；也就是说，我们将整个触摸屏理解为二维坐标轴，通过坐标来确定按下的位置。屏幕的坐标等效图如图 15-2 所示。

我们通过 A/D 转换器采样电压来确定 x、y 轴的坐标信息，此时需要通过 x、y 轴的分时 A/D 转换来完成。

当我们触摸屏幕的时候可分两步来确定 x、y 轴坐标。第一步是确定 x 轴坐标，我们将 X 面板的电极 X+ 接入参考电压 V_{REF}，电极 X− 接 GND，X 面板就相当于在 X+ 电极和 X− 电极之间接了电阻。Y 面板电极不通电接 A/D 转换器进行采样。当触摸屏没有被触摸的时候 A/D 转换器采样值为 0；如果屏幕被触摸了，此时接触点处就会有一个电压。电压的计算公式如图 15-3 所示。X 面板与 Y 面板接触，Y 面板没有通电，Y 面板与 X 面板的 GND 电极的电压为 X 面板接触点的电压，此时通过 A/D 转换器采样 Y 面板和 X 面板的 GND 电极之间的电压即可获得 x 轴方向的电压坐标值。x 轴的最大电压是 V_{REF}，接触点处电压为 R2 电阻分得的电压，如图 15-3 所示。

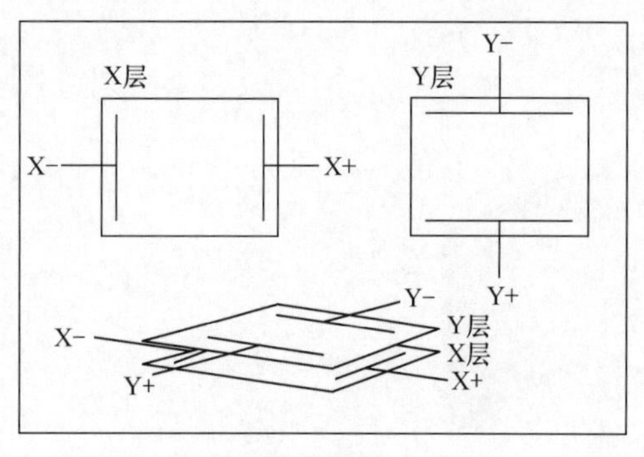

■ 图 15-2

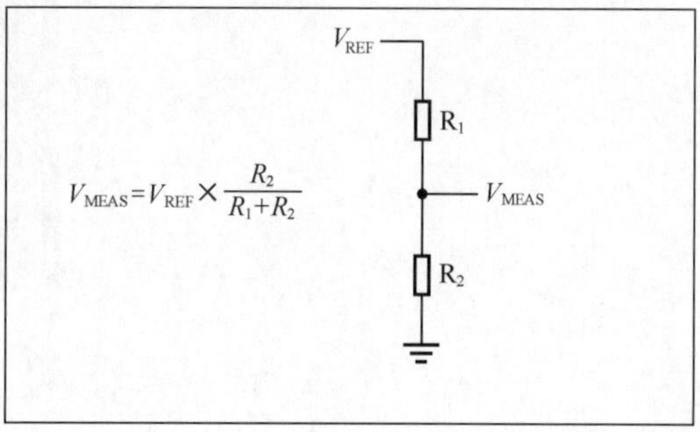

$$V_{MEAS}=V_{REF}\times\frac{R_2}{R_1+R_2}$$

■ 图 15-3

获取了 x 轴的电压之后，将 Y 面板的两个电极分别接 V_{REF} 和 GND，X 面板不通电，接 A/D 转换器采样，通过上述方法来获取 y 轴的坐标，这是第二步。

获得电压信息后，由于电压值和坐标值成正比是相对的，所以需要去校准电压和坐标的关系。校准就是计算 (0, 0) 坐标点的电压值，用 (0, 0) 坐标点电压值作为基准去计算其他坐标点的电压值。

通过 x、y 轴的分时 A/D 转换，我们采样获得 x、y 轴的电压信息即可获取 x、y 轴的坐标信息，通过坐标信息可处理接触点。但是由于 x、y 轴的分时 A/D 转换原理决定了电阻式触摸屏只能支持单点触摸，如果出现多点触摸，我们就不能准确判断出位置。

15.3 S5PV210 的电阻式触摸屏控制器

15.3.1 控制器框图介绍

S5PV210 的电阻式触摸屏控制器的框图如图 15-4 所示。S5PV210 支持 10 路模拟输入，分别为 AIN0 ~ AIN9。其中 AIN0 和 AIN1 只做模拟输入，AIN2 ~ AIN9 分别可以支持 2 个电阻式触摸屏。

A/D 转换和触摸屏控制部分（ADC interface&Touch screen control）有两个附属单元。其中一个是反向控制 AINn 引脚的逻辑单元（ADC input control），主要作用是在触摸屏获取坐标的过程中分时给 x、y 轴方向供电和进行测量；另一个是中断产生部件（图 15-4

中的 Interrupt generation），如果 A/D 转换完成（主要针对 AIN0 和 AIN1 这两路）或者触摸屏被人按下 / 弹起时，中断产生部件会产生一个中断信号通知 CPU 来处理事件，这样就不用轮询监测触摸屏事件了。

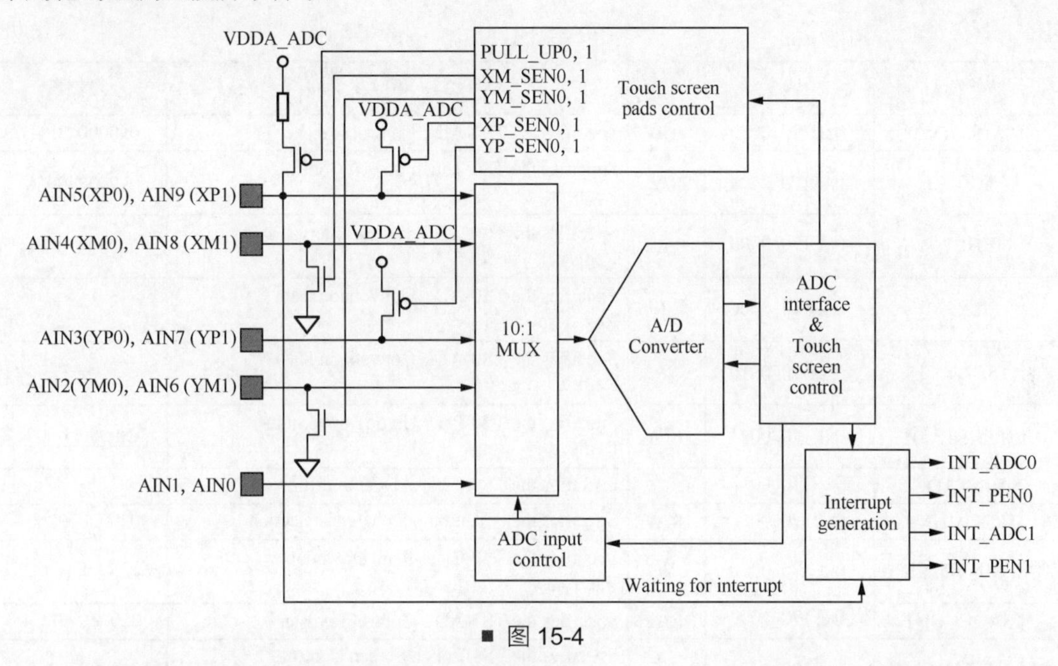

■ 图 15-4

15.3.2 控制器部件的工作模式选择

A/D 转换器有两种工作模式：正常操作模式（Normal Operation Mode）和分时 X/Y 位置转换模式（Separate X/Y Position Convertion Mode）。

正常操作模式用于普通的 A/D 转换，分时 X/Y 位置转换模式用于电阻式触摸屏。在正常操作模式下我们将 A/D 转换值放在 TSDATX 寄存器中，在分时 X/Y 位置转换模式下会将坐标值分别放在 TSDATX 寄存器和 TSDATY 寄存器中。

但 AIN0 和 AIN1 没有这么多模式，它们只能工作在正常操作模式。AIN2 ~ AIN9 因为被复用，所以才有两种模式。如果我们将这几个引脚用作普通 A/D 转换，则配置为正常操作模式；如果用作电阻式触摸屏检测，则配置为分时 X/Y 位置转换模式。

其实正常操作 A/D 转换和触摸屏 A/D 转换本身都可以不在中断参与下完成。正常操作 A/D 转换如果不要中断，那就去查询。开启一次转换，然后不断查询标志位，直到 A/D 转换完，硬件自动置位标志位后我们才去读取转换值。当然也可以用中断，控制器提供了一个相应的中断给正常操作 A/D 转换。

触摸屏可以用或者不用中断。对于 SoC 来说，它永远不知道用户会什么时候按下或者弹起触摸屏，所以触摸屏的按下 / 弹起对 SoC 来说是纯粹的异步事件。对于这种情况 SoC 只有两种解决方案：轮询和中断。

15.3.3 控制器的主要寄存器

查数据手册，电阻式触摸屏控制器的主要寄存器如表 15-1 所示。

表 15-1

寄存器	地址	读/写 (R/W)	描述	复位值
TSADCCON0	0xE170_0000	R/W	Specifies the TS0-ADC Control Register	0x0000_3FC4
TSCON0	0xE170_0004	R/W	Specifies the TS0-Touch Screen Control Register	0x0000_0058
TSDLY0	0xE170_0008	R/W	Specifies the TS0-ADC Start or Interval Delay Register	0x0000_00FF
TSDATX0	0xE170_000C	R	Specifies the TS0-ADC Conversion Data X Register	—
TSDATY0	0xE170_0010	R	Specifies the TS0-ADC Conversion Data Y Register	—
TSPENSTAT0	0xE170_0014	R/W	Specifies the TS0-Pen0 Up or Down Status Register	0x0000_0000
CLRINTADC0	0xE170_0018		Specifies the TS0-Clear ADC0 Interrupt	—
ADCMUX	0xE170_001C	R/W	Specifies the Analog input channel selection	0x0000_0000
CLRINTPEN0	0xE170_0020	W	Specifies the TS0-Clear Pen0 Down/Up Interrupt.	—
TSADCCON1	0xE170_1000	R/W	Specifies the TS1-ADC Control Register	0x0000_3FC4
TSCON1	0xE170_1004	R/W	Specifies the TS1-Touch Screen Control Register	0x0000_0058
TSDLY1	0xE170_1008	R/W	Specifies the TS1-ADC Start or Interval Delay Register	0x0000_00FF
TSDATX1	0xE170_100C	R	Specifies the TS1-ADC Conversion Data X Register	—
TSDATY1	0xE170_1010	R	Specifies the TS1-ADC Conversion Data Y Register	—
TSPENSTAT1	0xE170_1014	R/W	Specifies the TS1-Pen1 Up or Down Status Register	0x0000_0000
CLRINTADC1	0xE170_1018	W	Specifies the TS1-Clear ADC1 Interrupt	—
CLRINTPEN1	0xE170_1020	W	Specifies the TS1-Clear Pen1 Up/Down Interrupt	—

TSADCCON0 寄存器：A/D 转换器控制寄存器。

TSCON0 寄存器：A/D 转换器触摸屏控制寄存器

TSDLY0 寄存器：延时寄存器，用作开启中断指令到硬件真正开始中断这段时间的延时。

TSDATX0 寄存器：X0 数据寄存器。

TSDATY0 寄存器：Y0 数据寄存器。

TSPENSTAT0 寄存器：判断触摸屏的按下、弹起等状态。

CLRINTADC0 寄存器：清除中断。

ADCMUX 寄存器：选择通道。

其他寄存器的说明参见表 15-1。

15.4 电容式触摸屏的原理

电容式触摸屏利用人体的感知电流进行工作。电容式触摸屏通常是一块 4 层复合玻璃屏，玻璃屏的内表面和夹层各涂有一层 ITO，最外层是一薄层硅土玻璃保护层。夹层 ITO 涂层作为工作面，可从 4 个角上引出 4 个电极；内表面的 ITO 涂层可起屏蔽作用，以保证触摸屏具有良好的工作环境。有时手机屏幕不小心摔碎之后我们还可以进行触摸操作，就是因为摔碎的是硅土玻璃保护层。当手指触摸在屏幕上时，由于人体存在电场，人体和触摸屏表面形成一个耦合电容，对于高频电流来说，电容是直接导体，于是手指从接触点“吸走”一个很小的电流。这个电流分别从触摸屏的 4 个角上的电极中流出，并且流经这 4 个电极的电流与手指到 4 个电极的距离成正比。控制器通过对这 4 个比例进行计算，得出触摸点的位置。

15.4.1 人体感知电流

利用人体感知电流，手指和屏幕之间形成一个电容，手指触摸时“吸走”一个微小的电流，这个电流会导致触摸板的 4 个电极上发生电流流动，控制器通过计算这 4 个电流与手指到 4 个电极的距离的比例就能得出触摸点的坐标，可以达到 99% 的精确度，具备小于 3ms 的响应时间。

如图 15-5 所示，手指触摸 A 区域，在手指和屏幕之间形成一个电容，手指触摸时吸走 A 区域的一个微小的电流，这个电流会导致触摸板的 a、b、c、d 4 个电极上发生电流流动，控制器通过计算这 4 个电流与手指到 4 个电极的距离的比例就可以算出触摸点的坐标。

■ 图 15-5

15.4.2 专用电路计算坐标

电阻式触摸屏本身是一个完全被动器件，里面没有任何 IC，它的工作逻辑完全由 SoC 控制器掌控，但是电容式触摸屏与之不同，电容式触摸屏需要自带一个 IC 进行坐标计算。因此电容式触摸屏工作时不需要 SoC 控制器参与。

电容式触摸屏的坐标计算很复杂，软件工程师很难写出合适的代码解决这个问题，因此在电容式触摸屏中除了触摸板之外还附加了一个电容触摸 IC 进行专门的坐标点计算和统计。这个 IC 全权负责操控触摸板得到触摸操作信息，然后通过数字接口和 SoC 进行通信。

15.4.3 多个区块支持多点触摸

电阻式触摸屏不支持多点触摸，这是由它本身的原理所限制的，无法改变、无法提升。电容式触摸屏可以支持多点触摸。按照之前讲的电容式触摸屏的原理，单个电容式触摸屏的触摸板无法支持多点触摸，但是可以将一个大的触摸板分成多个小的区块，每个区块相当于一个独立的小触摸板。多个区块支持多点触摸让电容式触摸屏的坐标计算变复杂了，但是这个复杂性被电容触摸 IC 解决了，它通过数字接口和 SoC 通信报告触摸信息（触摸点数、每个触摸点的坐标等）。

15.4.4 对外提供 I2C 的访问接口

整个电容式触摸屏包含两部分：触摸板和电容触摸 IC。触摸板就是一个物理器件。电容触摸 IC 一般在触摸屏的软排线（FPC）上面，电容触摸 IC 负责操控触摸板，通过 A/D 转换和分析得到触摸点个数、触摸坐标等信息，然后以特定的数字接口与 SoC 通信。这个数字接口就是 I2C。

对于 SoC 来说，电容式触摸屏就是一个 I2C 从设备，SoC 只需要通过 I2C 对这个从设备进行访问即可（从设备有自己特定的从设备地址）。从这个层面来讲，电容式触摸屏和其他的传感器（重力传感器等）并没有什么区别。

15.5 FT5x06 电容触摸 IC 简介

电阻式触摸屏和电容式触摸屏的特点对比，如表 15-2 所示。

表 15-2

特点	电阻式触摸屏	电容式触摸屏
耐久性	易坏	不容易坏
抗干扰性	较好	较差
精准度	较好	较差
用户体验	较差	较好
价格	较便宜	较贵

消费电子产品通常用电容式触摸屏。但是在工业控制领域基本上都是用电阻式触摸屏，因为工业控制领域的环境一般比较恶劣，电容式触摸屏容易受干扰，所以不适合使用。

目前，触摸屏朝着更薄、更透明、更精准、支持点数更多的方向发展，并且把电容式触摸屏和 LCD 屏整合在一起，可以做到更薄、更透明、价格更低，但是面临的困难是抗干扰性要求更高。

FT5x06 是一款电容触摸 IC，这款 IC 运用十分广泛，在很多产品里都有运用，具有很高的性价比。它带有一个内置的 8 位微控制器单元（Microcontrouer Unit，MCU），内置 12 位的 A/D 转换器，工作频率为 100Hz，支持 I2C 和 SPI 两种接口，工作电压为 2.8 ~ 3.6V。FT5x06 的引脚信息如图 15-6 所示。

- External Interface
  - I2C/SPI: an interface for data exchange with host
  - INT: an interrupt signal to inform the host processor that touch data is ready for read
  - WAKE: an interrupt signal for the host to change F5x06 from Hibernate to Active mode
  - /RST: an external low signal reset the chip.

■ 图 15-6

INT 引脚提供一个中断信号，用来通知 HOST 端 FT5x06 已经准备好，可以进行读操作了。

WAKE 引脚的作用是将 FT5x06 从睡眠状态转换到工作状态。

RST 引脚为 FT5x06 提供复位信号。

I2C 接口的时序如图 15-7 所示。相信在学习过前面 I2C 的内容后，读者可以看懂这张图，这里不多做解释。软件工程师可以不关心触摸屏的工艺，只关心软件编程接口。在使用触摸屏时，我们不用从零开始去写代码，可以使用官方提供的驱动代码，修改其中的部分代码以达到我们的目的。

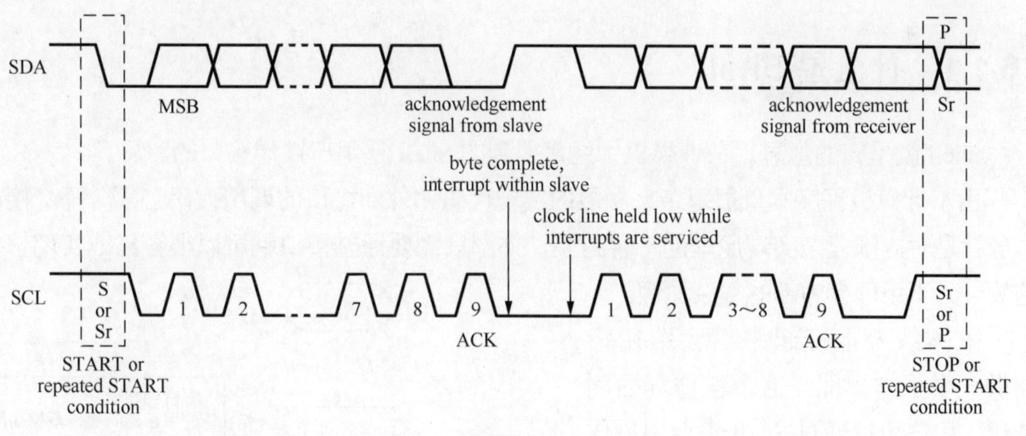

■ 图 15-7

15.6 习题

1. 电阻式触摸屏的坐标获取原理是什么？
2. 电容式触摸屏的坐标获取原理是什么？
3. 简述电阻式触摸屏和电容式触摸屏的优劣势。

第 16 章　Shell 原理和问答机制引入

通过对前面 15 章的学习，读者对 ARM 裸机的认识应该有了一个质的飞跃。但我们知道，嵌入式是软硬件综合的技术，所以积累了硬件知识后，接下来我们就更深层次地去了解软件方面的知识。这一章可为深入学习 U-Boot、Linux 系统移植和驱动的知识打下一定的基础，起到过渡衔接的作用。本章将带大家从零开始写 Shell 程序并将其移植到开发板上，还将深入讲解 Shell 的基本使用方法。学习裸机一定不是为了只学习裸机，大家可以把它当成是一个 U-Boot 的小项目来做，对后续 U-Boot 的移植先有一个框架性的理解。

16.1　理解 Shell

16.1.1　什么是 Shell

Shell 就是壳的意思，在计算机中经常提到的 Shell 是用户操作接口的意思。

由于计算机程序本身很复杂，功能的实现代码和外部接口的调用代码必须分开。接口本身就是对内部复杂实现原理的一种封装，外部只需要通过接口就可以很容易地实现想要的效果，不用理会内部的复杂原理。

操作系统运行起来后会给用户提供一个操作界面，这个操作界面叫 Shell。用户可以通过 Shell 来调用操作系统内部可通过复杂的操作实现的功能，如图 16-1 所示。

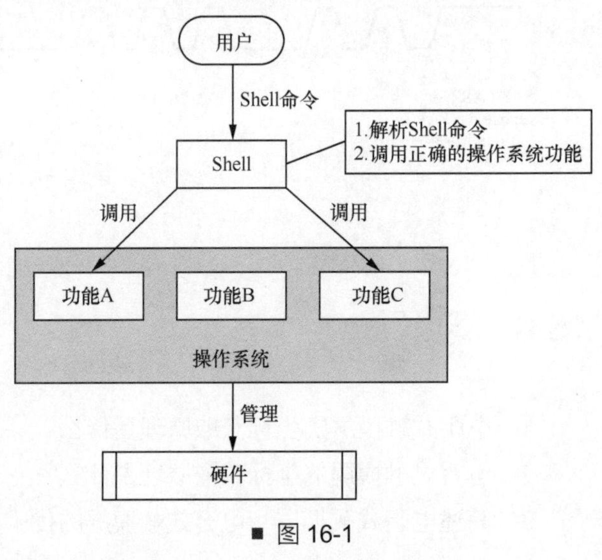

■ 图 16-1

Shell 编程就是在 Shell 层次上进行编程，如 Linux 系统中的脚本编程、Windows 系统中的批处理。但值得注意的是，Shell 编程使用的语言是一类编程语言，如 sh、bash、csh、ksh、Perl、Python 等。

16.1.2 Shell 的运行原理

命令行 Shell 其实就是一个死循环。这个死循环包含 3 个模块，这 3 个模块是串联的，分别是命令接收、命令解析、命令执行，如图 16-2 所示。

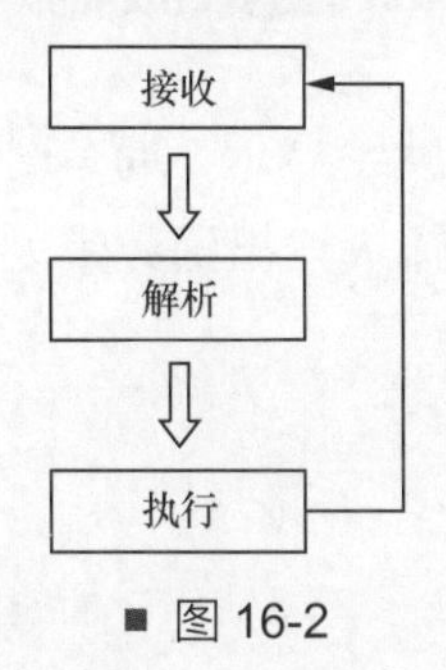

■ 图 16-2

命令行有一个标准命令集，用户在操作的时候必须知道自己想要实现的操作需要通过哪个命令来实现，不能随便输入命令。如果用户输入了一个不在标准命令集中的命令，系统会提示用户这不是一个合法命令，然后回到命令行让用户重新输入命令。

例如，在 Windows 系统的命令行界面输入 ls 命令，由于这个命令在 Windows 命令集中是没有的，这时候就会提示不能识别这个命令，如图 16-3 所示。

■ 图 16-3

用户输入命令的界面是命令行，命令行的意思就是用户输入的命令是以行为单位的，用户输入的命令在用户按 Enter 键之后就结束了，Shell 便开始接收了。举个例子，我需要在 Linux 系统中输入 ls 或 lsmod 其中一个命令，如果我输入了 ls 后，没有按 Enter 键来结束，那么系统怎么知道我是输入完命令了还是需要继续输入命令呢？这个涉及行缓冲、全缓冲、不缓冲等内容，在此处不赘述。

16.1.3 Shell 应用举例

Shell 的应用场合有 U-Boot、Linux 终端、Windows 图形界面等。

U-Boot 就是一个裸机程序构成的 Shell（本章要完成的 Shell 也是裸机程序构成的）。Linux 系统的中断和 Windows 系统的 cmd 是其相应操作系统下的命令行 Shell。Windows 系统的图形界面、Ubuntu 系统的图形界面、Android 系统的图形界面，这些都是图形界面的 Shell。路由器控制界面是网页类型的 Shell。

16.2 从零写最简单的 Shell

16.2.1 使用 printf 和 scanf 函数做输入回显

为什么我们输入了字符显示屏就会显示，而有时候我们输入密码却没有显示呢？这就要说到回显功能了。下面用标准输入输出函数带大家实现一个简单的回显功能。代码如下。

```
#include <stdio.h>
#include <string.h>
#define MAX_LINE_LENGTH          256          // 最大命令行长度
int main(void)
{
 char str[MAX_LINE_LENGTH];                   // 用来存放用户输入的命令内容
 while (1)
 {
      printf("czg#");// 输出命令行提示符，注意不能加换行
      memset(str, 0, sizeof(str));// 清除 str 数组以存放新的字符串
      /* Shell 第 1 步：接收命令——获取用户输入的命令 */
      scanf("%s", str);
      /* Shell 第 2 步：解析命令——解析用户输入命令
       由于还没有定义命令集，所以这里暂时没法解析，先给大家看一个简单示例 */
      /* Shell 第 3 步：执行命令——处理用户输入命令 */
      printf("%s\n", str);
 }
 return 0;
}
```

执行结果如图 16-4 所示。

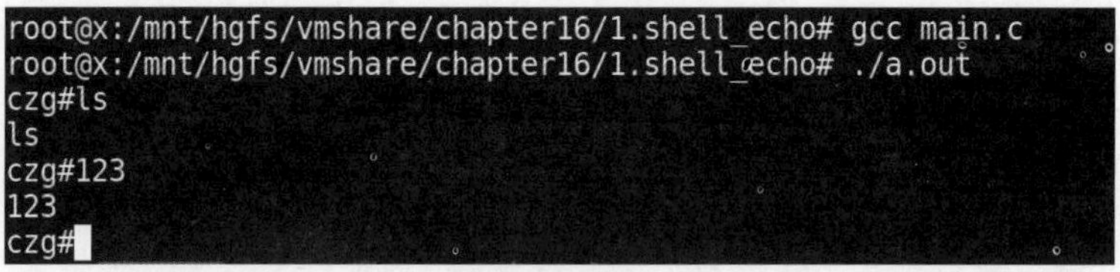

```
root@x:/mnt/hgfs/vmshare/chapter16/1.shell_echo# gcc main.c
root@x:/mnt/hgfs/vmshare/chapter16/1.shell_echo# ./a.out
czg#ls
ls
czg#123
123
czg#
```

■ 图 16-4

16.2.2 定义简单命令集

我们在 16.2.1 小节中写了一个简单的可实现 Shell 功能的代码，但是没有命令解析这一步，因为输入命令后需要操作系统在命令集中匹配相同的命令来响应，并执行这个命令

对应的动作，而这部分命令集我们还没有定义。为什么我们在Linux系统中，输入命令能得到响应，并执行相应的操作呢？其实靠的就是Linux系统中的命令集。下面我们来模拟一个简单的命令集。代码如下。

```
#include <stdio.h>
#include <string.h>
#define MAX_LINE_LENGTH          256          // 最大命令行长度
/* 宏定义一些标准命令 */
#define led                           "led"
#define lcd                           "lcd"
#define pwm                           "pwm"
#define CMD_NUM                       3       // 当前系统定义的命令数
char g_cmdset[CMD_NUM][MAX_LINE_LENGTH];
/* 初始化命令列表，static 限定只能在此文件中使用 */
static void init_cmd_set(void)
{
 memset(g_cmdset, 0, sizeof(g_cmdset));      // 先全部清零
 strcpy(g_cmdset[0], led);
 strcpy(g_cmdset[1], lcd);
 strcpy(g_cmdset[2], pwm);
}
int main(void)
{
 int i = 0;
 char str[MAX_LINE_LENGTH];                  // 用来存放用户输入的命令内容
 init_cmd_set();                             // 调用初始化列表函数
 while (1)
 {
     printf("czg#");                         // 输出命令行提示符，注意不能加换行
     memset(str, 0, sizeof(str));            // 清除 str 数组以存放新的字符串
/* Shell 第 1 步：接收命令——获取用户输入的命令 */
scanf("%s", str);
     /* Shell 第 2 步：解析命令——解析用户输入命令 */
     for (i=0; i<CMD_NUM; i++)
     {
/* 相等，找到了这个命令，就跳到 Shell 第 3 步：执行命令——执行这个命令所对应的动作 */
if (!strcmp(str, g_cmdset[i]))
         {
             printf(" 您输入的命令是：%s，是合法的 \n", str);
             break;
         }
     }
```

```
/* 找遍了命令集都没找到这个命令，也跳到 Shell 第 3 步：执行命令——处理用户输入命令 */
if (i >= CMD_NUM)
            {
                  printf("%s 不是一个内部合法命令，请重新输入 \n", str);
            }
 }
 return 0;
}
```

执行结果如图 16-5 所示。

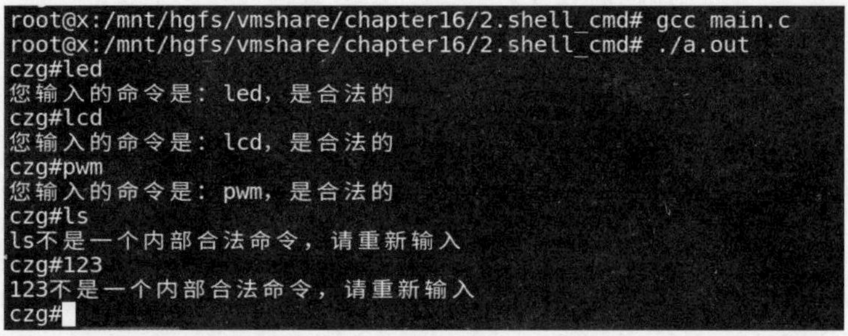

```
root@x:/mnt/hgfs/vmshare/chapter16/2.shell_cmd# gcc main.c
root@x:/mnt/hgfs/vmshare/chapter16/2.shell_cmd# ./a.out
czg#led
您输入的命令是：led，是合法的
czg#lcd
您输入的命令是：lcd，是合法的
czg#pwm
您输入的命令是：pwm，是合法的
czg#ls
ls不是一个内部合法命令，请重新输入
czg#123
123不是一个内部合法命令，请重新输入
czg#
```

■ 图 16-5

16.3 将简易 Shell 移植到开发板中

通过上文对裸机的介绍，大家了解了怎样将程序移植到开发板上，这里不再阐述。本节将会用到如下文件。

- Makefile。
- mkv210_image.c。
- link.lds。
- start.S。
- clock.c。
- write2sd。
- stdio.c。
- main.c。
- uart.c。

16.3.1 工程选定、文件复制、Makefile 编写

16.2 节中讲述的操作是在 Linux 系统中实现的。想必大家迫不及待地想将代码移植到

开发板上来试验了。本小节将指导大家完成试验。

本小节复制的是第7章的串口通信的代码并对其加以改造，以满足本次要求。先来完成前面的准备工作。

编写Makefile代码，想必大家通过上文的学习已经掌握如何操作了。Makefile代码如下。

```
CC          = arm-linux-gcc
LD          = arm-linux-ld
OBJCOPY     = arm-linux-objcopy
OBJDUMP     = arm-linux-objdump
AR          = arm-linux-ar
INCDIR := $(shell pwd)
# C预处理器的flag，flag就是编译器可选的选项
# -nostdinc就是提示系统不使用标准库
CPPFLAGS    := -nostdlib -nostdinc -I$(INCDIR)/include
# C编译器的flag
CFLAGS      := -Wall -O2 -fno-builtin
#导出这些变量到全局，其实就是给子文件夹下面的Makefile使用
export CC LD OBJCOPY OBJDUMP AR CPPFLAGS CFLAGS
objs := start.o clock.o uart.o main.o stdio.o
uart.bin: $(objs)
 $(LD) -Tlink.lds -o uart.elf $^
 $(OBJCOPY) -O binary uart.elf uart.bin
 $(OBJDUMP) -D uart.elf > uart_elf.dis
 gcc mkv210_image.c -o mkx210
 ./mkx210 uart.bin 210.bin
lib/libc.a:
 cd lib;    make; cd ..
%.o : %.S
 $(CC) $(CPPFLAGS) $(CFLAGS) -o $@ $< -c
%.o : %.c
 $(CC) $(CPPFLAGS) $(CFLAGS) -o $@ $< -c
clean:
 rm *.o *.elf *.bin *.dis mkx210 -f
```

mkv210_image.c文件代码如下。

```
#include <stdio.h>
#include <string.h>
#include <stdlib.h>
#define BUFSIZE                     (16*1024)
#define IMG_SIZE                    (16*1024)
#define SPL_HEADER_SIZE             16
#define SPL_HEADER                  "S5PC110 HEADER  "
#define SPL_HEADER                  "****************"
int main (int argc, char *argv[])
{
```

```
    FILE              *fp;
    char              *Buf, *a;
    int               BufLen;
    int               nbytes, fileLen;
    unsigned int      checksum, count;
    int               i;
    // 第 1 步：设置 3 个参数
    if (argc != 3)
    {
        printf("Usage: %s <source file> <destination file>\n", argv[0]);
        return -1;
    }
   // 第 2 步：分配 16KB 的 buffer（缓存区）
    BufLen = BUFSIZE;
    Buf = (char *)malloc(BufLen);
    if (!Buf)
    {
        printf("Alloc buffer failed!\n");
        return -1;
    }
   memset(Buf, 0x00, BufLen);
   // 第 3 步：读 .bin 源文件到 buffer
    // 打开 .bin 源文件
    fp = fopen(argv[1], "rb");
    if( fp == NULL)
    {
        printf("source file open error\n");
        free(Buf);
        return -1;
    }
    // 获取 .bin 源文件长度
    fseek(fp, 0L, SEEK_END);                        // 定位到文件尾
    fileLen = ftell(fp);                            // 得到文件长度
    fseek(fp, 0L, SEEK_SET);                        // 再次定位到文件头
    // .bin 源文件长度不得超过 16KB
    count = (fileLen < (IMG_SIZE - SPL_HEADER_SIZE))
        ? fileLen : (IMG_SIZE - SPL_HEADER_SIZE);
    // buffer[0~15] 存放 S5PC110 文件夹
    memcpy(&Buf[0], SPL_HEADER, SPL_HEADER_SIZE);
    // 读 .bin 源文件到 buffer[16]
    nbytes = fread(Buf + SPL_HEADER_SIZE, 1, count, fp);
    if ( nbytes != count )
    {
        printf("source file read error\n");
        free(Buf);
        fclose(fp);
        return -1;
    }
    fclose(fp);
```

```
// 第4步：计算校验和
  // 从第16B开始统计buffer中共有几个1
 // 从第16B开始计算把buffer中的所有数据（以B为单位）加起来得到的结果
 a = Buf + SPL_HEADER_SIZE;
 for(i = 0, checksum = 0; i < IMG_SIZE - SPL_HEADER_SIZE; i++)
     checksum += (0x000000FF) & *a++;
 // 将校验和保存在buffer[8 ~ 15]
 a = Buf + 8;        // Buf是210.bin的起始地址，+8表示向后位移2个字，也就是说
                     // 写入第3个字
 *( (unsigned int *)a ) = checksum;
// 第5步：复制buffer中的内容到.bin目标文件
 //打开.bin目标文件
 fp = fopen(argv[2], "wb");
 if (fp == NULL)
 {
     printf("destination file open error\n");
     free(Buf);
     return -1;
 }
 // 将16KB的buffer中的内容复制到.bin目标文件中
 a = Buf;
 nbytes      = fwrite( a, 1, BufLen, fp);
 if ( nbytes != BufLen )
 {
     printf("destination file write error\n");
     free(Buf);
     fclose(fp);
     return -1;
 }
free(Buf);
 fclose(fp);
return 0;
}
```

链接脚本文件link.lds代码如下。

```
/******************link.lds文件源码**********************/
SECTIONS
{
 . = 0xd0020010;
 .text : {
     start.o
     * (.text)
 }
     .data : {
     * (.data)
 }
 bss_start = .;
 .bss : {
```

```
        * (.bss)
  }
  bss_end  = .;
}
```

开发板初始化启动 start.S 代码如下。

```
/************************start.S 文件源码**********************/
#define WTCON       0xE2700000
#define SVC_STACK   0xD0037D80
.global _start      // 把_start 链接属性改为外部，这样其他文件就可以看见_start 了
_start:
 // 第 0 步：开发板置锁
 ldr r0, =0xE010E81C
 ldr r1, [r0]
 ldr r2, =0x301
 orr r1, r1, r2
 str r1, [r0]
 // 第 1 步：关看门狗（向 WTCON 的 bit5 写入 0 即可）
 ldr r0, =WTCON
 ldr r1, =0x0
 str r1, [r0]
 // 第 2 步：初始化时钟
 bl clock_init
 // 第 3 步：设置 SVC 栈
 ldr sp, =SVC_STACK
 // 第 4 步：开/关 iCache（指令高速缓存）
 mrc p15,0,r0,c1,c0,0;                  // 读出 cp15 的 c1 到 r0 中
 //bic r0, r0, #(1<<12)                 // bit12 置 0，关 iCache
 orr r0, r0, #(1<<12)                   // bit12 置 1，开 iCache
 mcr p15,0,r0,c1,c0,0;
bl main
 // 接下来就可以开始调用 C 程序了
 bl led_blink                           // led_blink 是 C 语言实现的一个函数
// 汇编最后的这个死循环不能丢
 b .
```

时钟相关文件 clock.c 代码如下。

```
/************************clock.c 文件源码**********************/
/* 时钟控制器基地址 */
#define ELFIN_CLOCK_POWER_BASE          0xE0100000
/* 时钟相关的寄存器相对时钟控制器基地址的偏移值 */
#define APLL_LOCK_OFFSET                0x00
#define MPLL_LOCK_OFFSET                0x08
#define APLL_CON0_OFFSET                0x100
#define APLL_CON1_OFFSET                0x104
#define MPLL_CON_OFFSET                 0x108
#define CLK_SRC0_OFFSET                 0x200
```

```
#define CLK_SRC1_OFFSET                 0x204
#define CLK_SRC2_OFFSET                 0x208
#define CLK_SRC3_OFFSET                 0x20C
#define CLK_SRC4_OFFSET                 0x210
#define CLK_SRC5_OFFSET                 0x214
#define CLK_SRC6_OFFSET                 0x218
#define CLK_SRC_MASK0_OFFSET            0x280
#define CLK_SRC_MASK1_OFFSET            0x284
#define CLK_DIV0_OFFSET                 0x300
#define CLK_DIV1_OFFSET                 0x304
#define CLK_DIV2_OFFSET                 0x308
#define CLK_DIV3_OFFSET                 0x30C
#define CLK_DIV4_OFFSET                 0x310
#define CLK_DIV5_OFFSET                 0x314
#define CLK_DIV6_OFFSET                 0x318
#define CLK_DIV7_OFFSET                 0x31C
#define CLK_DIV0_MASK                   0x7FFFFFFF
/* 这些M、P、S的配置值都是查数据手册中典型时钟配置值的推荐配置得来的，因此工作最稳定。
如果是自己随便拼凑出来的，那就要经过严格的测试，才能保证一定对 */
#define APLL_MDIV                 0x7D  // 125
#define APLL_PDIV                 0x3
#define APLL_SDIV                 0x1
#define MPLL_MDIV                 0x29B // 667
#define MPLL_PDIV                 0xC
#define MPLL_SDIV                 0x1
#define set_pll(mdiv, pdiv, sdiv) (1<<31 | mdiv<<16 | pdiv<<8 | sdiv)
#define APLL_VAL            set_pll(APLL_MDIV,APLL_PDIV,APLL_SDIV)
#define MPLL_VAL            set_pll(MPLL_MDIV,MPLL_PDIV,MPLL_SDIV)
#define REG_CLK_SRC0        (ELFIN_CLOCK_POWER_BASE + CLK_SRC0_OFFSET)
#define REG_APLL_LOCK       (ELFIN_CLOCK_POWER_BASE + APLL_LOCK_OFFSET)
#define REG_MPLL_LOCK       (ELFIN_CLOCK_POWER_BASE + MPLL_LOCK_OFFSET)
#define REG_CLK_DIV0        (ELFIN_CLOCK_POWER_BASE + CLK_DIV0_OFFSET)
#define REG_APLL_CON0       (ELFIN_CLOCK_POWER_BASE + APLL_CON0_OFFSET)
#define REG_MPLL_CON        (ELFIN_CLOCK_POWER_BASE + MPLL_CON_OFFSET)

#define rREG_CLK_SRC0       (*(volatile unsigned int *)REG_CLK_SRC0)
#define rREG_APLL_LOCK      (*(volatile unsigned int *)REG_APLL_LOCK)
#define rREG_MPLL_LOCK      (*(volatile unsigned int *)REG_MPLL_LOCK)
#define rREG_CLK_DIV0       (*(volatile unsigned int *)REG_CLK_DIV0)
#define rREG_APLL_CON0      (*(volatile unsigned int *)REG_APLL_CON0)
#define rREG_MPLL_CON       (*(volatile unsigned int *)REG_MPLL_CON)
void clock_init(void)
{
 /* 第 1 步：设置各种时钟开关，暂时不使用 PLL */
 rREG_CLK_SRC0 = 0x0;


 /* 第 2 步：设置锁定时间，使用默认值即可
  设置 PLL 后，时钟频率从输入频率（FIN）提升到目标频率需要一定的时间，即锁定时间 */
```

```
 rREG_APLL_LOCK = 0x0000FFFF;
 rREG_MPLL_LOCK = 0x0000FFFF;

 /* 第 3 步：设置分频 */
 rREG_CLK_DIV0 = 0x14131440;    // 清 bit[0~31]
/* 第 4 步：设置 PLL */
 // 输出频率（FOUT） = MDIV× 输入频率（FIN）/(PDIV×2^(SDIV-1))=0x7D 的值 ×24/(0x3
的值 ×2^(1-1))=1000MHz
 rREG_APLL_CON0 = APLL_VAL;
 // 输出频率（FOUT） = MDIV× 输入频率（FIN）/(PDIV×2^SDIV)=0x29B 的值 ×24/(0xc
的值 ×2^1)= 667MHz
 rREG_MPLL_CON = MPLL_VAL;
 /* 第 5 步：设置各种时钟开关，使用 PLL */
 rREG_CLK_SRC0 = 0x10001111;
}
```

在 Linux 系统下烧录程序到 SD 卡的过程中，使用的 write2sd 文件代码如下。

```
/*************************write2sd 文件源码 ***********************/
#!/bin/sh
sudo dd iflag=dsync oflag=dsync if=210.bin of=/dev/sdb seek=1
```

以上文件是需要前期准备的。Makefile、start.S 文件和 write2sd 文件详解请参考第 4 章“GPIO 和 LED”，mkv210_image.c 文件详解请参考第 10 章“SD 卡启动”，link.lds 文件详解请参考第 5 章“SDRAM 和重定位”，clock.c 文件详解请参考第 6 章“时钟系统”。

16.3.2 printf 和 scanf 函数的移植

printf 和 scanf 函数的核心分别是 putc 和 getc 函数。

puts 和 putchar 函数比较简单，需注意的地方就是 Windows 和 Linux 系统中的 Enter 键定义不同。在 putchar 函数中，如果用户要输出 '\n'，实际输出的是 "\r\n"。代码如下。

```
void putchar(char c)
{
 /* 因为 Windows 系统中按 Enter 键等效于在代码中写入 "\r\n"，在 Linux 系统中按 Enter
键等效于在代码中写入 '\n'，又因为 SecureCRT 终端是在 Windows 系统下使用的，而程序是在
Linux 系统下编译应用到裸机的，所以在 Linux 系统下我们需要多加一个 '\r' 来等效 Windows 系
统中的 Enter 键 */
 if (c == '\n')
      uart_putc('\r');
 uart_putc(c);
}
```

gets 和 getchar 函数是从 Windows 系统中的 SecureCRT 终端输入字符串到裸机程序中的。这里面至少有 3 个问题：用户输入回显问题、用户按 Enter 键问题、用户按 BackSpace 键问题。

（1）用户输入回显问题。

很多时候用户输入的内容在屏幕上是不显示的，但我们想要的结果是能在屏幕上看到所输入的内容，所以我们需要回显。代码如下。

```
/* 当用户输入的不是“回车”时，直接显示输入内容到屏幕上 */
if (ch != '\b')
{
putchar(ch);                              // 回显
}
```

（2）用户按 Enter 键问题。

我们知道在 Windows 系统中按 Enter 键等效于 "\r\n"，在 Linux 系统中按 Enter 键等效于 '\n'，在 macOS 中按 Enter 键等效于 'r'。因为我们在 Windows 系统的 SecureCRT 终端中接收输入，然后通过 Linux 系统应用到裸机中，所以我们需要将 Windows 系统中的 "\r\n" 转换为 '\n'。代码如下。

```
char getchar(void)
{
 char c;
 c = uart_getc(); // 串口接收函数，轮询方式，接收 1B 数据
 if (c == '\r')
 {
      return '\n';
 }
 return c;
}
```

（3）用户按 BackSpace 键问题。

很多时候我们自己写退格函数时总是写不好，其实我们只需要 3 步即可搞定 删—换—删。代码如下。

```
/******************stdio.c 文件源码 ***********************/
void uart_putc(char c);
char uart_getc(void);
/* 从 stdio 输出一个字符 c */
/* 用户要输出 '\n' 时，实际输出 "\r\n" */
void putchar(char c)
{
/* 在 Windows 系统中按 Enter 键等效于 "\r\n"，在 Linux 系统中按 Enter 键等效于
'\n',SecureCRT 终端是在 Windows 系统中使用的，而程序是在 Linux 系统中编译应用到裸机
中的，所以我们需要多加一个 '\r' 来等效 Windows 系统中的 Enter 键 */
 if (c == '\n')
      uart_putc('\r');  // 串口发送函数，发送 1B 数据
 uart_putc(c);
}
```

```
/* 从 stdio 输出一个字符串 p */
void puts(const char *p)
{
 while (*p != '\0')
 {
      putchar(*p);
      p++;
 }
}
/* 从 stdio 输入一个字符 */
char getchar(void)
{
 char c;
 c = uart_getc();
 if (c == '\r')
 {
      return '\n';
 }
 return c;
}

/* 从 stdio 输入一个字符串 */
char *gets(char *p)
{
 char *p1 = p;
 char ch;

 /* 通过 getchar 函数，用户的一次输入是以 '\n' 为结束标志的 */
 while ((ch = getchar()) != '\n')
 {
/* 回显功能 */
      if (ch != '\b')                  // 用户按的不是 BackSpace 键
      {
           putchar(ch);                // 回显
           *p++ = ch;                  // 存储 ch，等效于 *p = ch; p++;
      }
      else                             // 用户按的是 BackSpace 键
      {
           /* '\b' 只会让 secureCRT 终端输出指针向后退一格，但是那个要删掉的字符还在；删掉的方法就是下面 3 行，当 p 比 p1 大一次的时候，判断如果成立再删一次，刚好到最开始的位置（p=p1），并赋值为 '\0' */
           if (p > p1)
           {
                putchar('\b');
                putchar(' ');
                putchar('\b'); // 3 行处理 BackSpace 键回显
                p--;           // 退一格，指针指向了已经删除的那个格子
                *p = '\0';     // 填充 '\0' 以替换要删除的那个字符
           }
```

```
        }
  }
  *p = '\0';  // 遇到 '\n' 行结束，添加 '\0' 作为字符串结尾
  putchar('\n');
  return p1;  // 返回值指向传进来的数组的首地址，目的是实现函数的级
              // 联调用
}
```

16.3.3 main.c 和其余文件

学过 C 语言的都知道，main 函数是程序文件的核心。接下来让我们学习一下 main.c 文件吧。代码如下。

```
/**********************main.c 文件源码 **********************/
void puts(const char *p);
char *gets(char *p);
void uart_init(void);
/* C 语言标准库中也有 memset 函数，但是我们这里用的是自己写的，没用标准库 */
void memset(char *p, int val, int length)
{
 int i;
 for (i=0; i<length; i++)
 {
      p[i] = val;
 }
}
int main(void)
{
 char buf[100] = {0};                      // 用来暂存用户输入的命令
 uart_init();
 puts("x210 simple shell:\n");
 while(1)
 {
      puts("aston#");
      memset(buf, 0, sizeof(buf));// buf（即 buffer）清空后存储这次用户的输入
      gets(buf);                  // 读取用户输入放入 buf 中
      puts(" 您输入的是: ");
      puts(buf);
      puts("\n");
 }
 return 0;
}
```

通过第 7 章的学习我们知道了串口通信，此处虽然用不到 uart.c 文件的源码，但还是列出来，方便读者后面阅读。代码如下。

```
/*********************uart.c 文件源码 ***********************/
/* 这个文件与串口通信有关，详情请回顾第 7 章，此处不再解析 */
#define GPA0CON             0xE0200000
#define UCON0               0xE2900004
#define ULCON0              0xE2900000
#define UMCON0              0xE290000C
#define UFCON0              0xE2900008
#define UBRDIV0             0xE2900028
#define UDIVSLOT0           0xE290002C
#define UTRSTAT0            0xE2900010
#define UTXH0               0xE2900020
#define URXH0               0xE2900024
#define rGPA0CON            (*(volatile unsigned int *)GPA0CON)
#define rUCON0              (*(volatile unsigned int *)UCON0)
#define rULCON0             (*(volatile unsigned int *)ULCON0)
#define rUMCON0             (*(volatile unsigned int *)UMCON0)
#define rUFCON0             (*(volatile unsigned int *)UFCON0)
#define rUBRDIV0            (*(volatile unsigned int *)UBRDIV0)
#define rUDIVSLOT0          (*(volatile unsigned int *)UDIVSLOT0)
#define rUTRSTAT0           (*(volatile unsigned int *)UTRSTAT0)
#define rUTXH0              (*(volatile unsigned int *)UTXH0)
#define rURXH0              (*(volatile unsigned int *)URXH0)
/* 串口初始化程序 */
void uart_init(void)
{
 /* 初始化 Tx Rx 对应的 GPIO 引脚 */
 rGPA0CON &= ~(0xFF<<0);         // 把寄存器的 bit[0 ~ 7] 全部清零
 rGPA0CON |= 0x00000022;         // 0b0010, Rx Tx
 /* 几个关键寄存器的设置 */
 rULCON0 = 0x3;
 rUCON0  = 0x5;
 rUMCON0 = 0;
 rUFCON0 = 0;
 /* 波特率设置 DIV_VAL = PCLK 的频率 /( 波特率 ×16)-1
 PCLK_PSYS 的频率按 66MHz 算，小数部分为 0.8
 rUBRDIV0 = 34;
 rUDIVSLOT0 = 0xDFDD;
*/
 /* PCLK_PSYS 的频率按 66.7MHz 算，小数部分为 0.18
    DIV_VAL = 66700000/(115200×16)-1 ≈ 35.18
*/
 rUBRDIV0 = 35;// rUDIVSLOT 中 1 的个数 /16= 上一步计算的小数部分 =0.18
               // rUDIVSLOT 中 1 的个数 = 16×0.18= 2.88 ≈ 3
 rUDIVSLOT0 = 0x0888;            // 3 个 1，查官方推荐表得到这个数字
}
/* 串口发送程序，发送 1B 数据 */
void uart_putc(char c)
{
 /* 串口发送一个字符，其实就是把 1B 数据发送到发送缓冲区中。因为串口控制器发送 1B 数据
的速度远远低于 CPU，所以 CPU 发送 1B 数据前必须确认串口控制器的当前缓冲区是空的（意思
```

```
就是串口控制器已经发送完 1B 数据) */
 while (!(rUTRSTAT0 & (1<<1))); // 如果缓冲区非空则位为 0，此时应该循环，直到位
                                 // 为 1
rUTXH0 = c;
}
/* 串口接收程序，以轮询方式，接收 1B 数据 */
char uart_getc(void)
{
 while (!(rUTRSTAT0 & (1<<0)));
 return (rURXH0 & 0xff);
}
```

16.3.4 编译下载和调试验证

首先在 Linux 系统下将上面的代码进行编译，输入 make 指令后，显示的信息如图 16-6 所示。

```
root@x:/mnt/hgfs/vmshare/chapter16/3.shell_x210# make
arm-linux-gcc -nostdlib -nostdinc -I/mnt/hgfs/vmshare/chapter16/3.shell_x210/inc
lude -Wall -O2 -fno-builtin -o start.o start.S -c
arm-linux-gcc -nostdlib -nostdinc -I/mnt/hgfs/vmshare/chapter16/3.shell_x210/inc
lude -Wall -O2 -fno-builtin -o led.o led.c -c
arm-linux-gcc -nostdlib -nostdinc -I/mnt/hgfs/vmshare/chapter16/3.shell_x210/inc
lude -Wall -O2 -fno-builtin -o clock.o clock.c -c
arm-linux-gcc -nostdlib -nostdinc -I/mnt/hgfs/vmshare/chapter16/3.shell_x210/inc
lude -Wall -O2 -fno-builtin -o uart.o uart.c -c
arm-linux-gcc -nostdlib -nostdinc -I/mnt/hgfs/vmshare/chapter16/3.shell_x210/inc
lude -Wall -O2 -fno-builtin -o main.o main.c -c
arm-linux-gcc -nostdlib -nostdinc -I/mnt/hgfs/vmshare/chapter16/3.shell_x210/inc
lude -Wall -O2 -fno-builtin -o stdio.o stdio.c -c
arm-linux-ld -Tlink.lds -o uart.elf start.o led.o clock.o uart.o main.o stdio.o
arm-linux-objcopy -O binary uart.elf uart.bin
arm-linux-objdump -D uart.elf > uart_elf.dis
gcc mkv210_image.c -o mkx210
./mkx210 uart.bin 210.bin
```

■ 图 16-6

然后通过 SD 卡或者 dnw 软件将其烧录到开发板中（这两种方法在第 3 章都已讲过，这里不再叙述），此处使用 SD 卡烧录，如图 16-7 所示。

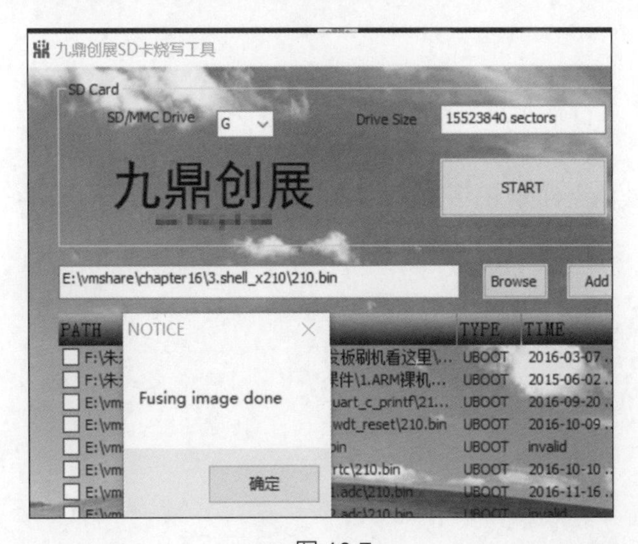

■ 图 16-7

打开 SecureCRT 终端，将开发板调到 SD 卡启动，启动开发板，测试结束，成功运行后显示的信息如图 16-8 所示。

■ 图 16-8

16.4 定义标准命令集及解析

通过对 16.3 节的学习，我们了解了如何将一个简单的 Shell 移植到开发板上，但是这似乎不像一个工程。我们知道 Shell 循环有 3 个步骤，即接收、解析、执行，本节我们将构建一个基本的 Shell 循环结构。

本节将会用到如下代码文件。

（1）重复的文件如下。

- mkv210_image.c。
- link.lds。
- start.S。
- clock.c。
- write2sd。
- stdio.c。
- uart.c。

（2）需要修改的文件如下。

- Makefile。
- main.c。

（3）新增加的文件如下。

- cmd.c。
- string.c。
- shell.h。

16.4.1 添加 cmd_parser 和 cmd_exec 函数

在上面的 main.c 文件中，只有接收这一步。现在我们将框架写出来，需要写一个 cmd.c 命令集，将命令初始化、命令解析、命令执行函数写在里面，直接在 main.c 文件中调用。代码如下。这里的 cmd_exec 函数只建立框架，后面再添加对应的代码。

```
/*********************cmd.c 文件源码 ******************************/
/* 与命令解析和命令执行相关的函数 */
#include "shell.h"  // 与函数声明和命令定义相关的头文件
char g_cmdset[CMD_NUM][MAX_LINE_LENGTH]; // 定义全局变量，存储用户输入的内容
/* 初始化命令列表函数 */
void init_cmd_set(void)
{
 memset((char *)g_cmdset, 0, sizeof(g_cmdset));    // 先全部清零
 strcpy(g_cmdset[0], led);
 strcpy(g_cmdset[1], lcd);
 strcpy(g_cmdset[2], pwm);
}
/* 与命令解析相关的函数 */
void cmd_parser(char *str)
{
 int i;
 for (i=0; i<CMD_NUM; i++)
      {
           if (!strcmp(str, g_cmdset[i]))
           {
                // 如果相等，表示找到了这个命令，就可以执行这个命令所对应的动作
                puts(" 您输入的命令是：");
                puts(str);
                puts("\n");
                break;
           }
      }
      if (i >= CMD_NUM)
      {
           // 如果找遍了命令集都没找到这个命令
           puts(str);
           puts(" 不是一个内部合法命令，请重新输入 \n");
           puts("\n");
      }
}

/* 与命令执行相关的函数 */
void cmd_exec(void)
 {

  }
```

是不是觉得我们的“Shell 三部曲”的框架一下子就出来了呢？框架是一个工程的基石，这个基石打好了，以后“建房子”就非常简单了。

16.4.2 自己动手写 strcmp 和 strcpy 函数

当我们输入命令的时候，系统需要先查询命令集中有没有这个命令，再做出回应，这就需要进行命令比较了。我们将与字符串相关的函数都写到一个 string.c 文件中。代码如下。

```
/**********************string.c 文件源码 **************************/
#include "shell.h" // 与函数声明和命令定义相关的头文件
/* C 标准库中也有 memset 函数，但是这里我们用的是自己写的，没用标准库中的 */
void memset(char *p, int val, int length)
{
 int i;
 for (i=0; i<length; i++)
 {
      p[i] = val;
 }
}
/*strcmp——字符串比较函数 */
int strcmp(const char *cs, const char *ct)
{
 unsigned char c1, c2;

 while (1) {
      c1 = *cs++;
      c2 = *ct++;
      if (c1 != c2)
           return c1 < c2 ? -1 : 1;
      if (!c1)
           break;
      }
      return 0;
}
/*strcpy——字符串复制函数 */
void strcpy(char *dst, const char *src)
{
 while (*src != '\0')
 {
      *dst++ = *src++;
 }
}
```

16.4.3 定义命令集、添加 shell.h 头文件

上文中我们构建的函数比较多，新建的文件也比较多，我们可以将函数的声明和命令

集的定义分类整理好放在一个头文件中，这样看起来就清晰许多。许多工程都是这样的，大家可以多学习。代码如下。

```
/******************************shell.h******************************/
#ifndef __SHELL_H__
#define __SHELL_H__
/* 宏定义一些标准命令集 */
#define led                         "led"
#define lcd                         "lcd"
#define pwm                         "pwm"
#define CMD_NUM                     3            // 当前系统定义的命令数

/* 宏定义 */
#define MAX_LINE_LENGTH             256          // 最大命令行长度


/* 声明全局变量 */
extern char g_cmdset[CMD_NUM][MAX_LINE_LENGTH];

/* 声明硬件相关函数 */
void puts(const char *p);
char *gets(char *p);
void uart_init(void);

/* 声明与命令解析、执行相关的函数 */
void init_cmd_set(void);
void cmd_parser(char *str);
void cmd_exec(void);

/* 声明与字符串相关的函数 */
void memset(char *p, int val, int length);
void strcpy(char *dst, const char *src);
int strcmp(const char *cs, const char *ct);

#endif
```

16.4.4 修改代码

因为新增了 cmd.c 和 string.c 文件，所以需要在 Makefile 中进行相应的修改。代码如下。

```
objs := start.o clock.o uart.o main.o stdio.o
                                ⇩
objs := start.o clock.o uart.o main.o stdio.o cmd.o string.o
```

main.c 中的相应部分也需要修改，添加 shell.h 头文件，将函数声明和 memset 等串口相关的函数都加入 shell.h 头文件和 string.c 文件中。因为需要用到 SecureCRT 终端，所以将串口初始化。最后建立起完整的 Shell 循环框架。代码如下。

```
/***********************main.c 文件源码 ****************************/
#include "shell.h" // 与函数声明和命令定义相关的头文件
/* 与 Shell 初始化相关的函数 */
static void shell_init(void)
{

 init_cmd_set();                          // 初始化命令列表
 uart_init();                             // 初始化串口
 puts("x210 simple shell:\n");            // Shell 标志
}
int main(void)
{
 char buf[MAX_LINE_LENGTH] = {0};         // 暂存用户输入的命令
 shell_init();

 while(1)
 {
      /* 第 1 步：命令接收 */
      puts("aston#");
      memset(buf, 0, sizeof(buf));        // 将 buf（即 buffer）清空后存储这次用户的输入
      gets(buf);                          // 读取用户输入，放入 buf 中
      /* 第 2 步：命令解析 */
      cmd_parser(buf);
      /* 第 3 步：命令执行 */
      cmd_exec();
 }

 return 0;
}
```

下列文件中的代码不变。

- mkv210_image.c。
- link.lds。
- start.S。
- clock.c。
- write2sd。
- stdio.c。
- uart.c。

16.4.5 烧录与测试

将修改后的内容进行编译，输入 make 后得到的结果如图 16-9 所示。

```
root@x:/mnt/hgfs/vmshare/chapter16/4.shell_cmd# make
arm-linux-gcc -nostdlib -nostdinc -I/mnt/hgfs/vmshare/chapter16/4.shell_cmd/incl
ude -Wall -O2 -fno-builtin -o start.o start.S -c
arm-linux-gcc -nostdlib -nostdinc -I/mnt/hgfs/vmshare/chapter16/4.shell_cmd/incl
ude -Wall -O2 -fno-builtin -o clock.o clock.c -c
arm-linux-gcc -nostdlib -nostdinc -I/mnt/hgfs/vmshare/chapter16/4.shell_cmd/incl
ude -Wall -O2 -fno-builtin -o uart.o uart.c -c
arm-linux-gcc -nostdlib -nostdinc -I/mnt/hgfs/vmshare/chapter16/4.shell_cmd/incl
ude -Wall -O2 -fno-builtin -o main.o main.c -c
arm-linux-gcc -nostdlib -nostdinc -I/mnt/hgfs/vmshare/chapter16/4.shell_cmd/incl
ude -Wall -O2 -fno-builtin -o stdio.o stdio.c -c
arm-linux-gcc -nostdlib -nostdinc -I/mnt/hgfs/vmshare/chapter16/4.shell_cmd/incl
ude -Wall -O2 -fno-builtin -o cmd.o cmd.c -c
arm-linux-gcc -nostdlib -nostdinc -I/mnt/hgfs/vmshare/chapter16/4.shell_cmd/incl
ude -Wall -O2 -fno-builtin -o string.o string.c -c
arm-linux-ld -Tlink.lds -o uart.elf start.o clock.o uart.o main.o stdio.o cmd.o
string.o
arm-linux-objcopy -O binary uart.elf uart.bin
arm-linux-objdump -D uart.elf > uart_elf.dis
gcc mkv210_image.c -o mkx210
./mkx210 uart.bin 210.bin
```

■ 图 16-9

编译完成后，将程序通过 SD 卡烧录到开发板，如图 16-10 所示。

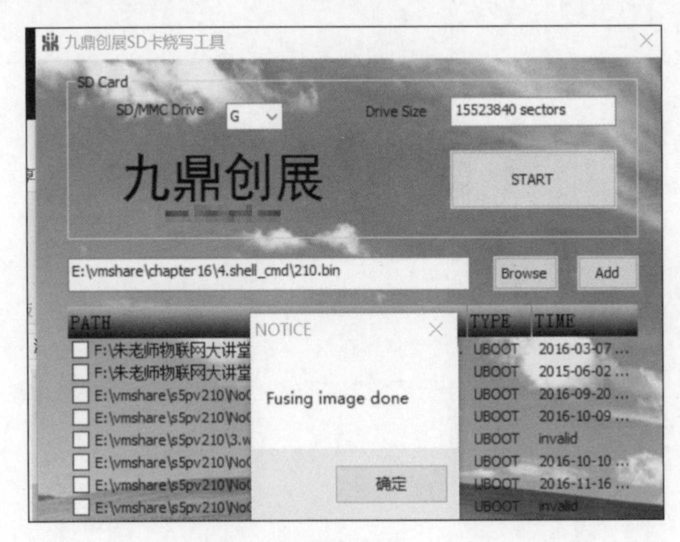

■ 图 16-10

烧录成功后，打开 SecureCRT 终端，测试结果如图 16-11 所示。

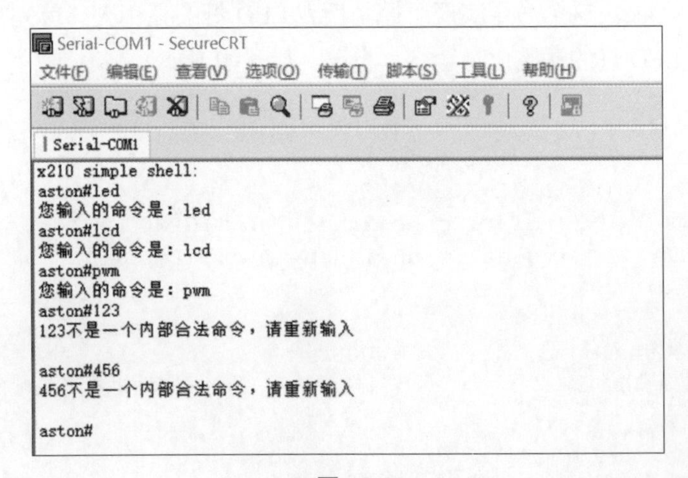

■ 图 16-11

16.5 添加第一个命令

经过 16.4 节的实战，我们已经成功建立了框架，但是每次执行的时候只是输出相应的命令。接下来我们通过用命令点亮 LED 灯来一步一步拓展命令。

本节将用到的文件如下。

（1）重复用到的文件如下。

- mkv210_image.c。
- link.lds。
- start.S。
- clock.c。
- write2sd。
- stdio.c。
- uart.c。

（2）需要修改的文件如下。

- Makefile。
- main.c。
- cmd.c。
- string.c。
- shell.h。

（3）新增加的文件如下。

- led.c。

16.5.1 命令任务分析

第一个命令：led。这个命令实现可控制板载 LED 灯的亮和灭。首先写一个控制 LED 灯的函数，包括 LED 灯的初始化、全亮、全灭。代码如下。

```
/************************led.c 文件源码************************/
#define GPJ0CON            0xE0200240
#define GPJ0DAT            0xE0200244
#define rGPJ0CON    *((volatile unsigned int *)GPJ0CON)
#define rGPJ0DAT    *((volatile unsigned int *)GPJ0DAT)
void delay(void)
{
      volatile unsigned int i = 900000;
      while (i--);                              // 这样才能消耗时间，实现延时
}

/* 初始化 LED 灯，初始时只能一个 LED 灯亮 */
```

```
void led_init()
{
      rGPJ0CON = 0x11111111;
      rGPJ0DAT = ((0<<3) | (1<<4) | (0<<5));
}
/* LED 灯全亮 */
void led_on(void)
{
      rGPJ0DAT = ((0<<3) | (0<<4) | (0<<5));
}
/* LED 灯全灭 */
void led_off(void)
{
      rGPJ0DAT = ((1<<3) | (1<<4) | (1<<5));
}
```

led_on 表示点亮 LED 灯，led_off 表示熄灭 LED 灯。

我们通过定义二维数组来进行命令定义：第一维表示哪个是主命令，如 led 还是 lcd 等；第二维表示次命令，如 LED 灯是亮还是灭等。命令解析请看 16.5.2 小节。

16.5.2 命令解析与命令执行

命令解析其实就是把一个类似 led on 的命令解析成 led 和 on 两个字符串，然后放在一个字符串数组中。在 string.c 字符串的 .c 文件中添加一个字符串命令分隔函数——cmdsplit。代码如下。

```
/* 将用户输入的字符串命令 *str 按照空格分隔成多个字符串，依次放入 cmd 二维数组 */
void cmdsplit(char cmd[][MAX_LEN_PART], const char *str)
{
 int m = 0, n = 0; // m 表示二位数组的第一维，n 表示第二维
 while (*str != '\0')
 {
      if (*str != ' ')
      {
            cmd[m][n] = *str;
            n++;
      }
      else
      {
            cmd[m][n] = '\0';
            n = 0;
            m++;
      }
      str++;
 }
 cmd[m][n] = '\0';
}
```

大家可能会发现我们之前写的框架里面的执行命令为空，现在我们填充 cmd_exec 函数并完善 cmd.c 文件中的框架。代码如下。

```
/*************************cmd.c 文件源码 *********************/
// 与命令解析和命令执行相关的函数
#include "shell.h"
char g_cmdset[CMD_NUM][MAX_LINE_LENGTH];     // 命令集，存主命令
char cmd[MAX_CMD_PART][MAX_LEN_PART];        // 当前解析出来的命令
int cmd_index = -1;                          // 存储解析到的命令是第几个主命令

/*------------------- 具体硬件操作命令处理函数 ----------------------*/
// 如果命令没找到处理方法
void do_cmd_notfound(void)
{
 puts(cmd[0]);
 puts(" 不是一个内部合法命令，请重新输入 \n");
 puts("\n");
}

// led 命令的处理方法
void do_cmd_led(void)
{
 int flag = -1;
 //puts("led cmd");
 // 真正的 led 命令的操作实现
 // 目前支持的命令有 led on 和 led off
 // cmd[0] 中存储的是 led，cmd[1] 中存储的是 on 或 off
 if (!strcmp(cmd[1], "on"))
 {
      // led on
      led_on();
      flag = 1;
 }
 if (!strcmp(cmd[1], "off"))
 {
      // led off
      led_off();
      flag = 1;
 }
 // 还可以继续扩展

 if (-1 == flag)
 {
      // 如果一个命令都没匹配到，则输出使用的方法
      puts("command error, try: led on | led off");
      puts("\n");
 }
```

```
}
/*----------------------Shell 命令解析 / 执行框架 ----------------------*/
// 初始化命令列表
void init_cmd_set(void)
{
 memset((char *)g_cmdset, 0, sizeof(g_cmdset));   // 全部清零
 strcpy(g_cmdset[0], led);
 strcpy(g_cmdset[1], lcd);
 strcpy(g_cmdset[2], pwm);

 memset((char *)cmd, 0, sizeof(cmd));
}

/* 解析命令 */
void cmd_parser(char *str)
{
 int i;
 // 第 1 步：先将用户输入的次命令字符串分割放入 cmd 中
 cmdsplit(cmd, str);

 // 第 2 步：将 cmd 中的次命令的第一个字符串和 cmdset 对比
 cmd_index = -1;
 for (i=0; i<CMD_NUM; i++)
 {
      // cmd[0] 就是次命令中的第一个字符串，也就是主命令
      if (!strcmp(cmd[0], g_cmdset[i]))
      {
            // 如果相等，表示找到了这个命令，就可以执行这个命令所对应的动作

            cmd_index = i;
            break;
      }
 }
}
/* 执行命令 */
void cmd_exec(void)
{
 switch (cmd_index)
 {
      case 0:
            do_cmd_led();                break;
      case 1:
      case 2:
      default:
            do_cmd_notfound();           break;
 }
}
```

16.5.3 修改代码

由于本小节添加了 led.c 文件，因此 Makefile 也要相应地添加 led.o 文件。代码如下。

```
objs := start.o clock.o uart.o main.o stdio.o string.o cmd.o
                                                ⇩
objs := start.o clock.o uart.o main.o stdio.o string.o cmd.o led.o
```

修改 main.c 文件代码。为了方便后面整理工程，将初始化控制硬件的函数放在一起，再通过初始化 Shell 调用。代码如下。

```
/* 初始化控制硬件的函数 */
static void hardware_init(void)
{
 led_init();                                    // 初始化 LED 灯

}
/* 与 Shell 相关的初始化 */
static void shell_init(void)
{
 // Shell 初始化
 init_cmd_set();
 uart_init();
 hardware_init();
 puts("x210 simple shell:\n");           // Shell 标志
}
```

前面已经讲过 cmd.c、string.c 文件，这里不再阐述。

对于 shell.h，可添加一个二维数组来判断主命令和次命令，将控制硬件的函数放入头文件。代码如下。

```
/**************************shell.h*****************************/
#ifndef __SHELL_H__
#define __SHELL_H__
/* 宏定义一些标准命令集 */
#define led                              "led"
#define lcd                              "lcd"
#define pwm                              "pwm"
#define CMD_NUM                          3            // 当前系统定义的命令数
/* 宏定义一个命令相关信息 */
#define MAX_CMD_PART           5                      // 一个命令最多包含几部分
#define MAX_LEN_PART           20                     // 命令的分部分的最大长度
/* 宏定义 */
#define MAX_LINE_LENGTH        256                    // 最大命令行长度
/* 声明全局变量 */
extern char g_cmdset[CMD_NUM][MAX_LINE_LENGTH];
/* 声明硬件相关函数 */
void puts(const char *p);
```

```
char *gets(char *p);
void uart_init(void);
/* 与各硬件操作命令相关的函数 */
// 第一个命令: led
void led_init();
void led_on(void);
void led_off(void);
/* 命令解析、执行相关函数的声明 */
void init_cmd_set(void);
void cmd_parser(char *str);
void cmd_exec(void);
/* 对字符串相关函数的声明 */
void memset(char *p, int val, int length);
void strcpy(char *dst, const char *src);
int strcmp(const char *cs, const char *ct);
void cmdsplit(char cmd[][MAX_LEN_PART], const char *str);
#endif
```

以下文件的代码不变，请参考 16.4 节。

- mkv210_image.c。
- link.lds。
- start.S。
- clock.c。
- write2sd。
- stdio.c。
- uart.c。

16.5.4 第一个命令的测试

请回顾前面编译—烧录—下载的步骤。烧录完成后会看到 3 个 LED 灯的变化，中间一个灭其余两个亮，这是 LED 灯初始化后的结果，如图 16-12 所示。

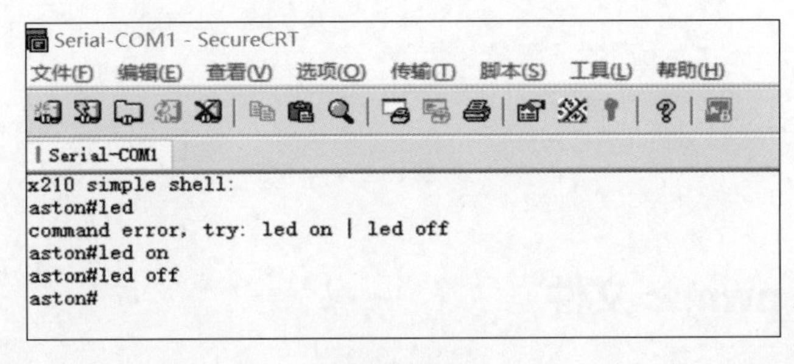

■ 图 16-12

接下来我们输入 led on，会看到 3 个灯全亮。而输入 led off 后 3 个灯全灭了（注：最右边亮的灯为电源指示灯，开机就会亮）。

16.6 添加其他命令

经过 16.5 节的学习，我们已经可以通过输入 led on/led off 命令来控制 LED 灯的亮和灭，接下来我们继续添加几个命令来控制蜂鸣器、A/D 转换器、LCD 屏。

本节使用的文件如下。

（1）重复使用的文件如下。

- mkv210_image.c。
- link.lds。
- clock.c。
- write2sd。
- stdio.c。
- led.c。

（2）需要修改的文件如下。

- Makefile。
- string.c。
- uart.c。
- cmd.c。
- shell.h。
- start.S。
- main.c。

（3）新增加的文件（或文件夹）如下。

- include（文件夹）。
- lib（文件夹）。
- pwm.c。
- adc.c。
- lcd.c。
- ascii.h。
- sdram_init.S。
- s5pv210.h。

16.6.1 添加 pwm.c 文件

我们以 PWM 来触发蜂鸣器，所以需要添加一个 pwm.c 文件，在相应的 Makefile 中也要增加 pwm.o 文件；我们在上文中几乎把所有的框架都建立起来了，所以现在只要“依葫芦画瓢”增加内容就行。用 pwm.c 文件来控制蜂鸣器的代码如下。

```
/*********************pwm.c 文件源码 ***************************/
#define        GPD0CON      (0xE02000A0)
#define        TCFG0        (0xE2500000)
#define        TCFG1        (0xE2500004)
#define        CON          (0xE2500008)
#define        TCNTB2       (0xE2500024)
#define        TCMPB2       (0xE2500028)
#define        rGPD0CON     (*(volatile unsigned int *)GPD0CON)
#define        rTCFG0       (*(volatile unsigned int *)TCFG0)
#define        rTCFG1       (*(volatile unsigned int *)TCFG1)
#define        rCON         (*(volatile unsigned int *)CON)
#define        rTCNTB2      (*(volatile unsigned int *)TCNTB2)
#define        rTCMPB2      (*(volatile unsigned int *)TCMPB2)
#define        GPD0DAT      (0xE02000A4)
#define        rGPD0DAT     (*(volatile unsigned int *)GPD0DAT)
/* 将引脚设置成输出模式能驱动蜂鸣器。输出高电平时蜂鸣器会响，输出低电平时蜂鸣器不会响 */
void timer2_pwm_init(void)
{
 rGPD0CON &= ~(0xF<<8);
 rGPD0CON |= (1<<8);                        // 设置成输出模式
}
void buzzer_on(void)
{
 rGPD0DAT |= (1<<2);                        // 输出高电平，蜂鸣器会响
}

void buzzer_off(void)
{
 rGPD0DAT &= ~(1<<2);                       // 输出低电平，蜂鸣器不会响
}
```

16.6.2 添加 adc.c 命令文件

我们先回顾第13章的内容，回想一下A/D转换器是什么，进行A/D转换编程测试的时候结果是什么。由于我们要将A/D转换器采集的数据输出，需要用到printf函数，因此本小节涉及移植printf等文件库的内容，详细分析请看第13章，这里不再详细解析。adc.c文件的源码如下。

```
/*********************adc.c 文件源码 ***************************/
#include "stdio.h"  // 标准输入输出（为了能使用 printf 函数）
#define TSADCCON0          0xE1700000
#define TSDATX0            0xE170000C
#define TSDATY0            0xE1700010
#define CLRINTADC0         0xE1700000
#define ADCMUX             0xE170001C
#define rTSADCCON0         (*(volatile unsigned int *)TSADCCON0)
```

```
#define rTSDATX0            (*(volatile unsigned int *)TSDATX0)
#define rTSDATY0            (*(volatile unsigned int *)TSDATY0)
#define rCLRINTADC0         (*(volatile unsigned int *)CLRINTADC0)
#define rADCMUX             (*(volatile unsigned int *)ADCMUX)
// 初始化 A/D 转换控制器的函数
void adc_init(void)
{
 rTSADCCON0  |= (1<<16); // 分辨率设置为 12 位
 rTSADCCON0  |= (1<<14); // 使能分频
 rTSADCCON0  &= ~(0xFF<<6);
 rTSADCCON0  |= (65<<6); // A/D 转换器时钟的频率为 66MHz/66=1MHz
 rTSADCCON0  &= ~(1<<2); // 正常模式
 rTSADCCON0  &= ~(1<<1); // 禁用读开启模式

 rADCMUX     &= ~(0x0F<<0);      // MUX 选择 ADCIN0
}
// 注意：第一，要确保能延时；第二，设置的延时时长必须合适
static void delay(void)
{
 volatile unsigned int i, j;

 for (i=0; i<4000; i++)
      for (j=0; j<1000; j++);
}
void adc_collect1(void)
{
 unsigned int val = 0;
 // 第 1 步：手动开启 A/D 转换
 rTSADCCON0  |= (1<<0);
 // 第 2 步：等待 A/D 转换完毕
 while (!(rTSADCCON0 & (1<<15)));

 // 第 3 步：读取数值
 // 第 4 步：处理 / 显示数字值
 val = rTSDATX0;
 printf("x: adc value = %d.\n", (val & (0xFFF<<0)));
}
```

16.6.3 移植 printf 函数

控制 A/D 转换器的代码部分需要用到 printf 函数，以下是 include 和 lib 文件夹需要的文件，具体代码请参考第 13 章。

（1）include。

- ctype.h。
- gcclib.h。

- kernel.h。
- stdio.h。
- string.h。
- system.h。
- types.h。

（2）lib。

- ctype.c。
- div64.S。
- lib1funcs.S。
- Makefile。
- muldi3.c。
- printf.c。
- printf.h。
- string.c。
- vsprintf.c。
- vsprintf.h。

16.6.4 添加 lcd.c 文件

在第 14 章我们已经进行了 LCD 屏的编程实战。这里我们只进行字符显示的实操，详细代码大家可参考第 14 章并自己进行修改。lcd.c 文件源码如下。

```
/***********************lcd.c 文件源码***********************/
#include "ascii.h"          // 对应字模头文件
#define GPF0CON             (*(volatile unsigned long *)0xE0200120)
#define GPF1CON             (*(volatile unsigned long *)0xE0200140)
#define GPF2CON             (*(volatile unsigned long *)0xE0200160)
#define GPF3CON             (*(volatile unsigned long *)0xE0200180)
#define GPD0CON             (*(volatile unsigned long *)0xE02000A0)
#define GPD0DAT             (*(volatile unsigned long *)0xE02000A4)
#define CLK_SRC1            (*(volatile unsigned long *)0xE0100204)
#define CLK_DIV1            (*(volatile unsigned long *)0xE0100304)
#define DISPLAY_CONTROL     (*(volatile unsigned long *)0xE0107008)
#define VIDCON0             (*(volatile unsigned long *)0xF8000000)
#define VIDCON1             (*(volatile unsigned long *)0xF8000004)
#define VIDCON2             (*(volatile unsigned long *)0xF8000018)
#define WINCON0             (*(volatile unsigned long *)0xF8000020)
#define WINCON2             (*(volatile unsigned long *)0xF8000028)
#define SHADOWCON           (*(volatile unsigned long *)0xF8000034)
#define VIDOSD0A            (*(volatile unsigned long *)0xF8000040)
#define VIDOSD0B            (*(volatile unsigned long *)0xF8000044)
```

```
#define VIDOSD0C            (*(volatile unsigned long *)0xF8000048)
#define VIDW00ADD0B0        (*(volatile unsigned long *)0xF80000A0)
#define VIDW00ADD1B0        (*(volatile unsigned long *)0xF80000D0)
#define VIDTCON0            (*(volatile unsigned long *)0xF8000010)
#define VIDTCON1            (*(volatile unsigned long *)0xF8000014)
#define HSPW                (40)                  // 1~40 DCLK
#define HBPD                (10 - 1)              // 46
#define HFPD                (240 - 1)             // 16 210 354
#define VSPW                (20)                  // 1~20 DCLK
#define VBPD                (10 - 1)              // 23
#define VFPD                (30 - 1)              // 7 22 147
// FB 地址
#define FB_ADDR             (0x23000000)
#define ROW                 (600)
#define COL                 (1024)
#define HOZVAL              (COL-1)
#define LINEVAL             (ROW-1)

#define XSIZE               COL
#define YSIZE               ROW
typedef unsigned int u32;
typedef unsigned char u8;
u32 *pfb = (u32 *)FB_ADDR;
// 定义常用颜色
#define BLUE                0x0000FF
#define RED                 0xFF0000
#define GREEN               0x00FF00
#define WHITE               0xFFFFFF
// 初始化 LCD 屏
void lcd_init(void)
{
 // 配置引脚用于 LCD 功能
 GPF0CON = 0x22222222;
 GPF1CON = 0x22222222;
 GPF2CON = 0x22222222;
 GPF3CON = 0x22222222;
// 打开背光源，GPD0_0 (PWMTOUT0)
 GPD0CON &= ~(0xF<<0);
 GPD0CON |= (1<<0);                     // 设置成输出模式
 GPD0DAT &= ~(1<<0);                    // 输出 0 使能背光源
// 10: RGB=FIMD I80=FIMD ITU=FIMD
 DISPLAY_CONTROL = 2<<0;
// bit[26~28]:使用 RGB 接口
 // bit[18]:RGB 并行
 // bit[2]:选择时钟源 HCLK_DSYS，其频率为 166MHz
 VIDCON0 &= ~( (3<<26)|(1<<18)|(1<<2) );
// bit[1]:使能 LCD 控制器
 // bit[0]:当前帧结束后使能 LCD 控制器
 VIDCON0 |= ( (1<<0)|(1<<1) );
```

```
 // bit[6]：选择需要的分频
 // bit[6 ~ 13]：分频系数为 5，即 VCLK 的频率为 166MHz/(4+1) ≈ 33MHz
 VIDCON0 |= 4<<6 | 1<<4;
// H43-HSD043I9W1.pdf（第 13 页） 时序图：VSYNC 和 HSYNC 都是低电平
 // S5PV210 数据手册（第 1207 页） 时序图：VSYNC 和 HSYNC 都是高电平有效，所以需要翻转
 VIDCON1 |= 1<<5 | 1<<6;
// 设置时序
 VIDTCON0 = VBPD<<16 | VFPD<<8 | VSPW<<0;
 VIDTCON1 = HBPD<<16 | HFPD<<8 | HSPW<<0;
 // 设置长宽（物理屏幕大小）
 VIDTCON2 = (LINEVAL << 11) | (HOZVAL << 0);
// 设置 Window0
 // bit[0]：使能
 // bit[2~5]:24 位（RGB888）
 WINCON0 |= 1<<0;
 WINCON0 &= ~(0xF << 2);
 WINCON0 |= (0xB<<2) | (1<<15);
#define LeftTopX     0
#define LeftTopY     0
#define RightBotX   1023
#define RightBotY   599
// 设置 Window0 的上下左右的尺寸
 // 设置的是显存空间的大小
 VIDOSD0A = (LeftTopX<<11) | (LeftTopY << 0);
 VIDOSD0B = (RightBotX<<11) | (RightBotY << 0);
 VIDOSD0C = (LINEVAL + 1) * (HOZVAL + 1);
// 设置 FB 地址
 VIDW00ADD0B0 = FB_ADDR;
 VIDW00ADD1B0 = (((HOZVAL + 1)*4 + 0) * (LINEVAL + 1)) & (0xFFFFFF);
// 使能 channel0，使其传输数据
 SHADOWCON = 0x1;
}
// 在像素点 (x, y) 处填充颜色
static inline void lcd_draw_pixel(u32 x, u32 y, u32 color)
{
 *(pfb + COL * y + x) = color;
}
// 把整个屏幕全部填充成一个颜色
void lcd_draw_background(u32 color)
{
 u32 i, j;
 for (j=0; j<ROW; j++)
 {
      for (i=0; i<COL; i++)
      {
           lcd_draw_pixel(i, j, color);
      }
 }
```

```
}
static void delay(void)
{
 volatile u32 i, j;
 for (i=0; i<4000; i++)
      for (j=0; j<1000; j++);
}
// 写字
// 字的坐标是(x, y)，字的颜色是color，字的字模信息存储在data中
static void show_8_16(unsigned int x, unsigned int y, unsigned int
color, unsigned char *data)
{
// count记录当前正在绘制的像素的次序
    int i, j, count = 0;

    for (j=y; j<(y+16); j++)
    {
        for (i=x; i<(x+8); i++)
        {
            if (i<XSIZE && j<YSIZE)
            {
          // 判断坐标(i, j)处的这个像素是0还是1：如果是1写color，如果是0则
          // 直接跳过
            if (data[count/8] & (1<<(count%8)))
                 lcd_draw_pixel(i, j, color);
            }
            count++;
        }
    }
}
// 写字符串
// 字符串的起始坐标是(x, y)，字符串的颜色是color，字符串的内容是*str
void draw_ascii_ok(unsigned int x, unsigned int y, unsigned int color,
unsigned char *str)
{
 int i;
 unsigned char *ch;
    for (i=0; str[i]!='\0'; i++)
    {
      ch = (unsigned char *)ascii_8_16[(unsigned char)str[i]-0x20];
        show_8_16(x, y, color, ch);

        x += 8;
      if (x >= XSIZE)
      {
           x -= XSIZE;                  // 回车
           y += 16;                     // 换行
      }
    }
}
```

```
void lcd_test(void)
{

 // 测试写英文字母
 lcd_draw_background(WHITE);
 draw_ascii_ok(0, 0, RED, "ABCDabcd1234!@#$%");
}
```

关于 ascii.h 文件的代码内容，请大家回顾第 14 章。关于 sdram_init.S 文件，我们使用 LCD 屏时用了 SDRAM 重定位，具体代码请参考第 5 章。关于 s5pv210.h 文件、重定位 sdram_init.S 使用的头文件，详情和代码内容请参考第 5 章。

16.6.5 修改代码

由于我们移植 printf 函数时新增了库、重定位代码和 .c 文件，因此需要修改 Makefile。Makefile 的代码如下。

```
objs := start.o clock.o uart.o main.o stdio.o string.o cmd.o led.o
                                        ⇩
objs := start.o clock.o uart.o main.o stdio.o string.o cmd.o led.o
objs += pwm.o adc.o lcd.o sdram_init.o
objs += lib/libc.a

clean:
 rm *.o *.elf *.bin *.dis mkx210 -f
                  ⇩
clean:
 rm *.o *.elf *.bin *.dis mkx210 -f
 cd lib; rm *.o *.a; cd ..
```

对于 string.c 文件，由于我们移植了 printf 库，库中本身包含了 memset、strcpy、strcmp 等函数，因此需要将自己写的这几个函数删除，只保留 cmdsplit 字符串分割函数。

对于 uart.c 文件，我们在第 7 章写 uart.c 文件的时候所起的接收和发送函数的名字分别是 uart_getc 和 uart_putc，移植的 printf 函数去调用的时候用的函数名字却是 getc 和 putc，此时我们用一个小技巧修改即可。在 uart.c 中添加如下函数，代码如下。

```
inline void putc(char c)
{
 uart_putc(c);
}

inline char getc(void)
{
 uart_getc();
}
```

对于 cmd.c 文件，因为在执行命令中添加了 3 个命令，所以硬件处理中也需要对应添加 3 个内容，命令初始化列表中也需添加一个 adc 命令。代码如下。

```
/************************cmd.c 文件源码*********************/
// 与命令解析和命令执行相关的函数
#include "shell.h"
char g_cmdset[CMD_NUM][MAX_LINE_LENGTH];     // 命令集，存储主命令
char cmd[MAX_CMD_PART][MAX_LEN_PART];        // 当前解析出来的命令
int cmd_index = -1;       // 存储解析到的命令是第几个主命令

/*-------------------具体硬件操作命令处理函数----------------------*/
// 如果命令没找到处理方法
void do_cmd_notfound(void)
{
 puts(cmd[0]);
 puts("不是一个内部合法命令，请重新输入\n");
 puts("\n");
}
// led 命令的处理方法
void do_cmd_led(void)
{
 int flag = -1;
 puts("led cmd");
 // 真正的 led 命令的操作实现
 // 目前支持的命令有 led on 和 led off
 // cmd[0] 中存储的是 led，cmd[1] 中存储的是 on 或 off
 if (!strcmp(cmd[1], "on"))
 {
      // led on 命令
      led_on();
      flag = 1;
 }
 if (!strcmp(cmd[1], "off"))
 {
      // led off 命令
      led_off();
      flag = 1;
 }
 // 还可以继续扩展
 if (-1 == flag)
 {
      // 如果一个都没匹配到，则输出使用的方法
      puts("command error, try: led on | led off");
      puts("\n");
 }
}
// 蜂鸣器命令的处理方法
void do_cmd_buzzer(void)
```

```
{
 int flag = -1;
 puts("led cmd");
 // 真正的buzzer命令的操作实现
 // 目前支持的命令有buzzer on和buzzer off
 // cmd[0]中存储的是buzzer，cmd[1]中存储的是on或off
 if (!strcmp(cmd[1], "on"))
 {
      // buzzer on命令
      buzzer_on();
      flag = 1;
 }
 if (!strcmp(cmd[1], "off"))
 {
      // buzzer off命令
      buzzer_off();
      flag = 1;
 }
 //还可以继续扩展
 if (-1 == flag)
 {
      // 如果一个都没匹配到，则输出使用的方法
      puts("command error, try: buzzer on | buzzer off");
      puts("\n");
 }
}
// lcd命令的处理方法
void do_cmd_lcd(void)
{
 int flag = -1;

 // 真正的lcd命令的操作实现
 // 目前支持的命令有lcd test
 // cmd[0]中存储的是lcd，cmd[1]中存储的是test
 if (!strcmp(cmd[1], "test"))
 {
      // lcd test命令
      lcd_test();
      flag = 1;
 }
 // 还可以继续扩展
 if (-1 == flag)
 {
      // 如果一个都没匹配到，则输出使用的方法
      puts("command error, try: lcd test");
      puts("\n");
 }
}
```

```
// adc 命令的处理方法
void do_cmd_adc(void)
{
 int flag = -1;

 // 真正的 adc 命令的操作实现
 // 目前支持的命令有 adc collect
 // cmd[0] 中存储的是 adc，cmd[1] 中存储的是 collect
 if (!strcmp(cmd[1], "collect"))
 {
      // adc collect 命令
      adc_collect1();
      flag = 1;
 }
 //还可以继续扩展

 if (-1 == flag)
 {
      // 如果一个都没匹配到，则输出使用的方法
      puts("command error, try:adc collect");
      puts("\n");
 }
}
/*-----------------Shell 命令解析 / 执行框架 ---------------------*/
// 初始化命令列表
void init_cmd_set(void)
{
 memset((char *)g_cmdset, 0, sizeof(g_cmdset));    // 全部清零
 strcpy(g_cmdset[0], led);
 strcpy(g_cmdset[1], lcd);
 strcpy(g_cmdset[2], pwm);
 strcpy(g_cmdset[3], adc);

 memset((char *)cmd, 0, sizeof(cmd));
}

/* 解析命令 */
void cmd_parser(char *str)
{
 int i;

 // 第 1 步：将用户输入的次命令字符串分割放入 cmd 中
 cmdsplit(cmd, str);

 // 第 2 步：将 cmd 中的次命令的第一个字符串和 cmdset 对比
 cmd_index = -1;
 for (i=0; i<CMD_NUM; i++)
 {
      // cmd[0] 存储的是次命令中的第一个字符串，也就是主命令
```

```
        if (!strcmp(cmd[0], g_cmdset[i]))
        {
            // 如果相等，表示找到了这个命令，就可以执行这个命令所对应的动作
            cmd_index = i;

            break;
        }
    }

}
/* 执行命令 */
void cmd_exec(void)
{
 switch (cmd_index)
 {
     case 0:              // led 命令
         do_cmd_led();              break;
     case 1:              // lcd 命令
         do_cmd_lcd();              break;
     case 2:              // buzzer 命令
         do_cmd_buzzer();           break;
     case 3:              // adc 命令
         do_cmd_adc();              break;
     default:
         do_cmd_notfound();         break;
 }
}
```

在 shell.h 文件中，我们要修改命令集定义，添加 lcd、buzzer、adc 命令的声明。代码如下。

```
/* 宏定义一些标准命令 */
#define led                                    "led"
#define lcd                                    "lcd"
#define pwm                                    "buzzer"
#define adc                                    "adc"
#define CMD_NUM                                4       // 当前系统定义的命令数

// 第 2 个命令：lcd
void lcd_init();
void lcd_test(void);

// 第 3 个命令：buzzer
void timer2_pwm_init(void);
void buzzer_on(void);
void buzzer_off(void);

// 第 4 个命令：adc
```

```
void adc_init();
void adc_collect1(void);
```

关于 start.S 文件，由于 LCD 屏使用了 SDRAM 重定位，因此需要加入初始化 DDR、重定位跳转等。代码如下。

```
/*********************start.S 文件源码**********************/
#define WTCON       0xE2700000
#define SVC_STACK   0xD0037D80
.global _start      // 把 _start 链接属性改为外部，这样其他文件就可以看见 _start 了
_start:
 // 第 0 步：给开发板置锁
 ldr r0, =0xE010E81C
 ldr r1, [r0]
 ldr r2, =0x301
 orr r1, r1, r2
 str r1, [r0]
 // 第 1 步：关闭看门狗（向 WTCON 的 bit5 写入 0 即可）
 ldr r0, =WTCON
 ldr r1, =0x0
 str r1, [r0]
 // 第 2 步：初始化时钟
 bl clock_init
 // 第 3 步：设置 SVC 栈
 ldr sp, =SVC_STACK
 // 第 4 步：初始化 DDR
 bl sdram_asm_init
 // 第 5 步：开 / 关 iCache
 mrc p15,0,r0,c1,c0,0;                     // 读出 cp15 的 c1 到 r0 中
 //bic r0, r0, #(1<<12)                    // bit12 置 0，关 iCache
 orr r0, r0, #(1<<12)                      // bit12 置 1，开 iCache
 mcr p15,0,r0,c1,c0,0;
 // 第 6 步：重定位
 // adr 指令用于加载 _start 当前运行地址
 adr r0, _start            //使用 adr 指令加载时就叫短加载
 // ldr 指令用于加载 _start 的链接地址 :0xd0024000
 ldr r1, =_start           // 使用 ldr 指令加载时，如果目标寄存器是 PC 就叫长跳转，
                           // 如果目标寄存器是 r1 等就叫长加载
 ldr r2, =bss_start        // bss 段的起始地址就是重定位代码的结束地址，重定位只需
                           // 重定位代码段和数据段即可
 cmp r0, r1                // 比较 _start 的当前运行地址和链接地址是否相同
 beq clean_bss             // 如果相同说明不需要重定位，所以跳过 copy_loop，直接
                           // 到 clean_bss
                           // 如果不相同说明需要重定位，那么执行下面的 copy_loop
                           // 进行重定位
                           // 重定位完成后继续执行 clean_bss
                           // 用汇编语言实现的一个 while 循环
copy_loop:
```

```
 ldr r3, [r0], #4              // 源
 str r3, [r1], #4              // 目标，这两句代码完成 4B 内容的复制
 cmp r1, r2                    // r1 和 r2 都是用 ldr 指令加载的，都是链接地址，所以
                               // r1 不断 +4 总能等于 r2
 bne copy_loop
// 清 bss 段，其实就是在链接地址处把 bss 段全部清零
clean_bss:
 ldr r0, =bss_start
 ldr r1, =bss_end
 cmp r0, r1                    // 如果 r0 中的值等于 r1 中的值，说明 bss 段为空，直接执
                               // 行下面的代码
 beq run_on_dram               // 清除 bss 段后的地址
 mov r2, #0
clear_loop:
 str r2, [r0], #4              // 先将 r2 中的值放入 r0 所指向的内存地址（r0 中的值作为
                               // 内存地址）
 cmp r0, r1                    // 然后 r0 = r0 + 4
 bne clear_loop
run_on_dram:
 ldr pc, =main                 // 用 ldr 指令实现长跳转
// 汇编最后的这个死循环不能丢
 b .
```

关于 main.c 文件，我们新增了 3 个控制硬件的函数，初始化后才能调用。代码如下。

```
/* 初始化控制硬件的函数 */
static void hardware_init(void)
{
 led_init();                   // 初始化 LED 灯
 lcd_init();                   // 初始化 LCD 屏
 timer2_pwm_init();            // 初始化蜂鸣器
 adc_init();                   // 初始化 A/D 转换器
}
```

以下文件的代码不变。

- mkv210_image.c。
- link.lds。
- clock.c。
- write2sd。
- stdio.c。
- led.c。

16.6.6 编译测试

将编译好的内容烧录到开发板，输入命令后的测试结果如图 16-13 所示。

```
x210 simple shell:
aston#led on
aston#led off
aston#lcd test
aston#buzzer on
aston#buzzer off
aston#
```

■ 图 16-13

16.7 实现开机倒计时自动执行命令

如果读者接触过 U-Boot 就会知道，U-Boot 启动时有一个倒计时。如果在计时时间内按 Enter 键，就会进入 U-Boot 控制台；如果没有按 Enter 键，就会直接开机进入系统。通过上文的学习，大家应该已经能够独立构建 Shell 框架来控制硬件。接下来我们就来模拟 U-Boot 实现一个简单的开机倒计时功能，倒计时 3s。3s 内如果有人按 Enter 键就中断计时直接进入控制台；如果没人按 Enter 键，3s 后就会打开 LCD 屏显示，进入控制台（本应该进入系统，但是本书还没有介绍 U-Boot 移植。会的读者自己可以模拟）。

本节将会用到的文件如下。

（1）重复用到的文件（或文件夹）如下。

- mkv210_image.c。
- link.lds。
- clock.c。
- write2sd。
- stdio.c。
- led.c。
- string.c。
- cmd.c。
- include（文件夹）。
- lib（文件夹）。
- pwm.c。
- adc.c。
- lcd.c。
- ascii.h。
- sdram_init.S。
- s5pv210.h。

（2）需要修改的文件如下。

- Makefile
- shell.h
- start.S
- main.c
- uart.c

（3）新增加的文件如下。

- wdt.c。
- int.c。
- int.h。

16.7.1　添加计时功能

要实现计时功能，首先需要添加定时器。通过第 9 章的学习我们了解到定时器有很多种，这里采用看门狗定时器（简称看门狗）。

我们在 wdt.c 文件中写看门狗代码，在 main.c 文件中用 g_bootdelay 来设置计时的时间，通过进入中断来使其递减（g_bootdelay--）。当减到 0 的时候使 g_isgo = 1，在 main.c 文件中执行相应的动作。代码如下。

```
/***********************wdt.c 文件源码************************/
#include "int.h"   // 中断初始化相关的头文件
#include "shell.h" // 与函数声明和命令定义相关的头文件
#define       WTCON        (0xE2700000)
#define       WTDAT        (0xE2700004)
#define       WTCNT        (0xE2700008)
#define       WTCLRINT     (0xE270000C)
#define       rWTCON       (*(volatile unsigned int *)WTCON)
#define       rWTDAT       (*(volatile unsigned int *)WTDAT)
#define       rWTCNT       (*(volatile unsigned int *)WTCNT)
#define       rWTCLRINT    (*(volatile unsigned int *)WTCLRINT)
// 初始化看门狗（WDT）使之可以产生中断
void wdt_init_interrupt(void)
{
 // 第 1 步：设置好预分频器和分频器，得到的时钟周期是 128μs
 rWTCON &= ~(0xFF<<8);
 rWTCON |= (65<<8);                   // 1MHz
 rWTCON &= ~(3<<3);
 rWTCON |= (3<<3);                    // 1/128MHz, T = 128μs
 // 第 2 步：设置中断和复位信号的使能或禁止
 rWTCON |= (1<<2);                    // 使能看门狗中断
 rWTCON &= ~(1<<0);                   // 禁止看门狗复位
 // 第 3 步：设置定时时间
```

```
 // 看门狗定时计数个数，最终定时时间 = 这里的值 × 时钟周期
 //rWTDAT = 10000;                          // 定时 1.28s
 //rWTCNT = 10000;                          // 定时 1.28s
 // WTDAT 中的值不会自动刷到 WTCNT 中去，如果不显式设置 WTCON 中的值，它的值就是
 // 默认值，会以这个默认值开始计数，但这个时间比较久。如果我们为 WTCNT 和 WTDAT 显式地
 // 设置了一样的值，则第一次的定时值就和后面的一样了
 //rWTDAT = 1000;                           // 定时 0.128s
 //rWTCNT = 1000;                           // 定时 0.128s
 rWTDAT = 7812;                             // 定时 1s
 rWTCNT = 7812;                             // 定时 1s
 // 第 4 步：先把所有寄存器都设置好，再去开看门狗
 rWTCON |= (1<<5);                          // 使能看门狗
}
// 看门狗的中断处理程序
void isr_wdt(void)
{
 static int i = 0;
 // 看门狗定时时间到了应该做的有意义的事情
 //printf("wdt interrupt, i = %d...", i++);
 // 计时，时间没到的时候在屏幕上输出倒计时的时间，时间到了自动执行命令
 // 执行完命令进入 Shell 的死循环
 g_bootdelay--;      // 我们在 main.c 文件中定义的倒计时的时间为 3s
 putchar('\b');
 printf("%d", g_bootdelay);

 if (g_bootdelay == 0)
 {
      g_isgo = 1;
      // 把要自动执行的命令添加到这里，但是这里是中断处理程序，不适合执行长代码，
      // 所以放在外面要好一些
 }

 // 清中断
 intc_clearvectaddr();
 rWTCLRINT = 1;
}
// 看门狗的初始化
void wdt_timer_init(void)
{
 wdt_init_interrupt();
 // 如果程序要使用中断，就要调用中断初始化函数来初步初始化中断控制器
 system_init_exception();
 intc_setvectaddr(NUM_WDT, isr_wdt);
 // 使能中断
 intc_enable(NUM_WDT);
}
```

int.c 文件用来中断相关函数，具体代码请参考第 9 章；int.h 文件用来中断相关头文件，具体代码请参考第 9 章。

16.7.2 修改代码

因为我们新增了wdt.c和int.c文件，所以Makefile要做相应的修改。代码如下。

```
objs := start.o clock.o uart.o main.o stdio.o string.o cmd.o led.o
objs += pwm.o adc.o lcd.o sdram_init.o
objs += lib/libc.a
                    ⇩
objs := start.o clock.o uart.o main.o stdio.o string.o cmd.o led.o
objs += pwm.o adc.o lcd.o sdram_init.o wdt.o int.o
objs += lib/libc.a
```

关于shell.h文件，由于我们用了看门狗，需要在main.c文件中声明定时时间的变量等，因此我们要在shell.h文件中对新用到的函数进行初始化声明。代码如下。

```
/* 声明全局变量 */
extern char g_cmdset[CMD_NUM][MAX_LINE_LENGTH];

/* 声明全局变量 */
extern char g_cmdset[CMD_NUM][MAX_LINE_LENGTH];
extern int g_isgo;                // 倒计时为0时，判断标志位
extern int g_bootdelay;           // 声明定时时间的变量

/* 声明控制硬件的函数 */
void puts(const char *p);
char *gets(char *p);
void uart_init(void);

/* 声明控制硬件的函数 */
void puts(const char *p);
char *gets(char *p);
void uart_init(void);
int is_key_press(void);           // 声明按键中断初始化
void wdt_timer_init(void);        // 初始化看门狗定时函数
◎ start.S，因为我们用了中断，所以要在start.S添加中断跳转。
首先添加IRQ栈：
#define WTCON       0xE2700000
#define SVC_STACK   0xD0037D80
.global _start      // 把_start链接属性改为外部，这样其他文件就可以看见_start了

#define WTCON       0xE2700000
#define SVC_STACK   0xD0037D80
#define IRQ_STACK   0xD0037F80
.global _start      // 把_start链接属性改为外部，这样其他文件就可以看见_start了
.global IRQ_handle // 把IRQ_handle链接属性改为外部，这样其他文件就可以看见它了

// 然后在末尾添加IRQ_handle处理
IRQ_handle:
```

```
 // 设置 IRQ 模式下的栈
 ldr sp, =IRQ_STACK
 // 保存 lr 中的值
 // 因为 ARM 有流水线，所以 PC 的值在真正执行的代码的基础上 +8
 sub lr, lr, #4
 // 保存 r0 ~ r12 和 lr 中的值到 IRQ 模式下的栈上面
 stmfd sp!, {r0-r12, lr}
 // 在此调用真正的 ISR（中断服务例程）来处理中断
 bl irq_handler
 // 处理完成后开始恢复现场，其实就是做中断返回，关键是将 r0 ~ r12、pc、cpsr 一起恢复
 ldmfd sp!, {r0-r12, pc}^
```

关于 main.c 文件，我们将添加 int.h 等头文件，定义等待时间和判断时间为 0 的变量，添加看门狗的初始化函数，实现倒数默认命令。代码如下。

```
/*******************main.c 文件源码 ***************************/
#include "shell.h"          // 与函数声明和命令定义相关的头文件
#include "stdio.h"          // 将使用 putchar 函数
#include "int.h"            // 与定时器中断相关的头文件

int g_isgo = 0;             // 如果等于 0 不能继续执行，如果等于 1 则可以继续执行
int g_bootdelay = 3;        // 等待时间
/* 初始化控制硬件的函数 */
static void hardware_init(void)
{
 led_init();                // 初始化 LED 灯
 lcd_init();                // 初始化 LCD 屏
 timer2_pwm_init();         // 初始化蜂鸣器
 adc_init();                // 初始化 A/D 转换器
}
/* shell 相关初始化 */
static void shell_init(void)

{
 // 初始化 Shell
 init_cmd_set();
 uart_init();
 hardware_init();                                  // 初始化控制硬件的函数
 wdt_timer_init();                                 // 初始化看门狗
 puts("x210 simple shell:\n");                     // Shell 标志
}
static void delay(void)
{
 volatile unsigned int i, j;
 for (i=0; i<500; i++)
      for (j=0; j<1000; j++);
}
int main(void)
```

```
{
 char buf[MAX_LINE_LENGTH] = {0};      // 用来暂存用户输入的命令
 shell_init();

 // 自动倒数执行默认命令
 // 等待用户按按键，如果没按就倒计时，如果按了就结束倒计时直接
 // 进入 Shell 死循环。如果一直没按按键，时间到了也进入 Shell 死循环
 puts("aston#");
 printf("%d", g_bootdelay);
 while (!(g_isgo || is_key_press()));
 intc_disable(NUM_WDT);                 // 如果按了按键则停止倒计时
 // 通过 g_isgo 的值来判断是倒数结束的还是按键结束的
 // 如果倒数结束，则执行自动命令，LCD 屏显示
 if (g_isgo)
 {
     lcd_test();
 }

 // 执行 Shell 死循环
 while(1)
 {
     /* 第 1 步：接收命令 */
     puts("aston#");
     memset(buf, 0, sizeof(buf));       // buf（即 buffer）清空后存储用户输入
     gets(buf);                         // 读取用户输入放入 buf 中
     /* 第 2 步：解析命令 */
     cmd_parser(buf);
     /* 第 3 步：执行命令 */
     cmd_exec();
 }
 return 0;
}
```

由于我们要判断是否按下按键，因此要在 uart.c 文件中通过非阻塞方法添加按键判断函数。代码如下。

```
// 如果按下按键返回 1，如果没人按按键则返回 0
int is_key_press(void)
{
 if ((rUTRSTAT0 & (1<<0)))
     return 1;
 else
     return 0;
}
```

以下文件（或文件夹）的代码和 16.7 节中的代码一样，此处不赘述，请大家自行回顾。

- mkv210_image.c。
- link.lds。

- clock.c。
- write2sd。
- stdio.c。
- led.c。
- string.c。
- cmd.c。
- include（文件夹）。
- lib（文件夹）。
- pwm.c。
- adc.c。
- lcd.c。
- ascii.h。
- sdram_init.S。
- s5pv210.h。

16.7.3 测试运行

测试时发现不能得到正确结果，如图 16-14 所示。

■ 图 16-14

测试时并没有在开机时出现倒计时，查看下载文件的大小，如图 16-15 所示，发现其超出了 16KB，所以要通过重定位，将其分成两个文件夹。

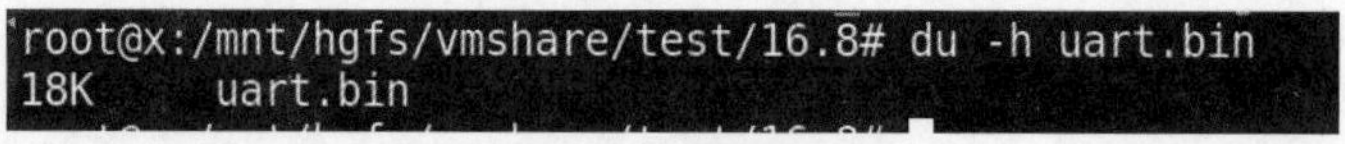

```
root@x:/mnt/hgfs/vmshare/test/16.8# du -h uart.bin
18K     uart.bin
```

■ 图 16-15

16.7.4 构建 BL1 和 BL2 烧录

由于我们烧录的时候文件大小已经超出了 16KB，所以需要用到第 10 章的知识，用重定位烧录。本小节将会用到的文件（或文件夹）如下。

- BL1（文件夹）。
- BL2（文件夹）。
- Makefile。
- write2sd。

BL1 文件夹、Makefile、write2sd 文件和第 10 章的内容几乎一模一样，这里不再叙述。此处只需要修改 BL1 文件夹中的 sd_relocate.c 文件。代码如下。

```
#define SD_START_BLOCK     45
#define SD_BLOCK_CNT       64
#define DDR_START_ADDR     0x23E00000
```

将之前用到的文件全部放到 BL2 文件夹，但是需要修改 3 个文件，即 start.S、Makefile、link.lds 文件。

在 start.S 文件中不需要进行开始的一系列设置，因为已经在 BL1 中初始化过了。代码如下。

```
/**********************start.S 文件源码 ***********************/
#define WTCON        0xE2700000
#define SVC_STACK    0xD0037D80
#define IRQ_STACK    0xD0037F80
.global _start     // 把 _start 链接属性改为外部，这样其他文件就可以看见 _start 了
.global IRQ_handle // 把 IRQ_handle 链接属性改为外部，这样其他文件就可以看见它了
_start:
// 清 bss 段，其实就是在链接地址处把 bss 段全部清零
clean_bss:
 ldr r0, =bss_start
 ldr r1, =bss_end
 cmp r0, r1                // 如果 r0 中的值等于 r1 中的值，说明 bss 段为空，直接执
                           // 行下面的代码
 beq run_on_dram           // 清除 bss 段之后的地址
 mov r2, #0
clear_loop:
 str r2, [r0], #4          // 先将 r2 中的值放入 r0 所指向的内存地址（r0 中的值作为
                           // 内存地址）
 cmp r0, r1                // 然后 r0 = r0 + 4
 bne clear_loop
run_on_dram:
 ldr pc, =main             // ldr 指令实现长跳转
// 汇编最后的这个死循环不能丢
 b .

IRQ_handle:
 // 设置 IRQ 模式下的栈
 ldr sp, =IRQ_STACK
 // 保存 lr 中的值
```

```
// 因为 ARM 有流水线，所以 PC 的值会在真正执行的代码的基础上 +8
sub lr, lr, #4
// 保存 r0 ~ r12 和 lr 中的值到 IRQ 模式下的栈上面
stmfd sp!, {r0-r12, lr}
// 在此调用真正的 ISR 来处理中断
bl irq_handler
// 处理完成后开始恢复现场，其实就是做中断返回，关键是将 r0 ~ r12、pc、cpsr 一起恢复
ldmfd sp!, {r0-r12, pc}^
```

```
*  Makefile
uart.bin: $(objs)
 $(LD) -Tlink.lds -o uart.elf $^
 $(OBJCOPY) -O binary uart.elf uart.bin
 $(OBJDUMP) -D uart.elf > uart_elf.dis
 gcc mkv210_image.c -o mkx210
 ./mkx210 uart.bin 210.bin

BL2.bin: $(objs)
 $(LD) -Tlink.lds -o BL2.elf $^
 $(OBJCOPY) -O binary BL2.elf BL2.bin
 $(OBJDUMP) -D BL2.elf > BL2_elf.dis
```

```
* link.lds
. = 0xD0020010;

. = 0x23E00000;
```

16.8 初步实现环境变量

环境变量就像程序的全局变量，整个程序只有一个。环境变量会影响程序的执行，我们可以用一些命令来查询环境变量、设置环境变量、保存环境变量（必须借助 Flash 才能完成。本节只在内存中实现环境变量，所以无法保存）。

（1）本节将涉及的文件（或文件夹）如下。

- BL1 文件夹、Makefile、write2sd 文件。
- BL2 文件夹。

（2）重复使用到的文件（或文件夹）如下。

- include（文件夹）。
- lib（文件夹）。
- adc.c。
- ascii.h。
- clock.c。

- int.c。
- int.h。
- lcd.c。
- led.c。
- link.lds。
- mkv210_image.c。
- pwm.c。
- s5pv210.h。
- sdram_init.S。
- start.S。
- stdio.s。
- uart.c。
- wdt.c。
- write2sd。

（3）需要修改的文件如下。

- main.c。
- cmd.c。
- Makefile。
- shell.h。
- string.c。

（4）新增加的文件如下。

- env.c。

16.8.1 添加 env.c 文件对环境变量进行设置、修改

了解 U-Boot 的读者可能知道，U-Boot 中的环境变量是可以修改和删除的，我们这里模仿 U-Boot 来写修改环境变量的文件。代码如下。

```
/***********************env.c 文件源码 ************************/
#include "string.h"
#include "shell.h"
env_t envset[MAX_ENV_NUM];                          // 系统最多支持 10 个环境变量
void env_init(void)
{
 memset((char *)envset, 0, sizeof(envset));
 // 第一个环境变量
 strcpy(envset[0].env_name, "bootdelay");
 strcpy(envset[0].env_val, "5");
```

```
    envset[0].is_used = 1;

    // 第二个环境变量
    strcpy(envset[1].env_name, "bootcmd");
    strcpy(envset[1].env_val, "ttttt");
    envset[1].is_used = 1;

    // 其他的环境变量
}
// 找到 env 返回 0，没找到则返回 1
int env_get(const char *pEnv, char *val)
{
    int i;

    for (i=0; i<sizeof(envset)/sizeof(envset[0]); i++)
    {
        if (!envset[i].is_used)
        {
            continue;
        }
        if (!strcmp(envset[i].env_name, pEnv))
        {
            // 找到了环境变量
            strcpy(val, envset[i].env_val);
            return 0;
        }
    }
    return 1;
}
void env_set(const char *pEnv, const char *val)
{
    int i;
    // 先判断是否有这个环境变量，如果有就直接改值
    for (i=0; i<sizeof(envset)/sizeof(envset[0]); i++)
    {
        if (!envset[i].is_used)
        {
            continue;
        }
        if (!strcmp(envset[i].env_name, pEnv))
        {
            // 找到了环境变量
            strcpy(envset[i].env_val, val);
            return;
        }
    }
    // 如果没有这个环境变量，则新建
    for (i=0; i<sizeof(envset)/sizeof(envset[0]); i++)
```

```
{
    if (envset[i].is_used)
    {
        continue;
    }
    // 找到了一个空位，在此处新建环境变量
    strcpy(envset[i].env_name, pEnv);
    strcpy(envset[i].env_val, val);
    envset[i].is_used = 1;
    return;
}

// 找遍了环境变量的数组，还是没有空位，说明已经存满了
printf("env array is full.\n");
}
```

16.8.2 修改代码

在 main.c 文件中添加一个全局变量初始化函数，并调用环境变量函数。代码如下。

```
//第 1 步：添加全局变量初始化函数
/* 初始化全局变量 */
void global_init(void)
{
 char val[20] = {0};
 if (env_get("bootdelay", val))
 {
     printf("env bootdelay not found.\n");
     return;
 }
 // 字符串转数字，把字符串格式的“5”转成数字格式的 5 赋值给 g_bootdelay
 g_bootdelay = my_strtoul(val, (char *)0, 10);
}
/* 第 2 步：Shell 相关初始化 */
static void shell_init(void)
{
 // 初始化 Shell
 init_cmd_set();
 uart_init();
 hardware_init();                        // 初始化控制硬件的函数
 wdt_timer_init();                       // 初始化看门狗
/* 初始化环境变量 */
 env_init();
 global_init();
 puts("x210 simple shell:\n");           // Shell 标志
}
```

由于我们在 cmd.c 文件中添加了配置环境变量的函数，因此要通过命令来执行。代码如下。

```
// 第 1 步：首先在 cmd.c 文件中添加配置环境变量的函数
/*-------------------- 配置环境变量的函数 -----------------------*/
void do_cmd_printenv(void)
{
 int i;
 // 判断是否有这个环境变量，如果有就直接改值
 for (i=0; i<sizeof(envset)/sizeof(envset[0]); i++)
 {
      if (envset[i].is_used)
      {
           // 输出的环境变量格式是 bootdelay=3
           printf("%s=%s\n", envset[i].env_name, envset[i].env_val);
      }
 }
}
void do_cmd_setenv(void)
{
 // 目前支持的命令有 setenv、envname、envval
 // cmd[0] 中存储的是 setenv，cmd[1] 中存储的是 envname，cmd[2] 中存储的是 envval

 if (cmd[1][0] == '\0')
 {
      // 如果 cmd[1] 为 null，则说明用户用法不对
      printf("usage: setenv envname envval\n");
 }

 env_set(cmd[1], cmd[2]);
}

// 第 2 步：在命令列表中添加两个命令
// 初始化命令列表
void init_cmd_set(void)
{
     memset((char *)g_cmdset, 0, sizeof(g_cmdset));       // 全部清零
     strcpy(g_cmdset[0], led);
     strcpy(g_cmdset[1], lcd);
     strcpy(g_cmdset[2], pwm);
     strcpy(g_cmdset[3], adc);
     strcpy(g_cmdset[4], printenv);
     strcpy(g_cmdset[5], setenv);
     memset((char *)cmd, 0, sizeof(cmd));
}

// 第 3 步：在对应位置添加执行命令
/* 执行命令 */
```

```
void cmd_exec(void)
{
    switch (cmd_index)
    {
        case 0:         // led 命令
            do_cmd_led();               break;
        case 1:         // lcd 命令
            do_cmd_lcd();               break;
        case 2:         // buzzer 命令
            do_cmd_buzzer();            break;
        case 3:         // adc 命令
            do_cmd_adc();               break;
        case 4:         // 输出环境变量的值
            do_cmd_printenv();          break;
        case 5:         // 设置环境变量命令
            do_cmd_setenv();            break;
        default:
            do_cmd_notfound();          break;
    }
}
```

因为我们新增了 env.c 文件，所以也要在 Makefile 中添加 env.o 文件，代码如下。

```
objs := start.o clock.o uart.o main.o stdio.o string.o cmd.o led.o
objs += pwm.o adc.o lcd.o sdram_init.o wdt.o int.o
objs += lib/libc.a
                            ⇩
objs := start.o clock.o uart.o main.o stdio.o string.o cmd.o led.o
objs += pwm.o adc.o lcd.o sdram_init.o wdt.o int.o env.o
objs += lib/libc.a
```

对于 shell.h 文件，我们需要添加输出环境变量的命令和个数，还有环境变量的模板。代码如下。

```
/***************************shell.h*******************************/
#ifndef __SHELL_H__
#define __SHELL_H__
/* 宏定义一些标准命令集 */
#define led                                 "led"
#define lcd                                 "lcd"
#define pwm                                 "buzzer"
#define adc                                 "adc"
#define printenv                            "printenv"
#define setenv                              "setenv"
#define CMD_NUM                             6      // 当前系统定义的命令数
/* 宏定义与命令相关的信息 */
#define MAX_CMD_PART                5              // 一个命令最多包含几部分
#define MAX_LEN_PART                20             // 命令的分部分的最大长度
```

```
#define MAX_ENV_NUM        10            // 最多可支持的环境变量的个数
/* 宏定义 */
#define MAX_LINE_LENGTH          256           // 最大命令行长度
/* 结构体就是环境变量的模板，将来每一个环境变量就是这个模板的一个实例 */
typedef struct env
{
 char env_name[10];
 char env_val[20];
 int is_used;                        // 标志位，0 表示这个环境变量没被用，1 表示被用了
}env_t;
extern env_t envset[MAX_ENV_NUM];
/* 声明全局变量 */
extern char g_cmdset[CMD_NUM][MAX_LINE_LENGTH];
extern int g_isgo;                   // 倒计时为 0 了，判断标志位
extern int g_bootdelay;              // 声明定时时间变量
/* 声明设置环境变量的函数 */
void env_init(void);
int env_get(const char *pEnv, char *val);
void env_set(const char *pEnv, const char *val);
/* 声明控制硬件的函数 */
void puts(const char *p);
char *gets(char *p);
void uart_init(void);
int is_key_press(void);              // 声明按键中断初始化
void wdt_timer_init(void);           // 初始化看门狗定时函数
/* 与操作硬件的命令相关的函数 */
// 第 1 个命令：led
void led_init();
void led_on(void);
void led_off(void);
// 第 2 个命令：lcd
void lcd_init();
void lcd_test(void);
// 第 3 个命令：buzzer
void timer2_pwm_init(void);
void buzzer_on(void);
void buzzer_off(void);
// 第 4 个命令：adc
void adc_init();
void adc_collect1(void);
/* 命令解析、执行相关函数声明 */
void init_cmd_set(void);
void cmd_parser(char *str);
void cmd_exec(void);
/* 声明与字符串相关的函数 */
void cmdsplit(char cmd[][MAX_LEN_PART], const char *str);
#endif
```

因为我们在 main.c 文件的全局变量初始化中使用了 my_strtoul 字符串函数，所以要在 string.c 文件中编辑该函数（比较复杂，与 U-Boot 相关，不要求掌握）。代码如下。

```
/**********************string.c 文件源码 **************************/
#include "shell.h" // 函数声明和命令定义相关头文件
#define _U    0x01   /* upper */
#define _L    0x02   /* lower */
#define _D    0x04   /* digit */
#define _C    0x08   /* cntrl */
#define _P    0x10   /* punct */
#define _S    0x20   /* white space (space/lf/tab) */
#define _X    0x40   /* hex digit */
#define _SP   0x80   /* hard space (0x20) */
const unsigned char _ctype[] = {
_C,_C,_C,_C,_C,_C,_C,_C,                              /* 0-7 */
_C,_C|_S,_C|_S,_C|_S,_C|_S,_C|_S,_C,_C,              /* 8-15 */
_C,_C,_C,_C,_C,_C,_C,_C,                              /* 16-23 */
_C,_C,_C,_C,_C,_C,_C,_C,                              /* 24-31 */
_S|_SP,_P,_P,_P,_P,_P,_P,_P,                          /* 32-39 */
_P,_P,_P,_P,_P,_P,_P,_P,                              /* 40-47 */
_D,_D,_D,_D,_D,_D,_D,_D,                              /* 48-55 */
_D,_D,_P,_P,_P,_P,_P,_P,                              /* 56-63 */
_P,_U|_X,_U|_X,_U|_X,_U|_X,_U|_X,_U|_X,_U,           /* 64-71 */
_U,_U,_U,_U,_U,_U,_U,_U,                              /* 72-79 */
_U,_U,_U,_U,_U,_U,_U,_U,                              /* 80-87 */
_U,_U,_U,_P,_P,_P,_P,_P,                              /* 88-95 */
_P,_L|_X,_L|_X,_L|_X,_L|_X,_L|_X,_L|_X,_L,           /* 96-103 */
_L,_L,_L,_L,_L,_L,_L,_L,                              /* 104-111 */
_L,_L,_L,_L,_L,_L,_L,_L,                                                 /* 112-119 */
_L,_L,_L,_P,_P,_P,_P,_C,                                                 /* 120-127 */
0,0,0,0,0,0,0,0,0,0,0,0,0,0,0,0,                                         /* 128-143 */
0,0,0,0,0,0,0,0,0,0,0,0,0,0,0,0,                                         /* 144-159 */
_S|_SP,_P,_P,_P,_P,_P,_P,_P,_P,_P,_P,_P,_P,_P,_P,_P,                     /* 160-175 */
_P,_P,_P,_P,_P,_P,_P,_P,_P,_P,_P,_P,_P,_P,_P,_P,                         /* 176-191 */
_U,_U,_U,_U,_U,_U,_U,_U,_U,_U,_U,_U,_U,_U,_U,_U,                         /* 192-207 */
_U,_U,_U,_U,_U,_U,_U,_P,_U,_U,_U,_U,_U,_U,_U,_L,                         /* 208-223 */
_L,_L,_L,_L,_L,_L,_L,_L,_L,_L,_L,_L,_L,_L,_L,_L,                         /* 224-239 */
_L,_L,_L,_L,_L,_L,_L,_P,_L,_L,_L,_L,_L,_L,_L,_L};                        /* 240-255 */

#define __ismask(x) (_ctype[(int)(unsigned char)(x)])
#define isxdigit(c) ((__ismask(c)&(_D|_X)) != 0)
#define isdigit(c)  ((__ismask(c)&(_D)) != 0)
#define islower(c)  ((__ismask(c)&(_L)) != 0)

static inline unsigned char __toupper(unsigned char c)
{
 if (islower(c))
     c -= 'a'-'A';
```

```
 return c;
}
#define toupper(c) __toupper(c)
unsigned long my_strtoul(const char *cp,char **endp,unsigned int base)
{
 unsigned long result = 0,value;

 if (!base) {
      base = 10;
      if (*cp == '0') {
           base = 8;
           cp++;
           if ((toupper(*cp) == 'X') && isxdigit(cp[1])) {
                cp++;
                base = 16;
           }
      }
 } else if (base == 16) {
      if (cp[0] == '0' && toupper(cp[1]) == 'X')
           cp += 2;
 }
 while (isxdigit(*cp) &&
        (value = isdigit(*cp) ? *cp-'0' : toupper(*cp)-'A'+10) < base) {
      result = result*base + value;
      cp++;
 }
 if (endp)
      *endp = (char *)cp;
 return result;
}
/* 将用户输入的字符串命令*str，按照空格分隔成多个字符串，依次放入二维数组 */
void cmdsplit(char cmd[][MAX_LEN_PART], const char *str)
{
 int m = 0, n = 0; // m表示二位数组的第一维，n表示第二维
 while (*str != '\0')
 {
      if (*str != ' ')
      {
           cmd[m][n] = *str;
           n++;
      }
      else
      {
           cmd[m][n] = '\0';
           n = 0;
           m++;
      }
```

```
        str++;
    }
    cmd[m][n] = '\0';
}
```

其他不需要更改的文件（或文件夹）如下。

- include（文件夹）。
- lib（文件夹）。
- adc.c。
- ascii.h。
- clock.c。
- int.c。
- int.h。
- lcd.c。
- led.c。
- link.lds。
- mkv210_image.c。
- pwm.c。
- s5pv210.h。
- sdram_init.S。
- start.S。
- stdio.s。
- uart.c。
- wdt.c。
- write2sd。

16.8.3 测试代码

将代码烧录到开发板，在 SecureCRT 终端中显示的测试结果如图 16-16 所示。因为我们将开机倒数环境变量初始化为 5，所以测试成功。

■ 图 16-16

16.9 习题

1．简述 Shell 的运行原理。

2．简述用 Shell 编程与用裸机编程的关系。

3．独立完成本章前 8 节的代码测试。